科学出版社"十三五"普通高等教育本科规划教材

Excel计算思维与决策
（第三版）

刘凌波　主编

科学出版社
北　京

内 容 简 介

本书以 Excel 2016 为背景，由浅入深、循序渐进地讲解了 Excel 的基础概念和基本操作，重点介绍了 Excel 在经济统计与分析领域中最常用的分析、处理工具和方法应用，每一章分别与一个相关的思维训练相结合，旨在培养学生良好的思维习惯，提升学生分析问题和解决问题的计算思维能力。

本书内容丰富、结构清晰、图文并茂、通俗易懂，呈现大量案例演示。为了使学生更好地掌握相关知识，同时出版了与本书配套的实验指导书，力求提高学生在经营管理、金融统计、金融会计等众多领域进行数据计算、分析处理的能力，同时提升计算思维的意识和能力，大大提高在日常学习和工作中的能力及效率。

本书适合作为财经类院校教师和学生的教材，也适合作为 Excel 自学者和从事经济分析、生产管理、统计财会等行业人员的参考用书。

图书在版编目(CIP)数据

Excel 计算思维与决策 / 刘凌波主编. —3 版. — 北京：科学出版社，2021.8

科学出版社“十三五”普通高等教育本科规划教材

ISBN 978-7-03-069565-9

Ⅰ. ①E… Ⅱ. ①刘… Ⅲ. ①表处理软件－高等学校－教材 Ⅳ. ①TP391.13

中国版本图书馆 CIP 数据核字(2021)第 158511 号

责任编辑：于海云 / 责任校对：王 瑞

责任印制：赵 博 / 封面设计：迷底书装

科学出版社 出版

北京东黄城根北街 16 号

邮政编码：100717

http://www.sciencep.com

三河市骏杰印刷有限公司印刷

科学出版社发行 各地新华书店经销

*

2015 年 2 月第 一 版 开本：787×1092 1/16

2021 年 8 月第 三 版 印张：17 1/2

2025 年 1 月第十六次印刷 字数：437 000

定价：47.00 元

(如有印装质量问题，我社负责调换)

前　　言

Excel 作为非常优秀的办公软件，在数据处理、统计分析、图表设计等方面具有强大的功能，广泛应用于经营管理、金融统计、金融会计等众多领域。在当今信息化社会中，学生掌握 Excel 在经济统计与分析中的各种应用是必不可少的技能。在本科生和专科生中开设该课程是十分必要的，能为学生今后的工作和学习打下良好的基础。

计算思维是运用计算机科学的基础概念进行分析问题和解决问题的思维方式，养成用计算思维思考问题的意识和习惯，能够更好地提高创新能力。计算思维的概念正在向社会的各个领域拓展，逐步成为我们必备的基本素质之一。我们不仅在生活中享受信息技术，更重要的是要在实践中创造性地利用信息技术，才能在学习、工作和生活中进一步培养严谨、高效的科学素养。

相较于知识的学习，一门课程更重要的是思维的训练。本书一方面讲解 Excel 在经济统计、财务管理等方面的应用工具和方法，另一方面着重培养和训练学生计算思维的意识和能力。每一章分别与一个相关的思维训练相结合，旨在培养学生良好的思维习惯，提升学生解决实际问题的计算思维能力。

为适应计算机应用软件的升级，本次改版采用了 Excel 2016 版本作为操作软件，并对教材进行了以下修订：

(1) 重新梳理了新版本软件下的相关描述、操作过程及步骤。

(2) 重新调整和规划了教材的章节安排，将一些较复杂的方法或应用和新增的深层应用作为拓展知识放在每一章的“拓展应用”中，为学生提供进一步提升和探索的空间。

(3) 完善和丰富了案例讲解过程，细化了案例操作过程的描述。

(4) 在每一章节最后新增了“本章小结”和“思考与练习”部分，供学生自我测试与练习。

(5) 新增了一章“综合案例”，通过案例的解析，讲解如何利用本书介绍的工具和方法来分析和判断实际问题，以加深学生对本书知识点的理解。

(6) 补充和完善了主教材和实验的相关教学资源，如主教材例题素材、实验指导书素材等，以满足教师多种教学模式的需要、学生预习和复习的需要，以及自学者学习的需要。

教材主要特色：

(1) 内容取舍强调实用性。在讲解 Excel 常用的基本操作基础上，主要介绍 Excel 在经济统计与分析中解决实际问题时经常应用到的工具和方法。

(2) 教材内容的拓展性。在教材的每一章中，前面几节是该章节的基础内容及常用的方法和模型，每一章的最后一节为“拓展应用”，是该章在广度或深度层面上进一步讲解的应用知识，在教学中可根据实际需要选用。

(3) 教材编排强调易学性。教材中实例丰富、结构清晰、图文并茂，通过大量图示，讲解每一步的操作过程，提高教材内容的可操作性，力求符合学生的认知规律，并能够激发学生的学习兴趣。

(4) 配套练习自然衔接。配套的实验指导书与主教材内容密切配合与互动，通过实例练习使学生充分理解教材内容，巩固和提高学生解决实际问题的能力。

(5)编写团队经验丰富。本教材的编写人员来自一线教师，均有该课程丰富的教学经验，对教学内容有深入的研究，对教材的理解到位，对深度的把握精准透彻。

本书由刘凌波任主编，参加编写的教师有童端、朱小英、周松、丁元明、周浪、赵明、黄波、赵文彦、吕捷和叶东海。

感谢在该课程的研究过程中给予大力支持及共同努力的人们！

鉴于本书内容涉及多学科知识，加上编者水平有限、编写时间仓促，难免有不足之处，敬请各位专家和读者批评指正，不吝赐教。

编　者

2021 年 3 月

目　录

总　论

1. 什么是计算思维

随着数字技术的高速发展，计算机带给我们高速的数据处理、高存储容量、复杂的逻辑运算等，我们的世界发生着翻天覆地的变化。

(1) 在海量数据中进行快速、精准的搜索；

(2) 对大型复杂任务进行分析、处理；

(3) 工作效率较以前大大提高；

(4) 在数据计算、工程设计、工业制作等领域的广泛应用；

(5) 在众多解决办法中快速找出最优的方案；

(6) 利用数据处理提供强有力的决策支持；

(7) 机器的自我学习、深度学习。

这些都是传统计算工具所做不到的，计算机科学彻底改变着我们的生活方式，同时也带来了我们思维方式的转变。

基于计算机科学技术，2006 年 3 月，美国卡内基・梅隆大学周以真(Jeannette M. Wing)教授首次提出了“计算思维”的概念：“计算思维涉及运用计算机科学的基础概念去求解问题、设计系统和理解人类的行为。计算思维涵盖了反映计算机科学之广泛性的一系列思维活动。”由此计算思维成为了国际上研究的热点，也是计算机教育方面重要的研究方向。

计算思维是基于计算机的处理方式，将计算机的编程思想加入思维过程中。但计算思维并不局限于一个产品或一个软件，它是一种思想。计算思维也并不是只有受到高等教育或从事高精尖职业的人员才能具有的，它就像阅读和写作一样，和我们的工作及生活密切相关，是每个人都可以具备的基本技能。

计算思维是分析问题的能力、解决问题的能力及计算能力的体现。在计算机技术发展之前，有些复杂问题的解决对于个人而言是一个不可能完成的任务，基于计算思维带来的能力的提升，让我们面对复杂问题时可以拥有更多的勇气和信心。

当面对一个复杂问题时，我们能够通过计算思维的方式进行如下思考与设计：

➢ 这个任务是否可行？解题难度有多大？

➢ 是否可以将复杂问题分解成若干个小问题？问题之间是如何进行数据传递和相互调用的？

➢ 求解问题的方法是否有多种？哪一种才是最佳解决办法？

➢ 求解问题是否需要消耗庞大资源？如何在资源有限的情况下求解问题？

➢ 求解的结果是否有效？是否是一个精确值？

微软创始人比尔・盖茨说：不一定要会编程，但学习工程师的思考方式，了解编程能做什么及不能做什么，对未来很有帮助。我们不能要求人人都会编程，而且计算思维也并不等于计算机编程，但是我们可以学习计算机的思维过程，使我们对问题的处理方式更加科学、高效。

计算思维帮助和影响着在每一个领域工作的人们，改变着他们的思考方式，每个学科与计算思维的结合都能从中获益匪浅。培养和提升计算思维能力，在课程学习、工作生活中都会大大提高工作效率，能够从多个角度、多种方法来解决问题，让思维方式更加灵活、科学、高效，保持在工作、生活各个领域探索的乐趣和热情，并增强不断前进的动力和能力。

2. 你所不知道的 Excel

Excel 是 Office 软件包中的软件之一，它具有强大的数据录入存储、加工计算、统计分析、图表制作等功能，是当前流行的、普遍使用的办公软件。

你是否知道，Excel 在经济、统计、财经、管理、金融等方面也具有相当优异的表现。进一步深入挖掘 Excel 的功能，你会发现它是一个蕴含丰富的函数、方法和工具的宝藏，能够帮助我们在经济、统计等领域进行科学、高效的数据处理和决策支持。

(1)当你贷款买房时，你会计算每年的还款额和每年应还多少利息吗？面对两个或多个投资项目，你知道投资哪个项目最有利吗？

利用 Excel 建立多种投资模型进行定量分析，通过科学的方法正确地计算和评价投资项目的经济效益，可为正确投资提供相应的支持。Excel 中提供了一些投资决策财务函数，如 PV 函数、fv 函数、PMT 函数、NPV 函数、IRR 函数、IPMT 函数等。

(2)作为企业管理者你知道每次进多少货才能使每年的利润最大吗？如果供货单位给出一些打折优惠，你应如何决定是否享受这些优惠呢？

在 Excel 中可以建立相应的经济订货量模型，通过数据计算和图表的建立，可以更好地找出最佳的方案，以实现成本最小化、利益最大化。

(3)你是否知道如何合理安排成本、路线和货品等，才能使运输成本最小？你是否知道如何给每位员工分配工作，才能使这几项工作总花费时间最短？你是否知道在原材料供应有限的情况下，如何安排原料分配和产品生产，才能使生产的产品利润最大？

当你面对一堆数据不知如何是好时，Excel 提供了一个非常好的工具——规划求解，它能帮助你根据当前的状况，找出一个最优的解决方案。这一类问题称为“最优化问题”。

(4)根据景区上半年每个月的游客量，你是否可以预测下个月的游客量？如果公司要开新的实体店，你能否根据以往各实体店的销售额与周围居民人数的关系，预测新实体店的销售额呢？

利用 Excel 提供的数据分析工具库可以轻松解决这些问题，其中包含的工具有移动平均、指数平滑、回归、排位与百分比排位等。

Excel 广泛应用在金融会计、生产经营、股票分析、金融统计、财务审计等领域，在当今信息化社会中，掌握 Excel 在经济统计与分析中的各种应用是必不可少的技能。

3. 深入学习 Excel、提升思维能力

Excel 中不仅有数据输入计算、数据填充、排序筛选、分类汇总等基础功能，还有判断投资决策模型、建立经济订货量模型、通过规划求解工具求解最优化模型、对时间序列和回归分析进行预测等工具和方法。深入学习 Excel 不仅能够掌握 Excel 所提供的强大的工具和方法，而且能够进一步提升计算思维的意识和能力。这种思维能力的提升可以使得我们在生活和工作中开阔眼界、提高效率、节约成本、增加收益。

1) Excel 基础操作与全局思维

在利用 Excel 完成一项工作时，Excel 的基本操作中包含的对工作簿、工作表和单元格的基本操作都是最基础的，也是在数据处理过程中必不可少的。在这个过程中，我们要考虑的不是当前这一步的需求，而应考虑到整个工作的需求，需要建立的是一种全局的观念，即全局思维。全局思维是从问题的背景和整个系统的角度去思考和解决问题，是一种综合思维方法，强调全面系统、辩证平衡、统筹兼顾的思维方法和精髓。培养全局思维使我们能够从实际出发，正确处理全局与局部的关系，全面、统筹地思考问题，树立大局观念。

2) 数据计算与函数思维

Excel 提供了众多的函数和公式，这些是数据计算的基础。灵活运用函数公式，能够很方便地进行数据的计算与统计。在使用函数的过程中，我们就是在运用着函数的思维。

给函数一定的参数，我们不需要了解其中复杂的计算过程，函数就会返回一个计算结果。同样，函数思维就是教会我们在问题处理过程中去繁就简，将问题中复杂的内部细节隐藏起来，抓住变量之间的关系，将复杂问题抽象化、简单化，并大大提高问题处理方式的可重复性。

3) 数据输入、数据透视表与信息思维

在我们的生活中存在大量的数据，在对这些数据进行处理之前，需要将数据输入到计算机中。如何将数据录入或导入 Excel 中？如何对数据进行增加、删除及修改操作？如何对数据内容的真伪进行检查？除了以上这些问题的解决方法，Excel 中还提供了从不同的角度统计数据的方式，那就是建立数据透视表。信息思维能力体现在信息收集、传播、转换、加工处理等过程中，通过操作训练逐步培养和提升。

信息思维的运用使我们获取的信息保真度更高，并且可以通过多维度来转换和表达数据，为接下来进一步复杂的加工处理操作奠定基础。在信息化社会的今天，增强信息思维能力是我们适应现代社会的基本素养。

4) 数据管理与数据分析思维

培养数据分析思维一方面要掌握数据分析的工具，另一方面要建立数据分析的思维方式。从海量数据中进行分析、判断，用客观标准代替主观判断，找出问题背后的逻辑和规律，为问题决策提供科学支持。

Excel 提供了多种数据分析工具和数据分析方法，包括排序、筛选、组合、分类汇总、单变量求解、模拟运算表等。学习和掌握这些工具和方法是提升数据分析思维能力的基本要求，在此基础上灵活运用，可以进一步提高分析问题、解决问题的能力。

5) 图表与形象思维

Excel 提供了丰富的图表类型和图表制作功能，如柱形图、饼图、折线图、XY 散点图、股价图、雷达图等，可以形象地表达数据之间的关系。还可以将控件嵌入图表中，制作出可以随控件的调整而变化的动态图表。其中动态图表的创建，增强了图表的交互性，使图表的应用更具趣味性。

使用恰当的图表，可以使数据主次分明，形象地表现出你所关心的数据重点。图表所体现的形象思维是当今高速运转的社会所必需的一种数据表达方式，具有主动性、直观性、整体性等特征，让我们能够从全局上把握问题的本质和关键，并对表现的形象进一步延展和想象。

6) 投资决策模型与选择思维

在投资决策时，为了实现预期的投资目标，我们该如何选择投资的项目？利用 Excel 可以建立多种投资模型，如企业经营投资决策模型、金融投资决策模型、设备更新改造投资决策模型等。

通过这些模型建立方法和分析方法的学习，可以更好地培养我们选择思维的意识和能力。当我们在面对抉择时，不是靠一时脑热或事物表象来做出选择，而是采用科学、有效的选择思维方式，做出最适宜的决策方案。

7) 经济订货量与成本管理思维

企业的发展必须加强对成本的管理，才能实现利润的积累。在成本管理中，要考虑到进货采购的成本和仓储保管的成本，以实现总成本最低。Excel 的经济订货量模型就是在综合考虑采购成本、订货成本和储存成本的基础上，经过计算、分析、判断，找到最佳的订货批量，以获得最大的经济收益。

经济订货量模型的学习和操作，可以培养和训练成本管理思维，使我们在分析问题和解决问题时，能够综合考虑相关要素，既不能成本居高不下，也不能片面追求成本控制，应达到战略成本管理，从而提高自身的核心竞争力。

8) 最优化模型与最优化思维

Excel 中的最优化模型是采用规划求解方法，在一定资源情况下，对问题进行分析，找出一个最佳的解决方案，以达到利润最大、成本最小、时间最少、距离最短等目的。规划求解方法又包括线性规划、非线性规划、整数规划、动态规划等方法。在管理、生产、经营中遇到的问题几乎都可以认为是最优化问题。

解决最优化问题的思维方式就是最优化思维，这种思维方式在我们的工作、生活、学习中处处用到，它是我们分析和解决最优化问题的最基本的分析方法和思维方式，能够在充分利用有限资源的基础上，达到最优的效果。培养和训练最优化思维，是提高综合素质的基本组成部分。

9) 时间序列预测与逻辑思维

时间序列预测是基于按时间顺序排列的数据列，可以对未来尚未发生的数据进行相对更准确的预测，为接下来的决策提供支持。在 Excel 中建立时间序列预测模型，就可以利用时间序列分析方法，对数据进行计算、分析，找到数据序列反映出来的发展趋势，并以此预测出未来时间达到的数据。

时间序列预测模型的学习，能够进一步培养逻辑思维的能力，抓住事物的内涵本质（分析已发生的时间序列数据）、展望事物发展的外延（预测未来时间可能的数据），并增强逻辑判断能力（对预测值的准确度进行判断）。

10) 回归分析预测与预见性思维

回归分析预测是利用已有的数据，探寻事物发展之间的规律的一种分析方法。找出自变量和因变量之间的相关关系，并表示成回归方程的形式，利用回归方程就可以对未来的发展进行预测。回归分析预测体现的是一种预见性思维。

在当今社会发展过程中，应用预见性思维的能力对决策者而言具有至关重要的作用。做出任何的决策都需要预见，通过对现有经验的分析，充分发挥思维的能动性，才能对未来事物发展的趋势进行预测和推断。

4. 结束语

在当今信息社会中，我们对信息的接收、分析、判断的能力是至关重要的，而计算思维的能力训练让我们可以更好地面对这一切，提高信息数据处理的能力。在 Excel 中对经济、财经、管理等领域的操作处理工具和方法的学习，可以进一步塑造计算思维素养，培养在计算思维方面的意识和能力，让我们在当前现代化进程中，能够更好地分析问题、解决问题，以适应社会的需求。

计算思维是人才培养的必备技能和基本素养，养成良好的思维习惯，对个人的成长和发展是极为必要的。在工作、生活和学习中，只有充分利用当前已有的资源，进行理性的思考、客观的分析和合理的推理，才能进行科学的判断，从而做出最佳的决策。

第 1 章　Excel 基础操作与全局思维

Excel 中最基本的 3 个容器分别是工作簿、工作表和单元格，对这三者的保护、隐藏及数据的输入处理等都是最基础的操作。本章以 Excel 2016 为例讲解这些基础操作，绝大部分的基础操作都贯穿在个性化简历的制作当中，让学生理解基础操作在数据管理、财务会计、统计、金融、分析预测等众多领域数据分析中的重要性，以全局思维理解并掌握这些基础操作及其作用。

全局思维，就是不要局限于某一个问题本身，而是从该问题的背景和整个系统的角度去思考和解决问题。全局思维是一种综合思维方法，强调全面系统、辩证平衡、统筹兼顾的思维方法和精髓。Excel 基础操作看似零散的工作表、单元格的基本操作，实则是解决很多实际问题中必不可少的基本条件。比如，要做一张完整的信息分析表，不能单纯考虑需要哪些信息，而是要统筹考虑背景知识、分析表格的受众者等相关信息，这样，我们就不是单纯地进行工作簿、工作表和单元格的独立操作了，而是整合相关资源做的一系列有据可查的基础操作。

1.1　Excel 2016 工作界面

Excel 2016 具有全新的操作界面。启动 Excel 2016 后，可根据需要自主选择要创建的工作簿的类型。Excel 2016 工作界面由标题栏、快速访问工具栏、功能区、编辑栏、数据区和工作表标签等组成，如图 1-1 所示。

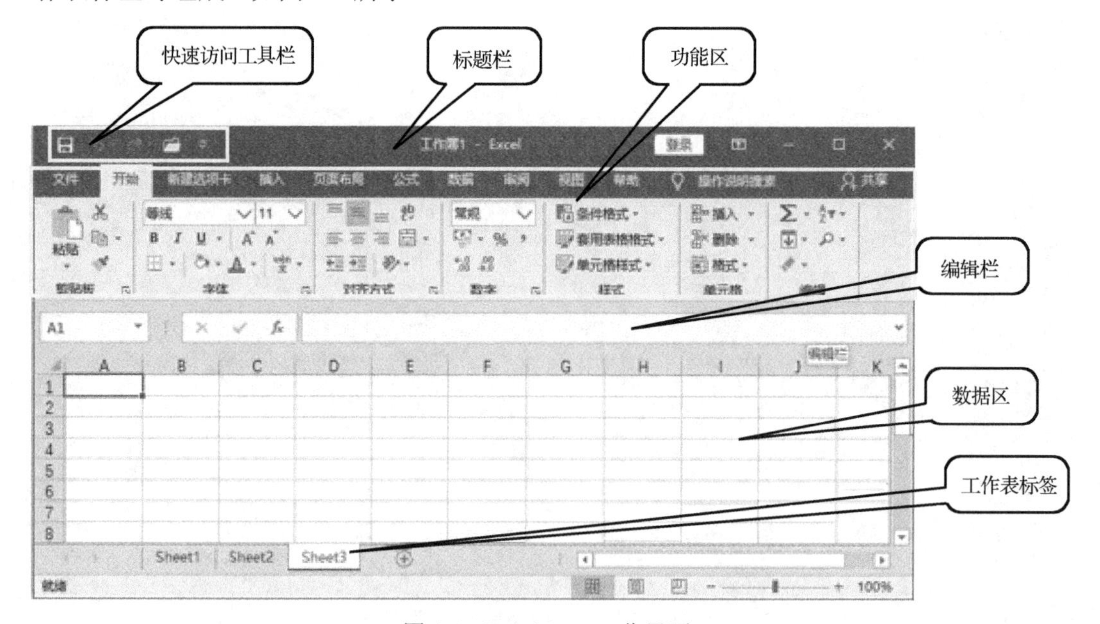

图 1-1　Excel 2016 工作界面

Excel 2016 界面中的快速访问工具栏和功能区都可以自行定义。

1. 标题栏

Excel 2016 界面的首行是标题栏。单击窗口左上角可看到系统菜单，中间显示打开的工作簿名称，右边是系统控制按钮。

1) 系统菜单

单击标题栏的左上角，可以打开系统菜单，如图 1-2 所示。系统菜单中有还原、移动、最大化、最小化、关闭等操作。Alt+F4 快捷键用于关闭工作簿。

2) 系统控制按钮

系统控制按钮包括“最小化”按钮、“最大化”按钮、“还原”按钮和“关闭”按钮，如图 1-3 所示。

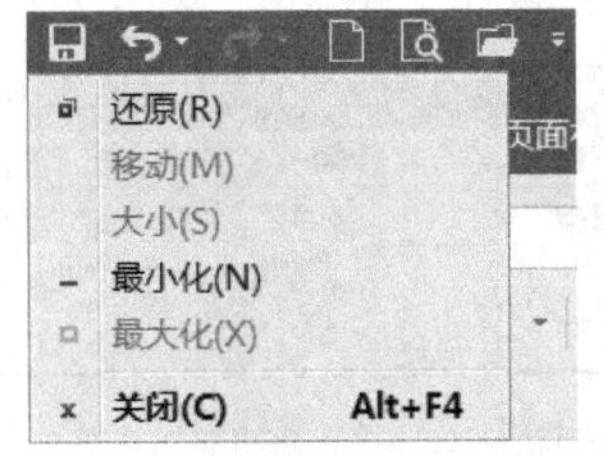

图 1-2　Excel 2016 的系统菜单

图 1-3　Excel 2016 系统控制按钮

2. 快速访问工具栏及自定义快速访问工具栏

快速访问工具栏上集成了一些常用操作，如打开、保存、撤销等。

用户可以自定义快速访问工具栏，方法为：单击快速访问工具栏右边▾按钮，将所选操作打对勾(选择该操作)，即对快速访问工具栏进行了定义和设置，如图 1-4 所示。

图 1-4　自定义快速访问工具栏

3. 功能区

Excel 2016 的各种重要功能分布在功能区各个选项卡中，每个选项卡由若干组组成。即功能区选项卡包含组，组包含命令按钮，用户根据需要选择相应的命令按钮，很多情况下还需要在命令按钮的下拉菜单里找到相应的操作。

1)“开始”选项卡

“开始”选项卡是用户最常用的功能区，包含“字体”“剪贴板”“对齐方式”“数字”“样式”“单元格”“编辑”组，用来对文字、数字进行编辑修改并设置其格式等，如图 1-5 所示。

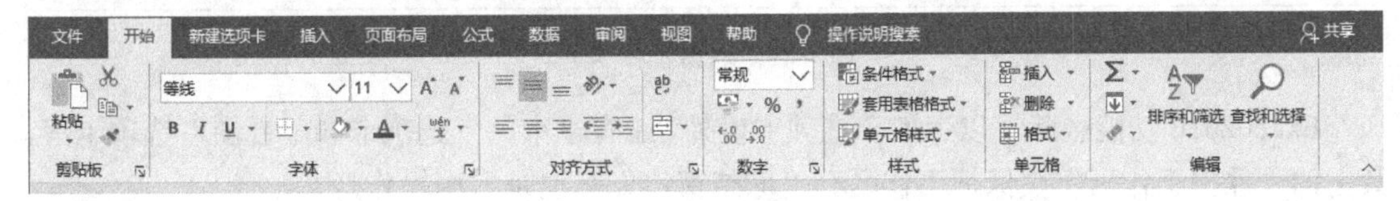

图 1-5　“开始”选项卡

2）“插入”选项卡

“插入”选项卡包含“表格”“插图”“图表”“文本”“符号”等组，主要用来插入数据透视表、文本框、各种图表、形状和符号等，如图 1-6 所示。

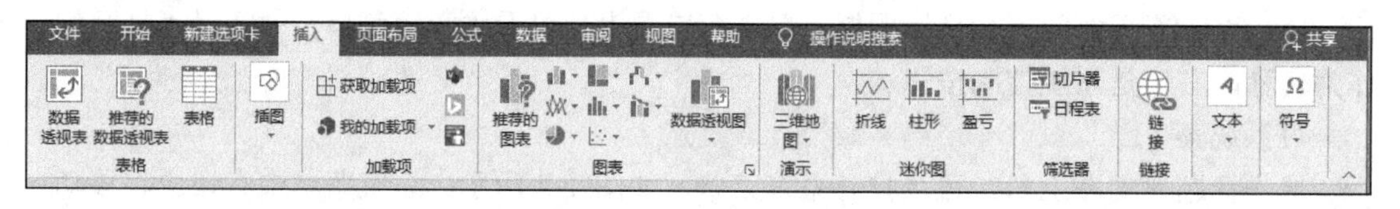

图 1-6　“插入”选项卡

3）“页面布局”选项卡

“页面布局”选项卡包含“主题”“页面设置”“调整为合适大小”“工作表选项”等组，主要用来对需要打印的工作表设置页边距、页眉和页脚等，如图 1-7 所示。

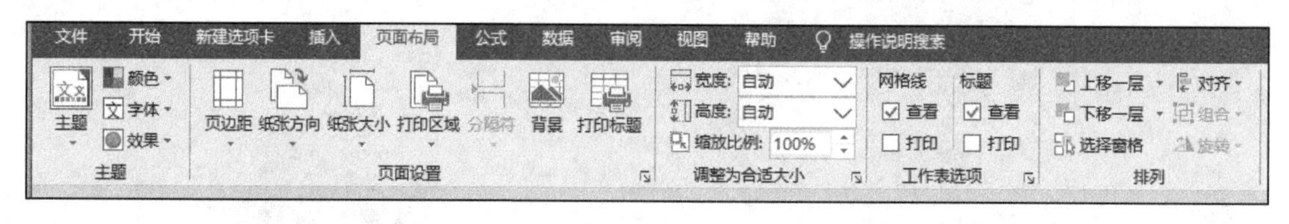

图 1-7　“页面布局”选项卡

4）“公式”选项卡

“公式”选项卡包括“函数库”“公式审核”“计算”等组，如图 1-8 所示。其中“函数库”组将各种函数进行了分类；“公式审核”组可以显示单元格中的公式，以及追踪公式单元格等；“计算”组可以设置“自动”或“手动”计算。

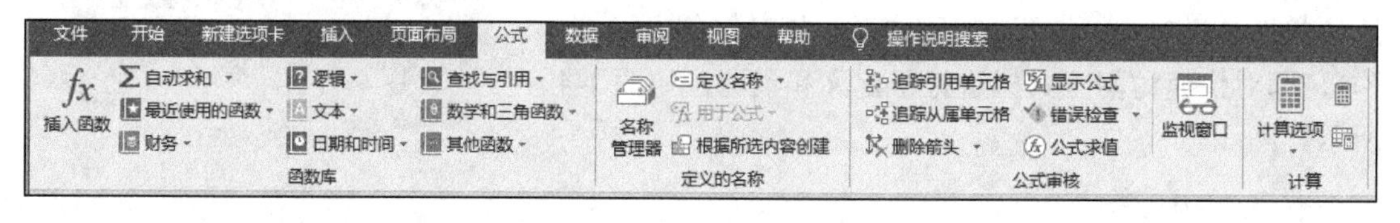

图 1-8　“公式”选项卡

5）“数据”选项卡

“数据”选项卡包括“获取外部数据”“排序和筛选”“数据工具”“分级显示”等组，如图 1-9 所示。“数据”选项卡经常用来将外部的数据库文件、文本文件等导入 Excel 操作，对已有数据进行排序筛选、分类汇总等操作。

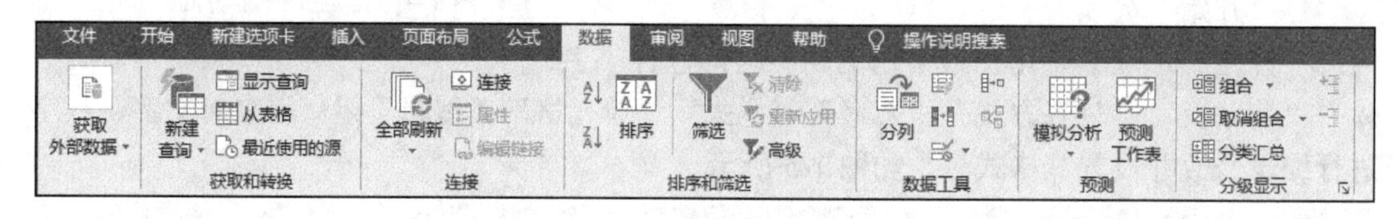

图 1-9　“数据”选项卡

Excel 2016 功能区除了以上 5 个选项卡以外，还有“审阅”选项卡和“视图”选项卡等，其中的“保护工作表”“保护工作区”“冻结窗口”等也是常用操作。

4. 功能区的设置

1)添加选项卡和设置内容

选择“文件”选项卡下的“选项”命令。在“Excel 选项”对话框中，左边选择“自定义功能区”，中间选择某项，然后单击“添加”按钮，或在右边“自定义功能区”下拉列表中选择“主选项卡”，再选择某项(将其打对勾)，然后单击“确定”按钮，如图 1-10 所示。

图 1-10　主选项卡的添加和内容的设置

2)新建选项卡

单击图 1-10 中的“新建选项卡”按钮，然后单击“确定”按钮，就可以在功能区增加一个标签名称为“新建选项卡”的主选项卡，如图 1-11 所示。“新建选项卡”里的子选项可以根据用户的需求进行个性化设置。

图 1-11　增加“新建选项卡”

1.2　工作簿的基本操作

1.2.1　新建和打开工作簿

1. 新建空白工作簿

方法 1：启动 Excel 2016 后，系统默认创建一个名称为“工作簿 1”的空白工作簿。

方法 2：打开 Excel 2016 后，在“文件”选项卡下选择“新建”命令，在弹出的“新建”对话框中选择“空白工作簿”命令，然后单击“创建”按钮。

2. 新建带模板的工作簿

打开 Excel 2016 后，在“文件”选项卡下选择“新建”命令，在“新建”对话框中的空白工作簿旁边有一些系统提供的模板，也可以在下面搜索联机模板，然后单击“创建”按钮。

3. 打开工作簿

打开工作簿有如下 4 种方法。

方法 1：选择“文件”选项卡下的“打开”命令，在“打开”对话框中选择工作簿所在的盘符、文件夹(路径)，最后选中该工作簿文件，单击“打开”按钮。

方法 2：单击“快速访问工具栏”中的“打开”按钮，同样会显示“打开”对话框，然后一步步选择文件所在的路径和工作簿文件。

方法 3：使用 Ctrl+O 快捷键，然后依次选择文件所在的路径和工作簿文件打开工作簿。

方法 4：在 Excel 并未打开的情况下，先找到该工作簿文件右击，在弹出的快捷菜单中选择“打开”命令。

1.2.2　保存工作簿

工作簿中数据经过输入、编辑、修改后的有用信息，需要以文件的形式保存，保存的方法有如下几种。

方法 1：在“文件”选项卡下选择“保存”命令。

方法 2：在“文件”选项卡下选择“另存为”命令。

方法 3：在快速访问工具栏上单击“保存”按钮。

如果工作簿尚未保存过，则以上的保存方法与“另存为”命令相同，先选择保存的路径，再输入文件名保存。Excel 2016 工作簿的扩展名是.xlsx。

如果工作簿已经保存过，则可以随时使用“保存”命令来保存，这时的路径是第一次保存的路径。如果需要改变保存的路径或文件名，则要用“另存为”命令来保存。

方法 4：使用 Ctrl+S 快捷键，等同于“保存”命令。

方法 5：设置每隔一定的时间自动保存。

用户可以为工作簿设置自动保存，以避免死机或掉电时，造成数据丢失。自动保存时间间隔如果太短，会影响用户正在进行的工作；自动保存时间间隔如果太长，则失去自动保存的意义，一般设置为 10～15 分钟。

设置方法：在“文件”选项卡中选择“选项”命令，打开“Excel 选项”对话框，在对话框左边选择“保存”，然后选中“保存自动恢复信息时间间隔”复选框，设置需要的间隔时间，单击“确定”按钮，如图 1-12 所示。

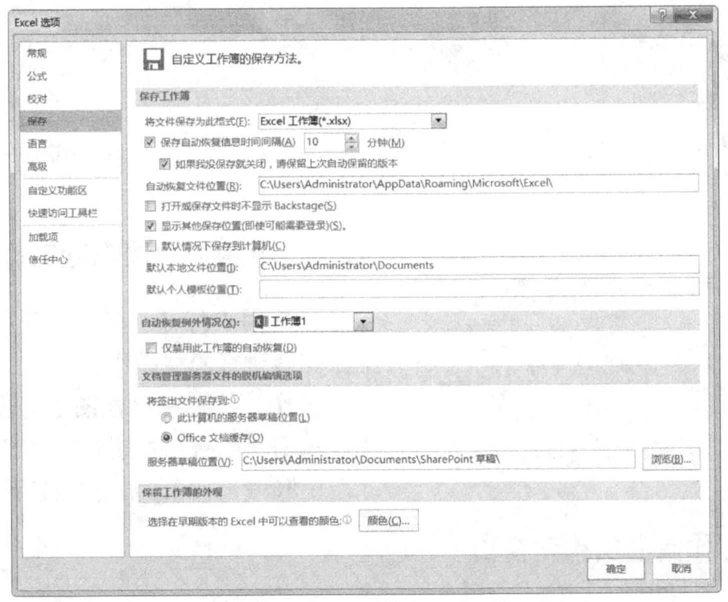

图 1-12　设置“保存自动恢复信息时间间隔”

1.2.3　加密工作簿

当用户需要防止他人查看工作簿文件的内容时，可以设置“用密码进行加密”的功能。具体设置方法如下。

(1) 选择“文件”选项卡下的“信息”命令，再选择“保护工作簿”→“用密码进行加密”命令，如图 1-13 所示。打开“加密文档”对话框，输入密码，如图 1-14 所示。

(2) 重新输入密码，单击“确定”按钮，则密码生效，如图 1-15 所示。

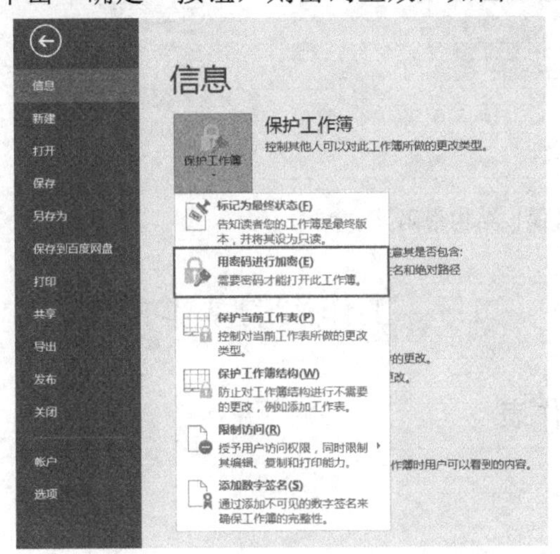

图 1-13　选择“用密码进行加密”命令

(3) 再次打开此工作簿时，会出现密码输入框，要求输入密码。只有输入正确的密码，才能打开此工作簿，如图 1-16 所示。

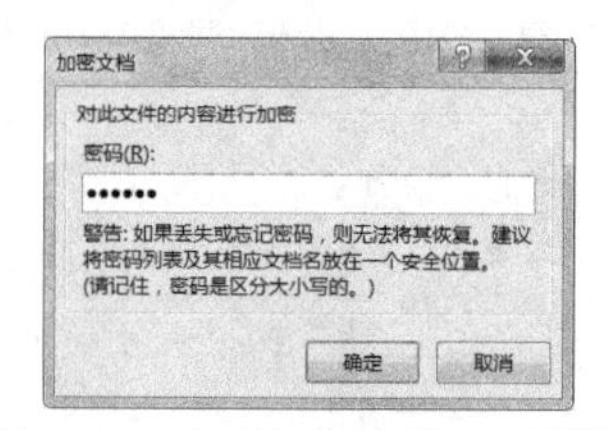

图 1-14　在“加密文档”对话框输入密码

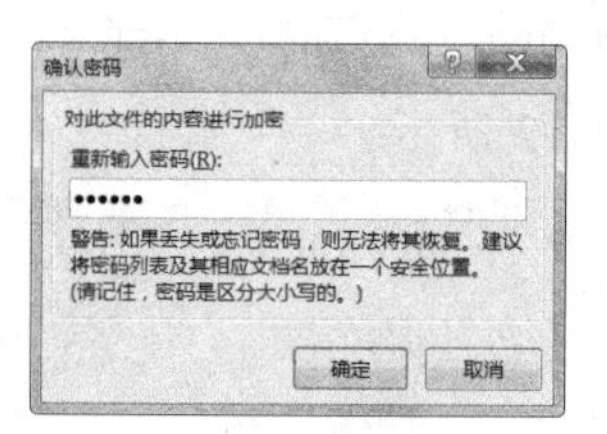

图 1-15　确认密码

图 1-16　“密码”输入框

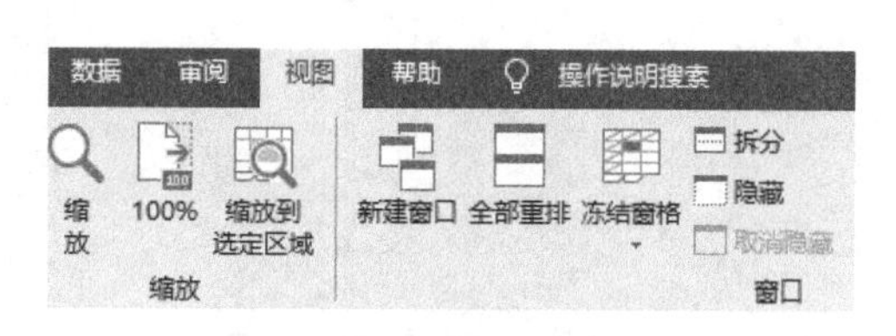

图 1-17　工作簿的隐藏操作

1.2.4　隐藏和取消隐藏工作簿

如果用户打开了多个工作簿，可以对其中的工作簿进行隐藏操作。

操作方法：在“视图”选项卡的“窗口”组中单击“隐藏”按钮(与之相反的操作是单击“取消隐藏”按钮)如图 1-17 所示。

1.2.5　保护工作簿的结构和窗口

当用户不希望他人对工作簿的结构进行修改时，可以设置密码保护。

在“审阅”选项卡的“保护”组中单击“保护工作簿”按钮，在“保护结构和窗口”对话框中选中“结构”复选框，然后输入密码，单击“确定”按钮，如图 1-18 所示。再次确认密码的输入，如图 1-19 所示。保护工作簿的结构，可以防止对该工作簿中的工作表进行删除、移动、隐藏、取消隐藏、重命名或插入工作表等操作。也可以选择“文件”选项卡下的“信息”命令，再选择“保护工作簿”→“保护工作簿结构”命令，同样会弹出如图 1-18 所示的对话框，按上述步骤操作即可。

图 1-18　设置保护结构密码

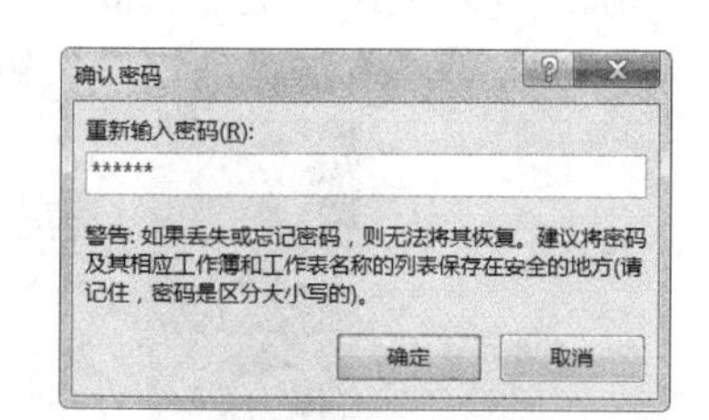

图 1-19　重新输入密码

1.3　工作表的基本操作

1.3.1　插入与删除工作表

1. 工作表的插入

工作表的插入有多种方法。

方法 1：选中工作表的标签并右击，在快捷菜单中选择“插入”命令，打开“插入”对话框，在“常用”选项卡中选择“工作表”，单击“确定”按钮，则在选定的工作表前面插入一个新的工作表。

方法 2：在工作表标签后有一个“插入工作表”按钮，单击此按钮，即可在此位置插入新的工作表。

方法 3：在“开始”选项卡的“单元格”组中单击“插入”按钮，选择“插入工作表”命令，即可在当前工作表标签之前插入一个新的工作表。

2. 工作表的删除

工作表的删除有如下两种方法。

方法 1：用户如果需要删除多余的工作表，可以先选中这个工作表标签并右击，在快捷菜单中选择“删除”命令。

方法 2：在“开始”选项卡的“单元格”组中单击“删除”按钮，选择“删除工作表”命令，即可删除选定工作表。

1.3.2 设置工作表

1. 设置工作表的数量

打开 Excel 2016，一般情况下，默认有 1 个工作表 Sheet1。有些时候需要处理的工作所涉及的数据量很大，且须分门别类，就需要在创建新的工作簿时，能自动建立一定数量的工作表，这时需要对默认的工作表的数量进行设置。

具体设置方法如下：在“文件”选项卡下选择“选项”命令，打开“Excel 选项”对话框，选择左边的“常规”选项，选择“包含的工作表数”，在其后的微调框中输入数据，单击“确定”按钮。

创建新的 Excel 2016 工作簿时，一个工作簿中最多可以有 255 个工作表。

设置完成之后，再次启动 Excel 才会看到设置后的效果。

2. 设置工作表的名称和标签颜色

1)设置工作表的名称

设置工作表的名称有如下 3 种方法。

方法 1：选中工作表标签，右击打开快捷菜单，选择“重命名”命令，然后输入新的文件名。

方法 2：双击工作表标签，输入新的文件名。

方法 3：在“开始”选项卡的“单元格”组中单击“格式”按钮，在列出的菜单中选择“重命名工作表”命令。

2) 设置工作表标签颜色

设置工作表标签颜色有如下两种方法。

方法 1：选中工作表标签，右击，在快捷菜单中选择“工作表标签颜色”命令。

方法 2：在“开始”选项卡的“单元格”组中单击“格式”按钮，在列出的菜单中，将鼠标指向“工作表标签颜色”命令，在颜色表中选择颜色。

1.3.3 移动/复制工作表

1. 同一工作簿之内工作表的移动/复制

方法 1：选中工作表标签，直接拖动到另一工作表标签的前面或后面来实现移动。只要在移动工作表的同时，按住 Ctrl 键即复制工作表。

方法 2：选中要移动/复制的工作表标签，右击打开快捷菜单，选择“移动或复制”命令。如需移动，则不选“建立副本”命令；如需复制，则选“建立副本”命令。再选择需要移动/复制的位置，单击“确定”按钮，完成工作表的移动/复制。

2. 不同工作簿之间工作表的移动/复制

如果用户要在不同工作簿之间移动/复制工作表，必须确保这两个工作簿都已经打开。

方法 1：

(1) 不同工作簿之间工作表的移动：选中需要移动的工作表标签，直接拖动到目标工作簿某工作表标签的前后，即可实现移动。

(2) 不同工作簿之间工作表的复制：只要在上述不同工作簿之间工作表的移动操作的同时按住 Ctrl 键，即可完成不同工作簿之间工作表的复制。

方法 2：选中要移动/复制的工作表标签，右击打开快捷菜单，选择“移动或复制”命令，打开“移动或复制工作表”对话框，在对话框的上方有文字提示“将选定工作表移至工作簿”，在文字提示下有一个用来选择工作簿的下拉组合框，单击下拉组合框右边的小按钮，选择目标工作簿。如需进行移动，则不选“建立副本”命令；如需进行复制，则选“建立副本”命令。再选择在目标工作簿中移动/复制的位置，单击“确定”按钮，即完成移动/复制工作表的操作。

如果在“移动或复制工作表”对话框的下拉组合框中选择“新工作簿”，也可以将选中的工作表移动/复制到一个新的工作簿，之后就创建了这个新的工作簿。

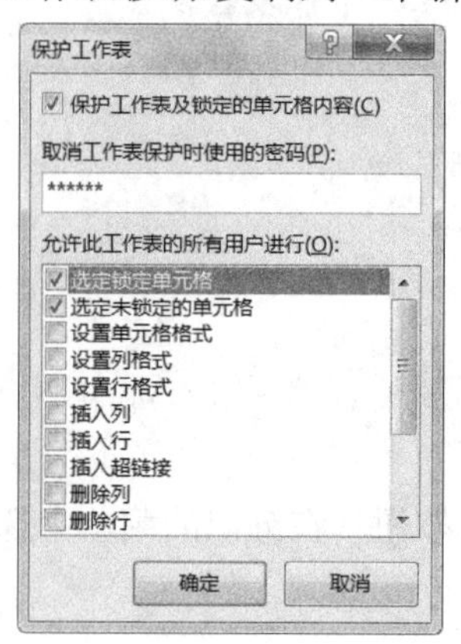

图 1-20　“保护工作表”对话框

1.3.4 工作表的保护与隐藏

1. 工作表的保护

方法 1：

(1) 选中要保护的工作表标签，右击，在快捷菜单中选择“保护工作表”命令，打开“保护工作表”对话框。

(2) 在“保护工作表”对话框中勾选允许的项目，再输入密码，单击“确定”按钮。则未勾选的即是不允许操作的，例如，不能插入行和列，不能对单元格进行修改等，如图 1-20 所示。

方法 2：

(1) 选中要保护的工作表标签，在“审阅”选项卡的“保护”组中单击“保护工作表命令”按钮。

(2) 同方法 1 的操作步骤(2)。

2. 撤销工作表保护

方法 1：选中工作表标签右击，选择“撤销工作表保护”命令，然后输入保护密码，单击“确定”按钮，完成撤销工作表保护。

方法 2：选中工作表标签，在“审阅”选项卡的“更改”组中单击“撤销工作表保护”按钮，在“撤销工作表保护”对话框中输入密码，然后单击“确定”按钮，完成撤销工作表保护。

3. 工作表的隐藏

1) 隐藏工作表

方法 1：选中工作表并右击，在快捷菜单中选择“隐藏”命令。

方法 2：选中工作表，在“开始”选项卡的“单元格”组中单击“格式”按钮，在其下的菜单选项中，选择“隐藏和取消隐藏”→“隐藏工作表”命令。

2) 取消隐藏工作表

方法 1：选中某一工作表并右击，在快捷菜单中选择“取消隐藏”命令，在“取消隐藏”对话框中选择工作表，单击“确定”按钮。

方法 2：选中某一工作表，选择“开始”选项卡，单击“单元格”组中的“格式”按钮，选择“隐藏和取消隐藏”→“取消隐藏工作表”命令，然后在“取消隐藏”对话框中选择工作表，单击“确定”按钮。

1.3.5　工作表窗口的基本操作

1. 拆分窗口

在“视图”选项卡的“窗口”组中单击“拆分”按钮，将当前工作表窗口拆分为 4 个窗格。把鼠标放在拆分工作表交点处，会出现一个十字形箭头鼠标，拖动鼠标即可改变 4 个窗格的大小，如果将鼠标拖动到上下或左右边框处释放，此时工作表被拆分为两个窗格。

再次单击“拆分”按钮，则取消拆分窗口。

2. 冻结窗口

当表格数据行数或列数较多时，使用冻结窗口可以将首行或多行(标题)进行冻结，在拖动垂直滚动条时，被冻结的标题行就会固定不动。也可以对最左边的一列或多列进行冻结，当拖动水平滚动条时，被冻结的列就会固定不动。

操作方法：在“视图”选项卡的“窗口”组中单击“冻结窗格”按钮，打开下拉菜单，可以选择“冻结首行”“冻结首列”或“冻结拆分窗格”命令，其中“冻结拆分窗格”命令是根据鼠标所选的单元格的左上角顶点位置进行拆分冻结的。冻结首行或冻结首列都是指当前工作表中显示的最上方一行或最左侧一列，并不一定是行号/列号为 1 的行/列。

取消冻结窗口：在“视图”选项卡的“窗口”组中单击“冻结窗格”按钮，打开下拉菜单，选择“取消冻结窗格”命令。

3. 新建窗口

在“视图”选项卡的“窗口”组中单击“新建窗口”按钮，打开一个和原工作簿内容相同的窗口，名称为“原工作簿名称:n”的工作簿，n 是第 n 个窗口。对其中的一个工作簿进行修改，原工作簿就会有同步变化的效果。

4. 窗口重排

在“视图”选项卡的“窗口”组中单击“全部重排”按钮，打开“重排窗口”对话框，选择“平铺”“水平并排”“垂直并排”或“层叠”中的一种重排方式。

5. 窗口显示比例

方法 1：在“视图”选项卡的“显示比例”组中单击“显示比例”按钮，在“显示比例”对话框中选择比例数。

方法 2：调整窗口右下方“缩放滑块” - + 100% ，改变窗口显示比例。

1.4 单元格的基本操作

Excel 工作簿由工作表组成，工作表由单元格组成，单元格是 Excel 存储数据和处理数据的基本单位。每个单元格都有一个按所在列和行的位置编号的地址，Excel 2016 单元格最小地址是 A1，最大地址是 XFD1048576。

1.4.1 选择单元格和单元格区域

1. 选择一个单元格

方法 1：直接单击单元格进行选择。

方法 2：在编辑栏的名称框中输入单元格地址，如 A10，按 Enter 键。

2. 选择多个连续的单元格

方法 1：鼠标定位在某一单元格作为起点，然后按住鼠标左键，向其他方向拖动，到终点位置单元格释放鼠标，则选中这个由起点到终点所覆盖的矩形区域中所有单元格。

方法 2：鼠标定位在某一单元格作为起点，然后按住 Shift 键不放，单击另一单元格作为终点，则选中这个由起点到终点所覆盖的矩形区域中所有单元格。

3. 选择一个连续的数据区

当数据表数据较少时，可直接用鼠标拖动的方法选择。

当数据表数据较多时，可用如下方法选择。

方法 1：单击某一数据单元格，按 Ctrl+A 快捷键。

方法 2：选中数据区左上角单元格，然后按 Shift 键，单击数据区右下角最后一个单元格。

4. 选择多个不连续的单元格/单元格区域

先选择某一单元格/单元格区域，按 Ctrl 键，再用鼠标单击要选择的单元格/单元格区域。

1.4.2 插入单元格/单元格区域

选中要插入单元格的位置，右击打开快捷菜单，选择“插入”命令，在“插入”对话框中选择“活动单元格右移”“活动单元格下移”“整行”或“整列”命令，单击“确定”按钮。

如果开始选中的是一个单元格，则插入的是一个单元格；如果开始选中的是多个单元格，则插入的是多个单元格(即单元格区域)。

1.4.3 合并单元格和设置对齐方式

1. 合并单元格

用户经常会有不同的需要，例如设置表格的标题等，需要将几个连续的单元格合并为一个单元格。操作方法如下。

方法 1：选中要合并的单元格，在“开始”选项卡的“对齐方式”组中单击“合并后居中”的下拉按钮，打开如图 1-21 所示下拉菜单。

“合并后居中”是合并后数据居中显示，“合并单元格”是合并后数据对齐方式不变，“跨越合并”是对在同一行的单元格合并，不在同一行不合并。

方法 2：选中要合并的单元格，在“开始”选项卡的“单元格”组中单击“格式”按钮，在下拉菜单中选择“设置单元格格式”命令，在其对话框中选择“对齐”选项卡，勾选“合并单元格”复选框，单击“确定”按钮，如图 1-22 所示。

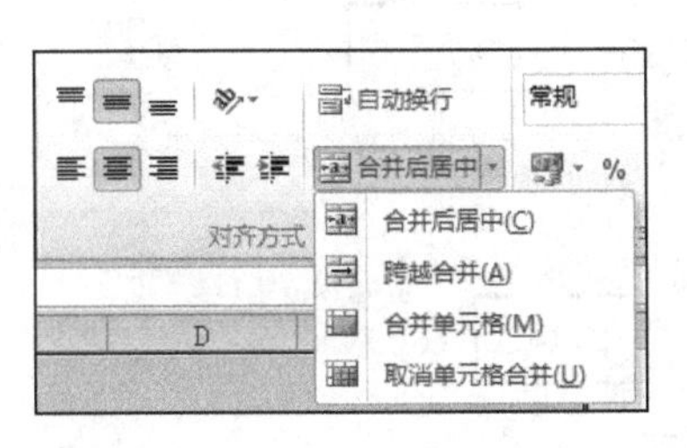

图 1-21 “合并后居中”下拉菜单

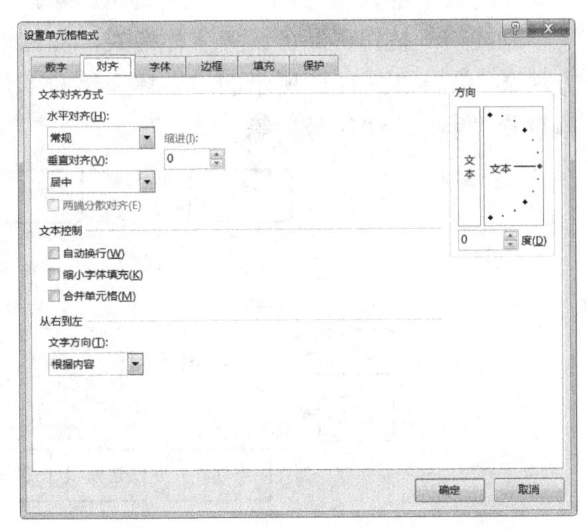

图 1-22 “设置单元格格式”对话框

方法 3：选中要合并的单元格，在“开始”选项卡的“对齐方式”组中单击 按钮，打开“设置单元格格式”对话框，选择“对齐”选项卡，勾选“合并单元格”复选框，单击“确定”按钮，如图 1-22 所示。

2. 设置对齐方式

方法 1：在如图 1-22 所示的“设置单元格格式”对话框中，分别在“水平对齐”和“垂直对齐”下拉列表框中进行选择，选好后单击“确定”按钮。

方法 2：在“开始”选项卡的“对齐方式”组中单击“对齐”按钮设置对齐方式，如图 1-23 所示。

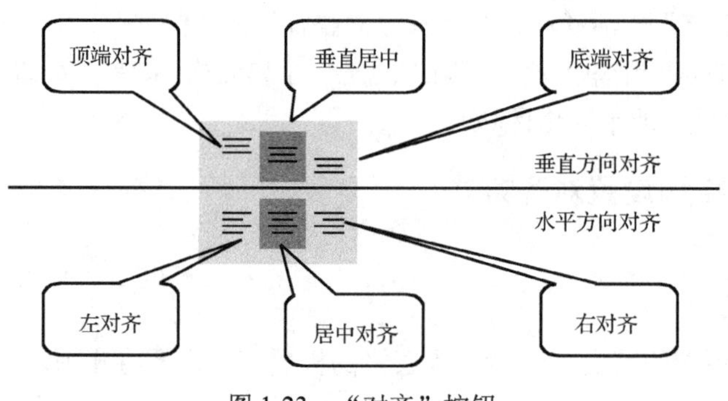

图 1-23　“对齐”按钮

1.4.4　设置字体格式和单元格格式

字体格式包括字体、字号、颜色、加粗、斜体和下划线等。单元格格式包括底纹填充色、边框线等。

1. 设置字体格式

方法 1：选中单元格，在“开始”选项卡的“字体”组中单击“字体”“字号”“加粗”“下划线”等按钮，即可设置字体格式，如图 1-24 所示。

方法 2：单击如图 1-24 所示的“字体”组右下角按钮，即可打开“设置单元格格式”对话框设置“字体”“字号”等。

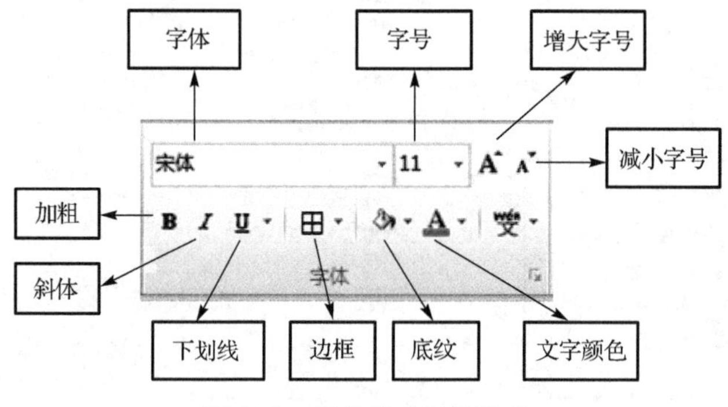

图 1-24　字体和单元格格式

2. 设置单元格格式

在如图 1-22 所示“设置单元格格式”对话框中选择“边框”“填充”选项卡，完成单元格边框和底纹的设置，如图 1-25 所示。

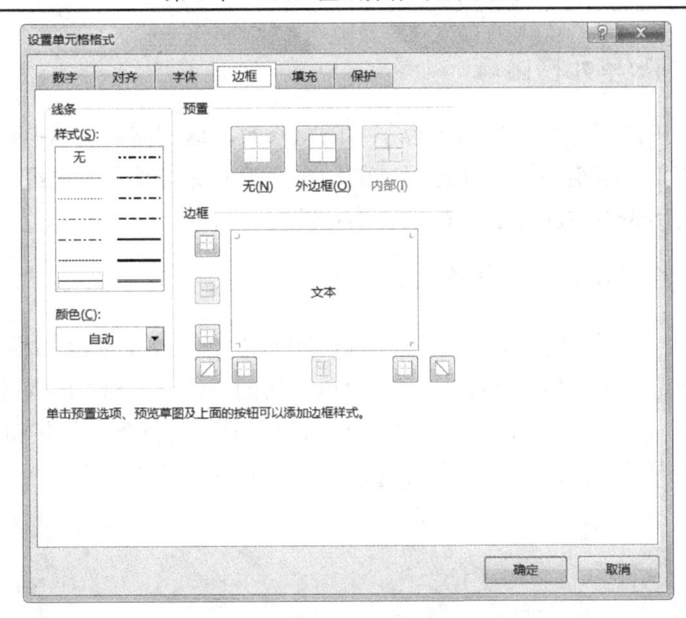

图 1-25　“设置单元格格式”对话框

1.4.5　单元格内容的复制粘贴及自动换行

复制、粘贴和移动是利用剪贴板的功能完成的。剪贴板是内存的一块存储区，用来临时存放数据。粘贴是将剪贴板的内容在目标单元格中存储和显示出来。

1. 数据的复制和粘贴

方法 1：选中单元格数据，右击，选择“复制”或“剪切”命令，选择目标单元格，再右击，选择“粘贴”命令，完成“复制”或“移动”。

方法 2：选中单元格数据，按 Ctrl+C 快捷键，完成复制；按 Ctrl+X 快捷键完成剪切；按 Ctrl+V 快捷键完成粘贴。

2. 格式的复制和粘贴

选中某单元格，在“开始”选项卡的“剪贴板”组中单击“复制”按钮，然后选择目标单元格，在“选择性粘贴”对话框中，选择“格式”单选按钮，单击“确定”按钮，如图 1-26 所示。也可以使用格式刷 格式刷 复制格式。

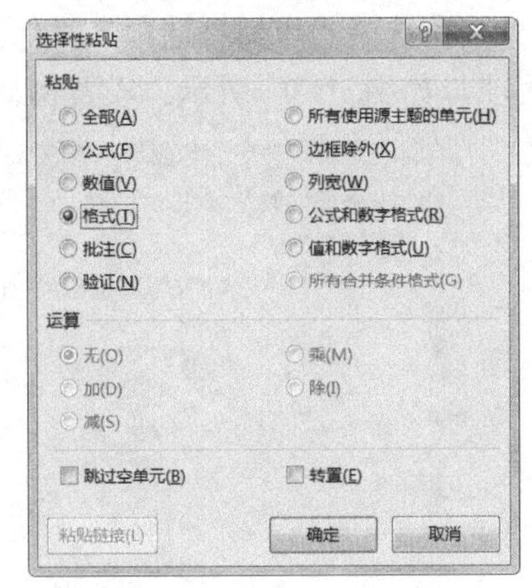

图 1-26 “选择性粘贴”对话框

3. 单元格内容的自动换行

当单元格中内容较多，超出单元格的宽度时，需要进行换行操作。操作方法如下。

方法 1：在“开始”选项卡的“对齐方式”组中单击“自动换行”按钮。

方法 2：在如图 1-22 所示的“设置单元格格式”对话框中，勾选“自动换行”复选框。

1.4.6　锁定单元格/单元格区域

有时希望表格中的部分单元格的内容不被随意修改，这就需要对这些单元格进行保护。一般情况下，空值单元格是不需要锁定保护的，要保护的通常是我们已经制作的电子表格中的一部分，比如简历表格中的姓名、性别、毕业院校等内容。

1. 锁定有规律的单元格或较多单元格

(1) 选中不需要锁定的单元格。可以像选中不连续的单元格的做法那样，按住 Ctrl 键的同时选中不需要锁定的单元格/区域。定位空值单元格的方法：使用 Ctrl+G 快捷键或 F5 功能键，弹出如图 1-27 所示的“定位”对话框，单击其中的“定位条件”按钮，弹出如图 1-28 所示的“定位条件”对话框，选择其中的“空值”，单击“确定”按钮。

图 1-27　“定位”对话框

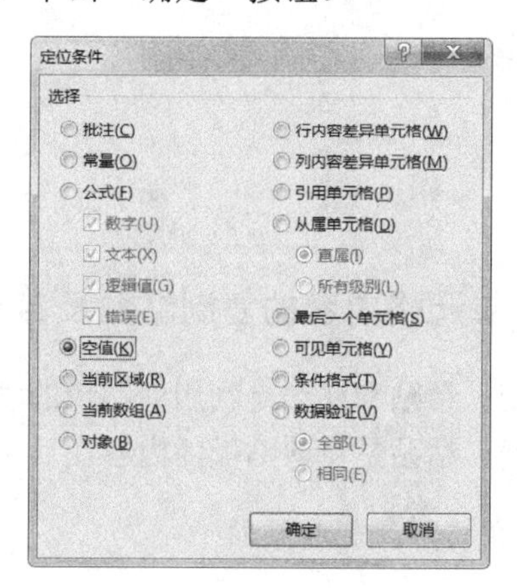

图 1-28　“定位条件”对话框

(2) 右键单击选中的任意区域，在弹出的快捷菜单中选择“设置单元格格式”，在对话框中选择“保护”选项卡，如图 1-29 所示。把“锁定”前的勾选去掉，单击“确定”按钮后回到工作表。

(3) 选中“审阅”选项卡“保护”组中的“保护工作表”命令，在弹出的菜单里勾选前两项，如图 1-30 所示。设置密码进行保护后，回到工作表界面。测试发现，若要更改非

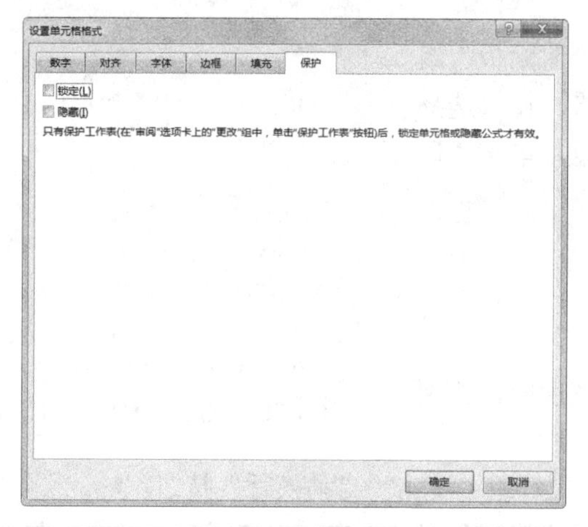

图 1-29　“设置单元格格式”对话框

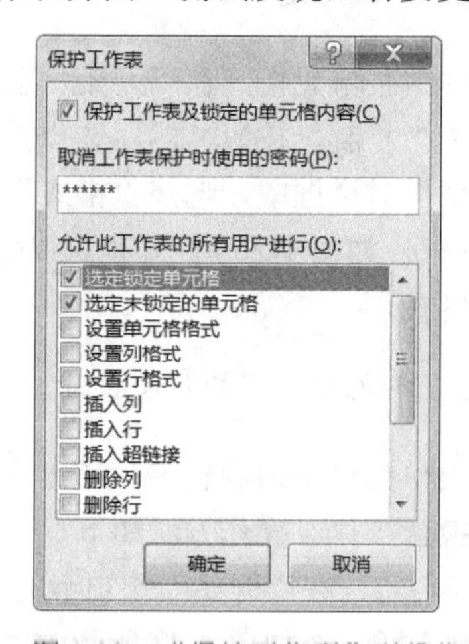

图 1-30　“保护工作表”对话框

空值单元格(即锁定单元格)中的内容，就会出现如图 1-31 所示的错误提示信息。这在一定程度上保护了自己的版权，防止了不必要的修改。

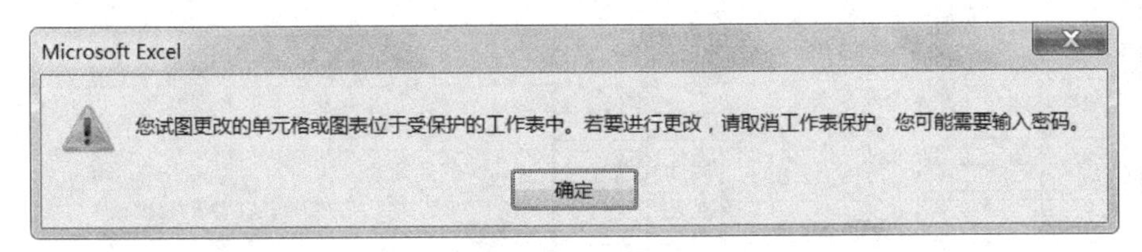

图 1-31　试图更改锁定单元格时的警告信息

2. 锁定无规律的单元格或表格中的少数单元格

将鼠标放置在表格中的任意单元格中，按 Ctrl+A 快捷键选中整个表格，右键单击选择“设置单元格格式”后，在弹出的对话框里选择“保护”选项卡，去掉“锁定”前面的勾选，如图 1-29 所示。然后按住 Ctrl 键的同时选中需要锁定的单元格/区域，右键单击选择“设置单元格格式”，在弹出的对话框里选“保护”选项卡，勾选“锁定”复选项。最后跟前面的步骤(3)那样操作，锁定就完成了。

1.4.7　行和列的操作

Excel 工作表的每一行都有用数字标识的行号，每一列都有用字母标识的列号。

1. 选择行/列

(1)单击行号选择一行，单击列号选择一列。
(2)选中行号/列号，在行号/列号上下、左右拖动，可以选中连续的多行或多列。
(3)选中行号/列号，按住 Ctrl 键不放，可以选中不连续的行或列。
(4)单击行和列的交叉处的按钮，可以选中工作表的所有单元格。

2. 插入行/列

方法 1：单击要插入行/列的行号/列号，右击，在快捷菜单中选择“插入”命令，即插入一行/列，如图 1-32 所示。

方法 2：选中单元格，右击，在快捷菜单中选择“插入”命令，显示如图 1-33 所示“插入”对话框。选择“整行”或“整列”单选按钮，即可插入一行或一列。

3. 删除行/列

方法 1：选定需要删除的行/列，右击，在快捷菜单中选择“删除”命令。
方法 2：选定需要删除的行/列，在“开始”选项卡的“单元格”组中单击“删除”按钮。

4. 隐藏与显示行/列

方法 1：选择某行/列，右击，在快捷菜单中选择“隐藏”命令。

方法 2：在“开始”选项卡的“单元格”组中单击“格式”按钮，选择“隐藏和取消隐藏”下的“隐藏行”或者“隐藏列”命令。

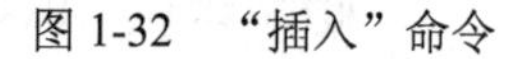

图 1-32　“插入”命令

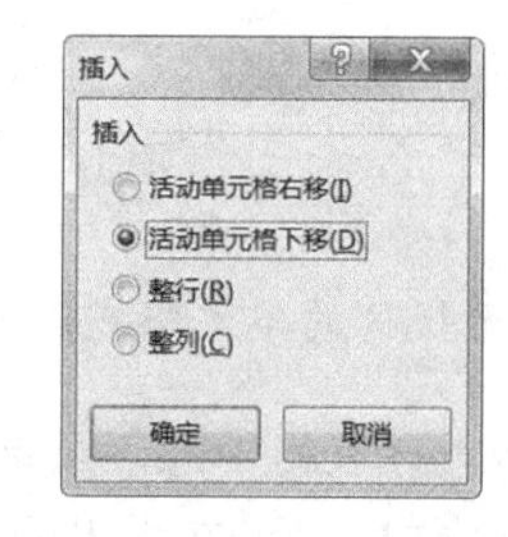

图 1-33　“插入”对话框

在“开始”选项卡的“单元格”组中单击“格式”按钮，选择“取消隐藏行”或者“取消隐藏列”命令，即可显示行与列。如果通过快捷菜单取消隐藏，需要先选中已隐藏的行/列前后的行/列，然后使用右键快捷菜单中的“取消隐藏”命令，即可显示被隐藏的行/列。

1.4.8　行高和列宽的设置

方法 1：选择某一行/列，右击，选择“行高”或“列宽”命令，输入行高或列宽值，单击“确定”按钮。

方法 2：在“开始”选项卡的“单元格”组中单击“格式”按钮，在下拉菜单中选择“行高”或者“列宽”命令，在弹出的对话框中输入值，单击“确定”按钮。

“格式”下拉菜单中“自动调整行高”和“自动调整列宽”命令是指刚好容纳内容的行高和列宽。“自动调整行高”命令需要和前面讲到的“自动换行”命令一起使用才有效果。

1.4.9　查找和替换操作

在数据的编辑和修改过程中，经常要用到查找和替换操作。其功能是先定位到查找的数据，然后替换为想要替换的数据。

在“开始”选项卡的“编辑”组中单击“查找和替换”按钮，选择其下的“替换”命令，打开“查找和替换”对话框，即可输入数据进行查找或替换操作。

1.4.10　设置条件格式

条件格式是对数据表中满足条件的数据设置某种样式的操作。

条件格式下拉菜单中包括“突出显示单元格规则”“项目选取规则”“数据条”“色阶”和“图标集”等命令，也可以新建规则。

条件格式的设置方法：在“图书表”工作表中，选中“销售数量”列中的数据区域，在“开始”选项卡的“样式”组中单击“条件格式”按钮，在其下拉菜单中进行选择，如图 1-34 所示。如选择“突出显示单元格规则”命令，设置条件大于“1000”的单元格突出显示为“浅红填充色深红色文本”，如图 1-35 所示。其最终效果如图 1-36 所示。

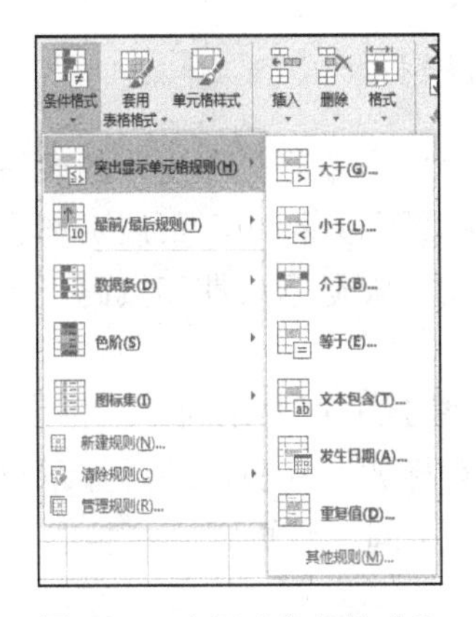

图 1-34　选择“条件格式”

图 1-35　设置满足条件的数据格式

	A	B	C	D	E	F
1	图书销售表					
2	图书编号	书名	图书类别	销售数量	销售日期	单价
3	S001.02	古今中外格言	少儿	500	2013/2/10	20
4	T001.10	数据库应用系	计算机	1000	2013/7/8	30
5	T001.06	计算机应用基	计算机	2000	2013/9/10	29
6	S001.04	唐诗三百首	少儿	1300	2013/5/9	19
7	A001.06	牛津字典	社科	2	2013/6/23	50
8	S001.05	宋词	少儿	600	2013/8/12	20
9	S001.01	三字经里的故	少儿	230	2013/10/6	22
10	T001.07	Office2010新	计算机	1200	2013/12/29	30
11	T001.08	Excel应用大全	计算机	3000	2013/8/20	32
12	T001.09	计算机在财经	计算机	5000	2013/11/12	31
13	S001.03	成语词典	少儿	1200	2013/7/27	20
14	k004.07	会计核算	会计	700	2013/9/26	25

图 1-36　条件格式设置效果

1.5　打 印 管 理

工作中常常需要将制作好的表格打印出来，在打印前需要对页面和打印参数进行设置，Excel 2016 提供了这方面的操作。

1. 设置纸张大小和方向

在“页面布局”选项卡的“页面设置”组中单击“纸张大小”按钮，在其下拉菜单中选择纸张大小的类型。在“页面布局”选项卡的“页面设置”组中单击“纸张方向”按钮，选择“纵向”或“横向”命令。

2. 设置页边距

方法 1：在“页面布局”选项卡的“页面设置”组中单击“页边距”按钮，在列出的页边距选项中选择。

方法 2：在“页面布局”选项卡的“页面设置”组中单击“页边距”按钮，选择“自定义边距”命令，打开如图 1-37 所示的“页面设置”对话框。选择“页边距”选项卡，分别对上边距、下边距、左边距、右边距进行设置。设置完成后通过“打印预览”可以看到打印后的效果。

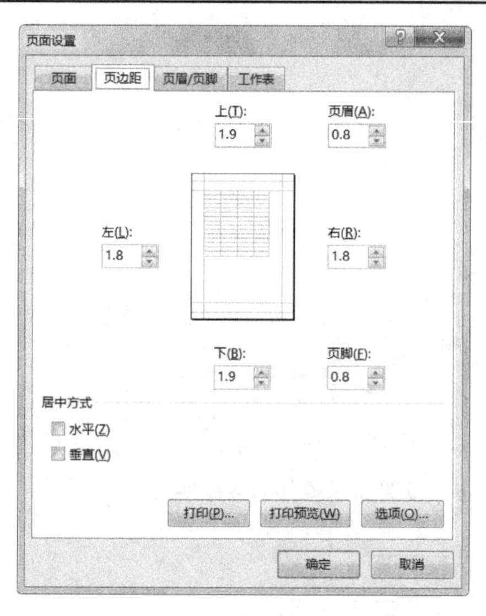

图 1-37 “页面设置”对话框

3. 设置打印参数

一般说来，用户希望打印出来的表格在每页都有相同的表头标题和列标题，页眉页脚也需要个性化的内容，例如页脚显示日期和页码，页眉显示章节标题等。

图 1-38 和图 1-39 所显示的是：在每页都有相同的表头标题和列标题，在页脚左边显示日期，格式是红色和斜体；中间显示页码，内容是“第 m 页，共 n 页”。

下面具体说明设置方法。

1) 每页显示表头标题和列标题

在“页面布局”选项卡的“页面设置”组中单击⧉按钮，打开“页面设置”对话框。选择“工作表”选项卡，在“顶端标题行”文本框中输入表标题和列标题单元格的“起始地址:终止地址”，单击“确定”按钮，如图 1-40 所示。可单击“打印预览”按钮观看打印效果。

图书销售情况表

图书编号	书名	图书类别	销售数量	销售日期	单价
S001.02	古今中外格言	少儿	500	2013/2/10	20
T001.10	数据库应用系	计算机	1000	2013/7/8	30
T001.06	计算机应用基	计算机	2000	2013/9/10	29
S001.04	唐诗三百首	少儿	1300	2013/5/9	19
A001.06	牛津字典	社科	2	2013/6/23	50
S001.05	宋词	少儿	600	2013/8/12	20
S001.01	三字经里的故	少儿	230	2013/10/6	22
T001.07	Office2010新手	计算机	1200	2013/12/29	30
T001.08	Excel应用大全	计算机	3000	2013/8/20	32
T001.09	计算机在财经中的应用	计算机	5000	2013/11/12	31
S001.03	成语词典	少儿	1200	2013/7/27	20
k004.07	会计核算	会计	700	2013/9/26	25
D005.09	统计分析	统计	760	2014/1/7	28
B0012.09	昆虫记	社科	200	2014/5/9	30
S0012.10	百科知识	少儿	300	2014/2/12	25
C5050.02	大数据时代	计算机	600	2014/4/8	30
M0003.04	科学家传奇	少儿	500	2014/3/9	20
S004.07	恐龙学	少儿	400	2014/6/17	10
T0005.09	地震探秘	少儿	100	2014/4/20	20
R0004.09	人类先祖	少儿	200	2014/6/12	23
S0101.09	上下5000年	少儿	30	2014/4/21	26
S0102.01	鲁滨逊飘流记	少儿	400	2014/6/20	30
S0011.12	一千零一夜	少儿	370	2014/2/5	27
F0001.01	瓦尔登湖	社会	300	2014/1/12	20
F0001.02	梦的分析	社会	200	2014/4/4	25
F0001.03	创造心理学	社会	500	2014/4/3	30
F0001.04	爱因斯坦	社会	300	2013/3/2	28
F0001.05	卡夫卡	社会	300	2013/3/1	30
F0001.06	法学原理	社会	600	2013/3/28	20
F0001.07	毕加索	社会	9	2014/4/1	20

2021/5/10　　第 1 页，共 2 页

图 1-38　表格标题效果图

图书销售情况表

图书编号	书名	图书类别	销售数量	销售日期	单价
F0001.08	诸神的起源	社会	100	2013/5/6	28
K0001.04	拓扑学	科学	500	2014/7/8	26
K0001.05	高等代数讲义	科学	600	2013/1/27	30
K0001.06	高等代数讲义	科学	600	2014/6/26	30
K0001.07	佛罗伦萨史	社会	100	2013/5/9	28
K0001.08	常微分方程	科学	500	2014/3/16	30
K0001.09	数学分析	科学	500	2013/4/22	29
K0001.10	数学简史	科学	300	2014/5/10	20
F0001.11	忍想录	社会	100	2013/7/2	26
K0111.09	量子力学原理	科学	600	2013/1/9	30
F0109.06	命运的力量	社会	200	2014/5/12	26
M0012.05	美学1	科学	200	2014/3/27	30
M0012.06	美学2	科学	200	2014/7/3	30
M0012.07	美学3	科学	200	2014/1/4	30
L0004.01	逻辑学	科学	300	2014/3/8	27

2021/5/10　　第 2 页，共 2 页

图 1-39　页脚效果图

2) 页脚内容

在“页面布局”选项卡的“页面设置”组中单击⧉按钮，打开“页面设置”对话框，选择“页眉/页脚”选项卡，如图 1-41 所示。单击其中的“自定义页脚”按钮，弹出如图 1-42 所示“页脚”对话框，选择在左、中位置分别插入日期、页码。

同理，单击“自定义页眉”按钮可进行页眉内容的设置，设置方法与设置页脚内容类似，只是页眉在页面顶端，页脚在页面底端，两者的位置不同。

图 1-40　设置打印区域和标题行

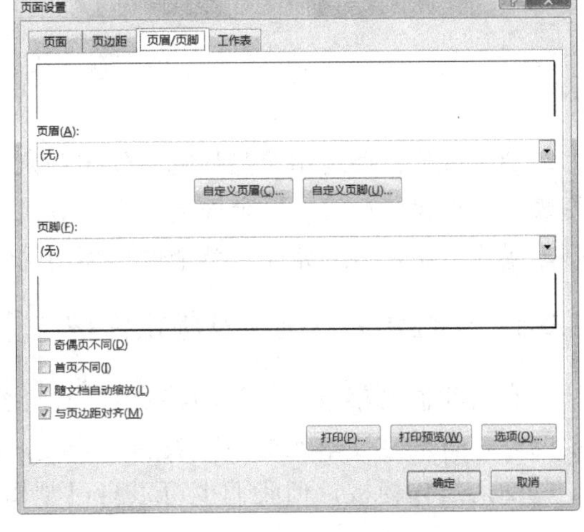

图 1-41　“页面设置”对话框

4. 设置打印区域、份数和页数范围

选择“文件”选项卡的“打印”命令，设置“打印选定区域”，在“份数”微调框中输入打印份数，在“页数”微调框中输入打印的开始页码和结束页码，如图 1-43 所示。如果不设置开始页码和结束页码，将自动打印所有页码。

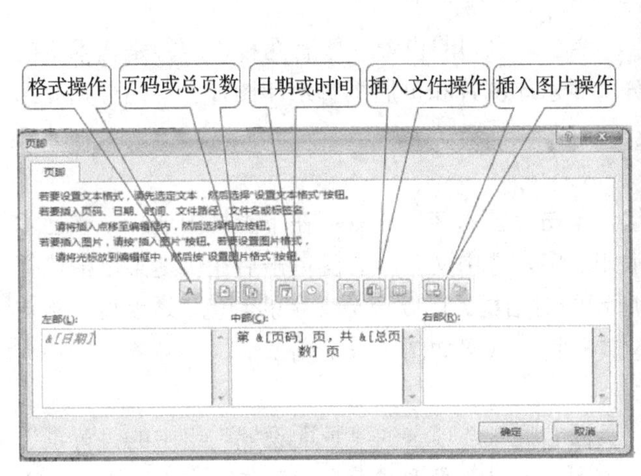

图 1-42　在页脚设置日期和页码

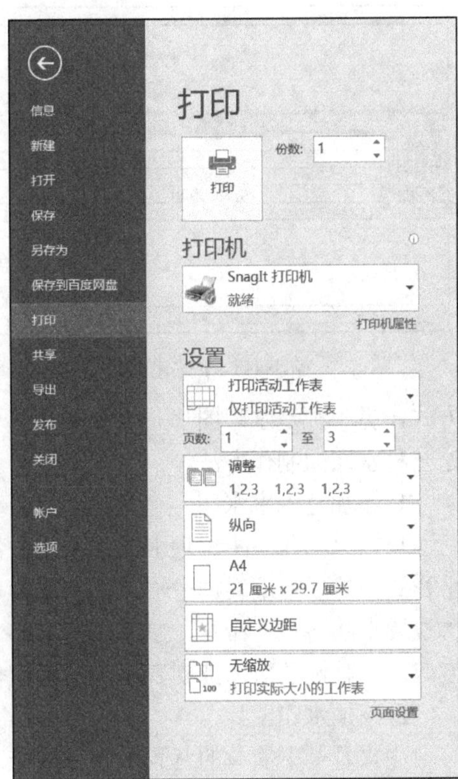

图 1-43　设置打印区域、份数和页数范围

1.6 拓 展 应 用

通常我们需要运用一些基础操作技巧来制作一些特定的表格，比如学生信息表、教师工资表、个性化简历等。以全局化的思维方式，运用前面所学的对工作簿、工作表和单元格的基本操作方法，可以完成一个个性化简历的制作，并适当进行版权保护。

1.6.1 个性化简历制作及版权保护

有时我们希望自己的简历特点鲜明，比如有些特制的水印、有些特别的栏目等。更重要的是，有些重要单元格不能被随意修改，以保护我们自己的版权。虽然 Excel 2016 提供一些简历制作模板，但我们也可以自己制作个性化简历。下面详细介绍不使用模板制作个性化简历的步骤。

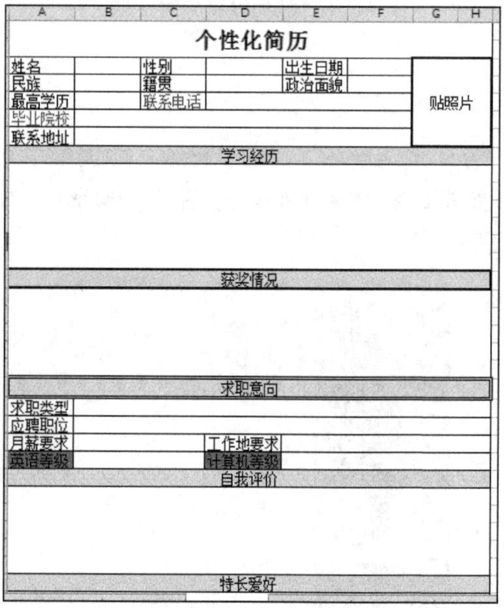

图 1-44　个性化简历

1. 简历中基本信息的输入和表格编辑

(1) 新建一个空白工作簿，选中 Sheet1 里的 A1:H2 单元格区域，单击“合并后居中”，输入标题“个性化简历”，调节字体大小和颜色等，并保存，如图 1-44 所示。

(2) 依次按照图 1-44 中的样式把表格做好，输入个人信息并进行部分单元格的合并和调整，然后设置边框、调整边框属性等。其中，“获奖情况”和“贴照片”所在单元格使用“粗外侧框线”，“求职意向”所在单元格使用“双框线”。

2. 设置个性化水印

水印的设置一般有两种，一种是艺术字的方式，另一种是水印图片。水印图片又分背景水印图片和页眉页脚水印图片。下面分别介绍这几种水印的制作方法。

1) 添加艺术字水印

单击“插入”主选项卡的“文本”组，单击“艺术字”命令，在下拉框中选择一款艺术字样式，然后在编辑框中输入文字作为水印文字。选中文字，右键单击后在快捷菜单中选择“设置形状格式”命令，弹出如图 1-45 所示的对话框。可以调节文字的颜色、透明度、旋转度等。调整好之后，拖到表格中的相应位置即可，效果如图 1-46 所示。

2) 添加水印图片

先来看一下简单的背景水印。选择“页面布局”选项卡的“页面设置”组中的“背景”命令，在弹出的对话框中选择一个图片，该图片就以背景形式存在于工作表中，占满整个工作表，如图 1-47 所示。

3) 在页眉/页脚添加水印图片

选择“页面布局”选项卡的“页面设置”组，在弹出的对话框中选择“页眉/页脚”选项卡。以页眉水印为例，单击“自定义页眉”按钮，在弹出的对话框中选择左部、中部、右部，其中一个或多个位置插入选定为水印的图片，单击“确定”按钮回到工作表页面。再选择“视图”选项卡的“工作簿视图”组的“页面布局”按钮，单击工作表的页眉部分，这时选项卡上面多了一个页眉页脚工具“设计”选项。选择“页眉和页脚元素”组中的“设置图片格式”按钮，在弹出的对话框中调整图片的高度、宽度等，以满足自己的个性化需求，如图 1-48 所示。

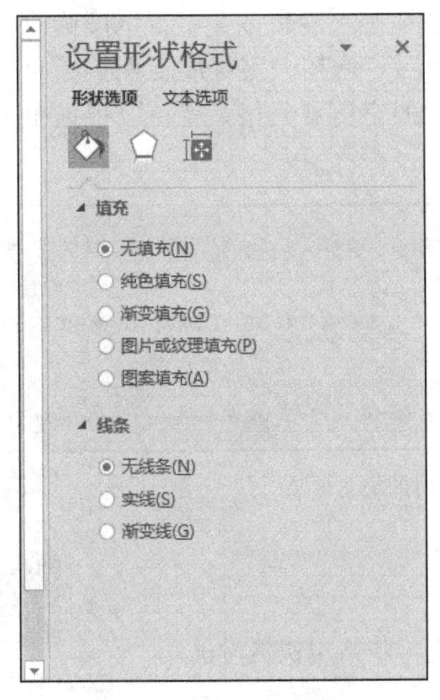

图 1-45　设置形状格式

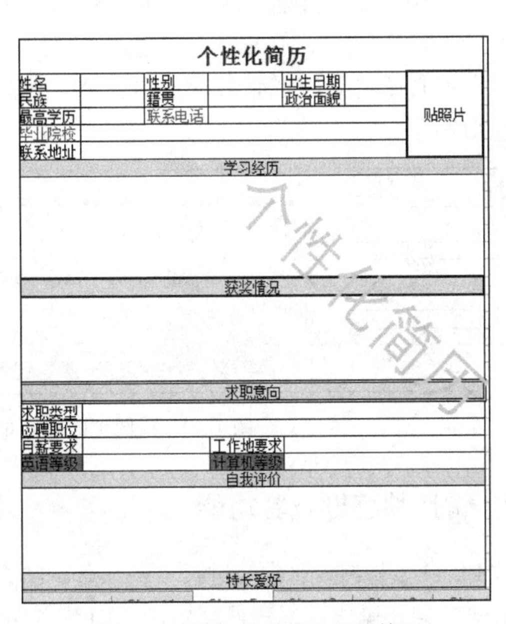

图 1-46　添加艺术字水印的简历

图 1-47　设置背景水印

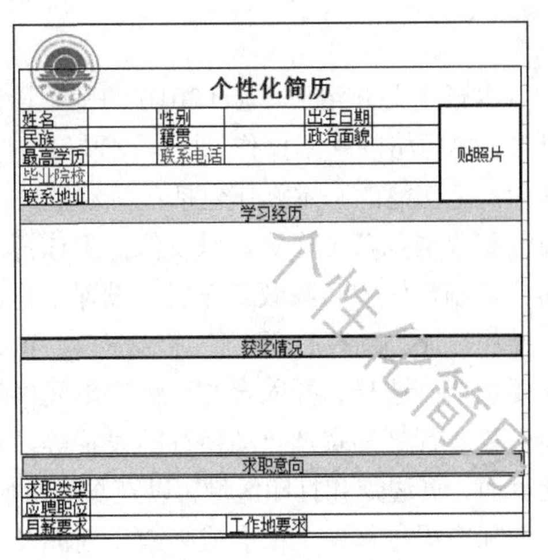

图 1-48　设置页眉水印

3. 锁定重要单元格的内容

把鼠标放在个性化简历的任一单元格中，按 Ctrl+G 快捷键调出“定位”对话框，如图 1-27 所示。单击“定位条件”按钮，弹出“定位条件”对话框，如图 1-28 所示。选中“空值”后单击“确定”按钮，回到工作表中，会看到所有空值单元格被选中了。在任意空值单元格中右键单击，在弹出的快捷菜单中选择“设置单元格格式”命令，然后选择“保护”选项卡，把“锁定”前的勾去掉，也就是不锁定。确定后回到工作表窗口，继续选中“审阅”选项卡“保护”组里面的“保护工作表”命令，设置密码进行保护。测试发现，我们制作的简历中，那些姓名、性别等非空值单元格就被锁定不能更改了。若试图修改“联系电话”所在的单元格，弹出警告信息，如图 1-49 所示。这在一定程度上保护了自己的版权，防止不必要的修改。而未锁定单元格，比如旁边的空值单元格，就可以根据个人的真实信息填写了。

图 1-49　试图更改锁定单元格时的警告信息

1.6.2　常用快捷键及其功能

Excel 常用快捷键

做 Excel 表格时，通常会进行多种操作，如果知道一些常用快捷键的用途和用法，会让操作过程变得简单，从而节省操作时间。

本 章 小 结

本章主要介绍了 Excel 2016 的基础操作，主要包括：工作簿的基本操作，工作表的基本操作，单元格的基本操作，打印设置和个性化简历及版权保护，一些常用快捷键及功能介绍。其中，工作簿的基本操作包括：新建空白工作簿，新建带模板的工作簿，打开、保存、加密、隐藏和取消隐藏工作簿，以及保护工作簿的结构。工作表的基本操作包括：插入、删除、移动、复制、保护和隐藏工作表，设置工作表的数量、名称和标签颜色，以及工作表窗口的基本操作，比如新建、拆分、冻结窗口，窗口重排和调整窗口显示比例等。单元格的基本操作主要包括：选择、插入合并、锁定单元格和单元格区域，字体格式、条件格式和单元格格式的设置，行高列宽及自动换行的设置等，对单元格的各种操作是重中之重。打印设置主要包括页面、页边距和打印区域，以及页眉页脚的设置。这些看似独立的基础操作，实则在 Excel 的实际应用过程中，都会或多或少地涉及。

学生在学习这些基础操作时，应该考虑在哪些情况下可能会用到哪些具体操作，多考虑背后的应用范围，便于以后学习图表制作、经济财务模型等相关知识的融会贯通。面对任意电子表格的制作，学生都应该多用心分析、详细设计，以全局思维来统筹制作，把这些基础操作融合在一起才能完美地解决实际问题。

思考与练习

一、选择题

1．Excel 2016 文件的默认扩展名是________。

A．xls　　B．xsl　　C．xlsx　　D．xslx

2．选择一个连续的数据区时，先选中数据区左上角单元格，然后按________键，再单击数据区右下角最后一个单元格。

A．Ctrl　　B．Alt　　C．Enter　　D．Shift

3．在 Excel 中可设置单元格的对齐方式，以下不属于对齐方式的是________。

A．顶端对齐　　B．底端对齐　　C．垂直对齐　　D．跨行对齐

4．在“考试成绩”工作表中，若希望将不及格学生的成绩用红色、加粗显示，则应设置成绩列数据的________规则。

A．条件样式　　B．条件格式　　C．数据样式　　D．数据格式

5．锁定单元格时，通常需要用________快捷键打开“定位”对话框。

A．Ctrl+C　　B．Alt+G　　C．Ctrl+G　　D．Shift+G

二、思考题

1．为何要设置每隔一定的时间“自动保存”工作簿？

2．设置“保护工作簿的结构”可以起到什么作用？

3．能在不同工作簿之间移动工作表吗？

4．设置“保护工作表”有什么作用？

5．“跨越合并”单元格与“合并单元格”有何区别？

6．在进行复制和粘贴操作时，选择“全部”和选择“数值”有何区别？

7．可以设置每页都有同样的表头标题和列标题吗？

8．页眉和页脚有什么作用？如何设置页码？

9．如何锁定部分单元格？其作用是什么？

10．请结合你的专业知识，设计并制作一个个性化的课程学习计划表，并适当进行版权保护。

第 2 章　数据计算与函数思维

在职场中灵活应用公式和函数进行计算，利用 Excel 对数据管理分析是信息时代下职场人必备的技能。Excel 电子表格中的公式和函数扮演着非常重要的角色。

数学在人类社会中越来越显出它的重要性，函数的功能就是人类的思维。函数是将输入的数据进行处理、计算后输出的过程。函数思维是将问题进行抽象，隐藏复杂的内部细节，将某一功能抽象出来，使其具有可重用性，从而更加便捷地解决问题。

公式和函数是 Excel 中最基础、最核心的内容，它们具有非常强大的数据计算和分析的功能，是 Excel 的重要组成部分。学习 Excel 的首要任务就是要掌握公式和函数的使用方法，培养和训练函数思维，不仅为分析和处理工作表中的数据提供方便，也为后面章节解决各种实际应用问题打下良好的基础。本章主要介绍公式和函数的基础知识，以及常用函数运用等内容。

2.1　初识 Excel 公式

Excel 公式最关键的作用是计算，除计算外还可以建立数据之间的关联。Excel 中的运算都是从公式开始的。简单的公式有加、减、乘、除等计算，例如“=C2+D2+E2+F2”“=3.14*3^2”和“=A4/C6”；复杂的公式可能包含函数、单元格(区域)引用、运算符、常量，对于有特殊需要的计算可能还会用到数组公式。

2.1.1　Excel 公式的构成

Excel 公式可以进行的操作有：数据计算、信息返回、单元格中内容的获取与修改、判断条件等。公式中可以包含运算符、常量、单元格(区域)引用和函数等，并要求必须以“=”开头。

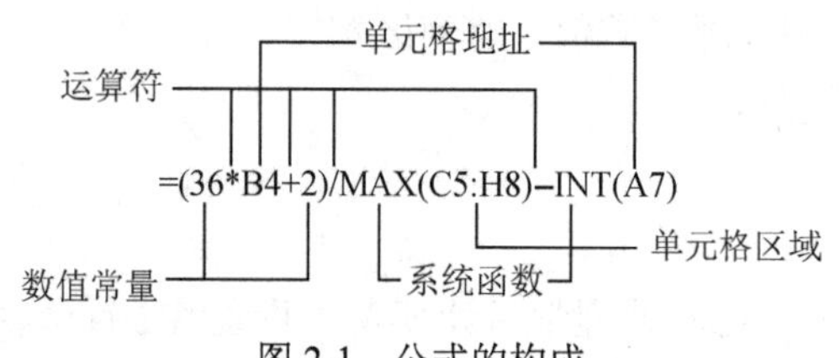

图 2-1　公式的构成

例如，如图 2-1 所示是一个典型的公式。

该公式的含义是：B4 单元格的数据与 36 的乘积并加上数值 2，除以单元格区域 C5:H8 中数据的最大值，再减去 A7 单元格值取整的结果。输入公式后按 Enter 键对输入的公式进行确定，计算结果就会自动出现。

2.1.2　公式中的运算符及优先级

运算符用于对公式中的元素进行特定类型的运算。Excel 包含 4 种类型的运算符：算术运算符、比较运算符、文本运算符和引用运算符。

1. 运算符

1) 算术运算符

此类运算符主要用于完成基本的数学运算，对运算符两端的数值进行加、减、乘、除等运算，产生数字结果。各种算术运算符及其用途如表 2-1 所示。算术运算符优先级由高到低是：–(负数)、%(百分比)、^(乘方)、*和/(乘和除)、+和–(加和减)。

表 2-1　算术运算符及其用途

优先级	符号	名称	用途	示例
1	–	负号	负数	–10
2	%	百分号	百分比	70%
3	^	脱字符	乘方	5^2(等价于 5*5)
4	*	星号	乘	6*3
4	/	正斜杠	除	8/5
5	+	加号	加	5+2
5	–	减号	减	9–4

说明：

各运算符优先级顺序见表 2-1，其中优先级 1 的级别最高，最先运算；优先级 5 的级别最低，最后运算；同一级别按从左到右的顺序进行运算。下面各表中运算符优先级编号具有与此相同的含义。

示例：

```
2 ^ 3                 计算 2 的 3 次方，结果为 8
7 / 2                 计算 7 除以 2，结果为 3.5
2 * 3                 计算 2 乘以 3，结果为 6
2 ^(1/2)或 2^0.5      计算 2 的平方根，结果为 1.414213562
–5 ^ 2                计算–5 的 2 次方，结果为 25
```

2) 比较运算符

使用此类运算符可以比较两个值的大小。使用比较运算符比较两个值对应的表达式称为关系表达式或条件表达式，其结果是一个逻辑值。当条件成立，结果就是 True(真)，否则就是 False(假)。各种比较运算符及其用途如表 2-2 所示。这些比较运算符属于同级运算。

表 2-2　比较运算符及其用途

符号	用途	示例
=	等于	5 = 9
>	大于	B1 > D8
<	小于	True < False
>=	大于等于	"a" >= "b"
<=	小于等于	"16" <= "3"
<>	不等于	6 <> 9

说明：在使用关系运算符进行比较时，应注意以下规则。

(1) 如果参与比较的操作数均是数值型，则按其大小进行比较。

(2) 如果参与比较的操作数均是字符型，则按字符的字母序列从左到右一一对应比较，即首先比较两个字符串的第 1 个字符，字母靠后的字符大，对应的字符串也大。如果两个字符串的第 1 个字符相同，再比较第 2 个字符，以此类推，直到出现不同的字符为止。在单字符比较中，汉字字符大于西文字符(默认情况下字母的大小写相同)，而汉字间的比较方法是按汉字的拼音进行比较。

即：汉字字符>西文字符(大小写相同)>数字串>空格串

(3) 如果参与比较的操作数均是日期型，则越晚的日期越大。

示例：

```
3 > 2                              结果为 True
2 >= 3                             结果为 False
"abcd" > "abc"                     结果为 True
"张力" > "刘力"                    结果为 True
```

3) 文本运算符

文本运算符的符号为&，用于连接两个文本字符串产生一个连续的文本串。

示例：

```
="North"&"wind"                    结果为"Northwind"
```

4) 引用运算符

使用此类运算符可以将单元格区域进行合并计算。引用运算符及其用途如表 2-3 所示。引用运算符优先级：先冒号(:)，后单个空格( )，再逗号(,)。

表 2-3　引用运算符及其用途

优先级	符号	名称	用途	示例
1	:	冒号	区域运算符，对两个单元格之间的所有单元格进行引用(包括两个单元格)	B5:C9
2		空格	交叉运算符，对两个区域共同的单元格进行引用	SUM(B2:D4 C3:E6) 结果为 C3:D4 区域求和
3	,	逗号	联合运算符，将多个引用合并为一个引用	SUM(B5:B15,D5:D15)

2. 优先级

Excel 的每一种运算符的优先级都是固定的。如果在一个公式中用到了多个运算符，在没有括号改变运算顺序的前提下，Excel 将按优先级顺序从高级到低级进行计算；如果公式中用到多个优先级相同的运算符，那么将从左到右进行计算。如果要改变计算的顺序，可以把公式中需要先计算的部分加上圆括号来改变优先级顺序。

复杂公式中可能会同时包含多种不同类型运算符，其计算的优先级由高到低为：引用运算符、算术运算符、连接运算符、比较运算符。

2.2　单元格的引用方法

在公式中如果要访问存储在单元格中的数据，则要使用到单元格的引用。引用的作用在于公式可以访问工作表上的单元格或单元格区域。通过引用，可以在公式中使用工作表不同单元格(或区域)中的数据，同一工作簿不同工作表的单元格的数据或者不同工作簿的单元格中的数据。单元格引用的一般格式如下：

```
[工作簿名.xlsx]工作表名!单元格(区域)引用
```

如：

```
[工作簿1.xlsx]Sheet1!E5
```

引用的单元格(区域)在同一工作簿不同工作表时，工作簿名可以省略，若在同一工作簿同一工作表时，工作簿和工作表名都可以省略。引用其他工作簿中的单元格被称为链接或外部引用。

2.2.1　相对引用

相对引用由列号和行号组成(如 C3)，是基于单元格的相对位置，是默认的单元格引用方式。它是指当把一个含有单元格引用的公式复制到一个新单元格时，公式中的单元格引用会随着目标单元格位置的改变而相对改变。

如图 2-2 所示，C3 单元格引用了 A3 和 B3 单元格，公式为：=A3+B3。将公式复制到 C4 单元格，那么 C4 单元格的公式中的相对引用就分别转变为 A4 和 B4 单元格，公式变为：=A4+B4，如图 2-3 所示。

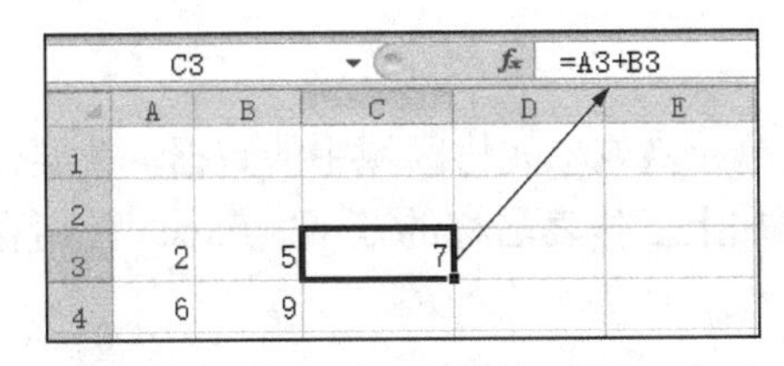

图 2-2　C3 单元格的相对引用

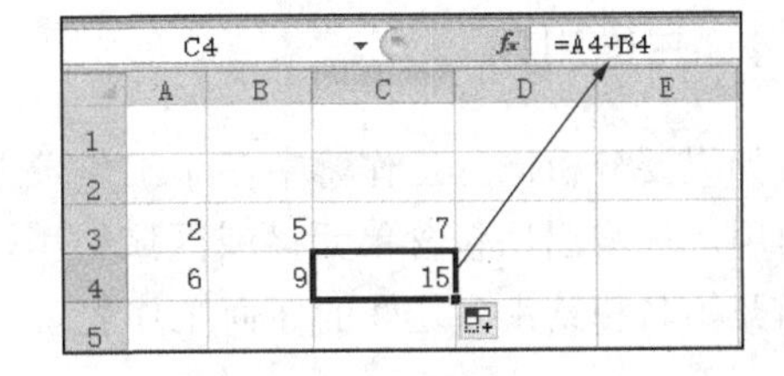

图 2-3　C4 单元格的引用

如果把 C3 单元格的公式复制到 D4 单元格，那 D4 单元格的公式变为：=B4+C4。

2.2.2　绝对引用

绝对引用，简单地说就是在引用的时候，被引用的单元格不会随着目标单元格位置的改变而改变。绝对引用用符号$来表示，当需要绝对引用时，只需在行列地址前加上符号$即可，如$A$3、$B$3。

如图 2-4 所示，C3 单元格引用了 A3 和 B3 单元格。把公式复制到 C4 单元格，那么 C4 单元格对它的绝对引用还是 A3 和 B3 单元格，如图 2-5 所示。

如果把 C3 单元格的公式复制到 D4 单元格，那 D4 单元格的公式应该是什么呢？

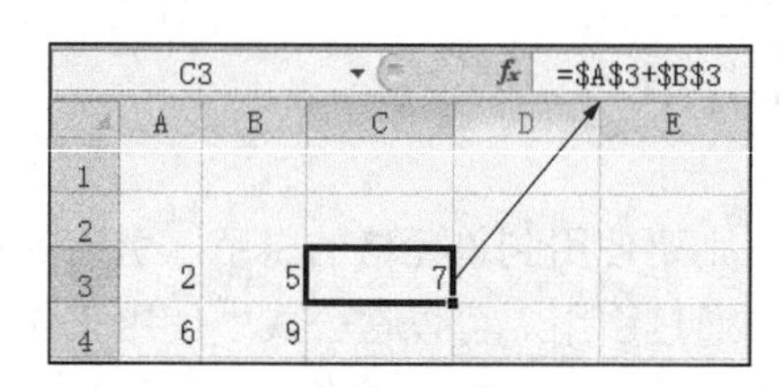

图 2-4　C3 单元格的绝对引用

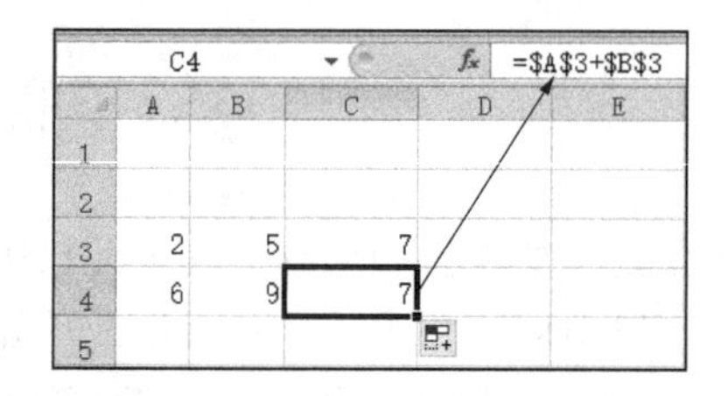

图 2-5　C4 单元格的引用

2.2.3　混合引用

在实际应用中，用户对单元格的引用有时不限于全部的相对引用或绝对引用，而需要单独对列或行进行绝对引用，这时就要用到混合引用。混合引用包括两种：一种是行绝对引用、列相对引用；另一种是行相对引用、列绝对引用。如 D$5，即是对 D 列的相对引用和对第 5 行的绝对引用。如图 2-6 所示，C3 单元格的公式为：=$A3+B$3。

如果把 C3 单元格的公式复制到 D4 单元格，那么 D4 单元格的公式变为：=$A4+C$3，如图 2-7 所示。

提示：按 F4 功能键，公式中选中的地址会在相对地址、绝对地址和混合地址之间切换。

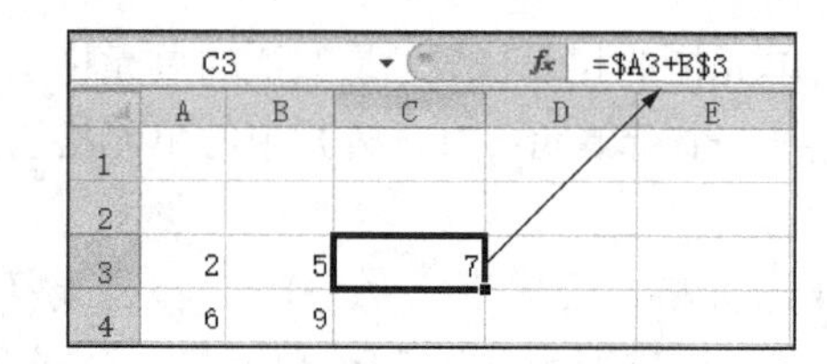

图 2-6　C3 单元格的混合引用

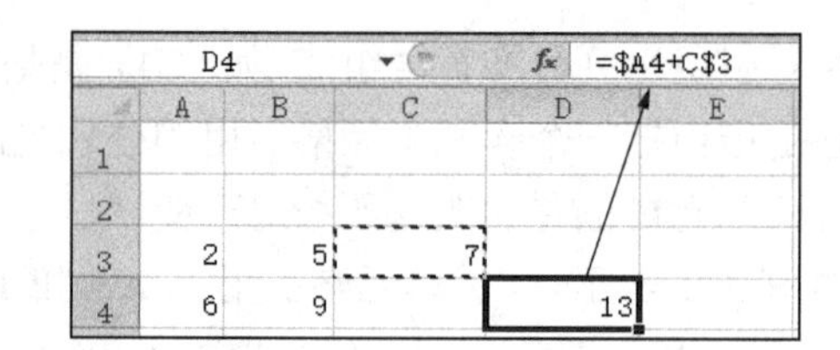

图 2-7　C4 单元格的引用

2.2.4　三维引用

如果要分析同一工作簿中多个工作表上相同单元格或单元格区域中的数据，就要使用三维引用。三维引用包含单元格或区域引用，前面加上工作表名称的范围。Excel 使用存储在引用开始名和结束名之间的任何工作表。

示例：

```
=SUM(Sheet2:Sheet13!B5)
```

上述公式计算工作表 2 到工作表 13 中的所有 B5 单元格中值的和。

说明：

(1) 可以使用三维引用来引用其他工作表中的单元格、定义名称，还可以通过使用下列函数来创建公式：SUM、AVERAGE、AVERAGEA、COUNT、COUNTA、MAX、MAXA、MIN、MINA、PRODUCT、STDEV.P、STDEV.S、STDEVA、STDEVPA、VAR.P、VAR.S、VARA 和 VARPA。

(2) 三维引用不能用于数组公式中。

(3) 不能与交集运算符(单个空格)一起使用三维引用。

2.3　初识 Excel 函数

1. 函数调用格式

函数相当于系统预先编制好的公式，可以对一个或多个值(函数的参数)执行运算，并返回一个结果(函数值)。每个函数可以有 0 个、1 个或多个参数(参数间用逗号分隔)，有且只有一个返回值。函数的组成部分包括：函数名称、一对圆括号(英文半角)、参数。函数公式是以“=”开始的，如图 2-8 所示。

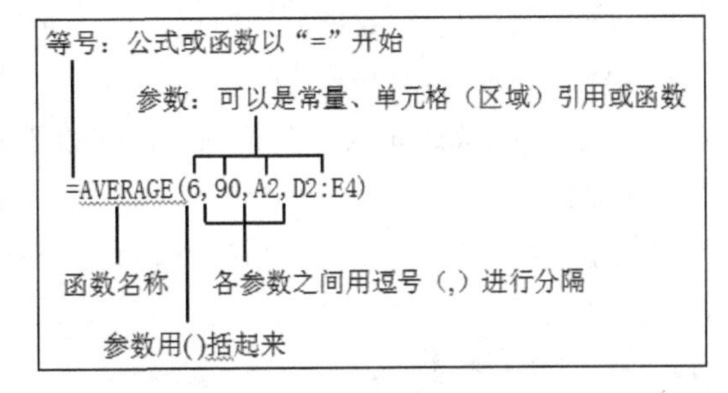

图 2-8　函数公式格式

2. 使用函数的方法

在 Excel 中使用函数的方法主要有以下两种。

方法 1：使用“插入函数”对话框通过界面的方式插入函数。这种方法比较简单，适合于初学者使用。首先选中要输入函数的单元格，再单击编辑栏中的 fx 按钮，将会弹出“插入函数”对话框，如图 2-9 所示。

在对话框中选择函数后，将打开“函数参数”对话框，如图 2-10 所示。

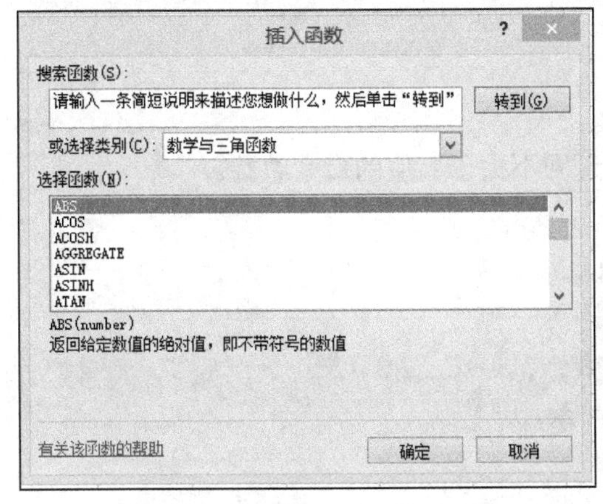

图 2-9　“插入函数”对话框

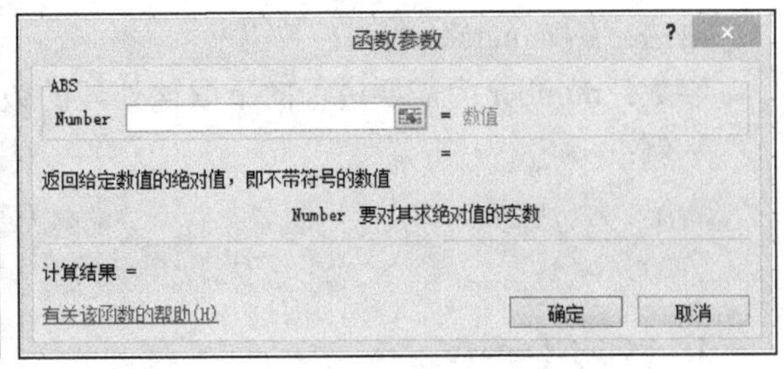

图 2-10　“函数参数”对话框

另外，也可以单击“公式”选项卡的 fx 插入函数 按钮插入函数，或者通过“公式”选项卡的函数库来选择要使用的函数进行插入。

方法 2：在选中的单元格中直接输入函数公式，输入时要以“=”开始。这种方法比较适合能熟练使用函数的人员使用。

2.4　Excel 中的常用函数

Excel 共有 11 种函数，分别是数学与三角函数、日期与时间函数、逻辑函数、统计函数、查找与引用函数、文本函数、财务函数、数据库函数、工程函数、信息函数和用户自定义函数。

2.4.1　数学函数

Excel 利用数学函数可以进行一些数学运算，如加、减、乘、除、乘方和开方等。也可以利用三角函数可以进行正弦、余弦等三角运算。下面介绍常用的一些数学函数。

1. ABS 函数

功能：返回给定数据的绝对值，即不带符号的数值。
语法：ABS(number)
参数：number 是要计算其绝对值的数值表达式。
示例：

```
=ABS(-123)                    返回-123 的绝对值 123
```

2. SQRT 函数

功能：返回数值的平方根。
语法：SQRT(number)
参数：number 是要对其求平方根的数值，是一个大于等于零的数。
示例：

```
=SQRT(9)            返回 9 的平方根 3
```

3. INT 函数

功能：将数值向下取整为最接近的整数，即返回不大于原值的最大整数。
语法：INT(number)
参数：number 为需要进行向下取整处理的数。
示例：

```
=INT(9.7)                返回不大于 9.7 的最大整数为 9
=INT(-5.6)               返回不大于-5.6 的最大整数为-6
```

4. ROUND 函数

功能：按指定的位数对数值进行四舍五入。
语法：ROUND(number,num_digits)
参数：number 是要四舍五入的数字；num_digits 执行四舍五入时采用的位数，是按此位数对 number 参数进行四舍五入。如果 num_digits 大于 0，则将数字四舍五入到指定的小数位数；如果 num_digits 等于 0，则将数字四舍五入到最接近的整数；如果 num_digits 小于 0，则将数字四舍五入到小数点左边的相应位数。
示例：

```
=ROUND(56.56,1)          返回 56.6
-ROUND(56.56,-1)         返回 60
=ROUND(56.56,0)          返回 57
```

5. MOD 函数

功能：返回两数相除的余数，余数的正负符号与除数相同。
语法：MOD(number,divisor)
参数：number 是被除数，divisor 是除数。
示例：

```
=MOD(7,4)                返回 3
=MOD(7,-4)               返回-1
=MOD(-7, -4)             返回-3
```

6. EXP 函数

功能：返回 e 的 n 次方。
语法：EXP(number)
参数：number 是底数 e 的指数，常数 e 等于 2.71828182845904。
示例：

```
=EXP(1)                  返回 e 的 1 次方，近似值为 2.718282
=EXP(3)                  返回 e 的 3 次方
```

7. POWER 函数

功能：返回给定数值的乘幂。
语法：POWER(number, power)
参数：number 为底数，可以为任意实数；power 为指数。
示例：

```
=POWER(3,2)              返回 3 的平方为 9
```

8. LN 函数

功能：返回给定数值的自然对数(以 e 为底)。
语法：LN(number)
参数：number 是要计算其自然对数的正实数。
示例：

```
=LN(35)                  返回 35 的自然对数
=LN(EXP(4))              计算 e 的 4 次幂的自然对数为 4
```

9. LOG 函数

功能：按所指定的底数，返回一个数的对数。
语法：LOG(number[,base])
参数：number 是要计算其对数的正实数；base 可选，是对数的底数，如果省略底数，其值为 10。
示例：

```
=LOG(9, 3)          返回以 3 为底 9 的对数，结果为 2
=LOG(10)            返回以 10 为底 10 的对数，结果为 1
```

10. SUM 函数

功能：计算单元格区域中所有数值的和。

语法：SUM(number1, number2,…)

参数：number1, number2,…为 1～255 个需要求和的参数。如果参数是一个数组或引用，则只计算其中的数字型数据。数组或引用中的空白单元格和非数字型单元格将被忽略。

示例：

```
=SUM(5, 4)              将 5 和 4 相加，结果为 9
=SUM(A3:A5,15)          将单元格 A3 至 A5 中的数字相加，然后将结果与 15 相加
```

11. SUMPRODUCT 函数

功能：在给定的几组数组或区域中，将数组或区域间对应的元素相乘，并返回乘积之和。

语法：SUMPRODUCT(array1[,array2] [,array3] …)

参数：array1,array2,array3, …为需要进行相乘并求和的数组参数，参数个数为 1～255。

示例：

```
=SUMPRODUCT(A1:B4,C1:D4)
```

表示将两个区域的所有相对应的单元格数值两两相乘，最后将乘积相加。即=A1×C1+B1×D1+A2×C2+B2×D2+A3×C3+B3×D3+A4×C4+B4×D4。

2.4.2 日期与时间函数

日期与时间函数的主要功能是处理日期和时间，或返回日期和时间数据。

1. NOW 函数

功能：返回计算机系统的当前日期和时间。

语法：NOW()

参数：无。

2. TODAY 函数

功能：返回计算机系统的当前日期。

语法：TODAY()

参数：无。

3. YEAR 函数

功能：返回指定日期对应的年份。

语法：YEAR(serial_number)

参数：serial_number 为一个日期值。

示例：

```
=YEAR("2021-12-25")                结果返回 2021
```

4. MONTH 函数

功能：返回指定日期对应的月份值。
语法：MONTH(serial_number)
参数：serial_number 为一个日期值。
示例：

```
=MONTH(TODAY())                    结果返回当前月份
```

5. DAY 函数

功能：返回一个月中第几天的数值。
语法：DAY(serial_number)
参数：serial_number 为一个日期值。
示例：

```
=DAY("2021-10-29")                 结果返回 29
```

2.4.3 文本函数

Excel 通过文本函数可以在公式中处理文本字符串。

1. LEN 函数

功能：返回文本字符串中的字符数。
语法：LEN(text)
参数：text 是要求其长度的文本。
示例：

```
=LEN("fB8□会计 F")                  返回值为 7，其中□表示空格，也要作为字符进行计数
```

2. LEFT 函数

功能：从一个文本字符串(主串)的第 1 个字符开始返回指定个数的字符。
语法：LEFT(text,num_chars)
参数：text 是要提取字符的文本串，即主串。num_chars 是要提取的字符数，它必须>=0。如果 num_chars 为 0，函数返回空串；如果 num_chars 大于文本长度，函数返回全部文本；如果省略 num_chars，则假设其值为 1。
示例：

```
=LEFT("会计电算化",2)               返回"会计"
=LEN(LEFT("会计电算化",8))          返回 5
```

3. RIGHT 函数

功能：返回一个文本字符串的指定个数的尾部字符。

语法：RIGHT (text,num_chars)

参数：参数同 LEFT 函数。

示例：

```
=RIGHT("会计电算化",3)              返回"电算化"
```

4. MID 函数

功能：从文本字符串中指定的起始位置起返回指定个数的字符。

语法：MID (text,start_num,num_chars)

参数：text 是要提取字符的文本串；start_num 是要提取子串的第 1 个字符的位置编号，文本中第 1 个字符的 start_num 为 1，以此类推，如果 start_num 大于文本长度，则 MID 返回空文本（""）。如果 start_num 小于文本长度，但 start_num 加上 num_chars 超过了文本的长度，则 MID 返回直到文本末尾的字符，即从开始字符一真取到尾；num_chars 指定希望 MID 从文本中返回字符的个数。

示例：

```
=MID("计算机等级 Access 考试",4,8)        返回"等级 Access"
```

5. TEXT 函数

功能：通过指定的格式代码将数据按指定格式转化为文本格式。当要按指定格式显示数字或日期时间，或者将其与文本或符号组合时，它将非常有用。

语法：TEXT (value, format_text)

参数：value 为必需参数，表示要转换为文本的数值或日期时间；format_text 也是必需参数，它是一个用于指定的格式代码的文本字符串，定义 value 要使用的格式。

示例：

```
=TEXT(1234.567,"$#,##0.00") 货币带有 1 个千位分隔符和 2 个小数，结果为$1,234.57。
                            请注意，Excel 将该值四舍五入到小数点后两位
=TEXT(0.285,"0.0%")         使用百分比显示，结果返回 28.5%
=TEXT(TODAY(),"MM/DD/YY")   当前日期采用 MM/DD/YY 格式，比如 03/15/21
```

2.4.4 统计函数

Excel 使用统计函数可以对参数的特定数值按特定的顺序或结构进行统计分析计算。统计函数中的参数可以是数字、数组或引用。

1. AVERAGE 函数

功能：返回参数的平均值。

语法：AVERAGE (number1,number2,...)

参数：number1,number2,...是要计算平均值的数字、单元格引用或单元格区域，最多可包含 255 个。

示例：

```
=AVERAGE(10,20,30)          返回10、20、30这3个数字的平均值，结果为20
=AVERAGE(TRUE,"5",6)        返回这3个数据的平均值，结果为4，其中TRUE代表数值1
=AVERAGE(A2:A6, 18)         返回单元格区域A2到A6中数字与数字18的平均值
```

2. MAX函数

功能：返回一组数中的最大值。

语法：MAX(number1,number2, …)

参数：number1,number2, …是要从中找出最大值的数字参数，参数个数为1～255。参数可以是数字，或者是包含数字的名称、数组或引用。

示例：

```
=MAX(A1:A5)          若A1=3, A2=-7, A3=0, A4=26, A5=-50，则返回这些数字中的最大值26
=MAX(-8,0,TRUE)      返回1
```

3. MIN函数

功能：返回一组数中的最小值。

语法：MIN(number1,number2, …)

参数：number1,number2,…是要从中找出最小值的数字参数，参数个数为1～255。参数可以是数字，或者包含数字的名称、数组或引用。

示例：

```
=MIN(A1:A5)        若A1=3, A2=-7, A3=0, A4=26, A5=-50，返回这些数字中的最小值-50
=MIN(-8,7,FALSE),     返回-8
```

4. COUNT函数

功能：计算指定区域中包含数值单元格的个数。需要注意的是，该函数只统计数字类型数据的个数，对于空白单元格和非数字单元格不计数。

语法：COUNT(value1, [value2], …)

参数：value1,value2,…是包含或引用各种类型数据的参数，参数个数为1～255，其中value1参数必需，value2,...为可选参数。

示例：

```
=COUNT(A1:A5)          若A1=8, A2="中国", A3=TRUE, A4="", A5=-5，返回2
```

5. SUMIF函数

功能：对区域中满足条件的单元格求和。

语法：SUMIF(range, criteria, [sum_range])

参数：range是用于条件计算的单元格区域(空值和文本值将被忽略)。criteria是用于确定对哪些单元格求和的条件，其形式可以为数字、表达式、单元格引用、文本或函数。例如，条件可以表示为18、">18"、A6、"苹果"或TODAY()。任何文本条件或任何含有逻辑或数学符号的条件都必须使用双引号(" ")括起来。如果条件为数字，则无需使用双引号。sum_range可选，表示求和的实际单元格，如果省略sum_range参数，Excel会对在范围参数中指定的单

元格(即应用条件的单元格)求和。

注：可以在 criteria 参数中使用通配符（“?”和“*”）。“?”匹配任意单个字符，“*”匹配任意一串字符。如果要查找实际的“?”或“*”，应在该字符前键入波形符“~”。

示例：

假设在含有数字的 B2:B25 中，需要对大于 20 的数值求和，可以使用公式：=SUMIF(B2:B25,">20")。

6. COUNTIF 函数

功能：统计指定单元格区域中满足条件的单元格的个数。

语法：COUNTIF(range, criteria)

参数：range 为需统计的契合条件的单元格区域；criteria 为参加统计的单元格条件，其类型一般要求文本型，字符串常量要求加引号。和 SUMIF 函数一样，可以在 criteria 参数中使用通配符。

示例：

假设 G2:G42 存放着 41 名学生的考试成绩，则公式“=COUNTIF(G2:G42, ">=85")”能够统计出成绩大于等于 85 分的学生数。

7. RANK 函数、Rank.EQ 函数和 Rank.AVG 函数

功能：是返回一个数字在指定数字序列中的数字排位，数字的排位是该值与列表中的其他值大小对比的结果。

语法：RANK(number, ref, [order])

参数：number 为必需参数，指需要找到排位的数字；ref 为必需参数，数字列表数组或对数字列表的引用，如果 ref 中存在非数值型值，其值将被忽略；order 为可选参数，指明数字排位的方式是升序还是降序，如果 order 为 0 或省略，Excel 对数字的排位按照降序排列；如果 order 不为零，Excel 对数字的排位按照升序排列。

示例：

假设 G2:G42 存放着 41 名学生的考试成绩，则公式“=RANK(G2,G2:G42)”能够计算出第 1 位学生的成绩在所有学生成绩中的排名(按降序排)。

说明：

RANK 函数为 Office 早期版本中的函数，对于相同数值返回的相应排位也相同。新版的 Office 又开发了两个函数 Rank.EQ 和 Rank.AVG。其中，Rank.EQ 函数与原来的 RANK 函数功能完全一样，没有差异；而 Rank.AVG 函数在多个相同值的排位上与上面两个函数有所不同，它将返回多个相同值的平均排位。比如上面的示例中，前 2 位学生的成绩(即 G2 与 G3 单元格的值)相同，又均为 41 名同学成绩中的最高成绩，这时公式“=RANK.AVG(G2,G2:G42)”计算得到的排位就不是 1 了，而是第 1 名与第 2 名的平均值 1.5。

8. SUMXMY2 函数

功能：对指定的两个数组或区域，计算它们对应值之差的平方和。

语法：SUMXMY2(array_x, array_y)

参数：array_x 表示第 1 个数组或区域；array_ y 表示第 2 个数组或区域。

说明：如果参数 array_x 和 array_ y 的元素数目不同，该函数将返回“#N/A”错误值。

示例：

若 A1=4，A2=3，A3=5，B1=2，B2=4，B3=8，那么公式“=SUMXMY2(A1:A3, B1:B3)”的计算结果就等于$(4-2)^2+(3-4)^2+(5-8)^2=14$。

2.4.5　逻辑函数

Excel 利用逻辑函数进行判断真假值或者对条件进行检验。

1. AND 函数

功能：对参数进行“与”运算，即检查是否所有参数均为 TRUE，如果所有参数结果都为 TRUE，则函数结果为 TRUE；只要有一个参数的计算结果为 FALSE，就返回 FALSE。

语法：AND(logical1, [logical2], ...)

参数：logical1、logical2 为逻辑表达式，最多可以取 255 个。

示例：

=AND(0<=A3, A3<=100)，如果单元格 A3 中的数字介于 0 与 100 之间，则显示 TRUE；否则，显示 FALSE。

2. OR 函数

功能：对参数进行“或”运算，即在其参数组中，只要有一个参数逻辑值为 TRUE，即返回 TRUE；所有参数的逻辑值都为 FALSE 时，才返回 FALSE。

语法：OR(logical1, [logical2], ...)

参数：logical1、logical2 为逻辑表达式，最多可以取 255 个。

示例：

=OR(A3<0, A3>100)，如果单元格 A3 中的数字小于 0 或大于 100，则显示 TRUE。只有当 A3 大于等于 0 并且 A3 小于等于 100 时，结果才显示 FALSE。

3. NOT 函数

功能：对参数表达式求反。NOT 函数是一个反函数，求一个逻辑值的相反数。

语法：NOT(logical)

参数：logical 为 TRUE 或 FALSE 的值或表达式。如果参数为 TRUE，则函数返回 FALSE；如果为 FALSE，则返回 TRUE。

示例：

=NOT(TRUE)，对 TRUE 取反，结果为 FALSE。

=NOT(A2>5)，假设 A2 为 0，对计算结果为 FALSE 的表达式求反为 TRUE。

4. IF 函数

功能：条件函数，判断是否满足某个条件，如果满足则返回一个值，否则返回另外一个值。

语法：IF(logical_test, [value_if_true], [value_if_false])

参数：logical_test 为要进行条件判断的逻辑表达式，为 TRUE 或 FALSE；value_if_true 是当参数 logical_test 的计算结果为 TRUE 时的返回值；value_if_false 是当参数 logical_test 的计算结果为 FALSE 时的返回值。

示例：

=IF(OR(WEEKDAY(NOW())=1，WEEKDAY(NOW())=7)，"休息"，"工作日")，如果系统日期为星期日(1)或星期六(7)，则表达式返回“休息”，否则返回“工作日”。

2.4.6 查找与引用函数

在 Excel 中，查找和引用函数的主要功能是在数据清单或工作表中查询各种信息。

1. ROW 函数

功能：返回指定引用的行号。

语法：ROW([reference])

参数：reference 为可选项，是需要得到其行号的单元格或单元格区域。如果省略参数，则函数返回当前单元格的行号。

示例：

```
=ROW(C9)          返回 9
=ROW()            假设公式是在 B5 单元格中输入的，则返回 5
```

说明：

(1)如果 reference 为一个单元格区域，并且 ROW 函数是以垂直数组公式的形式输入的，则 ROW 函数将以垂直数组的形式返回参数 reference 的行号。

(2)如果 reference 为一个单元格区域，并且 ROW 函数不是以垂直数组公式的形式输入的，则 ROW 函数将返回区域中最上面一行的行号。

(3)如果省略 reference，则假定该参数为对 ROW 函数所在单元格的引用。

(4)reference 不能引用多个区域。

2. CHOOSE 函数

功能：根据给定的索引值，返回参数列表中的元素值。

语法：CHOOSE(index_num,value1,value2, …)

参数：index_num 用于指定所选参数值在参数列表中的位置。如果 index_num 为 1，则函数返回 value1，如果 index_num 为 2，则函数返回 value2，以此类推。如果 index_num 为带有小数的数，则在使用前将被截尾取整。

示例：

```
=CHOOSE(3,"优秀","良好","中等","及格")          返回"中等"
=CHOOSE(2.9,10,20,30,40)                       返回 20
```

3. INDEX 函数

功能：在给定的单元格区域中，返回指定行列交叉处单元格的值。

语法：INDEX(array, row_num, [column_num])

参数：array 为给定的单元格区域；row_num 为区域中的行序号，函数从该行的某个单元格返回数值；column_num 为区域中的列序号，函数从该列的某个单元格返回数值。如果单元格区域只有一列，第 3 个参数可以省略，即可简写为 Index(reference, row_num)。

示例：

=INDEX(B3:D6,3,2)，假设使用如图 2-11 所示的教师表数据，则公式会返回 B3:D6 单元格区域第 3 行第 2 列元素值，即为“赵蕊”。

	A	B	C	D
1	入校日期	职称	姓名	年龄
2	2002/3/1	助教	许静	29
3	2002/6/1	副教授	孙婷玉	29
4	2002/8/1	教授	王艺	42
5	2003/6/2	教授	赵蕊	49
6	2003/9/2	讲师	钱晶	42
7	2003/9/3	讲师	李洋	31
8	2004/6/1	助教	钱渭	31
9	2004/6/3	助教	任丹	22
10	2004/7/10	副教授	潘瑶琦	55
11	2004/7/11	副教授	陆捷	60
12	2005/7/2	教授	徐燕晓	43

图 2-11　教师表

4. MATCH 函数

功能：在单元格区域中查找指定项，返回该项在此区域中的相应位置。如果需要找出匹配元素的位置而不是匹配元素本身，则应该使用 MATCH 函数。

语法：MATCH(lookup_value, lookup_array, match_type)

参数：lookup_value 为需要在单元格区域中查找的元素值，它可以是数字、文本、逻辑值或单元格引用。lookup_array 是要查找的单元格区域。match_type 参数有以下几种情况。

(1) 1 或省略：查找小于或等于 lookup_value 的最大值，lookup_array 必须按升序排列。

(2) 0：查找精确等于 lookup_value 的第 1 个值，lookup_array 顺序任意。

(3) –1：查找大于或等于 lookup_value 的最小值，lookup_array 必须按降序排列。

一般情况下使用这种格式：MATCH(目标值,查找区域,0)，返回的是目标值对应在查找区域中的位置索引号(一般是行数)。

MATCH 函数经常与 INDEX 函数结合使用，主要用于多字段精确匹配。

示例：

在图 2-11 中，如果要返回最小年龄对应的教师姓名，可使用如下函数：

=INDEX(C2:C12,MATCH(MIN(D2:D12),D2:D12,0))，结果为“任丹”。

5. VLOOKUP 函数

功能：在指定单元格区域的首列查找指定值，并返回此单元格区域中查找值所在行中指定列处的数值。

语法：VLOOKUP(lookup_value,table_array,col_index_num,[range_lookup])

参数：lookup_value 为需要在指定区域的第 1 列中进行查找的值，可以为常量值、单元格引用或文本字符串。table_array 为需要在其中查找数据的单元格区域。col_index_num 为 table_array 中待返回的匹配值的列序号。range_lookup 为逻辑值，指定函数 VLOOKUP 查找时是精确匹配还是近似匹配：为 TRUE 或省略时，查找近似匹配值；为 FALSE 时，查找精确匹配值。

注：查找值 lookup_value 是在查找区域 table_array 中的第 1 列进行查找；col_index_num 是待返回的查找区域中的列号，而不是整张表格的列号。

示例：

职工表数据如图 2-12 所示。如果知道职工的 ID 为 5，现想使用 VLOOKUP 函数查找该职工的姓名，可以使用公式：=VLOOKUP(5, A2:C11, 3)。此公式在查找区域 A2:C11 的第 1 列中查找值为 5 的行，找到后再返回该行中第 3 列的值“孙开元”。

6. OFFSET 函数

功能：以指定的引用作参照系，通过给定偏移量返回新的引用。

语法：OFFSET(reference,rows,cols[,height][,width])

参数：reference 为参照单元格；rows 表示上(下)偏移的行数，可为正数(在起始引用的下方)或负数(在起始引用的上方)；cols 表示左(右)偏移的列数，可为正数(在起始引用的右侧)或负数(在起始引用的左侧)；height(正数)可选，表示新引用区域的行数；width(正数)可选，表示新引用区域的列数。

示例：

学生选课成绩表如图 2-13 所示。

```
=OFFSET(D3,3,-2,1,1)            返回单元格 B6 中的值，结果为 81
=SUM(OFFSET(E5,3,-2,4,2))       对数据区域 C8:D11 求和
```

	A	B	C
1	职工ID	部门名称	职工姓名
2	1	生产部	李梅
3	2	销售部	张亮
4	3	生产部	王一平
5	4	运营部	刘杰
6	5	销售部	孙开元
7	6	生产部	周子凡
8	7	销售部	汤伊
9	8	运营部	郑建军
10	9	运营部	赵宏伟
11	10	销售部	金士鹏

图 2-12　职工表

	A	B	C	D	E
1	姓名	语文	数学	政治	英语
2	陈虹	94	42	42	47
3	陈丽苹	87	94	79	68
4	程华	81	89	66	65
5	端木一林	67	79	95	86
6	李小明	81	76	69	79
7	梁齐峰	87	74	49	42
8	鲁小淮	98	57	90	71
9	马骏	92	68	76	82
10	毛小虎	73	86	55	54
11	沈丹丹	64	91	71	99
12	沈晓鸣	86	60	95	79
13	司马一光	65	57	61	87
14	孙国峰	81	59	71	71
15	王芳	78	52	44	85

图 2-13　学生选课成绩表

2.5　使用数组公式

在 Excel 中，普通公式每个运算符只进行一次运算，往往只能返回一个结果。而数组公式可以针对数组中的一个或多个项执行多个计算，会得到多个运算结果。还可以利用统计函数再对多个运算结果做统计运算，得到一个统计结果。可以将参与运算的数组视为值的行或列，或值的行和列的组合，而数组公式可以返回多个结果或单个结果。数组公式需要先选择整个输出区域，输入公式后按 Ctrl+Shift+Enter 组合键来确认公式，因此它们通常又被称为 CSE 公式。

2.5.1　数组公式的使用方法

通常，数组公式使用标准公式语法，同样以等号开始，可以在数组公式中使用大部分内置 Excel 函数。和标准公式的主要区别在于，输入完数组公式后，按 Ctrl+Shift+Enter 组合键确认公式的输入。执行此操作时，Excel 将自动地用一对大括号“{}”将数组公式括起来。

数组公式是构建复杂公式的一种有效方法。数组公式“=SUM(C2:C11*D2:D11)”与标准公式“=SUM(C2*D2,C3*D3,C4*D4,C5*D5,C6*D6,C7*D7,C8*D8,C9*D9,C10*D10,C11*D11)”功能相同。

使用多单元格公式时，还需记住以下原则：

(1) 如果要存储数组公式的多个运算结果，就必须在输入公式之前先选择用于保存结果的单元格区域。

(2) 不能更改数组公式中单个单元格的内容。

(3) 可以移动或删除整个数组公式，但无法移动或删除其部分内容。换言之，要修改数组公式，需先删除现有公式再重新开始。

(4) 若要删除数组公式，先选择整个公式区域(如 E2:E11)，然后按 Delete 键。

(5) 不能向多单元格数组公式中插入空白单元格或删除单元格。

示例：

利用数组公式计算图 2-14 中所有产品的销售总额，结果放在 D20 单元格中。

	A	B	C	D
1	订单ID	产品名称	单价	数量
2	10285	苹果汁	14.4	45
3	10255	牛奶	15.2	20
4	10289	蕃茄酱	8	30
5	10337	燕麦	7.2	40
6	11073	汽水	4.5	20
7	11055	巧克力	14	15
8	10330	棉花糖	24.9	50
9	10979	牛肉干	43.9	30
10	10263	黄鱼	20.7	60
11	10287	啤酒	11.2	20
12	10286	蜜桃汁	14.4	100
13	10680	糙米	14	40
14	10309	柳橙汁	36.8	20
15	10684	蛋糕	9.5	40
16	10304	薯条	16	30
17	10395	盐水鸭	26.2	70
18	10502	矿泉水	14	30
19				
20		所有产品的销售总额:		

图 2-14　数组公式示例

所用公式为：=SUM(C2:C18*D2:D18)，公式输入后，按 Ctrl+Shift+Enter 组合键，编辑栏中的公式会自动变为：{=SUM(C2:C18*D2:D18)}，运算结果显示为 11658。

2.5.2　数组公式的优缺点

1. 数组公式的优点

1) 一致性

当选择数组公式中的任何一个单元格时，看到的公式都是一致的。

2) 安全性

数组公式所有的多个单元格必须作为一个整体来操作，用户不能只操作其中的部分单元格。所以操作数组公式之前，必须选择整个数组公式所在单元格区域，然后更改整个数组的公式。另外，确认数组公式必须按 Ctrl+Shift+Enter 组合键。

3) 简洁性

对于一些复杂的运算，标准公式必须使用多个中间运算才能实现，而通常只需要单个数组公式就可以实现，而不是多个中间公式，这样公式书写就会更加简洁。

2. 数组公式的缺点

数组公式虽然很出色，但也有一些缺点。

(1) 用户有时可能会忘记按 Ctrl+Shift+Enter 组合键。

(2) 根据计算机的处理速度和内存的差异，大型数组公式可能会不同程度地降低计算速度。

2.6 拓 展 应 用

2.6.1 公式审核方法

在编写公式的过程中错误总是难免的，Excel 提供了公式审核功能，能最大限度地减少错误的发生。

1. 用追踪箭头标识公式

如图 2-15 所示为教师工资表，其中记录了教师的基本工资、岗位津贴和其他信息。根据这些信息使用公式来计算教师的工资，在计算过程中，可以使用“公式”选项卡的“公式审核”组所提供的相应命令来检查公式使用情况。首先，可以把光标定位到使用了公式的某一

	A	B	C	D	E	F	G	H
1	工号	姓名	性别	职称	基本工资(元)	岗位津贴(元)	其他(元)	实发工资(元)
2	A0001	陆友情	男	讲师	1610	900	170	2680
3	A0003	王汝刚	男	教授	2450	1800	350	4600
4	A0004	谢　涛	男	教授	2560	2100	380	5040
5	A0005	柏　松	男	讲师	1640	950	180	2770
6	B0001	张媛媛	女	讲师	1610	900	170	2680
7	B0002	陈　林	男	教授	2800	2700	450	5950
8	B0003	高　山	男	讲师	1710	1000	200	2910
9	B0004	武　刚	男	讲师	1590	800	160	2550
10	B0005	黄宏庆	男	副教授	2000	1400	250	3650
11	B0006	王耀辉	男	助教	1510	550	150	2210
12	C0001	汪　杨	男	教授	2600	2300	400	5300
13	C0002	曹　芳	女	副教授	1960	1300	240	3500
14	D0001	蒋方舟	男	副教授	2000	1400	250	3650
15	D0002	钱向前	男	副教授	2200	1700	320	4220
16	D0003	孙向东	男	教授	2500	2000	370	4870
17	D0004	焦　洁	女	讲师	1710	1000	200	2910
18								
19	注：实发工资=基本工资+岗位津贴+其他							
20								
21		实发工资	姓名					
22	最高	5950	陈　林					
23	最低	2210	王耀辉					

图 2-15　教师工资表

单元格中，如 H5，如果单击“公式审核”组中的“追踪引用单元格”按钮，此时在工作表中就会出现了一条指向 H5 单元格的蓝色箭头，此箭头说明了 H5 单元格中的公式引用了哪些单元格，如图 2-16 所示。单击“移去箭头”按钮，可以删除此箭头。

	A	B	C	D	E	F	G	H
1	工号	姓名	性别	职称	基本工资(元)	岗位津贴(元)	其他(元)	实发工资(元)
2	A0001	陆友情	男	讲师	1610	900	170	2680
3	A0003	王汝刚	男	教授	2450	1800	350	4600
4	A0004	谢 涛	男	教授	2560	2100	380	5040
5	A0005	柏 松	男	讲师	1640	950	180	2770
6	B0001	张嫒嫒	女	讲师	1610	900	170	2680
7	B0002	陈 林	男	教授	2800	2700	450	5950
8	B0003	高 山	男	讲师	1710	1000	200	2910
9	B0004	武 刚	男	讲师	1590	800	160	2550
10	B0005	黄宏庆	男	副教授	2000	1400	250	3650
11	B0006	王耀辉	男	助教	1510	550	150	2210
12	C0001	汪 杨	男	教授	2600	2300	400	5300
13	C0002	曹 芳	女	副教授	1960	1300	240	3500
14	D0001	蒋方舟	男	副教授	2000	1400	250	3650
15	D0002	钱向前	男	副教授	2200	1700	320	4220
16	D0003	孙向东	男	教授	2500	2000	370	4870
17	D0004	焦 洁	女	讲师	1710	1000	200	2910
18								
19	注：实发工资=基本工资+岗位津贴+其他							
20								
21		实发工资	姓名					
22	最高	5950	陈 林					
23	最低	2210	王耀辉					

图 2-16 教师工资表中的追踪引用单元格功能

鼠标仍定位在 H5 单元格，单击“追踪从属单元格”按钮，可以查看 H5 单元格的值将会影响哪些单元格，如图 2-17 所示。可以看到，从 H5 单元格为起点向下绘出了 4 条蓝色箭头，指向 B22、B23、C22、C23，也就是说 H5 单元格中的值影响了这 4 个单元格中的值。通过“追踪引用单元格”和“追踪从属单元格”功能，可以发现单元格中值的相互影响的情况。

	A	B	C	D	E	F	G	H
1	工号	姓名	性别	职称	基本工资(元)	岗位津贴(元)	其他(元)	实发工资(元)
2	A0001	陆友情	男	讲师	1610	900	170	2680
3	A0003	王汝刚	男	教授	2450	1800	350	4600
4	A0004	谢 涛	男	教授	2560	2100	380	5040
5	A0005	柏 松	男	讲师	1640	950	180	2770
6	B0001	张嫒嫒	女	讲师	1610	900	170	2680
7	B0002	陈 林	男	教授	2800	2700	450	5950
8	B0003	高 山	男	讲师	1710	1000	200	2910
9	B0004	武 刚	男	讲师	1590	800	160	2550
10	B0005	黄宏庆	男	副教授	2000	1400	250	3650
11	B0006	王耀辉	男	助教	1510	550	150	2210
12	C0001	汪 杨	男	教授	2600	2300	400	5300
13	C0002	曹 芳	女	副教授	1960	1300	240	3500
14	D0001	蒋方舟	男	副教授	2000	1400	250	3650
15	D0002	钱向前	男	副教授	2200	1700	320	4220
16	D0003	孙向东	男	教授	2500	2000	370	4870
17	D0004	焦 洁	女	讲师	1710	1000	200	2910
18								
19	注：实发工资=基本工资+岗位津贴+其他							
20								
21		实发工资	姓名					
22	最高	5950	陈 林					
23	最低	2210	王耀辉					

图 2-17 教师工资表中的追踪从属单元格功能

2. 显示与隐藏公式

在教师工资表中，单击“公式审核”组中的“显示公式”按钮，工资表中所使用的公式就会全部显示出来，如图 2-18 所示。

	A	B	C	D	E	F	G	H
1	工号	姓名	性别	职称	基本工资(元)	岗位津贴(元)	其他(元)	实发工资(元)
2	A0001	陆友情	男	讲师	1610	900	170	=E2+F2+G2
3	A0003	王汝刚	男	教授	2450	1800	350	=E3+F3+G3
4	A0004	谢　涛	男	教授	2560	2100	380	=E4+F4+G4
5	A0005	柏　松	男	讲师	1640	950	180	=E5+F5+G5
6	B0001	张媛媛	女	讲师	1610	900	170	=E6+F6+G6
7	B0002	陈　林	男	教授	2800	2700	450	=E7+F7+G7
8	B0003	高　山	男	讲师	1710	1000	200	=E8+F8+G8
9	B0004	武　刚	男	讲师	1590	800	160	=E9+F9+G9
10	B0005	黄宏庆	男	副教授	2000	1400	250	=E10+F10+G10
11	B0006	王耀辉	男	助教	1510	550	150	=E11+F11+G11
12	C0001	汪　杨	男	教授	2600	2300	400	=E12+F12+G12
13	C0002	曹　芳	女	副教授	1960	1300	240	=E13+F13+G13
14	D0001	蒋方舟	男	副教授	2000	1400	250	=E14+F14+G14
15	D0002	钱向前	男	副教授	2200	1700	320	=E15+F15+G15
16	D0003	孙向东	男	教授	2500	2000	370	=E16+F16+G16
17	D0004	焦　洁	女	讲师	1710	1000	200	=E17+F17+G17
18								
19								
20								
21		实发工资	姓名					
22	最高	=MAX(H2:H17)	=INDEX(B2:B17,MATCH(B22,H2:H17,0))					
23	最低	=MIN(H2:H17)	=INDEX(B2:B17,MATCH(B23,H2:H17,0))					

图 2-18　教师工资表的显示公式

再次单击“显示公式”按钮，就会恢复原始状态。

3. 常见的公式错误信息与解决

1）“####”错误

错误原因：当某列不够宽而无法在单元格中显示所有字符时，或者单元格包含负的日期或时间值时，Excel 将显示此错误。

解决方法：增加列宽，也可以尝试通过双击列标题之间来自动调整单元格。

2）“#DIV/0!”错误

错误原因：当一个数除以零（0）或不包含任何值的单元格时，Excel 将显示此错误。如公式“=3/0”。

解决方法：将除数改为非 0 数值。

3）“#VALUE!”错误

错误原因：如果公式中运算符的操作数使用了非法的数据类型，Excel 将会显示“#VALUE!”错误。如公式“="Good"+12”。

解决方法：检查公式或函数中的参数或运算符是否正确，或所引用的单元格中的数据是否有效。

4）“#REF!”错误

错误原因：当单元格引用无效时，Excel 将会显示“#REF!”错误。如公式“=C2+D2”，如果把单元格 C2 和 D2 删除掉，就会出现“#REF!”错误。

解决方法：检查公式中是否引用了无效的单元格或单元格区域。

5）“#NULL!”错误

错误原因：当为两个不相交的区域指定交集时，Excel 将会显示“#NULL!”错误。比如，公式“=SUM(A1:B4 D4:E6)”，由于区域 A1:B4 与区域 D4:E6 没有共同区域，所以结果会出现“#NULL!”错误。

解决方法：仔细检查交集运算的结果是否为空。如果想对两个区域做运算的话，就应该使用联合运算符(,)来引用两个不相交的区域。如上面公式可改为“=SUM(A1:B4,D4:E6)”。

6）“#N/A”错误

错误原因：当某个值不可用于函数或公式时，Excel 将显示此错误。比如，使用 VLOOKUP 之类的函数，而尝试查找的内容在查找区域中又不存在匹配项，这时就会出现此错误。

解决方法：可以尝试使用 IFERROR 来抑制“#N/A”错误。比如在上例中，可使用公式“=IFERROR(VLOOKUP(D2,$D$6:$E$8,2,TRUE),0)”来避免出现“#N/A”错误。

7）“#NAME?”错误

错误原因：当 Excel 无法识别公式中的文本时，Excel 就会出现“#NAME?”错误。比如，函数公式“=SUME(D2:D50)”中 SUM 函数拼写错误。

解决方法：把公式中拼写错误的函数名或引用名称更改正确。

2.6.2　高级函数应用

除了 2.4 节中所介绍的一些常用函数之外，下面再学习几个比较重要的高级函数。

1. DATE 函数

功能：返回指定年、月、日所对应的日期。

语法：DATE (year, month, day)

参数：

(1) year 为整数，表示年份，必需参数。为避免出现意外结果，应对 year 参数使用 4 位数字。例如，“07”可能意味着“1907”或“2007”。因此，使用 4 位数的年份可避免混淆。

(2) month 为整数，表示月份，必需参数。表示一年中从 1 月至 12 月(一月到十二月)的各个月。

(3) day 为整数，表示日，必需参数。表示一月中从 1 日到 31 日的各天。

示例：

```
=DATE(2021,1,1)            返回 2021 年 1 月 1 日这一天的日期
```

2. RAND 函数

功能：返回一个大于等于 0 且小于 1 的平均分布的随机实数。每次计算工作表时都会返回一个新的随机实数。

语法：RAND()

参数：无。

示例：

```
=RAND()*100            生成一个大于或等于 0 且小于 100 的随机数
```

=INT(RAND()*100)	生成一个大于或等于 0 且小于 100 的随机整数
=RAND()*(b-a)+a	生成一个介于 a 与 b 之间的随机实数，在应用时，a 和 b 用实际数值取代

3. COLUMN 函数

功能：返回指定引用的列号。

语法：COLUMN([reference])

参数：reference 为可选项，是需要得到其列号的单元格或单元格区域。如果省略参数，函数则返回当前单元格的列号。

示例：

=COLUMN(C9)	返回 3
=COLUMN()	假设公式是在 B5 单元格中输入的，则返回 2

说明：

(1) 如果 reference 为一个单元格区域，并且 COLUMN 函数是以水平数组公式的形式输入的，则 COLUMN 函数将以水平数组的形式返回参数 reference 的列号。

(2) 如果 reference 为一个单元格区域，并且 COLUMN 函数不是以水平数组公式的形式输入的，则 COLUMN 函数将返回区域中最左侧列的列号。

(3) 如果省略 reference，则假定该参数为对 COLUMN 函数所在单元格的引用。

(4) reference 不能引用多个区域。

4. HLOOKUP 函数

功能：在指定单元格区域的首行查找指定值，并返回此单元格区域中查找值所有列中指定行处的数值。

语法：HLOOKUP(lookup_value, table_array, row_index_num, [range_lookup])

参数：lookup_value 为需要在指定区域的第 1 行中进行查找的数值，可以为数值、单元格引用或文本字符串。table_array 为需要在其中查找数据的单元格区域。row_index_num 为 table_array 中待返回的匹配值的行序号。range_lookup 为逻辑值，指定函数 HLOOKUP 查找时是精确匹配还是近似匹配：为 TRUE 或省略时，查找近似匹配值；为 FALSE 时，查找精确匹配值。

注：查找值 lookup_value 是在查找区域 table_array 中的第 1 行进行查找；row_index_num 是查找区域中要返回值所在的行号，而不是整张表格的行号。

示例：

销售表数据如图 2-19 所示。现在要求使用 HLOOKUP 函数查找 3 月的销量。可以使用公式：=HLOOKUP("3 月",B1:G2,2)。此公式将在查找区域 B1:G2 的第 1 行中查找值为“3 月”的列，然后再返回该列中第 2 行的值“140”。

	A	B	C	D	E	F	G
1	月份	1月	2月	3月	4月	5月	6月
2	销售量	150	139	140	157	148	143

图 2-19　销售表

5. COUNTA 函数

功能：计算指定区域中非空单元格的个数。需要注意的是，该函数只统计不是空白的单元格的个数，对于空白数字单元格不计数。

语法：COUNTA (value1, [value2],…)

参数：value1,value2,…是包含或引用各种类型数据的参数(参数个数为 1～255 个)，其中 value1 为必需参数，value2,…为可选参数。

示例：

若 A1=8，A2="中国"，A3=TRUE，A4=""，A5=–5，则公式=COUNTA(A1:A5)，返回 4。

6. DSUM 函数

功能：返回列表或数据库中满足指定条件的记录字段(列)中的数字之和。

语法：DSUM (database, field, criteria)

参数：

(1) database 为必需参数，代表构成列表或数据库的单元格区域。数据库是包含一组相关数据的列表，其中包含相关信息的行为记录，而包含数据的列为字段。列表的第 1 行包含每一列的标签。

(2) field 为必需参数，指定参与函数求和运算所使用的列。输入两端带双引号的列标签，如"运货费"或"产量"；或代表列表中列位置的数字(不带引号)：1 表示第 1 列，2 表示第 2 列，以此类推。

(3) criteria 为必需参数，为包含指定条件的单元格区域。可以为参数指定 criteria 任意区域，只要此区域包含至少一个列标签，并且列标签下至少有一个在其中为列指定条件的单元格。

示例：

货运公司运货费订单表如图 2-20 所示，现在要求使用DSUM函数统计联邦货运承运的所有订单的总运货费。可以使用公式：=DSUM(A4:E23, "运货费", A1:A2)。此公式中 A1:A2 区域为条件区域，只有数据区域 A4:E23 中符合条件的行中的“运货费”字段值参与求和统计。

	A	B	C	D	E
1	公司名称				
2	联邦货运				
3					
4	订单ID	订购日期	公司名称	运货费	货主地区
5	10248	1996/7/4	联邦货运	32.38	华北
6	10249	1996/7/5	急速快递	11.61	华东
7	10250	1996/7/8	统一包裹	65.83	华北
8	10251	1996/7/8	急速快递	41.34	华东
9	10252	1996/7/9	统一包裹	51.30	东北
10	10253	1996/7/10	统一包裹	58.17	华北
11	10254	1996/7/11	统一包裹	22.98	华中
12	10255	1996/7/12	联邦货运	148.33	华北
13	10256	1996/7/15	统一包裹	13.97	华东
14	10257	1996/7/16	联邦货运	81.91	华东
15	10258	1996/7/17	急速快递	140.51	华东
16	10259	1996/7/18	联邦货运	3.25	华东
17	10260	1996/7/19	急速快递	55.09	华北
18	10261	1996/7/19	统一包裹	3.05	华东
19	10262	1996/7/22	联邦货运	48.29	华东
20	10263	1996/7/23	联邦货运	146.06	华北
21	10264	1996/7/24	联邦货运	3.67	华北
22	10265	1996/7/25	急速快递	55.28	华中
23	10266	1996/7/26	联邦货运	25.73	华北

图 2-20　运货费订单表

7. DAVERAGE 函数

功能：返回列表或数据库中满足指定条件的记录字段(列)中的数值求平均值。

语法：DAVERAGE (database, field, criteria)

参数：参数含义参照 DSUM 函数。

示例：

货运公司运货费订单表如图 2-20 所示，现在要求使用 DAVERAGE 函数统计“联邦货运”承运的所有订单的平均运货费。可以使用公式：= DAVERAGE (A4:E23, "运货费", A1:A2)。

8. DCOUNT 函数

功能：返回列表或数据库中满足指定条件的记录字段(列)中包含数字的单元格的个数。
语法：DCOUNT (database, field, criteria)
参数：参数含义参照 DSUM 函数。
示例：
货运公司运货费订单表如图 2-20 所示，现在要求使用 DCOUNT 函数统计“联邦货运”承运的所有订单的订单数。可以使用公式：=DCOUNT(A4:E23,"订单 ID",A1:A2)。

本 章 小 结

Excel 中的重点和难点是公式和函数，也是后面经济管理类问题求解的基础。本章主要介绍公式的构建方法，以及常用函数的基本用法。单个函数的学习和理解相对比较容易，但是遇到实际问题时，往往就不会根据数据计算分析的需求来选择函数。对复杂一点的函数，由于参数设置灵活多变，学习上更是觉得难上加难。因此本章主要通过引入实际生活中常用的案例应用，融入在案例中的一些计算需求，以实际问题的求解和实现为导向，介绍函数的使用方法。

通过本章公式与函数的学习，学生要利用函数思维的方法，找出已知条件与所求解问题之间的关联关系，学会抽象和自动化解决问题的方法；利用所掌握的函数思维，结合本章学习的公式和函数知识解决所学专业和生活中面临的问题。

思考与练习

一、选择题

1．在 Excel 中，下列公式不正确的是________。
　A．=1/4+B3　　B．=7*8　　C．1/4+8　　D．=5/(D1+E3)
2．下列关于函数的输入叙述不正确的是________。
　A．函数必须以“=”开始
　B．函数有多个参数时，各参数间用“,”分开
　C．函数参数必须用“()”括起来
　D．字符串做参数时直接输入
3．以下输入方法中可以在单元格中输入数值 0.3 的是________。
　A．6/20　　B．=“6/20”　　C．=6/20　　D．“6/20”
4．下面哪一个运算符不是引用运算符________。
　A．:　　B．,　　C．&　　D．空格
5．运算符“^”的作用是________。
　A．文本连接　　B．开方　　C．求对数　　D．乘幂
6．按以下哪个键就可以在相对引用、绝对引用和混合引用之间进行切换________。

A．F2　　B．F4　　C．F6　　D．F8

7．下列函数中不是逻辑函数的是________。

A．AND　　B．NOT　　C．OR　　D．ISLOGICAL

8．下面函数可以返回逻辑值 TRUE 的是________。

A．AND(TRUE, TRUE, FALSE)　　B．OR(TRUE, TRUE, FALSE)

C．OR(FALSE, FALSE, FALSE)　　D．NOT(TRUE)

9．下列不能在单元格中插入系统当前日期的方法是________。

A．在单元格中输入“=NOW()”　　B．在单元格中输入“=TODAY()”

C．在单元格中输入“=DATE()”　　D．按 Ctrl+;组合键

10．若在单元格中输入函数 MOD(7,–2)，则单元格会显示________。

A．–1　　B．1　　C．–3　　D．3

11．Excel 包含 4 种类型的运算符：算术运算符、比较运算符、文本运算符和引用运算符。其中符号“:”属于________。

A．算术运算符　B．比较运算符　C．文本运算符　D．引用运算符

12．Excel 包含 4 种类型的运算符：算术运算符、比较运算符、文本运算符和引用运算符。其中符号“&”属于________。

A．算术运算符　B．比较运算符　C．文本运算符　D．引用运算符

13．在 SUM 函数中参数最多可有________个。

A．20　　B．25　　C．30　　D．255

14．函数 SUMXMY2 的功能是________。

A．返回两数组中对应数值之差的平方和

B．返回两数组中对应数值的平方差之和

C．返回两数组中对应数值的平方和之和

D．返回两数组中对应数值的乘积之和

二、判断题

1．Excel 中的公式只能由等号、数值和运算符组成。　（　）

2．A12 单元格位于工作表第 1 行第 12 列。　（　）

3．若要引用行 5 中的全部单元格，则可使用 5:5。　（　）

4．A$1 是对列进行了绝对引用。　（　）

第 3 章　数据输入、数据透视表与信息思维

本章主要介绍如何将数据输入 Excel 中，以及如何使用数据透视表和数据透视图对数据进行透视分析。在输入数据时，可以直接使用键盘输入数据，也可以从其他数据源中导入数据，如 Access 数据库、SQL 数据库、文本文件和 XML 文件等，还可以导入网站上符合要求的数据。为了防止错误数据的输入，可以在单元格中设置数据验证。当输入的数据不符合要求时，会弹出警告或进行提示。

数据输入完成后，会对数据进行统计分析处理。数据透视表是 Excel 提供的一种非常强大的交互式数据分析工具，可以根据不同的字段从不同的角度对数据进行统计分析。特别是在需要快速比较分析大数据时，这个功能非常有用。利用数据透视表，可以非常方便地从海量数据中提取出感兴趣的数据，并按自己想要的格式汇总展示。当需要进行大数据处理和汇总时，掌握数据透视表的使用，可以节省大量的时间和精力。

本章将进一步培养学生的信息思维能力。信息思维是指如何获取信息、鉴别筛选信息、加工信息和使用获取的信息解决实际问题的思维方式。通过 3.1～3.5 节的学习，学生可以学会如何将现实世界的事物抽象为计算机中的各种类型的数据，并将其输入或导入 Excel 中。同时学会了如何避免输入错误信息，能对已经输入的信息进行验证。通过 3.6 节数据透视表的学习，学生将掌握除了利用公式外，还能够直接用数据透视表对数据进行筛选、建模和分析的能力。通过本章提供的多个由浅入深的例子，学生将学会快速地对数据中的多字段进行分析，找到各数据之间的联系，并会应用计数、求和、平均、方差，以及百分比等多种的统计和显示等功能，能将其应用到实际问题中。

3.1　数 据 输 入

现实世界中的信息必须抽象为数据计算机才能够处理。不同的应用软件能够接受的数据类型不一样。在 Excel 单元格内，可以输入数值、文本和公式三大类型数据。当然，Excel 工作表内也可以存放图表、图形、图像和控件等其他对象，不过这些对象不是存放在单元格内，而是放在工作表的绘图层上。

3.1.1　输入数值型数据

数值型数据就是表示数量、能够进行数值运算的数据类型，如 10、3.1415926 等。要输入数值型数据到单元格，先将光标移动到该单元格中，然后输入数据，按 Enter 键或方向键即可。这时这个数值就会显示在这个单元格中，并且当选中该单元格后，这个数值也会显示在编辑栏中。当然，也可以直接在编辑栏中输入数据。

在输入数值型数据时，可以输入数字、小数点、正负号、逗号(千位分隔符)和货币符号($)。如果输入的是科学计数法表示的数字，则在数字中间可以输入字母 E。如图 3-1 所示，在单元格 D2 中输入 1.23E2(表示 1.23×10^2)，编辑栏中显示的内容为 123。如果输入的数字用

一对小括号括起来，则 Excel 认为输入的是负数。

分数的输入需要特别注意，直接输入分数得到的不是想要的结果。如直接在单元格内输入“1/2”，单元格内显示的是1月2日。如果要输入纯分数，应在分数前加上“0空格”，如“0□1/2”(□表示空格)；如果要输入带分数，应在整数和纯分数之间加上一个“空格”，如要输入$1\frac{1}{7}$，则应输入“1□1/7”。

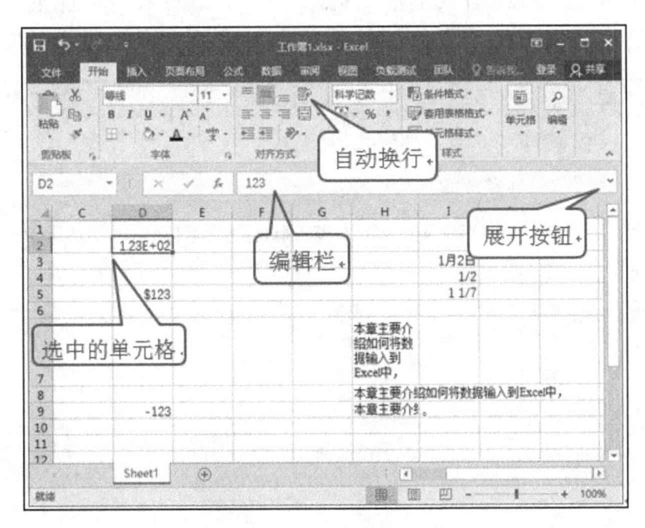

图 3-1　输入数据

3.1.2　输入文本型数据

如果在输入的数据中包含有除0～9、小数点、正负号、逗号(千位分隔符)、货币符号($)、字母E和括号之外的字符，Excel 就认为输入的是文本型数据。

文本型数据的输入和数值型数据的输入一样的简单，只需选中要输入的单元格，然后输入数据，最后按 Enter 键或方向键即可。

一个单元格中可以输入大约3.2万个字符。当输入的数据比较长时，如果下一个单元格中没有数据，数据会溢出到下一个单元格继续显示(如图3-1中单元格H8)；如果下一个单元格已有数据，则本单元格的文本就会被截断，不能完全显示(如图3-1中单元格H9)。如果要在一个单元格内显示全部内容，可以调节该单元格的对齐方式为“自动换行”模式，并调节列宽和行高，就可以显示全部内容(如图 3-1 中单元格 H7)。如果内容非常长，可以单击如图3-1所示的编辑栏右侧的展开按钮，这样可以在编辑栏中浏览全部内容。

文本型数据不仅包括纯字符的数据，而且也包括字符和数字混合及纯数字的数据。所以由纯数字组成的数据，如学号、电话号码、运单号和身份证号等，也可以作为文本输入单元格中。不过如果直接输入数字，系统会自动将输入的数字作为数值型数据进行保存，这时如果数据的最前面有前导零，零就会丢失。例如，某工友的工号是007，如果直接输入007，单元格内显示的数据只会是7。

将纯数字组成的数据作为文本输入单元格中有如下两种常用的方法。

方法1：如图3-2所示，先将单元格的格式设置为文本型，再输入数字数据，这样输入的数字会被作为文本保存在单元格内。

方法 2：在数字的前面加上一个西文的单引号(')，如“'007”。这样输入的数字也会被作为文本保存在单元格内。

当数字数据作为文本保存在单元格内时，这个单元格的左上角会出现一个小的绿颜色三角。选中这个单元格后，会出现一个黄色的感叹号，鼠标指向感叹号会出现一个提示信息“此单元格中的数字为文本格式，或者其前面有撇号”。单击感叹号右侧的下拉按钮，会出现一个菜单，选择其中的“转换为数字”可以将纯数字组成的文本转换为数字型。

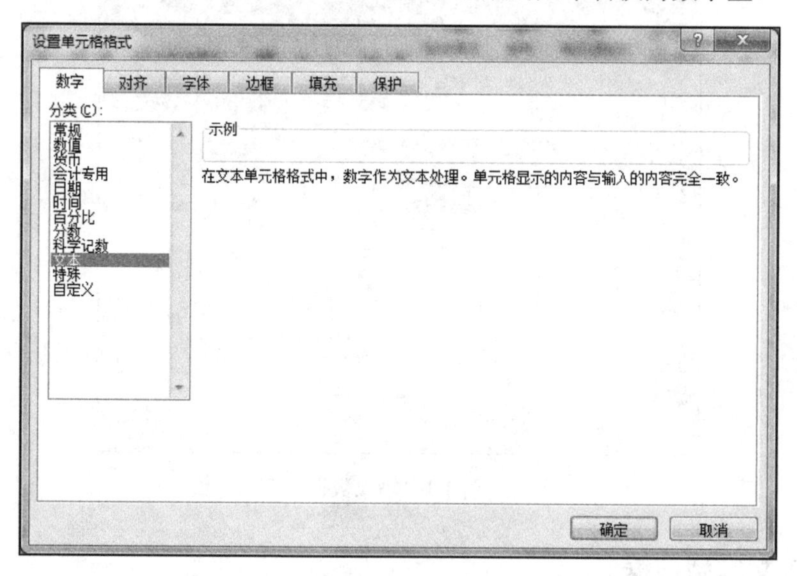

图 3-2　设置单元格格式为文本型

3.1.3　输入日期型数据

在 Excel 中，日期和时间数据是作为数值型数据的一种特殊类型来处理的。日期和时间是以数值的形式存放在 Excel 中的，但以日期和时间的格式显示出来。

1. **输入日期数据**

输入日期数据时，可用各种日期格式进行输入。如要输入 2021 年 4 月 1 日，可以在单元格内输入：“2021-4-1”“2021/4/1”“2021 年 4 月 1 日”“April 1, 2021”等各种形式的日期数据。日期的显示格式取决于该单元格的格式。

实际上单元格内存放的并不是日期，而是一个数值，这个数值是一个序号。当这个序号为 1 时，表示 1900 年 1 月 1 日；当这个序号为 2 时，表示 1900 年 1 月 2 日；以此类推，2021 年 4 月 1 日的序号为 44287。所以在 Excel 中是可以进行日期的减法运算的，将两个日期型单元格相减，得到的结果是两个日期之间的天数差。

有时候在输入一个数值时，单元格内显示的是一个日期，这是由于单元格格式被设置为了日期型；而有时候在输入一个日期时，单元格内显示的是一个数值，这是由于单元格的格式被设置为了数值型。只需重新设置单元格的格式即可正常显示。

日期的显示格式有长日期、短日期等多种。可以在“开始”选项卡上“数字”组中的

“数字格式”下拉组合框中进行选择，或在“设置单元格格式”对话框中进行选择，如图 3-3 所示。

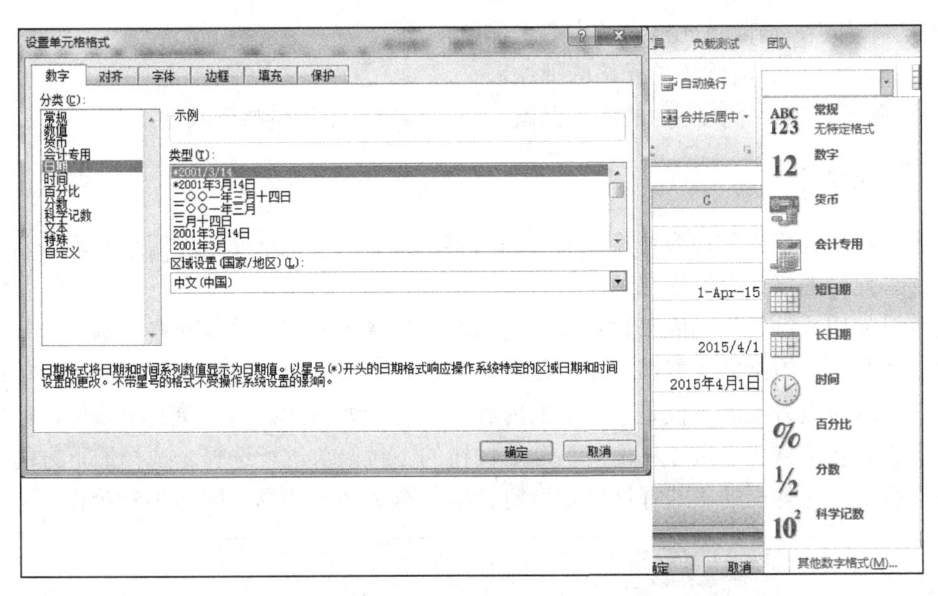

图 3-3　设置日期显示格式

2. 输入时间数据

时间数据的输入很简单，如要输入 2021 年 4 月 1 日中午 12 点，则只需在单元格内输入“2021-4-1□12:00”即可。

时间数据在 Excel 中实际上是以分数形式存放的，如“2021-4-1□12:00”存放的实际数值为 44287.5。其中的 44287 为日期(2021 年 4 月 1 日)；0.5 为时间，因为 12:00 为一天的一半，半天即为 $\frac{1}{2}$，也就是 0.5。

3.2　编 辑 数 据

当在单元格内输入数据后，就可以对数据进行删除、替换和修改等编辑操作。

3.2.1　删除操作

删除操作很简单，只需要选中需删除内容的单元格，然后按 Delete 键即可。如果要删除多个单元格中的内容，可以先选中这些单元格，然后按 Delete 键。不过 Delete 键只能删除单元格中的内容，而不会删除已应用到该单元格的格式。

如果要进行更多的删除操作，可以在“开始”选项卡上的“编辑”组中单击“清除”按钮。

在如图 3-4 所示的“清除”下拉菜单中有如下 5 个选项。

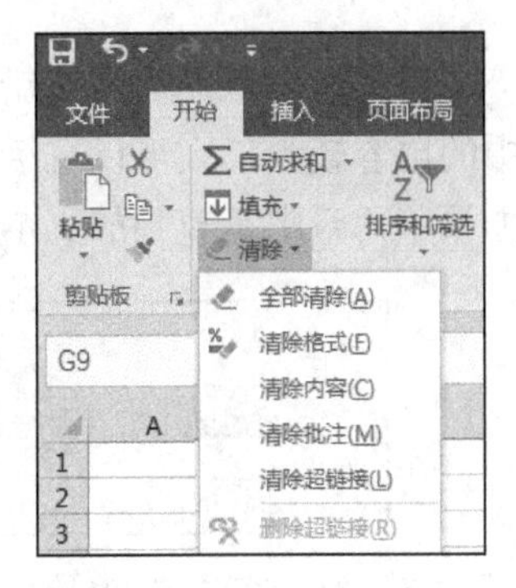

图 3-4　“清除”下拉菜单

(1) 全部清除：清除全部内容，包括内容、格式、批注和超链接。

(2) 清除格式：只清除格式，保留其他内容。

(3) 清除内容：清除单元格内的内容，保留格式。

(4) 清除批注：只清除该单元格的批注。

(5) 清除超链接：单元格内的文字保留，但不再能单击后链接到其他地方。

3.2.2　替换操作

如果要将单元格内的内容替换成另外的内容，只需选中该单元格然后直接输入新的内容即可，该单元格的格式会继续保留。

还可以使用“粘贴”功能来替换单元格内容。先选中要复制的单元格，单击“开始”选项卡中“剪贴板”组上的“剪切”或“复制”按钮，然后选中要替换内容的单元格，单击“粘贴”按钮。这时被替换的不仅是单元格的内容，还包括如格式在内的单元格属性。如果要只替换内容或只替换格式，可以单击“粘贴”按钮的下拉箭头进行选择。选择最下方的“选择性粘贴”命令，在弹出的“选择性粘贴”对话框里有更多的选择，如图 3-5 所示。

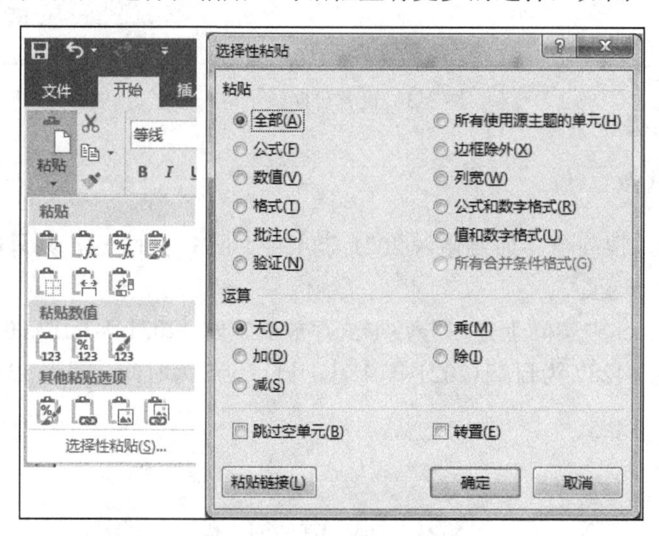

图 3-5　“粘贴”操作

3.2.3　修改操作

当发现输入的内容有错误或需要更新时，可以对单元格中的内容进行修改。如果单元格中的内容较少，则可以直接使用 3.2.2 节所介绍的替换方法，用新的内容替换掉以前的内容。如果单元格中是较长的文本或较复杂的公式，则可以只修改其中的某几个字符，方法如下。

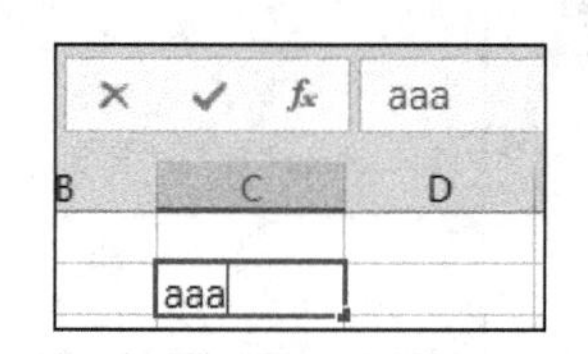

图 3-6　“取消”按钮和“输入”按钮

方法 1：在单元格上双击，将光标定位于单元格，进行修改。

方法 2：选中单元格，按 F2 键，进行修改。

方法 3：选中单元格，直接在编辑栏中进行修改。

在修改时，编辑栏的左边会出现如图 3-6 所示的“取消”按钮✕和“输入”按钮✓。修改完成后可以按

Enter 键或单击“输入”按钮✓，修改的内容将保存到单元格中。如果要取消修改，可以按 Esc 键或单击“取消”按钮✕，单元格内容将还原为未修改时的内容。

3.3　数 据 填 充

在 Excel 中可以快速地填充重复数据或有规律的数据，这样可以加快数据的输入速度。

3.3.1　使用鼠标拖动进行填充

当选中一个和多个单元格后，被选中的单元格外围有一圈黑色的边框，而在右下角会出现一个如图 3-7 所示的一个和黑色边框不相连的黑色方点，这个点称为填充柄。鼠标的光标移动到黑色的填充柄附近时，会变成一个黑色的十字，这时按住鼠标拖动，就可以进行填充了。

1. 选中单个单元格进行填充

一般情况下选中单个单元格进行填充，将单元格内容向拖动方向进行复制，如图 3-7 所示。不过如果选中的单元格内容是字符开头后面跟数字的，或是已定义的序列，则会按递增或递减顺序进行填充。如图 3-8 所示，选中的单元格中内容是“子”，按住填充柄向下拖动，则会自动填充“丑”“寅”“卯”等定义好的序列数据。如何定义序列数据会在 3.3.3 节介绍。

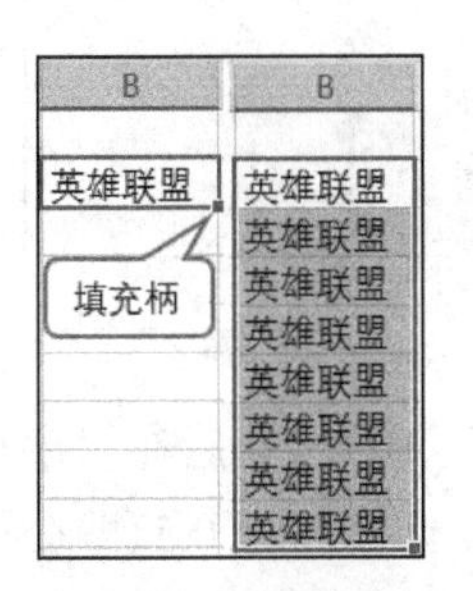

图 3-7　填充柄

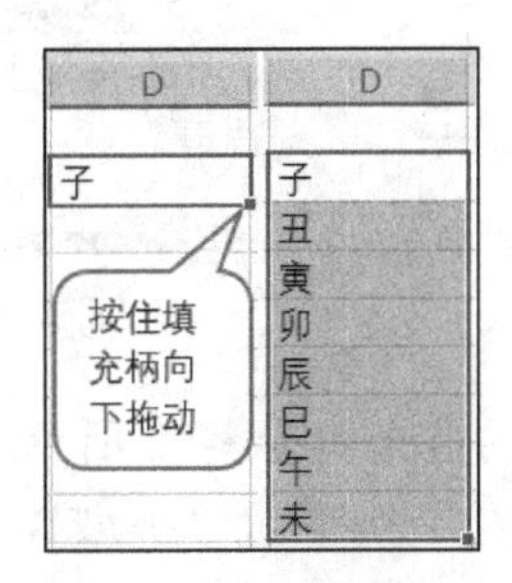

图 3-8　序列填充

2. 选中多个连续单元格进行填充

当选中多个数值型单元格进行填充时，系统会自动计算这几个数值的公差，然后按等差数列进行填充。如图 3-9 所示，选中的单元格中内容是 1 和 3，按住填充柄进行填充，则会自动填充 5、7、9 等数据系列的等差数据。

如果选中的单元格中有文本内容，或按 Ctrl 键，则在进行填充时是复制所选单元格中的内容。

3.3.2　使用命令进行填充

选取一个区域，如何用命令将左上角的第 1 个单元格内容向周围的单元格填充呢？如图 3-10 所示，单击“开始”选项卡“编辑”组中的“填充”按钮，选中填充的方向即可。

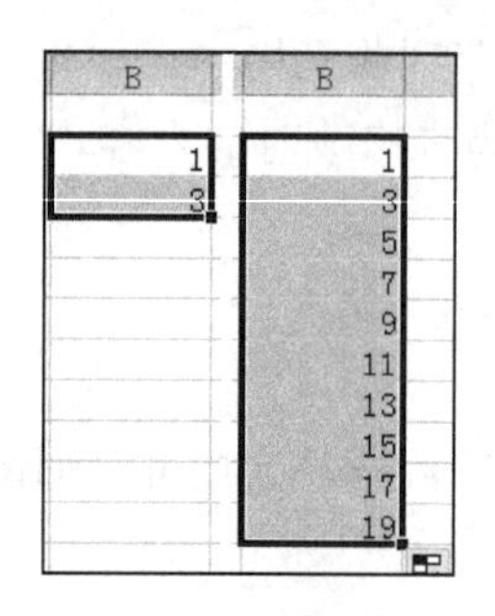

图 3-9　等差数列填充

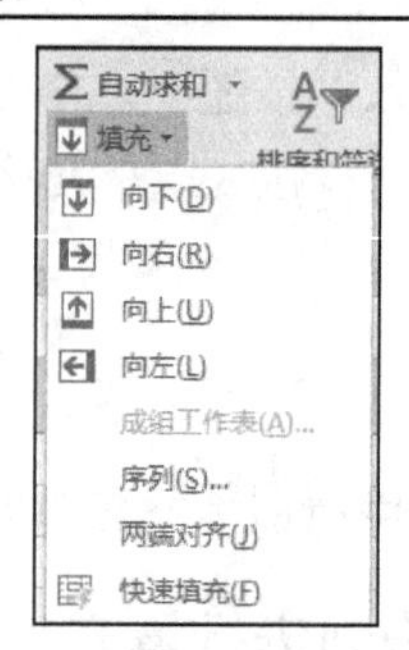

图 3-10　填充命令

还可以选择图 3-10 中的“序列”命令来填充等差和等比数列。

如图 3-11 所示，在单元格 A1 中输入 1，然后在“序列”对话框中选择“序列产生在”“列”，“类型”为“等差序列”，“步长值”为 2(即公差)，“终止值”为 20，单击“确定”按钮后，自动填充了从 1～19 的奇数序列。

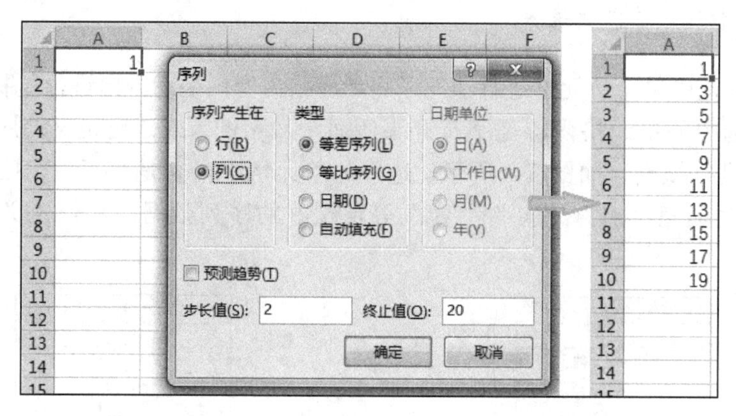

图 3-11　等差序列填充

等比序列的填充如图 3-12 所示。在单元格 A1 中输入 100，然后在“序列”对话框中选择“序列产生在”“列”，“类型”为“等比序列”，“步长值”为 0.5(即公比，如果不清楚公比是多少，可以输入前两个数到单元格中，然后选中这两个单元格，再选中“预测趋势”，由系统自动计算公比)，“终止值”为 0.1，单击“确定”按钮后，自动填充等比序列。

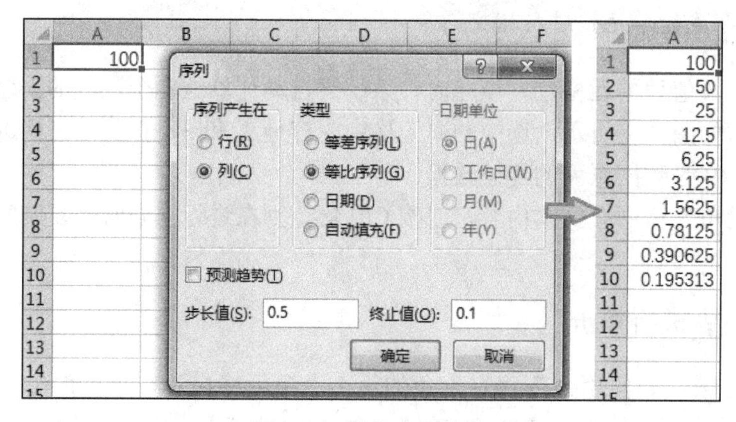

图 3-12　等比序列填充

3.3.3　自定义序列及填充

在 Excel 中，除了数字序列 1,2,3,4,…外，系统还定义了如图 3-13 所示的自定义序列，如甲、乙、丙、丁等。如果需要建立新的序列，可以在“文件”选项卡上单击“选项”命令，然后在出现的“Excel 选项”对话框中选择“高级”，在右侧的“常规”区内选择“编辑自定义列表”，打开“自定义序列”对话框。在“输入序列”文本框内输入新的序列，单击“添加”按钮完成新序列的定义。或将新序列输入到连续的单元格内，将单元格的地址输入到“从单元格导入序列”文本框，单击“导入”按钮完成新序列的定义。

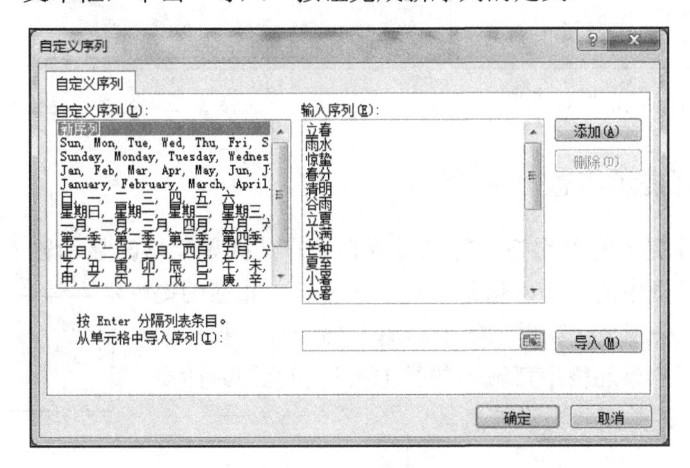

图 3-13　自定义序列

在单元格中输入新序列的任何一项，然后通过拖动“填充柄”即可实现新序列中其他项的填充。

3.4　数 据 验 证

数据验证是 Excel 的一种用于数据检验的功能，用于定义可以在单元格中输入什么样的数据，或者对已输入的数据进行有效性检查，以防止用户输入无效数据。

3.4.1　数据验证的设置

数据验证命令位于“数据”选项卡上的“数据工具”组中。

在设置数据验证时，先选中要设置验证的单元格，然后打开如图 3-14 所示的“数据验证”对话框进行设置。例如，输入学生成绩，成绩为 0～100 的整数，则可以在“数据验证”对话框中设置允许“整数”，数据“介于”最小值“0”和最大值“100”之间的验证条件。

使用数据验证也可以限定输入字符的长度，例如可以限定“学号”列的输入长度应该为 10 位。除此之外，还可以根据公式来判断输入数据是否有效。如图 3-15 所示，公积金的缴纳比例为应发工资的 10%～40%，则可以为“公积金”单元格设置验证为如下自定义公式：

```
=AND(B33<=B30*40%,B33>=B30*10%)
```

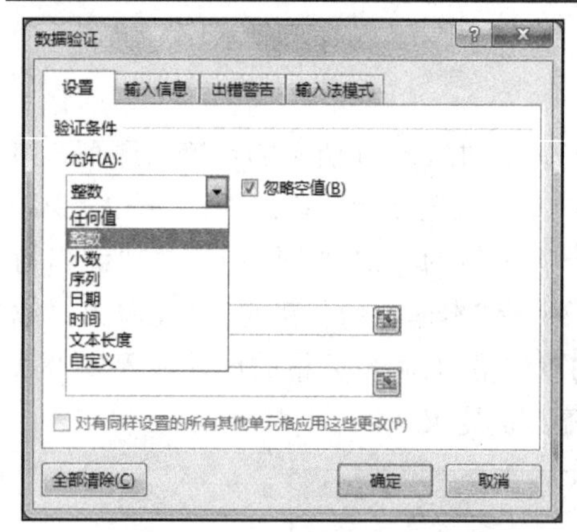

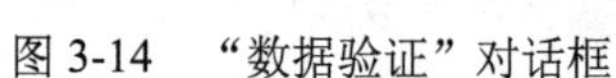
图 3-14　“数据验证”对话框

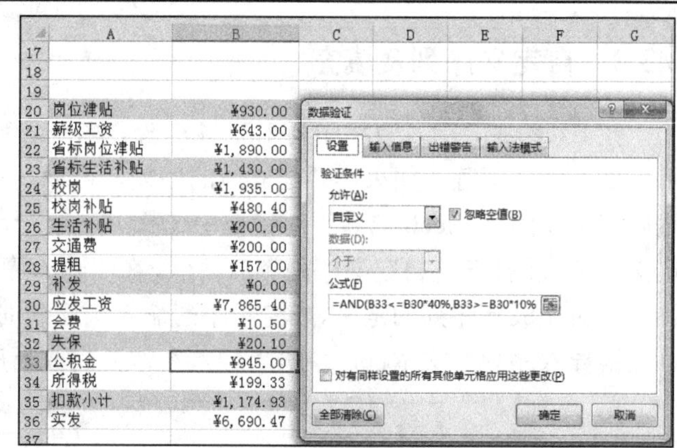

图 3-15　设置自定义公式

3.4.2　数据验证提示信息

对于那些需要提示的单元格，可以设置在用户选择单元格时显示输入的提示信息。在“数据验证”对话框中的“输入信息”选项卡中输入相应的提示信息即可，例如公积金计算提示效果如图 3-16 所示。提示信息通常用于指导用户单元格中可输入的数据类型和范围。如果需要，可以按 Esc 键关闭此提示信息。

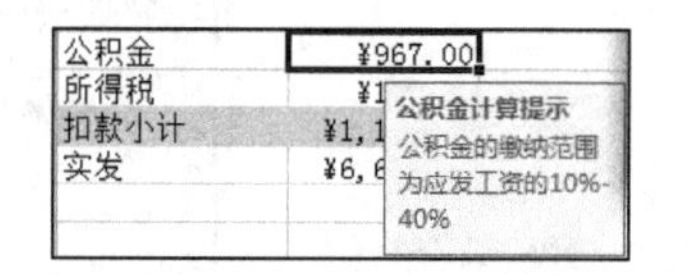

图 3-16　数据验证信息

3.4.3　出错信息

出错信息仅在用户直接在单元格内输入了错误数据时才显示。可以在“数据验证”对话框中的“出错警告”选项卡中自定义出错警告信息。如果选择不进行自定义，则用户看到的是如图 3-17 所示的左边的默认消息。

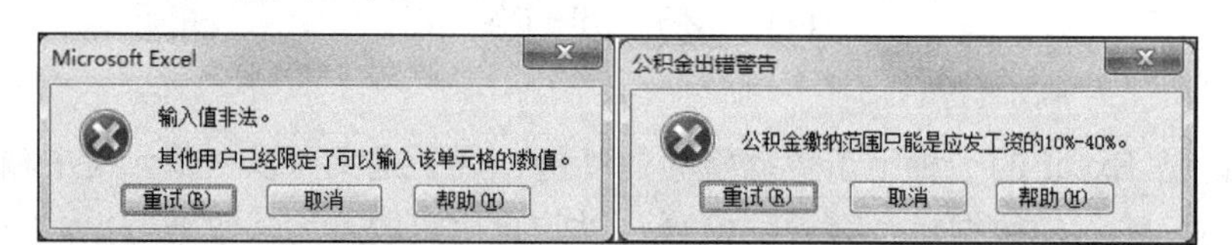

图 3-17　数据出错警告信息

出错信息有如表 3-1 所示的 3 种类型，可根据需要进行设置。

表 3-1　出错信息类型

出错信息类型	名称	说明
	停止	能够阻止用户在单元格中输入无效数据。“停止”警告信息弹出的对话框上有两个选项：“重试”或“取消”
	警告	用户输入无效数据时会发出警告，不过仍可以输入无效数据。在出现的“警告”对话框上，用户可以选择“是”接受无效输入，选择“否”编辑无效输入，或者选择“取消”删除无效输入
	信息	给用户一个通知，告诉用户输入了无效数据，不过不阻止无效数据的输入。在出现“信息”警告信息时，用户可以选择对话框上的“确定”接受无效的输入，或选择“取消”拒绝无效的输入

3.4.4　输入列表的设置

有时为了防止用户输入无效数据，需要将用户的输入限制在某些枚举的值之内，如学生的成绩等级只能在“优”“良”“中”“及格”“不及格”中进行选择。这时可以使用数据验证进行设置，让用户只能在输入列表中选择数据。

如图 3-18 所示，先选中要设置输入列表的单个或多个单元格(B2:B11)，然后在“数据验证”对话框的“允许”下拉列表中选择“序列”，再在“来源”文本框中输入限制选项，选项之间用英文的逗号(,)隔开。

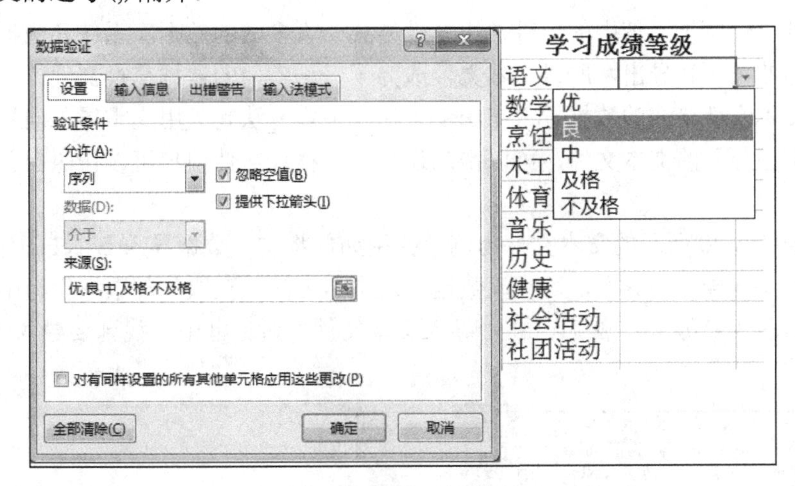

图 3-18　输入列表设置

3.4.5　圈释数据

前面介绍的都是先对单元格设置数据验证，然后再输入数据，当输入不满足验证规则时会出现提示。其实也可以将数据验证应用到已输入数据的单元格。不过，Excel 不会自动通知现有单元格包含的数据是无效的。在这种情况下，如果要查看哪些数据是无效的，可以通过指示 Excel 在工作表上的无效数据周围画上圆圈来突出显示这些数据。标识了无效数据后，可以将这些圆圈隐藏起来。如果修改了无效的输入或保存了数据，圆圈就会自动消失。

如图 3-19 所示，如果要查看哪些同学的成绩是低于 60 分的，可以先为 D2:D13 单元格区域设置数据验证为大于等于 60。然后在“数据验证”下拉菜单中单击“圈释无效数据”，就可以在所有 60 分以下的成绩上画上圆圈了。

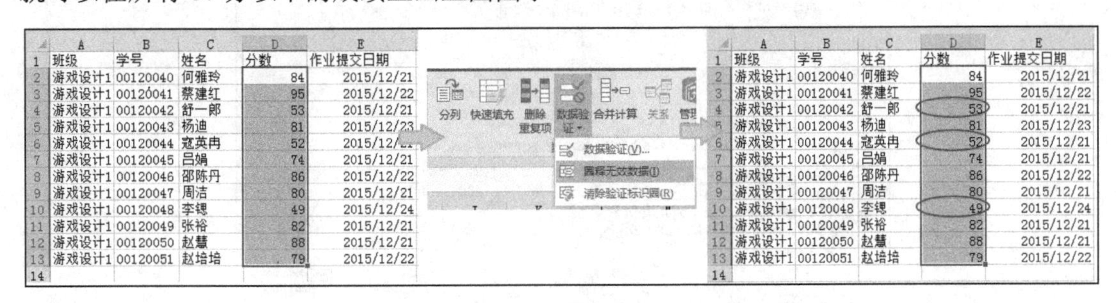

图 3-19　圈释数据

3.5　导入外部数据

在实际应用 Excel 的工作中，需要的数据可能并不是 Excel 格式文件，而是文本文件或 Access 数据库等其他格式的外部数据。这时首先要做的就是想办法把这些数据取出并放到 Excel 中来，这个过程就是导入外部数据。

3.5.1　导入文本文件

文本文件是计算机系统中的一种常用文件格式，大多数的数据库系统和数据处理软件都支持文本文件的导入和导出，所以文本文件成为了一种常用的数据交换文件。

可以将文本文件格式的数据导入 Excel 工作表中。方法是使用文本导入向导。文本导入向导会检查正在导入的文本文件，可以帮助设置导入格式，使用户可以按照自己设想的格式导入数据。

下面以如图 3-20 所示的文本文件为例，介绍如何将文本数据导入 Excel 工作表中。

要启动“文本导入向导”，可在“数据”选项卡上的“获取外部数据”组中单击“自文本”按钮，如图 3-21 所示。然后，在“导入文本文件”对话框中，找到要导入的文本文件，双击导入。

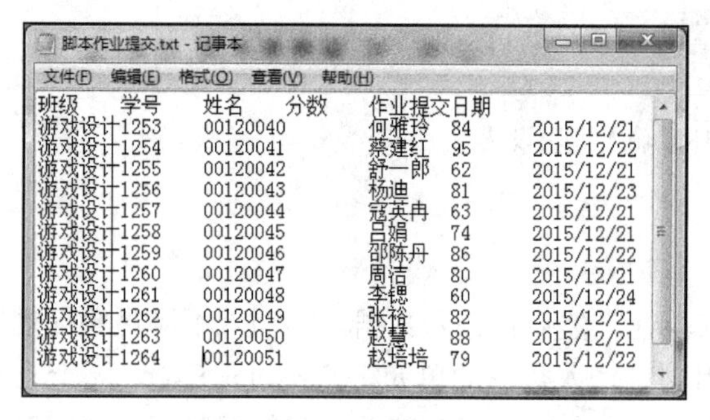

图 3-20　文本文件内容

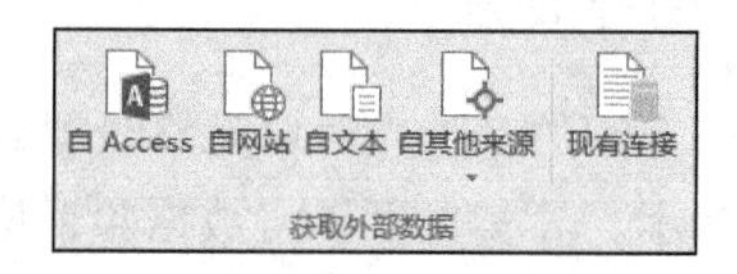

图 3-21　“获取外部数据”组

“文本导入向导”会自动进入如图 3-22 所示的“文本导入向导-第 1 步”。

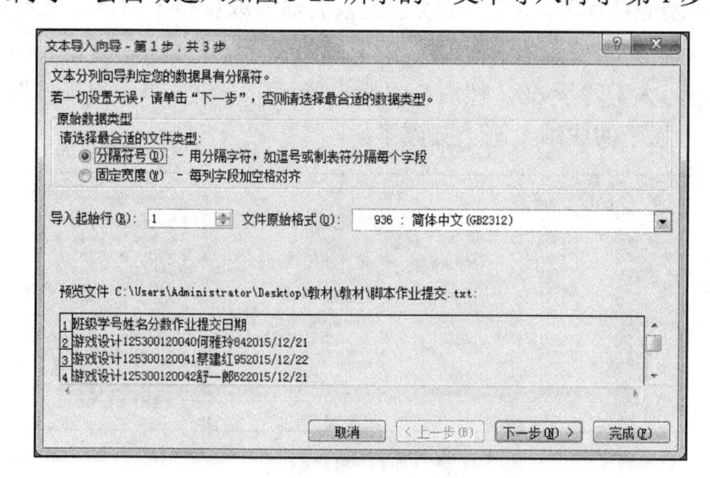

图 3-22　文本导入向导第 1 步

图 3-22 对话框中各选项功能如下。

(1) 原始数据类型：如果文本文件中的各项是以制表符、分号、冒号、空格或其他字符分隔的，则选择“分隔符号”。如果每个列中所有项的长度都是相同的，则选择“固定宽度”。

(2) 导入起始行：输入要导入数据的起始行号。

(3) 文件原始格式：选择文本文件中使用的字符集。在多数情况下，不用修改这个默认设置。只有当预览文件框内的内容显示为乱码时，才进行调整。

单击“下一步”按钮后进入如图 3-23 所示的“文本导入向导-第 2 步”。

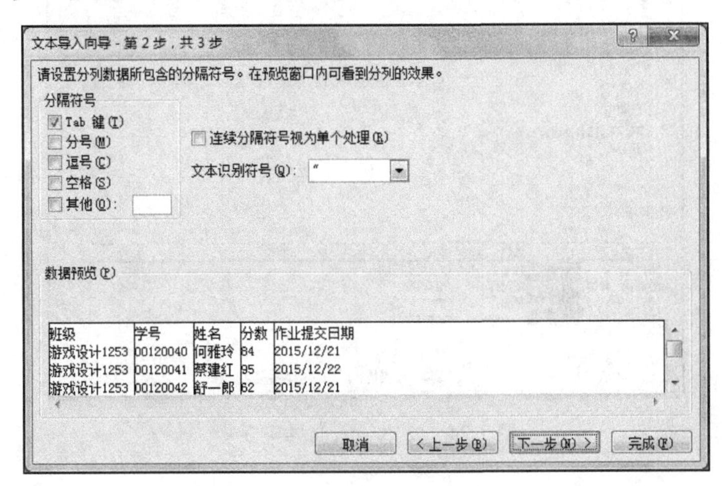

图 3-23　文本导入向导第 2 步

图 3-23 对话框中各选项功能如下。

(1) 分隔符号：表示文本文件中用以分隔各列数据的字符，一般为 Tab 键。如果分隔符不在列出的选项中，则选中“其他”复选框，然后在右边文本框中输入该字符。

(2) 文本识别符号：文本文件中将值括起来的符号。当 Excel 遇到文本识别符号时，这个识别符号后及下一个识别符号前的所有文本内容都会被认为是一个值，即使这些文本中包含一个其他的分隔符也是如此。例如，如果分隔符号是逗号(,)，文本识别符号是单引号(')，则'Tomas,Eliza'将以 Tomas,Eliza 的形式导入到一个单元格中。如果没有文本识别符号，则 Tomas,Eliza 将以 Tomas 和 Eliza 的形式导入到两个相邻的单元格中。

(3) 数据预览：在数据预览框中查看工作表的各列中的文本，是否是按照先前设置的格式显示的。

单击“下一步”按钮后进入如图 3-24 所示的“文本导入向导-第 3 步”。

单击“数据预览”部分以选中某列，选中的列会变成反色显示。在“列数据格式”中可以设置所选列的数据格式。

如果不希望导入所选列，单击“不导入此列(跳过)”单选按钮。

选择了选定列的数据格式后，“数据预览”下的列标题会显示该格式。如果选择了“日期”，要在“日期”文本框中选择日期格式。

应选择与数据最接近的数据格式，这样 Excel 便可以准确地转换导入数据。例如：

(1) 如果列中的所有内容都是货币数字，要将列转换为 Excel 数字格式应选择“常规”。

(2) 如果列中的所有内容都是数字字符，但要将列转换为 Excel 文本格式应选择“文本”。

(3) 如果列中的所有内容都是按年月日的顺序排列的日期数据，要转换为 Excel 日期格式应选择“日期”，然后选择“日期”框中的“YMD”日期类型。

如果 Excel 没有将列转换为所需格式，那么可以在导入数据后再转换数据。

所以，“学号”列应该设置为“文本”类型，如果设置为默认的“常规”类型，则学号前面的两个字符“00”将会省略。“作业提交日期”列应设置为“YMD”类型。

最后单击“完成”按钮，数据将会导入到 Excel 中。

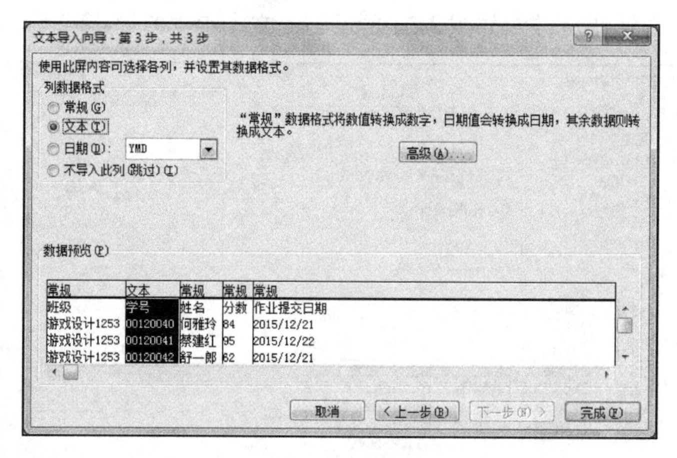

图 3-24　文本导入向导第 3 步

3.5.2　导入 Access 数据库数据

Access 是一种常用的桌面数据库系统。如果要将 Access 数据库中的数据导入到 Excel 中，可在“数据”选项卡上的“获取外部数据”组中单击“自 Access”按钮。在弹出的如图 3-25 所示的“选取数据源”对话框中找到要导入的数据库，然后单击“打开”按钮。这时在“选择表格”对话框里列出了所有的表和视图，从中选择要导入的表或视图，单击“确定”按钮，然后在“导入数据”对话框中单击“确定”按钮即可。

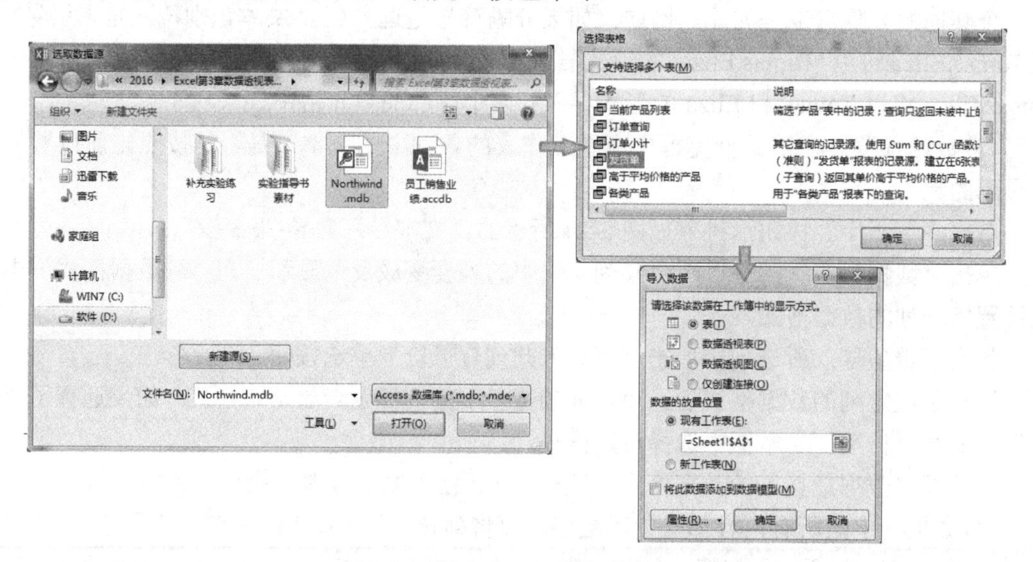

图 3-25　导入 Access 数据库数据

导入的数据一般作为一张表出现在 Excel 工作表中，如果要把表变成普通的区域，只需将光标停留在表中，右击，在弹出的快捷菜单中选择“表格”→“转换为区域”命令即可。

如图 3-26 所示，发货单查询中的 26 个字段、2000 多行的数据全部导入了 Excel 中。

货主名称	货主地址	货主城市	货主地区	货主邮政编码	货主国家	客户ID	客户.公司名称	地址	城市	地区	邮政编码
陈先生	长江老路 30 号	天津	华北	786785	中国	FOLKO	五洲信托	沿江北路 942 号	南京	华东	876060
陈先生	长江老路 30 号	天津	华北	786785	中国	FOLKO	五洲信托	沿江北路 942 号	南京	华东	876060
陈先生	长江老路 30 号	天津	华北	786785	中国	FOLKO	五洲信托	沿江北路 942 号	南京	华东	876060
陈先生	长江老路 30 号	天津	华北	786785	中国	FOLKO	五洲信托	沿江北路 942 号	南京	华东	876060
陈先生	车站东路 831 号	石家庄	华北	147765	中国	KOENE	永业房屋	东园大路 78 号	重庆	西南	101057
陈先生	车站东路 831 号	石家庄	华北	147765	中国	KOENE	永业房屋	东园大路 78 号	重庆	西南	101057
陈先生	车站东路 831 号	石家庄	华北	147765	中国	KOENE	永业房屋	东园大路 78 号	重庆	西南	101057
陈先生	车站东路 831 号	石家庄	华北	147765	中国	KOENE	永业房屋	东园大路 78 号	重庆	西南	101057
陈先生	车站东路 831 号	石家庄	华北	147765	中国	KOENE	永业房屋	东园大路 78 号	重庆	西南	101057
陈先生	承德东路 281 号	天津	华北	768700	中国	FOLKO	五洲信托	沿江北路 942 号	南京	华东	876060
陈先生	承德东路 281 号	天津	华北	768700	中国	FOLKO	五洲信托	沿江北路 942 号	南京	华东	876060
陈先生	承德路 28 号	张家口	华北	256076	中国	KOENE	永业房屋	东园大路 78 号	重庆	西南	101057
陈先生	承德路 28 号	张家口	华北	256076	中国	KOENE	永业房屋	东园大路 78 号	重庆	西南	101057
陈先生	承德路 28 号	张家口	华北	256076	中国	KOENE	永业房屋	东园大路 78 号	重庆	西南	101057
陈先生	崇明西路丁 93 号	南昌	华东	566975	中国	FOLKO	五洲信托	沿江北路 942 号	南京	华东	876060
陈先生	川明东街 37 号	重庆	西南	234324	中国	FOLKO	五洲信托	沿江北路 942 号	南京	华东	876060
陈先生	川明东街 37 号	重庆	西南	234324	中国	FOLKO	五洲信托	沿江北路 942 号	南京	华东	876060
陈先生	川明东街 37 号	重庆	西南	234324	中国	FOLKO	五洲信托	沿江北路 942 号	南京	华东	876060
陈先生	川明东街 37 号	重庆	西南	234324	中国	FOLKO	五洲信托	沿江北路 942 号	南京	华东	876060
陈先生	方分大街 38 号	南京	华东	645645	中国	VICTE	千固	明成西街 471 号	秦皇岛	华北	598018
陈先生	复兴路丁 37 号	北京	华北	785678	中国	FOLKO	五洲信托	沿江北路 942 号	南京	华东	876060
陈先生	共振路 390 号	南京	华东	677890	中国	VICTE	千固	明成西街 471 号	秦皇岛	华北	598018
陈先生	共振路 390 号	南京	华东	677890	中国	VICTE	千固	明成西街 471 号	秦皇岛	华北	598018
陈先生	共振路 390 号	南京	华东	677890	中国	VICTE	千固	明成西街 471 号	秦皇岛	华北	598018
陈先生	冠成南路 3 号	重庆	西南	653892	中国	KOENE	永业房屋	东园大路 78 号	重庆	西南	101057

图 3-26　导入的数据

3.6　数据透视表

数据透视表是一种可以快速汇总大量数据的交互式方法。数据透视表对于汇总、分析、浏览和呈现汇总数据非常有用。使用数据透视表能够更深入地分析、处理数值数据，从中得到更多有用的信息。

如图 3-27 所示，左边是数据源，其中有学号、姓名、性别、出生日期、政治面貌和籍贯列，右边则是产生的数据透视表，统计出各籍贯有多少党员、团员和群众。

数据源

学号	姓名	性别	出生日期	政治面貌	籍贯
040202001	林峰	男	32528	团员	江苏南京
040202002	王静	女	32770	群众	江苏镇江
040202003	赵思敏	女	32866	群众	江苏苏州
040202004	宋玥	女	32213	团员	北京
040202005	康英英	女	31878	团员	重庆
040202006	钱玉翠	女	32642	团员	江苏扬州
040202007	吴逸青	男	32308	团员	江苏南通
040202008	卢楠	女	32356	团员	江苏南京
040202009	陈永璐	女	32749	党员	上海
040202010	曹振	男	32501	团员	江苏苏州
040202011	张婷婷	女	32687	团员	江苏南京
040202012	杨陈静芝	女	32291	党员	江苏南京
040202013	葛海燕	女	32363	团员	江苏镇江
040202014	李欢	男	32051	团员	江苏泰州
040202015	谢在琴	女	31725	团员	江苏常州
040202016	刘晗	女	31413	团员	江苏南通
040202017	施超超	男	31055	团员	江苏常州
040202018	韩嘉	男	31441	群众	江苏徐州
040202019	罗荆	男	31474	团员	江苏徐州
040202020	吴钢	男	31563	群众	江苏盐城
040202021	林凤姣	女	31818	群众	江西九江
040202022	诸侯绮慧	女	31486	团员	江苏无锡

数据透视表

计数项:学号	列标签			
行标签	党员	群众	团员	总计
北京			1	1
江苏常州			2	2
江苏南京	1		3	4
江苏南通			2	2
江苏苏州		1	1	2
江苏泰州			1	1
江苏无锡			1	1
江苏徐州		1	1	2
江苏盐城		1		1
江苏扬州			1	1
江苏镇江		1	1	2
江西九江		1		1
上海	1			1
重庆			1	1
总计	2	5	15	22

图 3-27　数据透视表

3.6.1　建立数据透视表

利用数据透视表进行数据汇总有两种方式，一种是利用 Excel 中已有的数据源进行汇总

(包括将外部数据先导入到 Excel 中)，另一种是使用外部数据源直接创建数据透视表。

下面分别介绍这两种方法。

1. 利用 Excel 数据源创建数据透视表

例 3-1 利用 Excel 文件“学生基本情况.xlsx”中的数据，使用数据透视表功能制作如图 3-27 所示的各地区学生的政治面貌统计表。

操作步骤：

(1) 输入数据。在 Excel 中输入数据，或打开已输入数据的 Excel 文件，例如“学生基本情况.xlsx”文件，如图 3-28 所示。要确保数据区域具有列标题，并且该区域中没有空行。

	A	B	C	D	E	F
1	学号	姓名	性别	出生日期	政治面貌	籍贯
2	040202001	林峰	男	32528	团员	江苏南京
3	040202002	王静	女	32770	群众	江苏镇江
4	040202003	赵思敏	女	32866	群众	江苏苏州
5	040202004	宋玥	女	32213	团员	北京
6	040202005	康英英	女	31878	团员	重庆
7	040202006	钱玉翠	女	32642	团员	江苏扬州
8	040202007	吴逸青	男	32308	团员	江苏南通
9	040202008	卢楠	女	32356	团员	江苏南京
10	040202009	陈永璐	女	32749	党员	上海
11	040202010	曹振	男	32501	团员	江苏苏州
12	040202011	张婷婷	女	32687	团员	江苏南京
13	040202012	杨陈静芝	女	32291	党员	江苏南京
14	040202013	葛海燕	女	32363	团员	江苏镇江
15	040202014	李欢	男	32051	团员	江苏泰州
16	040202015	谢在琴	女	31725	团员	江苏常州
17	040202016	刘晗	女	31413	团员	江苏南通
18	040202017	施超超	男	31055	团员	江苏常州
19	040202018	韩嘉	男	31441	群众	江苏徐州
20	040202019	罗荆	男	31474	团员	江苏徐州
21	040202020	吴钢	男	31563	群众	江苏盐城
22	040202021	林凤姣	女	31818	群众	江西九江
23	040202022	诸侯绮慧	女	31486	团员	江苏无锡

图 3-28　学生基本情况

(2) 分析数据和设计算法。数据中有学号、姓名、性别、出生日期、政治面貌和籍贯字段。根据题目要求，可以对籍贯字段和政治面貌字段进行排序，这样相同籍贯和政治面貌的学生就排在了一起。然后数出各籍贯有多少党员、团员和群众，就可以得到结果。但是，现在一个学校一般有几千或几万名学生，数据量很大，用数个数的方式不光费时费力还容易出错。按照下面的步骤，可以用数据透视表自动地完成这些操作。

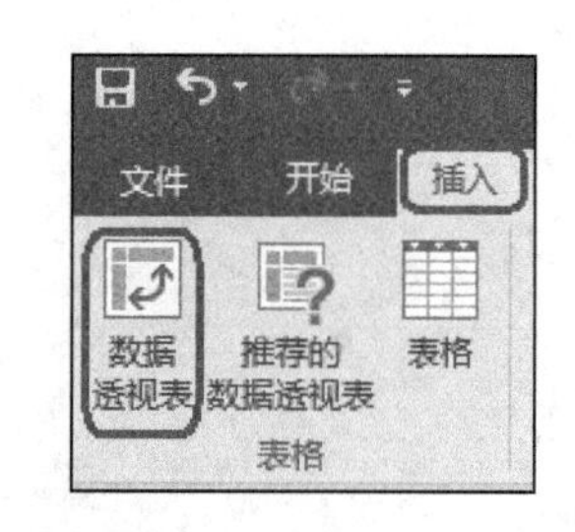

图 3-29　插入数据透视表

(3) 建立数据透视表。如图 3-29 所示，单击“插入”选项卡上的“表格”组中的“数据透视表”按钮，出现如图 3-30 所示的“创建数据透视表”对话框。

(4) 选择数据源所在区域。在“创建数据透视表”对话框中的“表/区域”文本框中输入数据源的范围，如“A1:F23”。如果原来就选中了数据源区域内的某单元格，则在该文本框中会自动输入数据源的范围。

(5) 指定数据透视表位置。如图 3-30 所示，如果将“选择放置数据透视表的位置”设置为“新工作表”，数据透视表将建立在一张新的工作表中。如果选择的是“现有工作表”，则数据透视表会建立在本工作表中，这时需在“位置”文本框中指定放置数据透视表的单元格区域的第 1 个单元格。

(6) 设计数据透视表。单击“确定”按钮，会出现一个空的数据透视表和如图 3-31 右侧所示的“数据透视表字段”对话框。用鼠标将“籍贯”字段拖动到“行”中，将“政治面貌”字段拖动到“列”中，再将“学号”字段拖动到“值”中，至此，数据透视表就创建好了，如图 3-31 左侧所示。

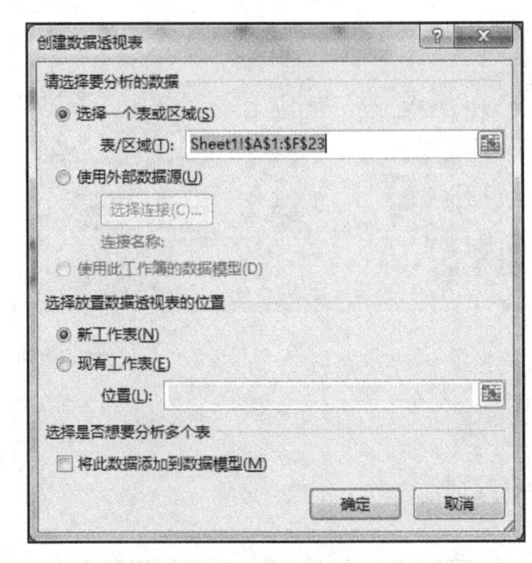

图 3-30　“创建数据透视表”对话框

计数项:学号	列标签			
行标签	党员	群众	团员	总计
北京			1	1
江苏常州			2	2
江苏南京	1		3	4
江苏南通			2	2
江苏苏州		1	1	2
江苏泰州			1	1
江苏无锡			1	1
江苏徐州		1	1	2
江苏盐城		1		1
江苏扬州			1	1
江苏镇江		1	1	2
江西九江		1		1
上海	1			1
重庆			1	1
总计	2	5	15	22

数据透视表字段
学号
姓名
性别
出生日期
政治面貌
籍贯
筛选器
列
政治面貌
行
籍贯
值
计数项:学号

图 3-31　设计数据透视表

2. 利用外部数据源创建数据透视表

例 3-2　使用数据透视表功能，直接获取 Northwind 数据库中“发货单”查询的数据，制作如图 3-32 所示的统计通过各货运公司运往各地区货物的运货费。

求和项:运货费	列标签			
行标签	急速快递	联邦货运	统一包裹	总计
东北	4919.47	4094.75	7339.94	16354.16
华北	17049.96	36193.38	46975.62	100218.96
华东	12609.48	15933.9	16397.37	44940.75
华南	4136.44	3882.68	10176.93	18196.05
华中	110.56		68.94	179.5
西北	2118.77	380.98	3469.86	5969.61
西南	11427.31	2959.45	7141.15	21527.91
总计	52371.99	63445.14	91569.81	207386.94

图 3-32　运货费数据透视表

操作步骤：

(1) 数据分析与算法设计。如图 3-26 所示(或直接打开 Northwind 数据库的发货单查询)，“发货单”查询中有货主地区、运货商.公司名称和运货费等字段，共有 2000 多行数据。可以分别将货主地区和货运公司相同的行中的运货费相加，得到该货主地区某货运公司的运货费总和。如：找出所有货主地区为“东北”，并且货运公司为“急速快递”的行，并将它们的运货费相加，结果为 4919.47，这就是通过急速快递运往东北地区的运货费的总和。同样，再计算出货主地区为“东北”、通过“联邦货运”和“统一包裹”运送的运货费，然后累计就可以得到 2 家货运公司运往东北地区的总运货费。同样计算出其他地区的运货费后，可以统计出每个货运公司的总运货费。虽然上面的算法可以得出正确的结果，但操作烦琐，花费的时间较长。数据透视表可以自动分类并汇总，如下面所示。

(2) 从外部数据源获取数据。在一个空白工作表中，选择一个单元格为数据透视表的位置，将光标停留在此处。单击“插入”选项卡上的“表格”组中的“数据透视表”按钮，在出现的如图 3-33 所示的“创建数据透视表”对话框中选择“使用外部数据源”，单击“选择连接”按钮。

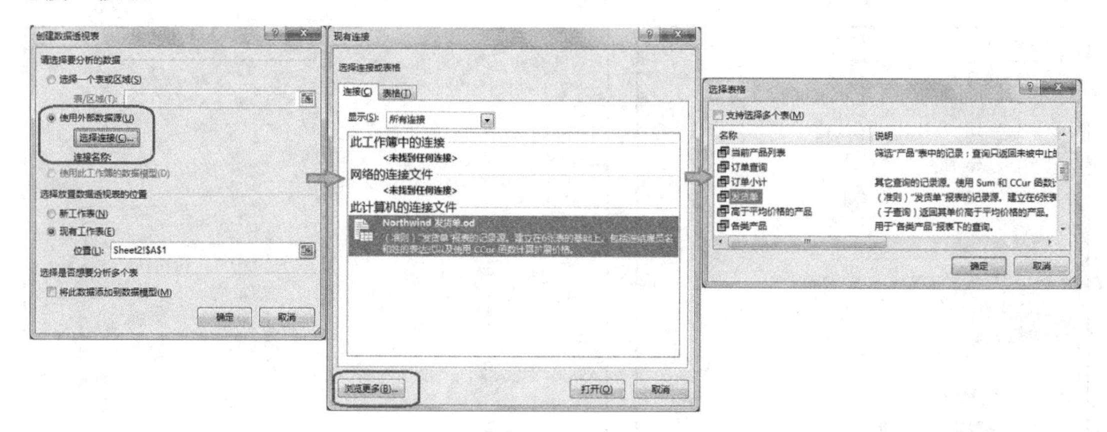

图 3-33　从外部数据源获取数据

在弹出的如图 3-33 所示的“现有连接”对话框中选择一个现有的连接。如果没有想要的连接，单击“浏览更多”按钮，找到 Northwind 数据库，在出现的“选择表格”对话框中会显示数据库中所有的表格和视图。选择“发货单”视图，单击“确定”按钮，会出现一个空的数据透视表和如图 3-34 所示的“数据透视表字段”对话框。

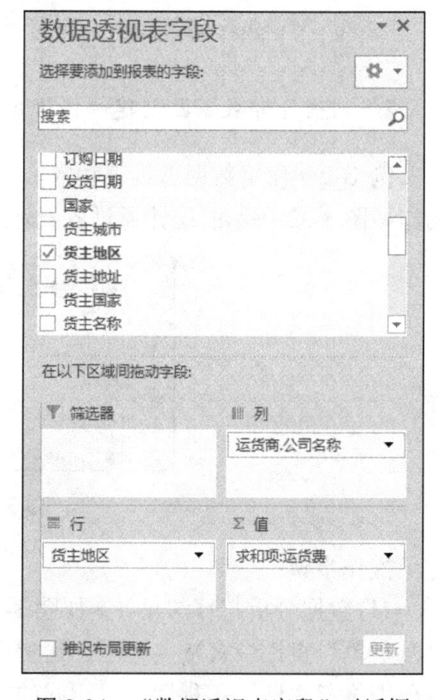

图 3-34　“数据透视表字段”对话框

(3) 设计数据透视表。如图 3-34 所示，用鼠标将“货主地区”字段拖动到“行”中，将“运货商.公司名称”字段拖动到“列”中，再将“运货费”字段拖动到“值”中，至此，如图 3-32 所示的数据透视表就创建好了。

3.6.2　设计数据透视表

1. 数据透视表的布局

一个数据透视表主要由报表筛选、列标签、行标签、值域和总计等几个部分组成，如图 3-35 所示。

(1) 报表筛选用于体现三维数据关系，可筛选报表的显示数据。使用报表筛选可以选择在数据透视表中显示一项、多项或所有数据。如图 3-35 所示，只显示了运货商为“联邦货运”的数据。

(2) 行标签中字段的每一项都会在数据透视表中显示一行。行标签中的字段可以是一个，也可以是多个。如图 3-35 所示，行标签上是“销售人”字段。

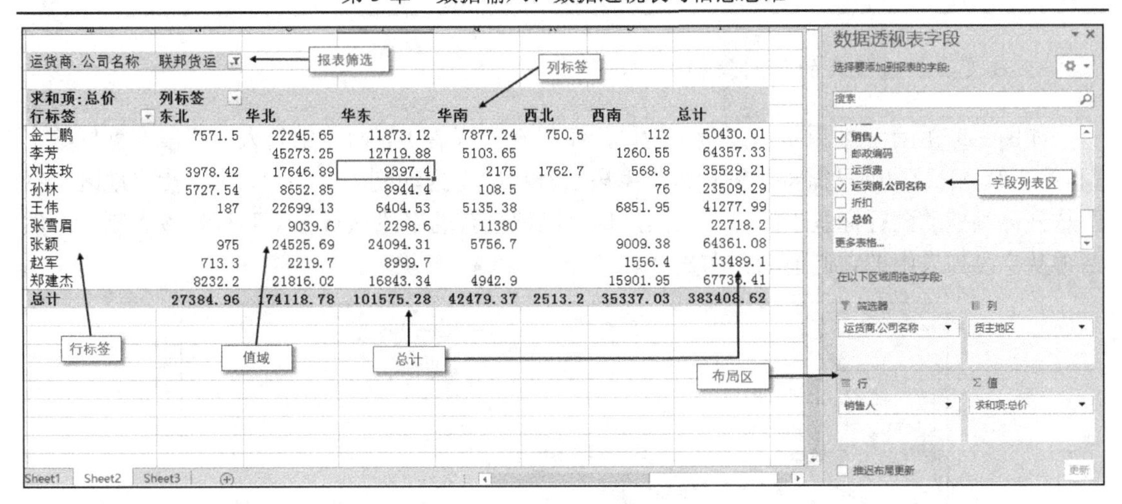

运货商.公司名称	联邦货运						
求和项:总价	列标签						
行标签	东北	华北	华东	华南	西北	西南	总计
金士鹏	7571.5	22245.65	11873.12	7877.24	750.5	112	50430.01
李芳		45273.25	12719.88	5103.65		1260.55	64357.33
刘英玫	3978.42	17646.89	9397.4	2175	1762.7	568.8	35529.21
孙林	5727.54	8652.85	8944.4	108.5		76	23509.29
王伟	187	22699.13	6404.53	5135.38		6851.95	41277.99
张雪眉		9039.6	2298.6	11380			22718.2
张颖	975	24525.69	24094.31	5756.7		9009.38	64361.08
赵军	713.3	2219.7	8999.7			1556.4	13489.1
郑建杰	8232.2	21816.02	16843.34	4942.9		15901.95	6773[illegible].41
总计	27384.96	174118.78	101575.28	42479.37	2513.2	35337.03	383408.62

图 3-35　数据透视表布局

(3) 列标签中字段的每项都会在数据透视表中成为一列。列标签中的字段可以是一个、多个，也可以没有。如图 3-35 所示，列标签上是“货主地区”字段。

(4) 值域(数值区域)的单元格用于显示汇总数据。Excel 提供了多种汇总数据的方式，如计数、求总和及均值等。

(5) 总计又分为行总计和列总计。用户可以决定显示或不显示总计。

2. 添加和删除字段

图 3-36　数据透视表工具

为数据透视表添加或删除字段非常容易。建立了数据透视表后，在工具栏上会出现如图 3-36 所示的“数据透视表工具”，其中包括“分析”和“设计”两个选项卡。如果在使用过程中“数据透视表工具”消失了，只要用鼠标单击数据透视表，这个工具就会再次在工具栏上出现。

为数据透视表添加字段，可以在字段列表上右击，会弹出一个下拉菜单，可以在列出的“添加到报表筛选”“添加到行标签”“添加到列标签”“添加到值”命令中进行选择，以决定把这个字段添加到哪个区域。也可以按住字段名称，直接拖动到“数据透视表字段”对话框布局区域的相应的框中。

从数据透视表中删除一个字段，只需将字段从布局区域的框中拖出去就可以了。

如果“数据透视表字段”对话框被关闭了，则可以单击“数据透视表工具”中“分析”选项卡上的“显示”组中的“字段列表”按钮，这个按钮的作用是打开或关闭“数据透视表字段”对话框。

3. 改变数据透视表的行列结构

如图 3-37 所示，如果希望“货主地区”字段在行标签上，而“销售人”字段在列标签上（和图 3-35 相反），则只需将“销售人”字段从行标签上拖动到列标签上，将“货主地区”字段从列标签拖动到行标签上即可。当然，也可以把已有的字段从行标签和列标签上删除，然后再从字段列表中把它们拖动到布局区域。

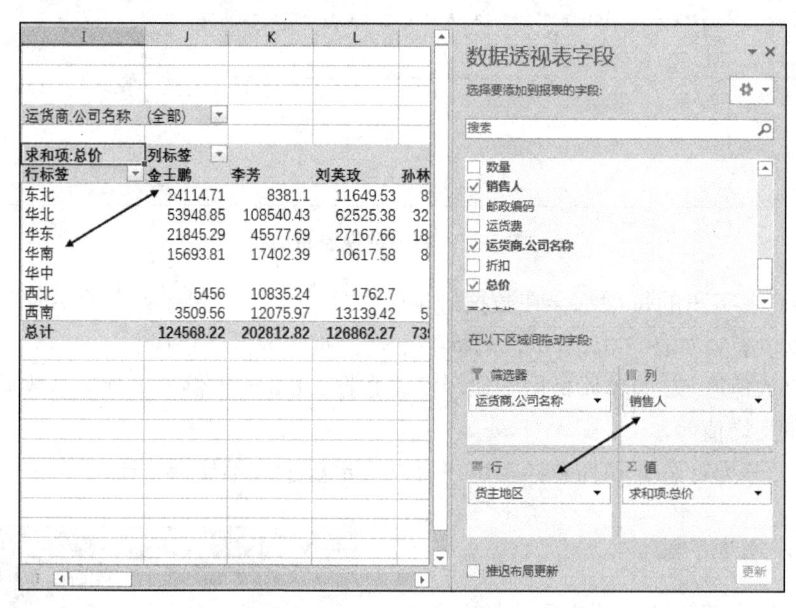

图 3-37　行列字段交换

根据需要，报表筛选、列标签、行标签和数值区域都可以有多个字段。如图 3-38 所示，行标签就有“运货商.公司名称”和“货主地区”两个字段，效果如图 3-38 左侧所示。这时，可以直接在行标签中拖动以交换字段的位置来调节显示的顺序。

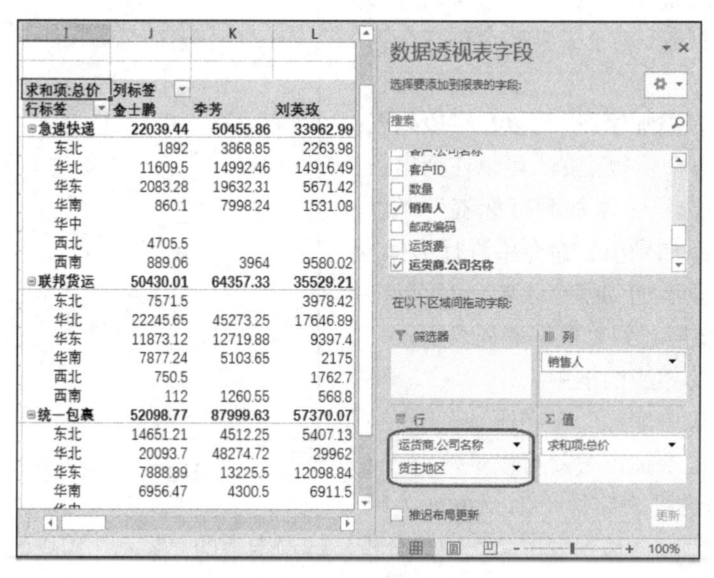

图 3-38　行标签多个字段

4. 值域的设计

在值域中可以用多种方式汇总和显示数据，可以进行计数、求和、求平均值或求均方差。在显示时可以显示原始值，也可以显示各种类型的百分比。

如图 3-39 左侧所示，要设置值的汇总方式，可以先单击数据透视表中间的值域区，然后单击“数据透视表工具”中“分析”选项卡里的“活动字段”组中的“字段设置”按钮，在打开的对话框中选择汇总方式。也可以在如图 3-39 中间所示的“数据透视表字段”列表的“数值”框里单击数值字段名右侧的下拉箭头，选择“值字段设置”命令，然后在出现的“值字段设置”对话框中选择值字段的汇总方式。或如图 3-39 右侧所示，直接在数据透视表的值域右击，在弹出的快捷菜单中选择“值汇总依据”命令。

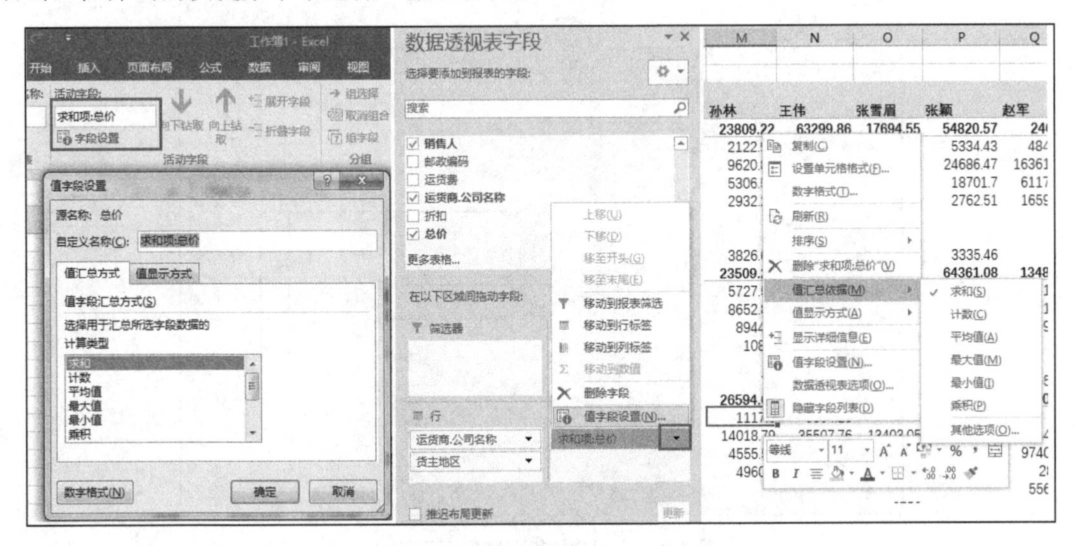

图 3-39　设置值字段汇总方式

值的显示方式也有多种选择，如图 3-40 所示。默认情况是无计算的，就是显示原始值，但也可以按“总计的百分比”或“列汇总的百分比”等其他方式进行显示。

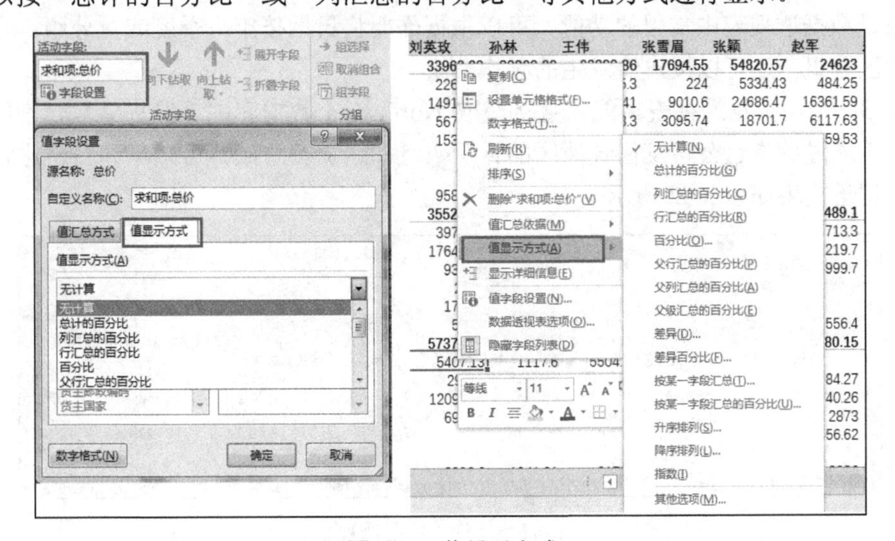

图 3-40　值显示方式

要设置值的显示方式，如图 3-40 左侧所示，可以单击“数据透视表工具”中“分析”选项卡里的“活动字段”组中的“字段设置”按钮，或在“数据透视表字段”列表的“值”文本框里单击数值字段名右侧的下拉箭头，选择“值字段设置”命令，在打开的对话框中选择值显示方式。也可以如图 3-40 右侧所示，直接在数据透视表的数据区域右击，在弹出的快捷菜单中选择“值显示方式”命令。

有时需要将某字段在值域显示多次，可以多次将字段拖放到值域。如图 3-41 所示，为了在值域中既显示销售总价，又显示该销售总价在整个报表中所占的百分比，可以将总价字段两次拖动到“值”文本框中。然后改变其中一个的显示方式为“总计的百分比”，就可以得到想要的效果了。

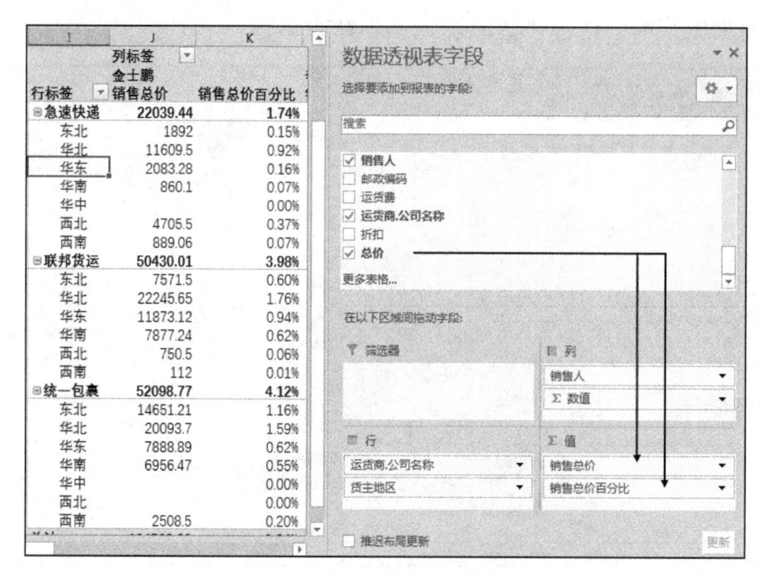

图 3-41　值域中多次使用同一字段

5. 分组

分组是数据透视表中常用的功能。可以根据需要将日期按年、季度或月分组，也可以按人员或地区分组，还可以按事情发生的频次分组。

例 3-3　使用数据透视表功能，直接获取 Northwind 数据库中“发货单”查询的数据，汇总并显示通过各货运公司发往各地区的订单数量和运货费总额。可按年和月份进行筛选。建好的数据透视表如图 3-42 所示。

年	1996年							
月份	(全部)							
	货运公司							
	急速快递		联邦货运		统一包裹		订单数汇总	运货费总额汇总
地区	订单数	运货费总额	订单数	运货费总额	订单数	运货费总额		
东北	8	789.73	15	654.08	27	2102.1	50	3545.91
华北	32	1870.01	67	5710.94	53	7478.4	152	15059.35
华东	39	2590.94	45	3526.82	36	1510.44	120	7628.2
华南	3	0.36	18	1302.63	12	411.01	33	1714
华中	2	110.56			3	68.94	5	179.5
西南	22	2294.84	10	834.63	13	815.1	45	3944.57
总计	106	7656.44	155	12029.1	144	12385.99	405	32071.53

图 3-42　例 3-3 数据透视表

操作步骤：

(1) 从外部数据源获取数据。参见例 3-2 的操作步骤(2)。

(2) 按时间分组。把“订购日期”字段从字段列表拖动到行标签，如图 3-43 中①所示，会自动分为年、季度和月 3 个组，效果如图 3-43 中②所示，其中的“订购日期”就是月份组。如果其中有不需要的组，可以将其从行标签内拖出，如可以将“季度”拖出，日期就会被分为年和月份两组。如果要自己手动分组，可以在分组数据上右击，在弹出的快捷菜单中选择“取消组合”，如图 3-43 中③所示，或在“分析”选项卡的“分组”组中选择“取消组合”按钮，这时组合取消，数据还原为几百行的日期。在这些日期上右击选择“创建组”命令，或单击工具栏上“分析”选项卡的“分组”组中的“组选择”按钮或“组字段”按钮，在出现的“组合”对话框里选择步长为“年”和“月”(开关式，单击为选中，再单击为放弃)，然后单击“确定”按钮，如图 3-43 中④所示。这时行标签里的“订购日期”字段名就变成了“年”和“订购日期”两个字段名。拖动这两个字段到布局的“报表筛选”框内，在数据透视表中就会显示如图 3-43 中⑤所示的报表筛选区域。

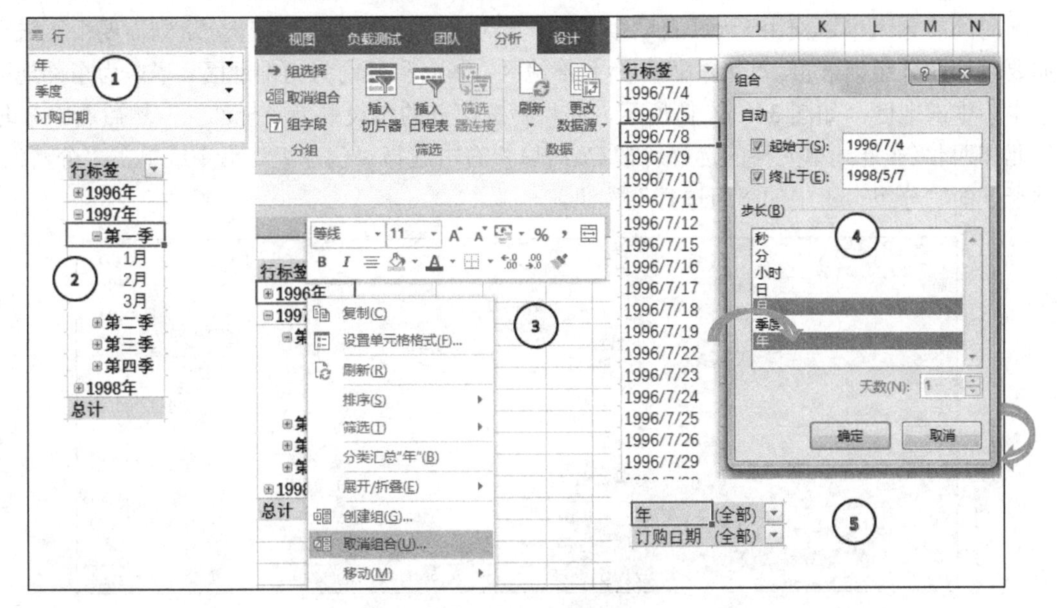

图 3-43　时间分组

(3) 布局。将“货主地区”字段拖到行；“运货商.公司名称”字段拖到列；“订单数”字段拖到值，并将值汇总方式改为计数；将“运货费总额”字段拖到值，如图 3-44 所示。

(4) 修改标签。如图 3-44 所示，将光标移到 I3 单元格单击，修改内容为“月份”，并将 I7 单元格内容改为“地区”，J5 单元格内容改为“货运公司”，J7 单元格内容改为“订单数”，K7 单元格内容改为“运货费总额”。

这时就创建好如图 3-42 所示的数据透视表。在这个数据透视表上，报表筛选区有“年”和“月份”两个筛选项，用户可以决定显示的时间片。

分组的工作只能在列区域和行区域内完成，无法在筛选区域完成。所以如果筛选区域中是分组数据，则应该先在行区域或列区域中完成，然后再拖动到报表筛选区域。

年	1996年			
月份	(全部)			
	货运公司			
	急速快递		联邦货运	
地区	订单数	运货费总额	订单数	运货费总≉
东北	8	789.73	15	6
华北	32	1870.01	67	57
华东	39	2590.94	45	35
华南	3	0.36	18	13
华中	2	110.56		
西南	22	2294.84	10	8
总计	106	7656.44	155	12

数据透视表字段
选择要添加到报表的字段:
搜索
数量
销售人
邮政编码
月份
运货费
运货商.公司名称
折扣
在以下区域间拖动字段:
筛选器：年、月份
列：运货商.公司名称、Σ 数值
行：货主地区
Σ 值：订单数、运货费总额
推迟布局更新　更新

图 3-44　布局

时间的分组可以使用 Excel 自动按年、季度、月等来完成，而有些分组则需要手工进行。如要将地区分组，东北、华北和西北为北部地区，华南和西南为南部地区，华东为东部地区，华中为中部地区。如图 3-45 左侧所示，先将筛选部分的年设置为“全部”，然后选中东北、华北和西北(非连续单元格的选择可按 Ctrl 键)，右击选择“创建组”命令或单击“分析”选项卡下的“分组”组中的“组选择”按钮。

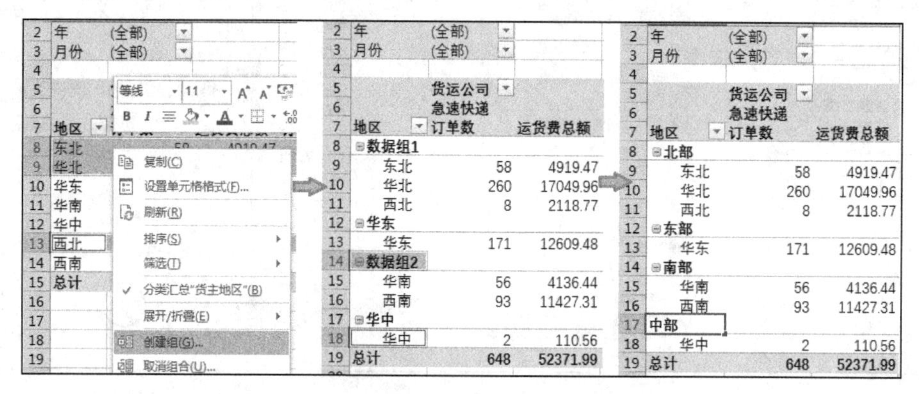

图 3-45　将所选内容分组

如图 3-45 中间所示，选中华南、西南创建组。最后将标签更改为“北部”“东部”“南部”“中部”即可，如图 3-45 右侧所示。

如图 3-46 所示，在行标签区域现有两个字段名“货主地区 2”“货主地区”。如果只想显示分组后的数据而不想显示明细，则直接将“货主地区”字段从行标签中拖出就可以了。

6. 数据隐藏

当数据太多时，可能需要隐藏部分数据，只留下需要关注的数据。例如用户可能只想关注销售特别好的商品和销售特别差的商品，而忽略销售一般的商品。

例 3-4　使用数据透视表功能，直接获取 Northwind 数据库中“发货单”查询的数据，汇总并显示销售总价在 2000 元以下和超过 5 万元的商品名称。可按年和月份进行筛选。

操作步骤：

(1) 从外部数据源获取数据。参见例 3-2 的操作步骤(2)。

(2) 按时间分组。参见例 3-3 的操作步骤(2)。

(3) 布局。将“产品名称”字段拖动到行标签，“总价”字段拖动到数值区域。

(4) 排序。由于数据初始时是无顺序的，如果数据量较大，就不容易找到要隐藏或显示的数据。可以先排序，这样比较容易处理。如图 3-47 左侧所示，在数据区域右击，在弹出的快捷菜单中选择“排序”，然后选择“升序”或“降序”选项，数据将按指定顺序排列。

(5) 如图 3-47 右侧所示，选中总价在 2000 元到 5 万元之间的数据，在产品名称列上右击，选择“筛选”命令，然后选择“隐藏所选项目”命令。

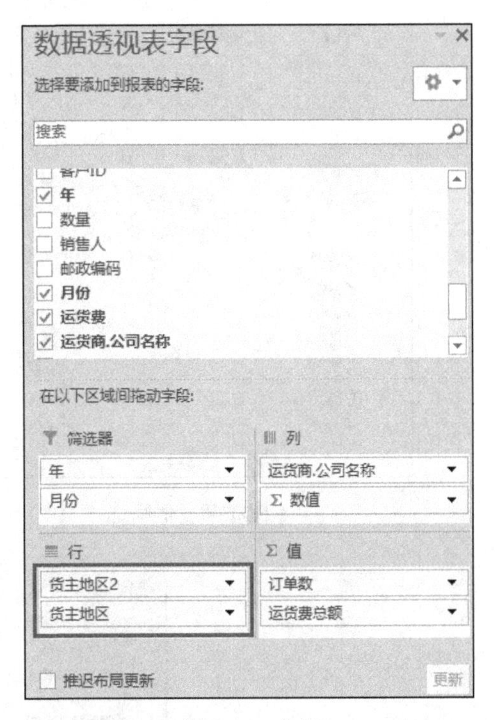

图 3-46　分组

要进行隐藏，也可以使用筛选或直接勾选项目。如图 3-48 所示，可以单击“产品名称”右边的向下箭头，选择“值筛选”命令，根据需要输入条件，这样就只留下符合条件的数据了。在“值筛选”下方是数据的列表，可以直接勾选，选中的就是要显示的，没选中的就是要隐藏的。

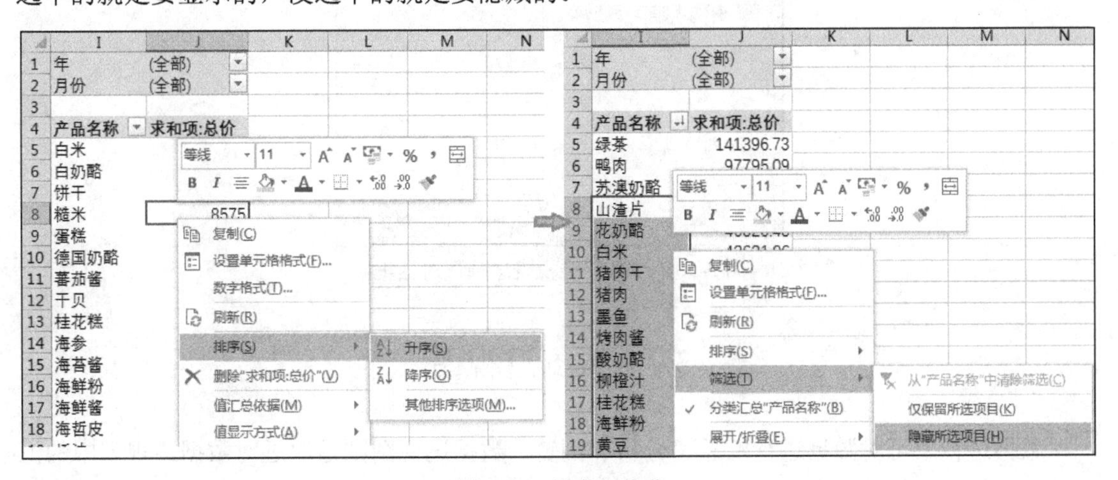

图 3-47　排序和隐藏

7. 总计

数据透视表中可以显示行总计和列总计，用户可以定义是否需要显示这些总计。对总计进行设置有两种方式：一种是单击如图 3-49 所示的“总计”按钮，在出现的下拉菜单中进行选择，以决定如何显示总计信息；另一种是在数据透视表上右击，在弹出的快捷菜单里选择“数据透视表选项”命令或单击“分析”选项卡里的“数据透视表”组中的“选项”按钮，都会弹出如图 3-50 所示的“数据透视表选项”对话框，在其中的“总计”区进行选择即可。

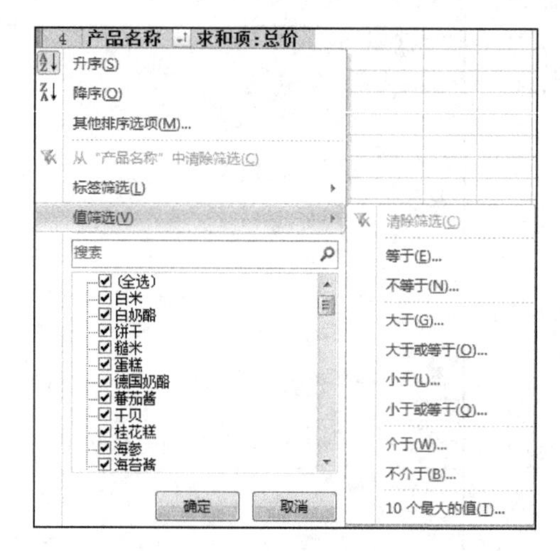

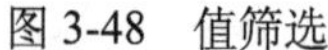
图 3-48　值筛选

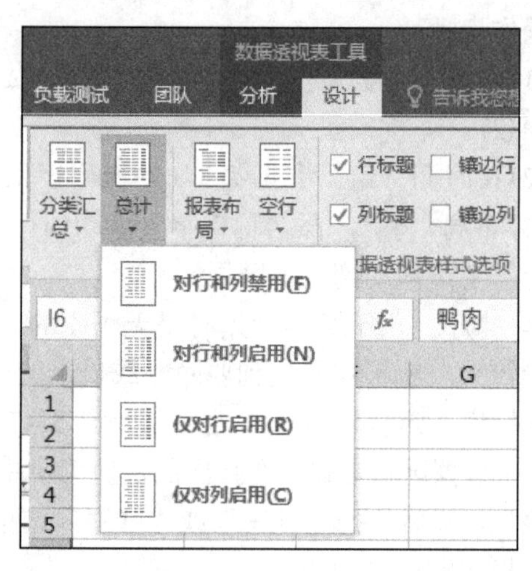

图 3-49　设计总计

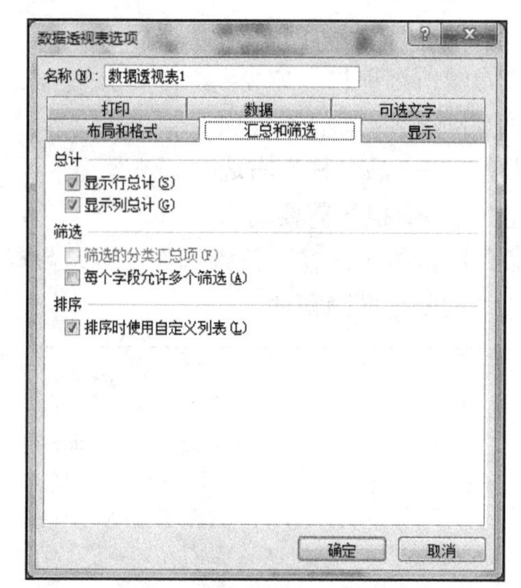

图 3-50　“数据透视表选项”对话框

3.7　数据透视图

数据透视表可对数据进行汇总、分析和浏览。数据透视图则是通过对数据透视表中的汇总数据添加可视化效果来对其进行补充。数据透视图的操作和数据透视表基本一样，只需单击“插入”选项卡中“图表”组里的“数据透视表图”按钮，在下拉菜单中选择“数据透视图”命令，然后在出现的“数据透视图”字段对话框中进行相应的布局就可以得到想要的图表，如图 3-51 所示。

数据透视图使用的是相关的数据透视表的数据，当数据透视表的数据改变了之后，数据透视图也立即发生改变。也可以直接在数据透视图上对显示的数据进行筛选，方法就是单击数据透视图上的轴标题按钮，然后进行筛选。将货主地区筛选为只有“东北”后的数据和图表如图 3-52 所示。

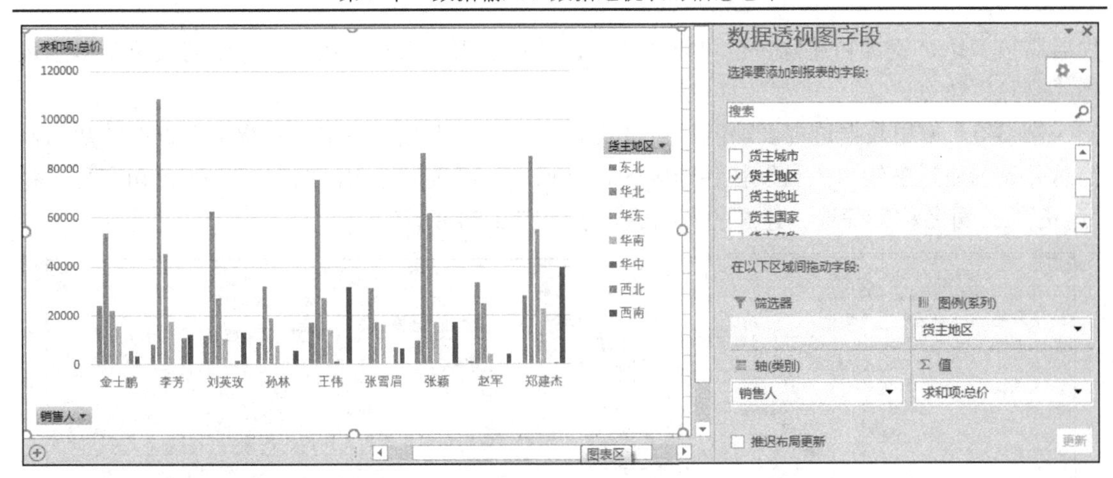

图 3-51　数据透视图

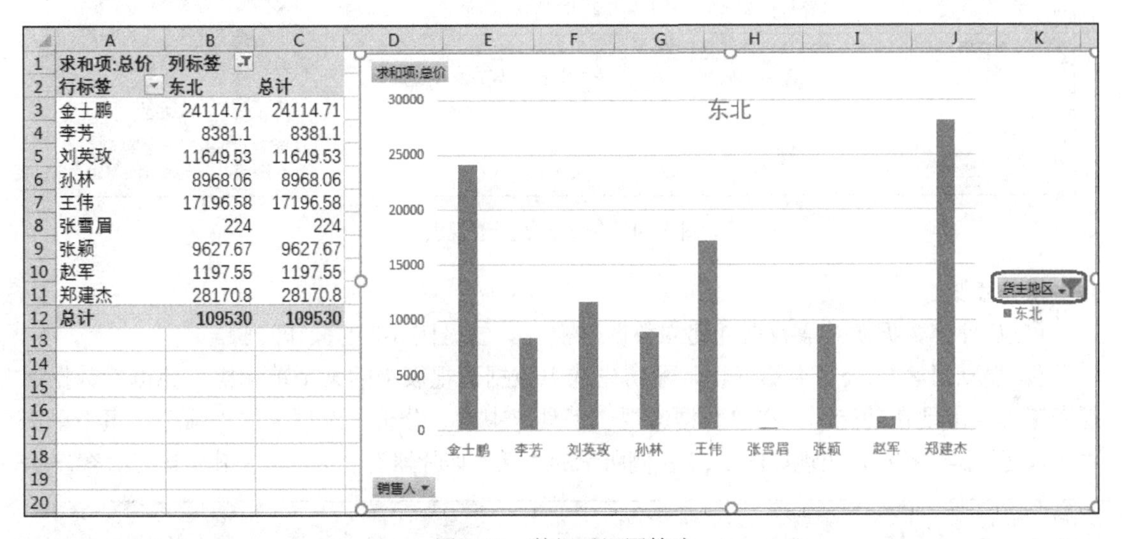

求和项:总价	列标签	
行标签	东北	总计
金士鹏	24114.71	24114.71
李芳	8381.1	8381.1
刘英玫	11649.53	11649.53
孙林	8968.06	8968.06
王伟	17196.58	17196.58
张雪眉	224	224
张颖	9627.67	9627.67
赵军	1197.55	1197.55
郑建杰	28170.8	28170.8
总计	109530	109530

图 3-52　数据透视图筛选

3.8　拓 展 应 用

3.8.1　大数据的数据透视表与切片器

切片器是 Excel 2010 之后出现的一种非常方便的筛选器，可以应用在表格和数据透视表中。对于大数据，切片器比数据透视表自带的筛选功能更加的方便，可以随时调节大小和位置，而且可以同时作用于多个同数据源的数据透视表。

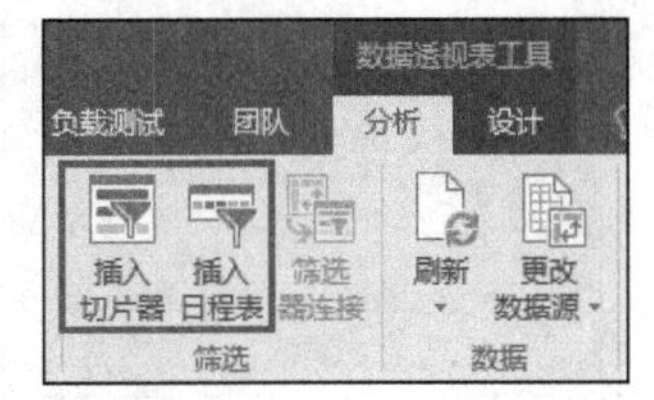

图 3-53　插入切片器

要为数据透视表添加切片器，只需在“数据透视表工具”中的“分析”选项卡中的“筛选”组中单击“插入切片器”按钮即可，如图 3-53 所示。如果要加入一个日期型的切片器，可以单击“插入日程表”按钮。要删除切片器也很方便，可以选中切片器后按 Delete 键即可删除，也可以在切片器或日程表上右击，然后在弹出的快捷菜单里选择“删除”命令。

例 3-5 使用数据透视表功能，直接获取 Northwind 数据库中“发货单”查询的数据，汇总并显示通过各销售人员发往各地区的订单总额。可按“订购日期”、“客户.公司名称”和“运货商.公司名称”筛选。建好的数据透视表如图 3-54 所示。

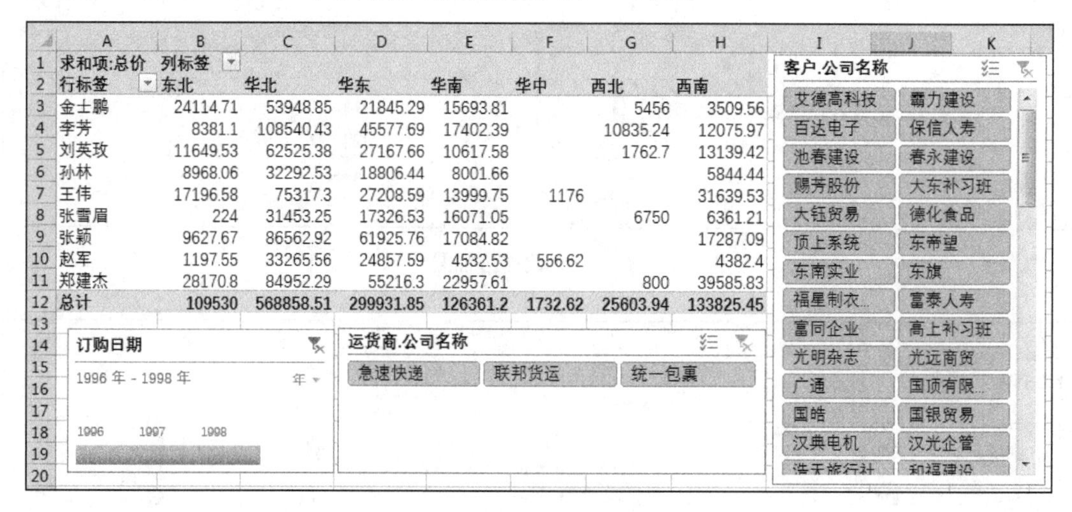

求和项:总价	列标签						
行标签	东北	华北	华东	华南	华中	西北	西南
金士鹏	24114.71	53948.85	21845.29	15693.81		5456	3509.56
李芳	8381.1	108540.43	45577.69	17402.39		10835.24	12075.97
刘英玫	11649.53	62525.38	27167.66	10617.58		1762.7	13139.42
孙林	8968.06	32292.53	18806.44	8001.66			5844.44
王伟	17196.58	75317.3	27208.59	13999.75	1176		31639.53
张雪眉	224	31453.25	17326.53	16071.05		6750	6361.21
张颖	9627.67	86562.92	61925.76	17084.82			17287.09
赵军	1197.55	33265.56	24857.59	4532.53	556.62		4382.4
郑建杰	28170.8	84952.29	55216.3	22957.61		800	39585.83
总计	109530	568858.51	299931.85	126361.2	1732.62	25603.94	133825.45

图 3-54　例 3-5 数据透视表

操作步骤：

(1) 从外部数据源获取数据并建立数据透视表。参见例 3-2 的操作步骤。

(2) 建立“客户.公司名称”切片器。先选中数据透视表中的某个单元格，使得“数据透视表工具”出现在功能区。在“数据透视表工具”中的“分析”选项卡的“筛选”组中单击“插入切片器”按钮，出现如图 3-55 左侧所示的“插入切片器”对话框，在其中选择“客户.公

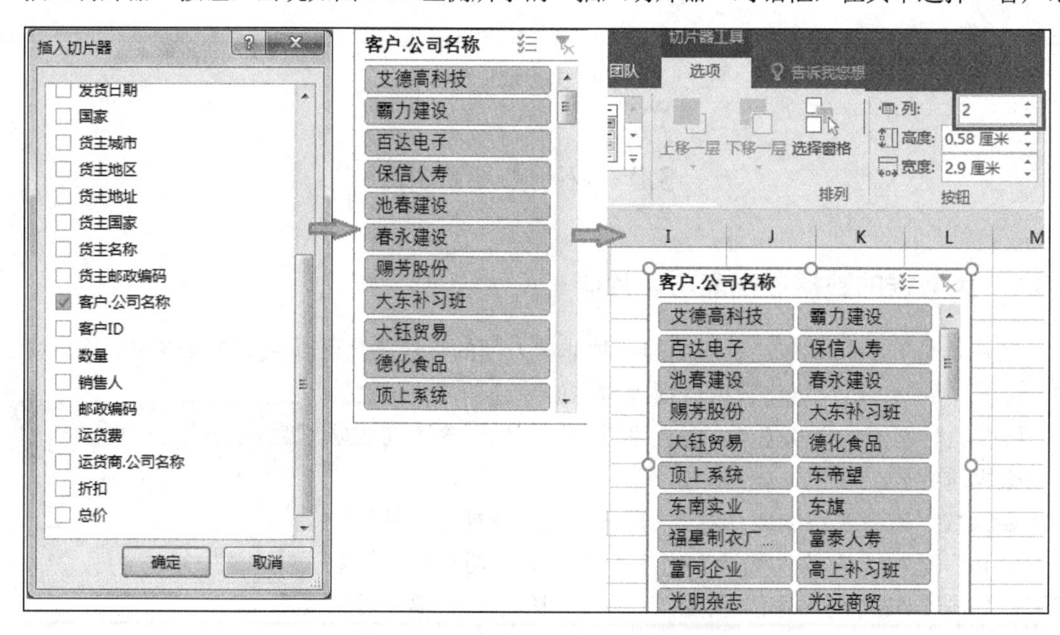

图 3-55　“客户.公司名称”切片器

司名称”。生成的切片器如图 3-55 中间所示，为一列的切片器。由于公司名称较多，所以可以改为多列显示以方便操作。单击切片器，在出现的如图 3-55 右侧所示的“切片器工具”的“选项”选项卡中的“按钮”组中，将“列”调节为 2，这样切片器就以两列显示了。

(3) 建立“运货商.公司名称”切片器。参见上面的(2)，将“列”调节为 3 即可。

(4) 建立订购日期日程表。在“数据透视表工具”中的“分析”选项卡的“筛选”组中单击“插入日程表”按钮，出现如图 3-56 左侧所示的“插入日程表”对话框，在其中选择“订购日期”。生成的日程表如图 3-56 右侧所示。

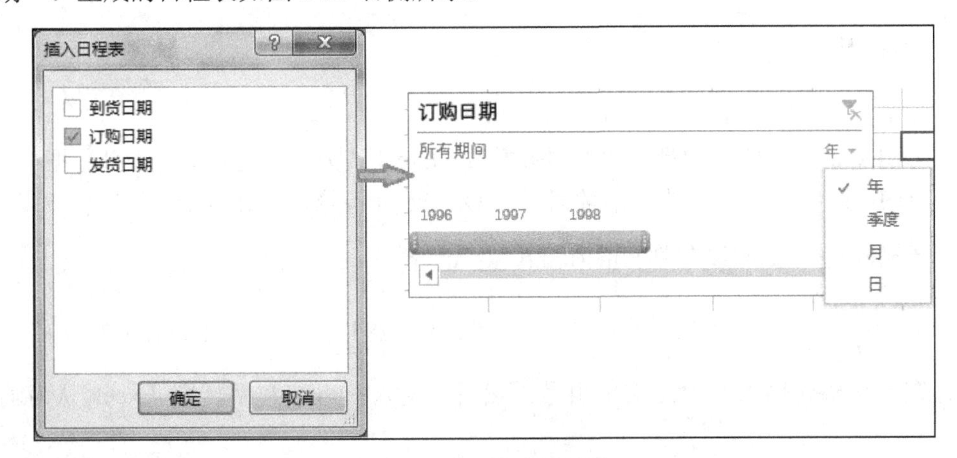

图 3-56　订购日期日程表

(5) 布局。可以直接拖动切片器和日程表来移动位置或调节大小。也可以在日程表工具的“选项”选项卡里设置标题、样式、大小、滚动条和时间级别等。

切片器和日程表建立好了之后，就可以用鼠标在上面单击选择来进行筛选。可以利用 Ctrl 键和 Shift 键进行多项选择。如果要取消筛选，可以单击切片器右上角的“清除筛选器”按钮。

3.8.2　导入网站数据

导入网站数据

3.5 节介绍了 Excel 可以从其他 Excel 文件、文本文件或者 Access 等数据库中导入数据，其实 Excel 还可以从网页上导入数据，并且当网页上的数据发生了变化后，Excel 中的数据也会自动跟随进行改变。

本 章 小 结

本章系统地介绍了如何在 Excel 中输入各种类型的数据，如何导入外部数据，如何对输入的数据进行编辑。还介绍了利用数据验证来防止输入错误的数据，利用圈释数据来验证已输入的数据是否符合要求。重点介绍了如何使用数据透视表来分析大数据。数据透视表不仅能对数据进行分组统计，包括计数、求总和、平均、最大和最小等，还能以其他形式，如百分比的形式来显示数据。

信息思维是当代大学生应当学习的基本的思维方式之一。通过本章 3.1～3.5 节的学习，学生能够掌握如何获取和鉴别信息，通过 3.6 节数据透视表的学习；掌握数据透视表的应用；

学会如何利用数据透视表来建模，自动对数据进行筛选、分组、统计，并解决实际问题。

本章通过详细的讲解和众多的由浅入深的解决实际问题的例题，培养学生的信息思维能力，引导学生学会抽象和利用数据透视表筛选和加工数据的方法，鼓励学生利用所掌握的信息思维能力来解决所学专业的实际问题。

思考与练习

一、选择题

1．在单元格内输入 3.14E2，则________。

A．Excel 认为输入的是文本类型数据　B．Excel 认为输入的是数值类型数据

C．Excel 认为输入了错误的数据　　D．Excel 拒绝输入并报错

2．要输入$1\frac{1}{7}$，则应该在单元格内输入________。

A．$1\frac{1}{7}$　　B．11/7　　C．1.142857　　D．1□1/7

3．在单元格内输入一个西文单引号，然后再输入一串纯数字，则 Excel 认为输入的是________。

A．文本类型数据　B．数值类型数据　C．公式　　D．日期类型数据

4．Excel 中的日期时间数据是以________的形式存放的。

A．文本　　B．数值　　C．公式　　D．日期时间

5．当选中一个和多个单元格后，被选中的单元格外围有一圈边框。而在右下角会出现一个和边框不相连的方点，这个点称为________。

A．句柄　　B．填充点　　C．填充柄　　D．黑方块

6．有时为了防止用户输入无效数据，需要将用户的输入限制在某些枚举值之内，让用户用下拉组合框的方式进行选择。要实现这个功能，则应该在数据验证对话框的“允许”下拉列表中选择“________”。

A．介于　　B．序列　　C．自定义　　D．圈释数据

7．Excel 可以从其他文件中导入数据，可以导入的类型有：________。

A．文本文件　　B．数据库　　C．XML 文件　　D．ABC 都对

8．设计数据透视表时，如果在值域中添加的是字符型字段，则汇总依据自动设置为________。

A．计数　　B．求和　　C．平均值　　D．最大值

9．关于设计数据透视表，下列说法错误的是________。

A．列中可以有多个字段，也可以没有字段

B．行中可以有多个字段，也可以没有字段

C．行和列可以都有汇总，也可以都没有

D．值域中可以有多个字段，但不能是字符型的，因为字符型字段无法计算

二、填空题

1．将纯数字组成的数据作为文本输入到单元格中有两种常用的方法。第 1 种方法是先将单元格的格式设置为文本型，再输入数字数据；第 2 种方法是在数字的前面加上一个西文的________。

2．当选中多个数值型单元格进行填充时，系统会自动计算这几个数值的公差，然后按________数列进行填充。

3．在 Excel 中，除了数字序列 1,2,3,4,…外，还可以定义如甲、乙、丙、丁等的_______序列。

4．在 Excel 中，可以配置________以防止用户输入无效数据。

5．________是一种可以快速汇总大量数据的交互式方法，对于汇总、分析、浏览和呈现汇总数据非常有用，能够更深入地分析、处理数值数据，从中得到更多有用的信息。

6．设计数据透视表可以将字段添加到行、列、值和________4 个区域。

7．设计数据透视表时，如果在值域中添加的是字符型字段，则汇总依据自动设置为________。

8．设计数据透视表时，值显示方式默认为________。

9．设计数据透视表时，日期型数据可以自动分组为年、月和________。

三、判断题

1．Excel 可以对单元格进行设置，对输入的数据进行验证，确保输入的数据有效。如：对于成绩单元格，可以设置为只能输入 0～100 之间的数值。（　　）

2．要验证已经输入的数据是否符合要求，可以使用圈释数据的功能。（　　）

3．建立数据透视表时，可以不将外部数据源中的数据导入 Excel，就能够利用外部数据源直接在 Excel 中建立数据透视表。（　　）

4．建立数据透视表时，可以对日期型数据进行分组(如按年、季度和月份进行分组)，但无法对字符型数据进行分组，因为字符型数据太多、太杂(如产品名称)，无法分类。（　　）

四、思考题

1．有几种方式可以将其他数据源里的数据导入 Excel 文件中？

2．数据透视表的值汇总方式的最大值和最小值是什么意思？

第 4 章　数据管理与数据分析思维

Excel 2016 提供了更加简单便捷的数据录入与管理功能，新增了快速填充数据与数据即时分析工具。可对海量数据进行加工、整理与计算，通过数据统计与分析、生成可视化的各种图表，支持用户的人事与行政管理、财务与营销管理、生产与仓储管理、投资与决策分析等工作。Excel 2016 中的各种数据处理工具使用户在数据管理与数据分析过程中面临更多的选择，在寻求更加科学、高效的处理方法的过程中，提升用户的算法思维，特别是数据分析思维能力。

数据分析思维是在对数据进行整理、分类、汇总、统计、运算等操作过程中大脑思考问题的过程。所思考的问题具有多样性，例如：数据清单的排序方式，排序依据的选择，数据进行分类汇总时分类字段与汇总项的设计，通过模拟运算表统计数据时如何进行布局，多种数据统计方法的对比分析等。本章利用 Excel 提供的常用数据分析工具，介绍多种数据分析方法，从多个方面培养与提升数据分析思维能力，通过分析、提炼数据中包含的有效信息，为各种决策提供数据支撑。主要内容包括数据清单与表格的概念及其排序与筛选操作，数据的分类汇总与模拟运算表工具。在本章最后的“拓展应用”一节中简单介绍了数据的组合与合并方法，以及单变量求解工具，为一些特殊应用提供基本的操作方法。

4.1　排序与筛选

4.1.1　排序

在 Excel 的工作表中，可以对选中的单元格区域中的数据进行排序，排序的方式可选择升序(数据由小到大排列)，也可以选择降序(数据由大到小排列)。但在大多数情况下，用户需要执行排序的对象是数据清单。

1. 数据清单

1) 数据清单的概念

数据清单的组织形式类似于数据库中的二维关系表，如图 4-1 所示。

该表需要满足以下要求：

(1) 表的首行是标题栏，每个单元格中的标题均不相同。

(2) 表的其他行是一组相关数据，称为记录。

(3) 表的每一列称为字段，首行单元格中的标题称为字段名。记录由若干个相关的字段值组成。

(4) 表中每一列的数据类型相同，数据格式统一。

(5) 表中不允许出现合并单元格，也不能出现空行或空列，表外有数据的单元格与表之间至少间隔一行或一列。

	A	B	C	D	E	F	G	H
1	类别	产品代码	产品名称	标准成本	列出价格	最小再订购数量	目标水平	单位数量
2	饮料	NWTB-1	苹果汁	5.00	30.00	10	40	10箱 x 20包
3	调味品	NWTCO-3	蕃茄酱	4.00	20.00	25	100	每箱12瓶
4	调味品	NWTCO-4	盐	8.00	25.00	10	40	每箱12瓶
5	调味品	NWTO-5	麻油	12.00	40.00	10	40	每箱12瓶
6	果酱	NWTJP-6	酱油	6.00	20.00	25	100	每箱12瓶
7	干果和坚果	NWTDFN-7	海鲜粉	20.00	40.00	10	40	每箱30盒
8	调味品	NWTS-8	胡椒粉	15.00	35.00	10	40	每箱30盒
9	干果和坚果	NWTDFN-14	沙茶	12.00	30.00	10	40	每箱12瓶
10	水果和蔬菜罐头	NWTCFV-17	猪肉	2.00	9.00	10	40	每袋500克
11	焙烤食品	NWTBGM-19	糖果	10.00	45.00	5	20	每箱30盒
12	果酱	NWTJP-6	桂花糕	25.00	60.00	10	40	每箱30盒
13	焙烤食品	NWTBGM-21	花生	15.00	35.00	5	20	每箱30包
14	饮料	NWTB-34	啤酒	10.00	30.00	15	60	每箱24瓶
15	肉罐头	NWTCM-40	虾米	8.00	35.00	30	120	每袋3公斤
16	汤	NWTSO-41	虾子	6.00	30.00	10	40	每袋3公斤
17	饮料	NWTB-43	柳橙汁	10.00	30.00	25	100	每箱24瓶
18	点心	NWTCA-48	玉米片	5.00	15.00	25	100	每箱24包
19	干果和坚果	NWTDFN-51	猪肉干	15.00	40.00	10	40	每箱24包
20	谷类/麦片	NWTG-52	三合一麦片	12.00	30.00	25	100	每箱24包
21	意大利面食	NWTP-56	白米	3.00	10.00	30	120	每袋3公斤
22	意大利面食	NWTP-57	小米	4.00	12.00	20	80	每袋3公斤
23	调味品	NWTS-65	海苔酱	8.00	30.00	10	40	每箱24瓶
24	调味品	NWTS-66	肉松	10.00	35.00	20	80	每箱24瓶

产品　工资　职工　销售　经济增长指数　订单　客户

就绪　100%

图 4-1　数据清单

(6)表中所有单元格中的数据不要以空格开头，也不要包括不必要的空格及特殊字符(从其他系统导入 Excel 中的数据可能会出现看不见也打印不出来的特殊字符)。

2)数据清单的编辑

对于数据清单，可以直接修改其单元格的内容，也可以通过“记录单”对记录进行浏览、追加、删除、修改或查询等基本操作。

(1)添加“记录单”按钮。

方法 1：打开 Excel 后，单击“文件”选项卡，再单击“选项”命令，打开“Excel 选项”对话框，如图 4-2 所示。选择“快速访问工具栏”，在“从下列位置选择命令”框中选择“不在功能区中的命令”，将列表框中的“记录单”项添加到快速访问工具栏中，单击“确定”按钮。

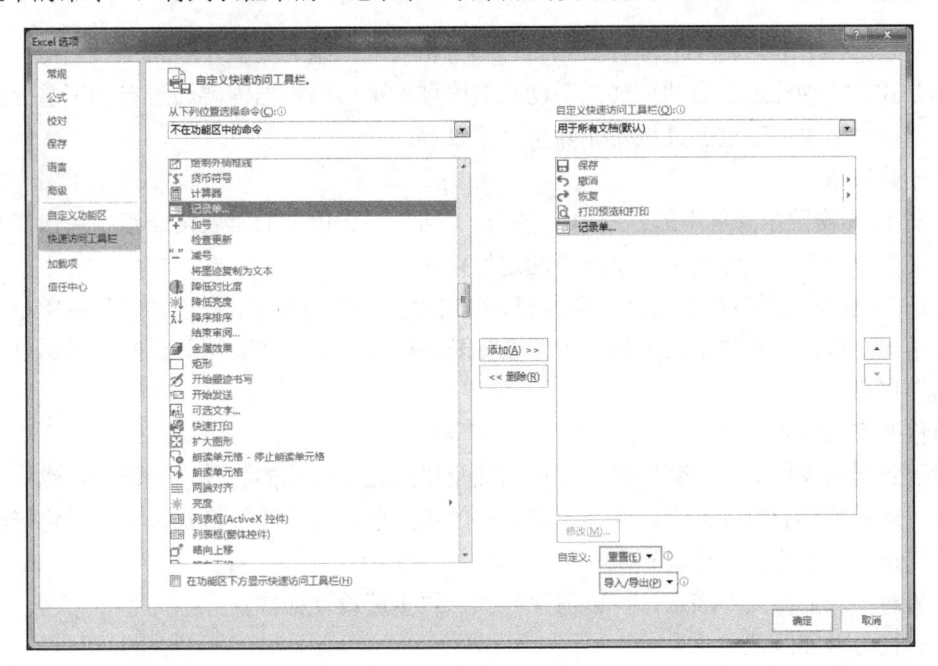

图 4-2　“Excel 选项”对话框

方法 2：直接单击“快速访问工具栏”右侧的下拉按钮，弹出“自定义快速访问工具栏”快捷菜单，如图 4-3 所示。单击“其他命令”，也可以打开“Excel 选项”对话框，将“记录单”命令添加到快速访问工具栏中。

(2) 使用记录单。

单击“快速访问工具栏”中的“记录单”按钮，即可通过记录单的方式对数据清单进行相关操作，如图 4-4 所示。

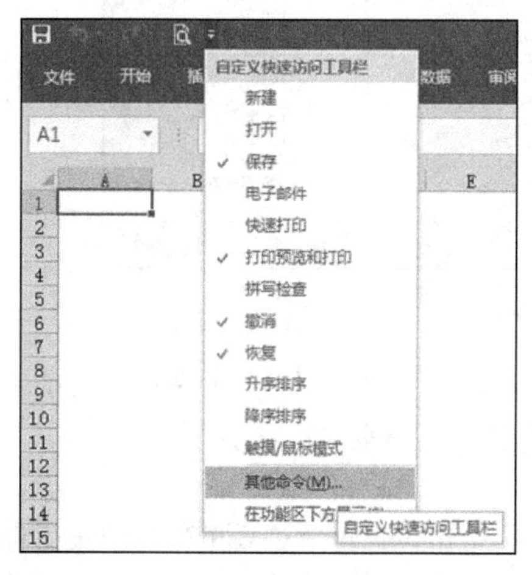

图 4-3 自定义快速访问工具栏

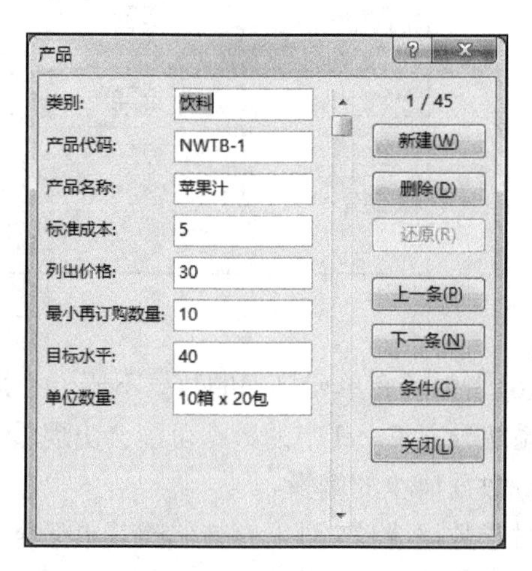

图 4-4 记录单

虽然数据清单为数据处理提供了便利，但其自动筛选与分类汇总时存在一定的不足。通过将数据清单转换为表格，可提升数据处理功能。

2. 表格

表格是 Excel 2016 提供的一种数据管理和分析对象。系统提供了表格工具，可以自动向下复制公式、自动筛选、自动扩展或手动扩展区域，也可以根据需要通过自动汇总分析、通过数据透视表汇总或通过工具按钮删除重复记录等。

1) 创建表格

方法 1：单击数据清单中的任一单元格，在“插入”选项卡的“表格”组中单击“表格”按钮，打开“创建表”对话框，单击“确定”按钮。

方法 2：选中数据清单中的任一单元格，单击“开始”选项卡，在“样式”组中单击“套用表格格式”按钮，在弹出的下拉列表中选择表格样式，打开“套用表格式”对话框，单击“确定”按钮。

2) 修改表格样式

对于新建的表格，可以套用系统提供的效果搭配比较专业的各种内置样式，也可以重新设置单元格中数据的对齐方式、字体、单元格的填充色、边框线等格式，还可以将修改后的表格样式作为“新建表格样式”保存。

如果对于当前样式不满意，可以清除样式，再重新设计样式。

3) 转换为普通区域

如果不再需要使用表格的数据管理和分析功能，可以将表格转换为普通单元格区域。

将当前单元格置于表格中，单击“表格工具”下方的“设计”选项卡，在“工具”组中单击“转换为区域”按钮，在“是否将表转换为普通区域”的提示框中单击“是”按钮即可将表格转换为普通区域。

例 4-1　对“工资”工作表依次进行下列操作：

(1)设置数据清单 A1:H10 的样式为“表样式中等深浅 2”。

(2)取消表格样式(即清除表格样式)。

(3)将表格转换为普通单元格区域。

操作步骤：

(1)在“工资”工作表中，将光标定位于数据清单 A1:H10 中，在“开始”选项卡中单击“样式”组的“套用表格格式”按钮，如图 4-5 所示。在弹出的列表中单击“中等深浅”组的“表样式中等深浅 2”选项，打开“套用表格式”对话框，如图 4-6 所示。单击“确定”按钮，系统自动打开“设计”选项卡，数据清单转换为带有样式的表格，如图 4-7 所示。

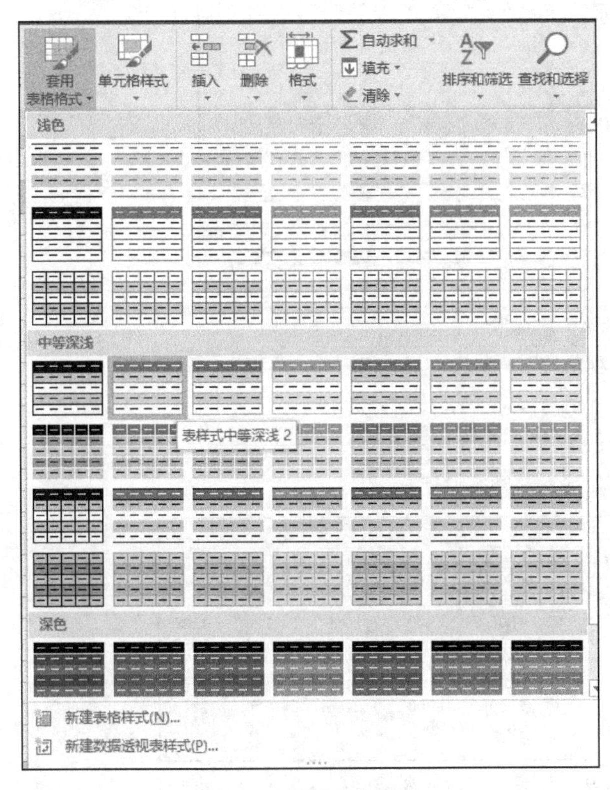

图 4-5　套用表格格式

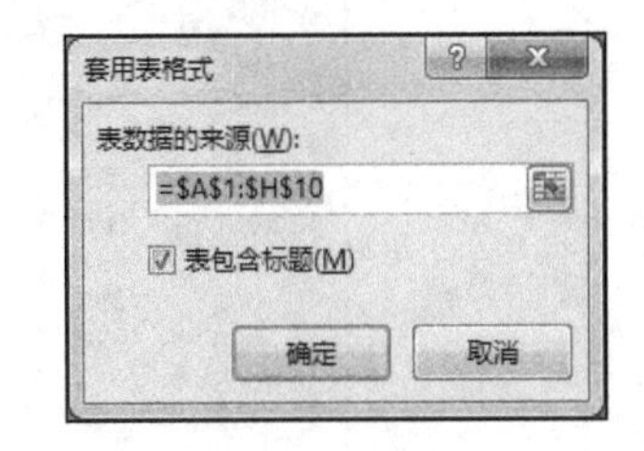

图 4-6　“套用表格式”对话框

(2)选中表格中的任一单元格，在“表格工具”下方的“设计”选项卡中单击“表格样式”组右侧的“其他”按钮，在表格样式列表中单击“清除”命令(如图 4-8 所示)，或者单击“浅色”组中的第一项“无”样式，可清除表格样式，如图 4-9 所示。

(3)选中表格中的任一单元格，单击“设计”选项卡“工具”组中的“转换为区域”按钮，如图 4-10 所示。如图 4-11 所示，在提示框中单击“是”按钮，表格转换为普通单元格区域，变为原先的数据清单。

	A	B	C	D	E	F	G	H
1	编号	姓名	职务	基本工资	奖励	补贴	扣款	合计
2	A004	贺宁	经理	6800	3400	800	152	10848
3	A001	朱国云	副总经理	8500	5800	1800	221	15879
4	A003	李雪	经理	7000	3400	1088	183	11305
5	A005	吴雨	职员	4200	2000	750	96	6854
6	A007	宋明珠	职员	4100	2100	750	82	6868
7	A009	孙曼	职员	4300	2100	750	97	7053
8	A002	郭文	总经理	9500	6800	2405	250	18455
9	A006	陈萌萌	组长	5500	2600	780	135	8745
10	A008	张玉萍	组长	5600	2600	780	138	8842

图 4-7　套用样式的表格

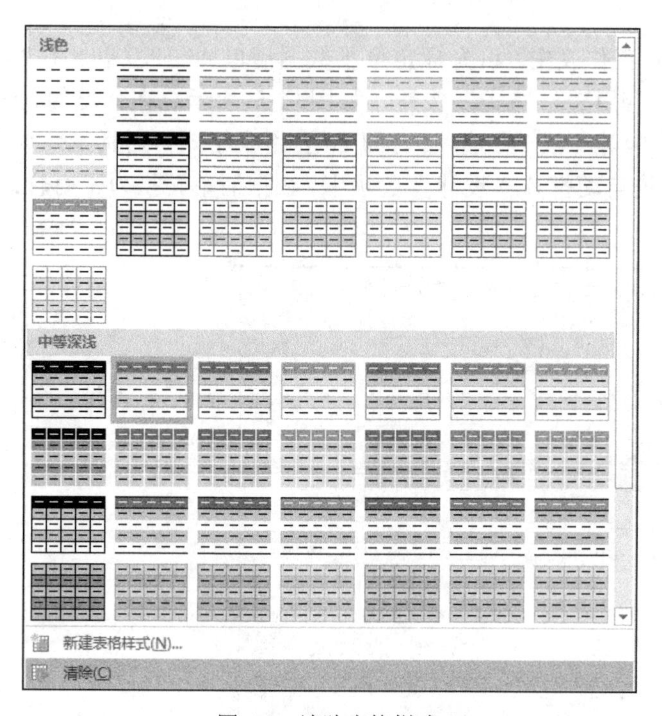

图 4-8　清除表格样式

	A	B	C	D	E	F	G	H
1	编号	姓名	职务	基本工资	奖励	补贴	扣款	合计
2	A004	贺宁	经理	6800	3400	800	152	10848
3	A001	朱国云	副总经理	8500	5800	1800	221	15879
4	A003	李雪	经理	7000	3400	1088	183	11305
5	A005	吴雨	职员	4200	2000	750	96	6854
6	A007	宋明珠	职员	4100	2100	750	82	6868
7	A009	孙曼	职员	4300	2100	750	97	7053
8	A002	郭文	总经理	9500	6800	2405	250	18455
9	A006	陈萌萌	组长	5500	2600	780	135	8745
10	A008	张玉萍	组长	5600	2600	780	138	8842

图 4-9　清除样式后的表格

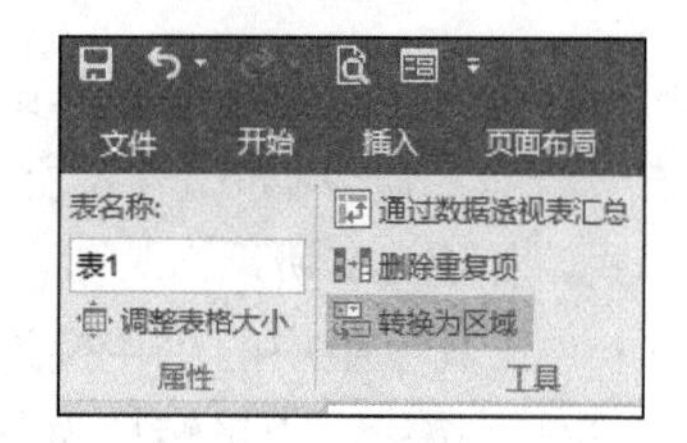

图 4-10　“转换为区域”按钮

图 4-11　“是否将表转换为普通区域”提示框

3. 排序方法

对数据清单的排序主要是根据指定字段值的大小对记录的次序进行排列。若按字段值由小到大的顺序排列，称为升序排列；若按字段值由大到小的顺序排列，称为降序排列。用于排序的字段称为关键字，Excel 2016 支持按多个关键字进行排序。

在 Excel 2016 中，将光标置于数据清单的任意一个单元格中，可通过下列任一途径实现排序操作。

1) 利用工具按钮

在“开始”选项卡的“编辑”组中单击“排序和筛选”按钮，如图 4-12 所示。

2) 利用排序按钮

在“数据”选项卡的“排序和筛选”组中单击“升序”“降序”或“排序”按钮，如图 4-13 所示。

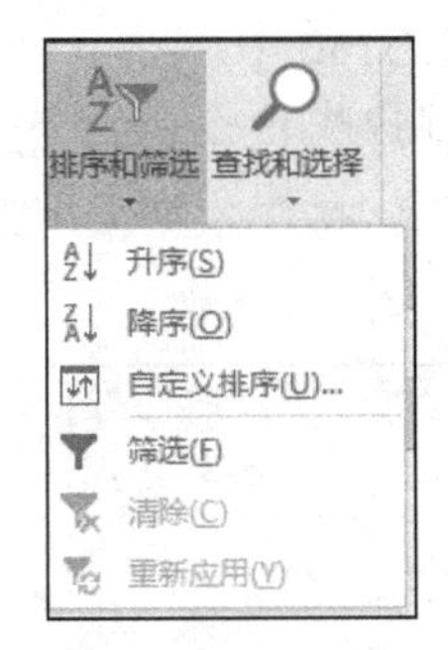

图 4-12 “排序和筛选”按钮

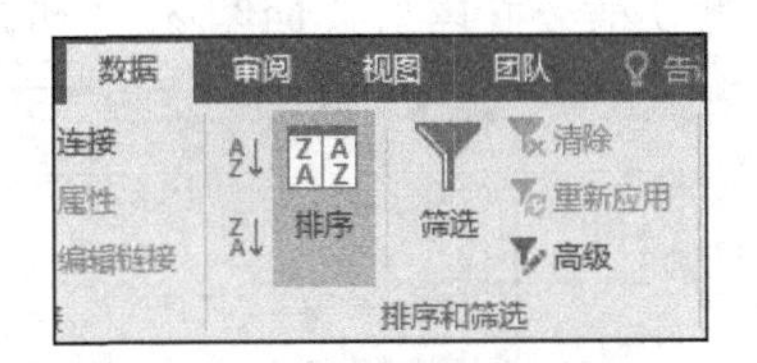

图 4-13 “排序”按钮

3) 利用快捷菜单

右击鼠标后，从快捷菜单中选择“排序”子菜单中的“升序”“降序”“自定义排序”等命令，如图 4-14 所示。

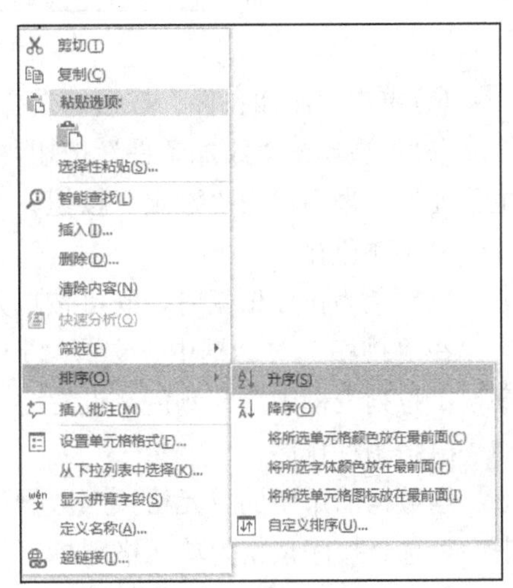

图 4-14 “排序”子菜单

4. 排序依据

在数据清单中，在排序时充当关键字的字段数据类型可以是数值型、文本型、日期型、逻辑型。可以依据不同的数据类型对数据清单进行排序，也可以依据单元格中的颜色、图标进行排序，还可以按自定义序列排序。

空白单元格参与排序时，无论是升序还是降序，均排列在最后。

1) 按数值排序

数值型数据按照数值的实际大小进行排序(负数小于正数，值小的数小于值大的数)。

2) 按文本排序

文本型数据按照字符串的大小进行排序，系统默认排序方法为“字母排序”，可以在“排序选项”对话框(如图 4-28 所示)中修改为“笔划排序”，也可以设置“区分大小写”。

对于数字组成的字符串，正数前面不要加正号(+)，也不要在任何字符串中加空格或其他特殊符号，否则会影响排序结果。

3) 按日期/时间排序

日期/时间型数据的本质是数值型，按照内部的数值大小进行排序，也可以看成按照年月日/时分秒的顺序进行排序。

4) 按逻辑排序

两个逻辑值的大小关系为：FALSE 小于 TRUE。当逻辑型数据与字符串数据、数值型数据混合排序时，顺序为：数字<字母<汉字<逻辑值。

例 4-2　打开“职工”工作表，对数据清单 A1:G150 按主要关键字“性别”的升序次序、次要关键字“民族”的降序次序、第三关键字“婚否”的升序次序及第 4 关键字“出生日期”的升序次序进行排序。

操作步骤：

(1) 在“职工”工作表中，将光标定位于数据清单 A1:G150 中。

(2) 在“数据”选项卡中单击“排序和筛选”组的“排序”按钮。

(3) 在“排序”对话框中，选择主要关键字为“性别”，排序依据采用默认值“数值”，次序采用默认值“升序”，如图 4-15 所示。

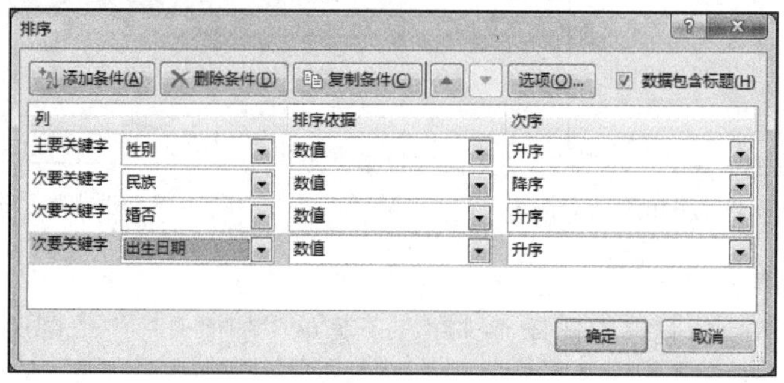

图 4-15　“排序”对话框

(4) 单击“添加条件”按钮，选择次要关键字为“民族”，次序选择为“降序”。

(5) 再次单击“添加条件”按钮，分别选择第 3 关键字为“婚否”和第 4 关键字为“出生日期”，最后单击“确定”按钮。

5) 按颜色排序

以颜色为排序依据时，既可按单元格颜色排序，也可按字体颜色排序。

在“排序”对话框中，选择“排序依据”为“单元格颜色”或“字体颜色”，在“次序”下拉列表框中指定颜色，设置为“在顶端”或“在底端”，如图 4-16 所示。

6) 按图标排序

当数据清单中的单元格按照数据的不同设置条件格式为不同的图标时，在“排序”对话框中可选择排序依据为单元格图标。

例 4-3　对“销售”工作表中的“销售额”列设置条件格式：当销售额大于等于 20 万时设置单元格图标为↑，当销售额小于 20 万并且大于等于 10 万时设置单元格图标为→，当销售额小于 10 万时设置单元格图标为↓。对数据清单 A1:C21 按“销售额”列单元格的图标进行排序，排列次序为↑、→、↓。

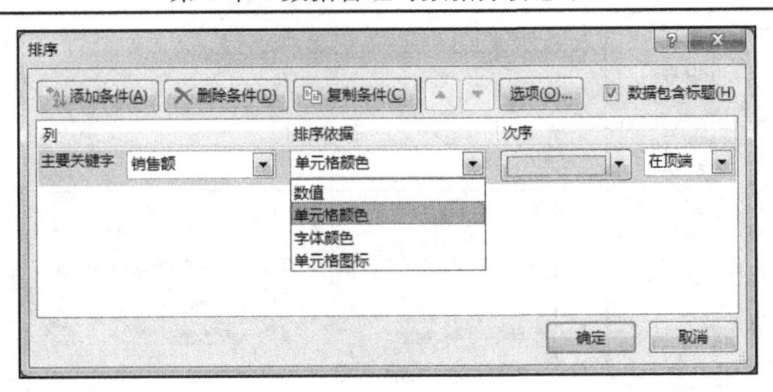

图 4-16　按颜色排序

操作步骤：

(1) 在“销售”工作表中，选中单元格区域 C2:C21。

(2) 单击“开始”选项卡“样式”组中的“条件格式”按钮，在下拉列表中单击“新建规则”选项，如图 4-17 所示。

(3) 在“新建格式规则”对话框中，分别将“格式样式”设置为“图标集”，“图标样式”设置为三向箭头“⬇➡⬆”，“类型”全部设置为“数字”，在“值”文本框中分别输入 200000 和 100000，单击“确定”按钮，如图 4-18 所示。设置图标格式后的销售表如图 4-19 所示。

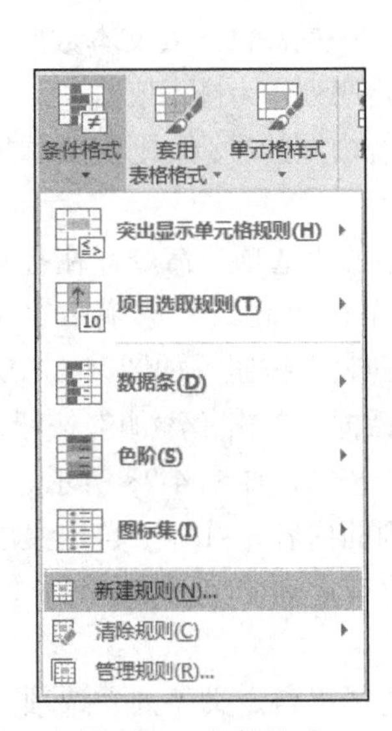

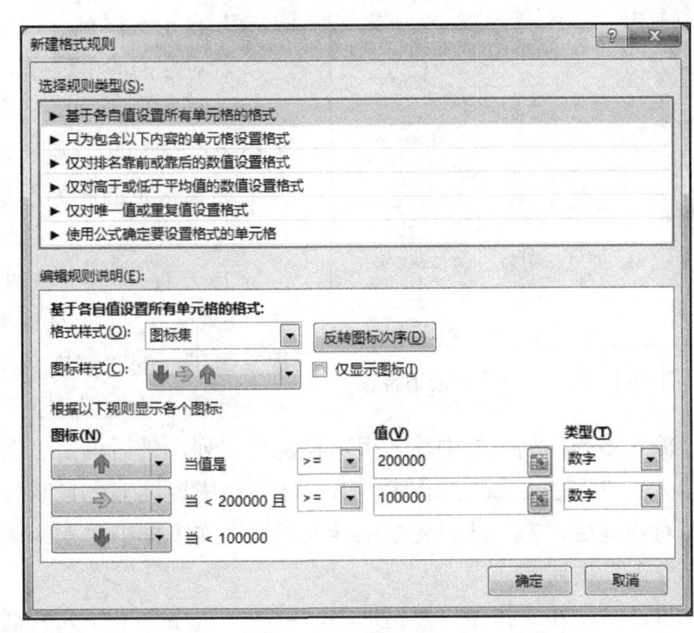

图 4-17　条件格式

图 4-18　“新建格式规则”对话框

(4) 选中单元格区域 A1:C21 中的任意一个单元格，在“开始”选项卡中单击“编辑”组中的“排序和筛选”按钮，在列表中选择“自定义排序”项。

(5) 在打开的“排序”对话框中，主要关键字选择“销售额”，排序依据选择“单元格图标”，在“次序”下拉列表框中指定图标⬆，设置为“在顶端”如图 4-20 所示。

(6) 单击“排序”对话框中的“添加条件”按钮，次要关键字选择“销售额”，排序依据选择“单元格图标”，在“次序”下拉列表框中指定图标➡，设置为“在顶端”。

	A	B	C
1	序号	姓名	销售额
2	1	张颖	202525.21
3	2	王伟	177749.26
4	3	李芳	213051.30
5	4	郑建杰	248979.45
6	5	赵军	75567.75
7	6	孙林	78198.10
8	7	金士鹏	141295.99
9	8	刘英玫	133301.03
10	9	张雪眉	83842.00
11	10	黄锋星	188411.06
12	11	冷大鹏	229669.91
13	12	邱飞	106923.79
14	13	卢军	208496.67
15	14	沈英寅	79410.65
16	15	汪荣荣	140795.95
17	16	王锦路	203213.31
18	17	张建伟	219897.52
19	18	朱宪敏	143466.80
20	19	房树根	225207.29
21	20	钱中信	91275.82

... | 工资 | 职工 | 销售 | 经济增长指数

图 4-19　设置图标格式后的销售表

图 4-20　设置单元格图标为排序依据

	A	B	C
1	序号	姓名	销售额
2	1	张颖	202525.21
3	3	李芳	213051.30
4	4	郑建杰	248979.45
5	11	冷大鹏	229669.91
6	13	卢军	208496.67
7	16	王锦路	203213.31
8	17	张建伟	219897.52
9	19	房树根	225207.29
10	2	王伟	177749.26
11	7	金士鹏	141295.99
12	8	刘英玫	133301.03
13	10	黄锋星	188411.06
14	12	邱飞	106923.79
15	15	汪荣荣	140795.95
16	18	朱宪敏	143466.80
17	5	赵军	75567.75
18	6	孙林	78198.10
19	9	张雪眉	83842.00
20	14	沈英寅	79410.65
21	20	钱中信	91275.82

... | 工资 | 职工 | 销售 | 经 ...

图 4-21　按图标排序后的销售表

(7) 再次单击“添加条件”按钮，次要关键字选择“销售额”，排序依据选择“单元格图标”，在“次序”下拉列表框中指定图标，设置为“在顶端”或“在底端”，单击“确定”按钮。排序结果如图 4-21 所示。

7) 自定义序列

若对数据清单进行排序后，记录的排列次序与用户的实际需要不符(例如，职称或职位的高低与其文本数据的大小是不一致的)，则可以指定序列作为排序依据。

如果指定的序列不是系统内置的序列，则需要添加自定义序列。

方法 1：单击“文件”中的“选项”命令，在打开的“Excel 选项”对话框中单击“高级”选项中“常规”组下面的“编辑自定义列表”按钮，如图 4-22 所示。弹出“自定义序列”对话框，单击“添加”按钮，在“输入序列”列表框中输入用户自定义序列，最后单击“确定”按钮，如图 4-23 所示。

方法 2：在 Excel 工作表的若干单元格中连续输入自定义序列的内容，打开“自定义序列”对话框后，在“从单元格中导入序列”文本框中输入或选择含有序列的单元格区域，单击“导入”按钮。

方法 3：在“排序”对话框中，单击“次序”下拉列表框，选择“自定义序列”选项，打开“自定义序列”对话框，再按照方法 1 输入自定义序列。

例 4-4　对“工资”工作表按指定序列进行排序。

(1) 添加自定义序列“总经理、副总经理、经理、组长、职员”。

(2) 对于“工资”工作表中的所有记录，以“职务”为主要关键字，按上述自定义序列进行排序。

操作步骤如下：

(1) 在“工资”工作表中，将当前光标置于数据清单中。

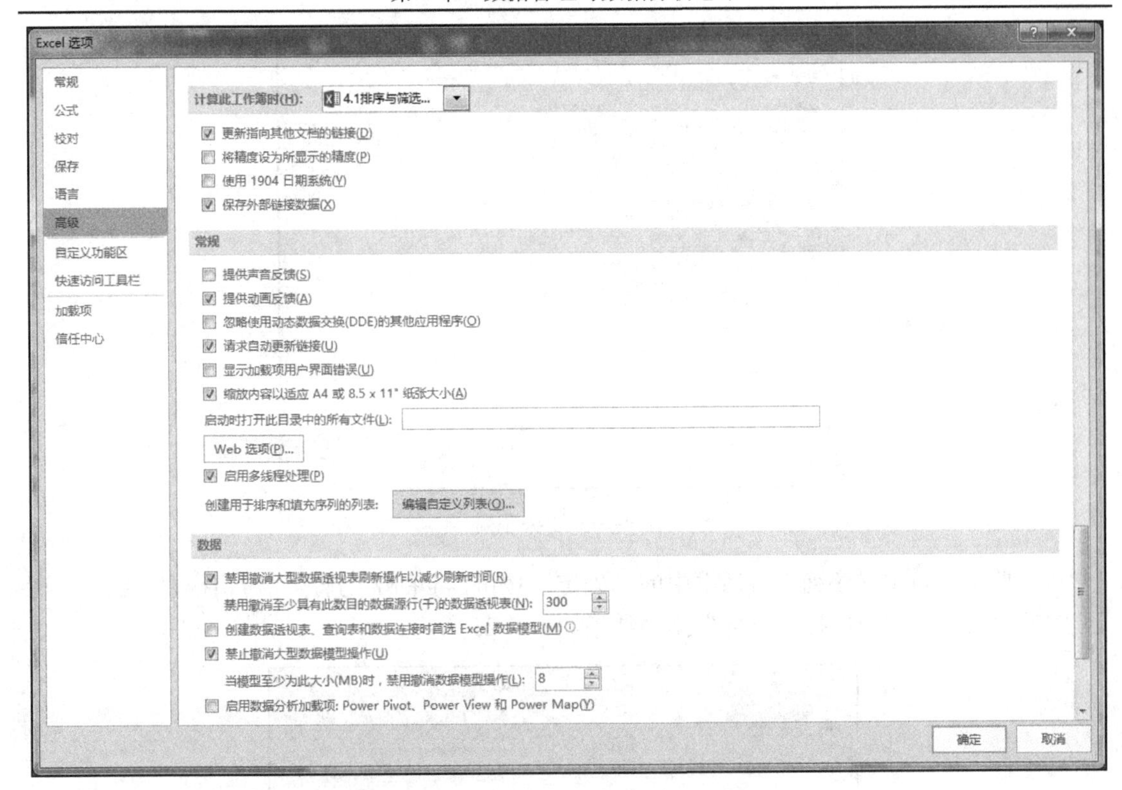

图 4-22　Excel“高级”选项

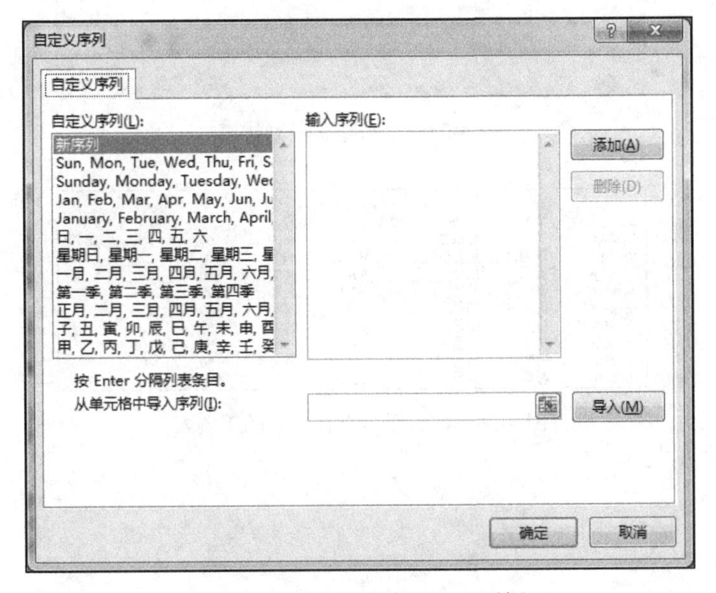

图 4-23　“自定义序列”对话框

(2) 在“数据”选项卡的“排序和筛选”组中单击“排序”按钮。

(3) 打开“排序”对话框，选择“主要关键字”为“职务”，“次序”选择“自定义序列”。

(4) 打开“自定义序列”对话框，在“输入序列”列表框中依次输入：总经理、副总经理、经理、组长、职员，单击“添加”按钮，结果如图 4-24 所示。

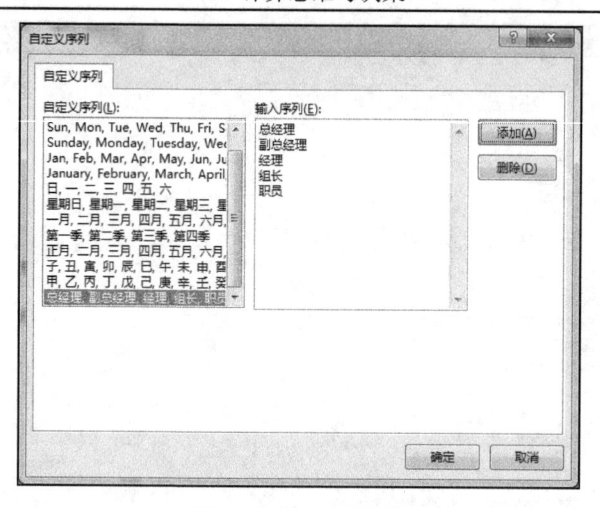

图 4-24　职务序列

(5)单击“自定义序列”对话框中的“确定”按钮，再单击“排序”对话框(如图 4-25 所示)中的“确定”按钮，按“职务”排序结果如图 4-26 所示。

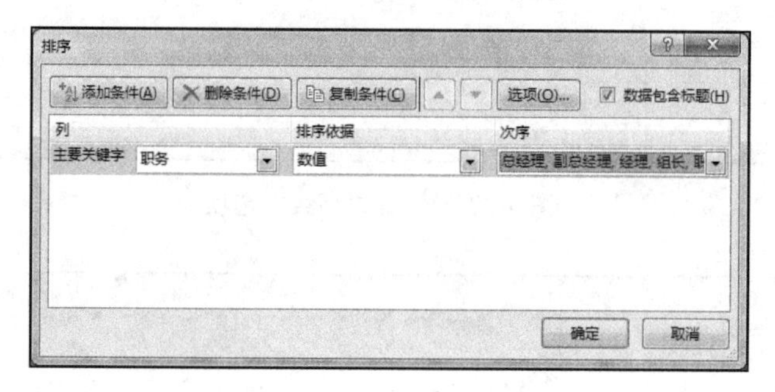

图 4-25　按自定义序列排序

	A	B	C	D	E	F	G	H
1	编号	姓名	职务	基本工资	奖励	补贴	扣款	合计
2	A002	郭文	总经理	9500	6800	2405	250	18455
3	A001	朱国云	副总经理	8500	5800	1800	221	15879
4	A004	贺宁	经理	6800	3400	800	152	10848
5	A003	李雪	经理	7000	3400	1088	183	11305
6	A006	陈萌萌	组长	5500	2600	780	135	8745
7	A008	张玉萍	组长	5600	2600	780	138	8842
8	A005	吴雨	职员	4200	2000	750	96	6854
9	A007	宋明珠	职员	4100	2100	750	82	6868
10	A009	孙曼	职员	4300	2100	750	97	7053

图 4-26　按“职务”排序后的工资表

5. 排序方向

1)按列排序

在多数情况下，对数据清单的排序是按照列(字段)值的大小对行(记录)的顺序进行排列的，这是系统默认的排序方向。

2)按行排序

当数据表中的第 1 列作为标题，其他列作为记录，需要按照某些行的数据大小对列的次序进行排列时，需要在“排序选项”对话框中设置排序方向为“按行排序”。

例 4-5　如图 4-27 所示，对于“经济增长指数”工作表以“18 年指数”为主要关键字，按降序排列。

	A	B	C	D	E	F	G	H	I	J	K	L	M
1	江北新区经济增长指数对比表												
2	月份	1月	2月	3月	4月	5月	6月	7月	8月	9月	10月	11月	12月
3	16年指数	103	81	106	122	120	126	146	146	131	147	156	166
4	17年指数	138	97	118	148	151	131	162	147	154	163	166	173
5	18年指数	185	147	168	182	181	190	192	191	200	189	205	201

图 4-27　经济增长指数对比表

操作步骤：

(1) 在“经济增长指数”工作表中，选中 B2:M5 单元格区域，右击弹出快捷菜单，选择“排序”子菜单中的“自定义排序”命令。

(2) 打开“排序”对话框，单击“选项”按钮，弹出“排序选项”对话框，如图 4-28 所示。

(3) 在“排序选项”对话框中选中排序方向为“按行排序”单选按钮，单击“确定”按钮。

图 4-28　“排序选项”对话框

(4) 在“排序”对话框中，选择“主要关键字”为“行 5”，“次序”为“降序”，单击“确定”按钮，排序结果如图 4-29 所示。

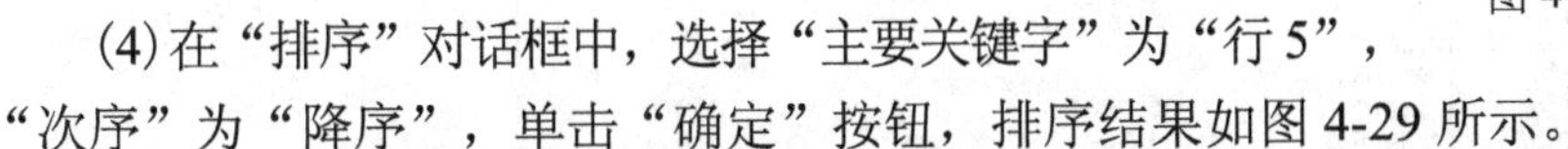

	A	B	C	D	E	F	G	H	I	J	K	L	M
1	江北新区经济增长指数对比表												
2	月份	11月	12月	9月	7月	8月	6月	10月	1月	4月	5月	3月	2月
3	16年指数	156	166	131	146	146	126	147	103	122	120	106	81
4	17年指数	166	173	154	162	147	131	163	138	148	151	118	97
5	18年指数	205	201	200	192	191	190	189	185	182	181	168	147

图 4-29　按行排序的经济增长指数对比表

4.1.2　筛选

Excel 提供的筛选功能是将符合条件的记录显示出来，不符合条件的记录暂时隐藏。

1. 自动筛选

自动筛选是数据清单进入筛选状态后，根据用户的筛选条件，自动显示所有符合条件的记录。进入自动筛选状态的方法主要有以下 3 种。

方法 1：光标置于数据清单中的任一单元格，单击“开始”选项卡下的“编辑”组中的“排序和筛选”按钮，在下拉菜单中选择“筛选”命令。

方法 2：光标置于数据清单中的任一单元格，单击“数据”选项卡下的“排序和筛选”组中的“筛选”按钮。

方法 3：按下 Ctrl+Shift+L 组合键，直接进入筛选状态。

利用数据清单创建表格或套用表格样式后，表格默认处于自动筛选状态。

在自动筛选状态下，可以直接单击标题右侧的下拉按钮，在弹出的下拉列表中取消“全选”复选框，直接选中需要显示的数据前面的复选框。

如果自动筛选的条件不是显示一些孤立值，而是指定范围的数值或者是一些模糊条件时，可以采用自动筛选中的自定义筛选，对单元格中的数值、文本、日期/时间、字体颜色或单元格颜色(填充色)设置筛选条件。

1)数字筛选

对于数值型数据的筛选，可以通过“数字筛选”筛选出“等于”“不等于”“大于”“大于或等于”“小于”“小于或等于”指定值的记录，也可以筛选出“介于”两数值之间或“高于平均值”“低于平均值”“前 10 项”的记录，或直接进入“自定义筛选”方式。

例 4-6　对于“订单”工作表，自动筛选出订单金额大于等于 1000 且小于 2000 的记录。

操作步骤：

(1)将光标置于“订单”工作表的数据清单 A1:D283 中。

(2)在“数据”选项卡中单击“排序和筛选”组中的“筛选”按钮。

(3)单击“订单金额”标题右侧的下拉按钮，选中“数字筛选”，执行“自定义筛选”命令，如图 4-30 所示。

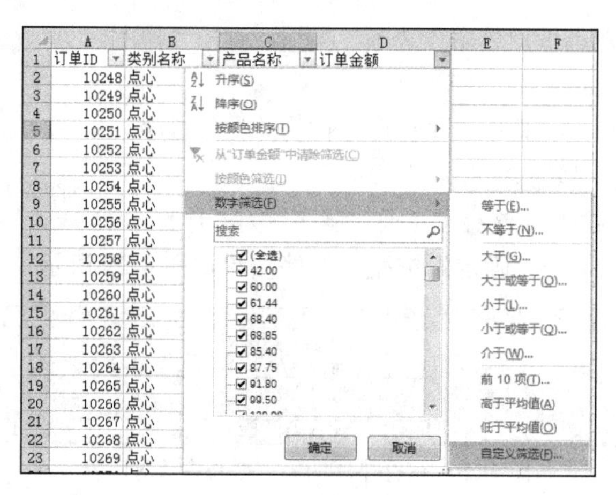

图 4-30　数字筛选

(4)在弹出的“自定义自动筛选方式”对话框中，选择订单金额“大于或等于”1000，默认选中“与”单选按钮，再选择订单金额“小于”2000，单击“确定”按钮，如图 4-31 所示。筛选后的结果如图 4-32 所示。

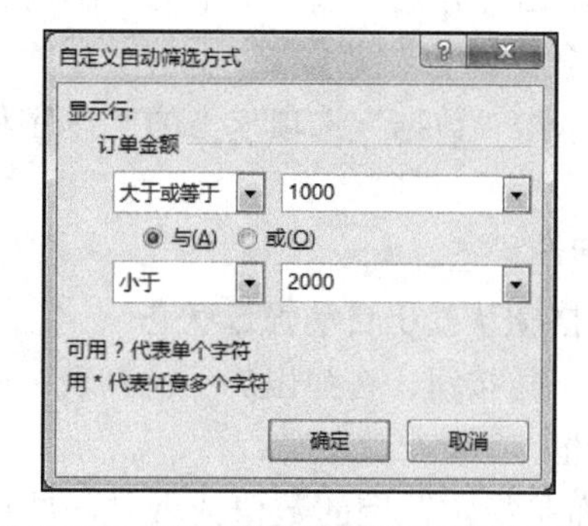

图 4-31　“自定义自动筛选方式”对话框

	A	B	C	D
1	订单ID	类别名称	产品名称	订单金额
2	10248	点心	饼干	1,685.36
4	10250	点心	饼干	1,849.70
9	10255	点心	蛋糕	1,159.00
11	10257	点心	桂花糕	1,360.80
12	10258	点心	桂花糕	1,701.00
13	10259	点心	花生	1,418.00
15	10261	点心	花生	1,733.00
16	10262	点心	花生	1,434.00
17	10263	点心	绿豆糕	1,267.50
18	10264	点心	绿豆糕	1,062.50
20	10266	点心	绿豆糕	1,935.00
22	10268	点心	棉花糖	1,249.20
25	10271	点心	牛肉干	1,755.00
28	10274	点心	牛肉干	1,756.00
36	10282	点心	薯条	1,605.60
45	10291	点心	玉米饼	1,820.50
59	10305	谷类/麦片	黄豆	1,735.65
60	10306	谷类/麦片	黄豆	1,679.12
81	10327	海鲜	海参	1,393.90
85	10331	海鲜	海哲皮	1,646.25
87	10333	海鲜	黄鱼	1,308.24
88	10334	海鲜	黄鱼	1,838.19
90	10336	海鲜	黄鱼	1,922.33
93	10339	海鲜	蚵	1,504.80

工资　职工　销售　经济增长指数　订单　客户

图 4-32　按订单金额自动筛选后的订单表

2) 文本筛选

对于文本型数据的筛选，可以通过“文本筛选”筛选出“等于”“不等于”“开头是”“结尾是”“包含”“不包含”指定字符串的记录，也可以通过“自定义筛选”，使用两种文本通配符(“*”代表任意多个字符，“?”代表一个任意字符)进行模糊筛选。

例 4-7　对于“职工”工作表，自动筛选出姓“李”且姓名仅有两个汉字的职工和所有姓“王”的职工。

操作步骤：

(1) 将光标置于“职工”工作表的数据清单 A1:G150 中。

(2) 在“开始”选项卡的“编辑”组中单击“排序和筛选”按钮，在下拉列表中选择“筛选”项。

(3) 单击“姓名”右侧的下拉按钮，选中“文本筛选”，执行“自定义筛选”命令，如图 4-33 所示。

(4) 在“自定义自动筛选方式”对话框中，设置第 1 个筛选条件为姓名“等于”“李?”(问号是英文半角字符)，选中“或”单选按钮，再设置第 2 个筛选条件为姓名“开头是”“王”，如图 4-34 所示。

图 4-33　文本筛选

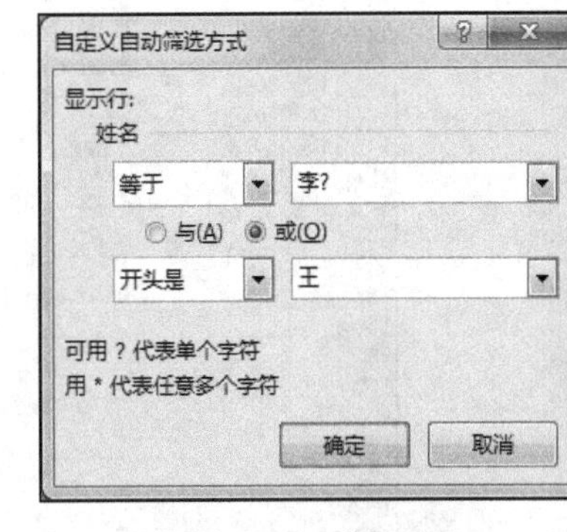

图 4-34　模糊筛选

(5) 单击“确定”按钮后，筛选结果如图 4-35 所示。

1	工号	姓名	性别	出生日期	民族	籍贯	婚否
18	140203046	王菲	男	1994/08/09	汉族	江苏南京	FALSE
21	140203043	王亚军	男	1996/03/16	汉族	江苏无锡	FALSE
23	140203005	王松	男	1996/12/02	汉族	江苏常州	FALSE
38	140203033	王牛	男	1999/05/29	汉族	上海	FALSE
43	140203029	李荣	男	2000/05/27	汉族	江苏南通	FALSE
54	140202015	王微辰	男	2001/05/28	汉族	江苏无锡	FALSE
59	140201045	王凯	男	2001/09/23	汉族	江苏无锡	FALSE
63	140202016	李璐	男	1991/04/11	汉族	江苏镇江	TRUE
86	140203019	王庆一	男	1997/12/24	汉族	上海	TRUE
95	140202007	王华明	女	2001/05/12	回族	江苏镇江	FALSE
103	140202004	王寅芳	女	1994/03/15	汉族	福建福州	FALSE
106	140203040	王宝林	女	1995/05/10	汉族	浙江杭州	FALSE
111	140201024	王路漫	女	1997/08/17	汉族	江苏常熟	FALSE
143	140202048	王海芬	女	1996/02/04	汉族	江苏苏州	TRUE
144	140201020	李玲	女	1997/03/02	汉族	江苏盐城	TRUE
146	140202014	王伟	女	1997/11/21	汉族	江苏常州	TRUE

图 4-35　按姓名自动筛选后的职工表

3) 日期/时间筛选

对于日期型数据的筛选，可以通过“日期筛选”筛选出“等于”指定日期或指定日期“之前”“之后”的记录,可以筛选出“介于”两个指定日期之间的记录,还可以筛选出“明天”“今天”“昨天”“下周”“本周”“上周”“下月”“本月”“上月”“下季度”“本季度”“上季度”“明年”“今年”“去年”“本年度截止到现在”，以及指定季度、指定月份等各种条件的记录。

例 4-8　针对例 4-7 的筛选结果，从中自动筛选出五月出生的职工记录。

操作步骤：

(1) 打开已按“姓名”自动筛选过的“职工”工作表。

(2) 单击“出生日期”右侧的下拉按钮，选择“日期筛选”，选中“期间所有日期”，单击“五月”项，如图 4-36 所示。筛选结果如图 4-37 所示。

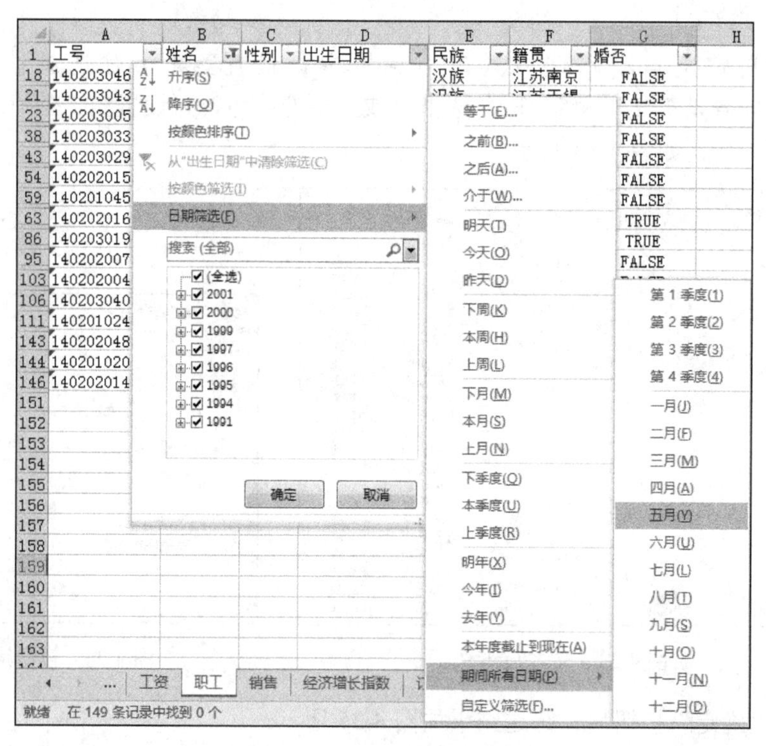

图 4-36　“日期筛选”设置

	A	B	C	D	E	F	G
1	工号	姓名	性别	出生日期	民族	籍贯	婚否
38	140203033	王牛	男	1999/05/29	汉族	上海	FALSE
43	140203029	李荣	男	2000/05/27	汉族	江苏南通	FALSE
54	140202015	王微辰	男	2001/05/28	汉族	江苏无锡	FALSE
95	140202007	王华明	女	2001/05/12	回族	江苏镇江	FALSE
106	140203040	王宝林	女	1995/05/10	汉族	浙江杭州	FALSE

图 4-37　按姓名和出生日期自动筛选后的职工表

4) 按颜色/图标筛选

单元格的填充色或字体颜色，以及图标不仅可以作为排序依据，也可以作为筛选的条件。自动筛选的方法与数字、文本、日期的筛选方法基本相同。

2. 高级筛选

当筛选条件比较复杂，需要利用多个条件进行筛选时，自动筛选可能无法满足用户的筛选需求，可以采用系统提供的高级筛选功能。

1) 设置筛选条件

采用高级筛选前，需要先确定筛选条件，并在工作表的空白单元格中设置条件区域。条件区域的首行采用字段名作为标题，第 2 行开始写入条件。同一行的条件之间是“与”的关系，需要同时满足；不同行的条件之间是“或”的关系。

2) 保存筛选结果

在“高级筛选”对话框中，筛选结果有两种保存方式：一是在原有区域显示筛选结果，二是将筛选结果复制到其他位置。

例 4-9　对于“客户”工作表中的数据清单 A1:K92 采用高级筛选，在条件区域 N1:Q3 中设置筛选条件，筛选销售代表为女士或者在华东地区从事信托业务(公司名称包含信托)的客户记录，结果保存在以 A96 开始的单元格区域中。

操作步骤：

(1) 在“客户”工作表的单元格区域 N1:Q3 中设置筛选条件，如图 4-38 所示。

(2) 将光标置于数据清单 A1:K92 中，在“数据”选项卡的“排序和筛选”组中单击“高级”按钮。

(3) 打开“高级筛选”对话框，选中筛选方式中的“将筛选结果复制到其他位置”单选按钮，列表区域为“$A$1:$K$92”，条件区域为“客户!$N$1:$Q$3”，复制到为“客户!$A$96”，单击“确定”按钮，如图 4-39 所示。筛选结果如图 4-40 所示。

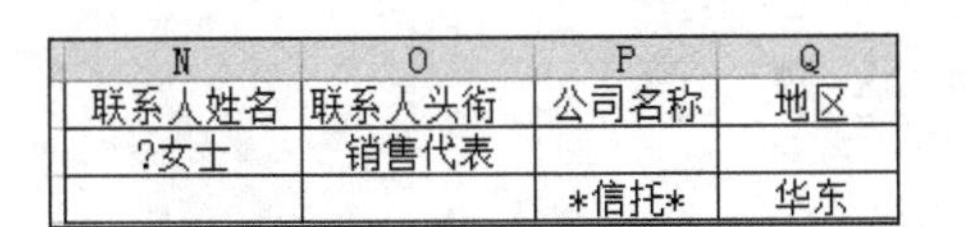

N	O	P	Q
联系人姓名	联系人头衔	公司名称	地区
?女士	销售代表		
		信托	华东

图 4-38　筛选条件

图 4-39　“高级筛选”对话框

	A	B	C	D	E	F	G	H	I	J	K	L
96	客户ID	公司名称	联系人姓名	联系人头衔	地址	城市	地区	邮政编码	国家	电话	传真	
97	ALFKI	三川实业有限公司	刘女士	销售代表	大崇明路 50 号	天津	华北	343567	中国	(030) 300	(030) 30765452	
98	BSBEV	光明杂志	谢女士	销售代表	黄石路 50 号	深圳	华南	760908	中国	(0571) 45551212		
99	CONSH	万海	林女士	销售代表	劳动路 23 号	厦门	华南	353467	中国	(071) 455	(071) 45559199	
100	FOLKO	五洲信托	苏先生	物主	沿江北路 942 号	南京	华东	876060	中国	(087) 69534671		
101	FRANS	文成	唐女士	销售代表	临江街 32 号	常州	华东	820097	中国	(056) 349	(056) 34988261	
102	LACOR	霸力建设	谢女士	销售代表	东岗大路 9 号	重庆	西南	048766	中国	(025) 305	(025) 30598511	
103	PERIC	就业广兑	唐女士	销售代表	淮水路 348 号	天津	华北	786785	中国	(030) 552	(030) 55453745	
104	PRINI	康毅系统	林女士	销售代表	成东大街 951 号	张家口	华北	801070	中国	(019) 3565634		
105	RANCH	大东补习班	陈女士	销售代表	创业东路 38 号	深圳	华南	837207	中国	(0571) 51	(0571) 51235556	

图 4-40　高级筛选后的客户记录

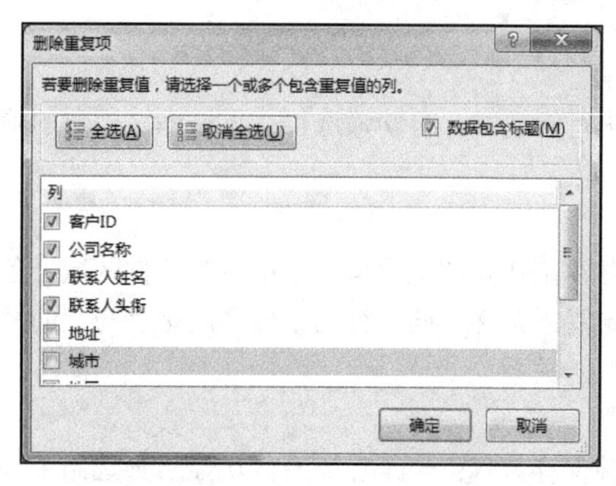

图 4-41　“删除重复项”对话框

3. 清除重复记录

1) 利用高级筛选

在“高级筛选”对话框(如图 4-39 所示)中，筛选方式采用“将筛选结果复制到其他位置”，同时选中“选择不重复的记录”复选框，即可得到无重复记录的数据清单。

2) 直接删除重复记录

将光标置于含有重复记录的数据清单中，在“数据”选项卡中单击“数据工具”组中的“删除重复项”按钮，弹出如图 4-41 所示的“删除重复项”对话框。选中包含重复值的列，单击“确定”按钮，可将数据清单中指定列的值完全相同的重复记录直接删除，系统将弹出信息框提示删除结果。

4. 取消筛选

1) 取消自动筛选

方法 1：将当前单元格置于数据清单中，选择“数据”选项卡，在“排序和筛选”组中单击“筛选”按钮。

方法 2：将当前单元格置于数据清单中，选择“开始”选项卡，在“编辑”组中单击“排序和筛选”按钮，选择“筛选”命令。

2) 取消高级筛选

当在“高级筛选”对话框中选择筛选方式为“在原有区域显示筛选结果”时，将当前单元格置于数据清单中，选择“数据”选项卡，在“排序和筛选”组中单击“清除”按钮，即可取消高级筛选。

当在“高级筛选”对话框中选择筛选方式为“将筛选结果复制到其他位置”时，直接将筛选出来的记录删除即可。

4.2 分类汇总

4.2.1 分类汇总的创建与清除

对于数据清单中的记录可以根据指定的字段进行分类汇总，这些字段称为分类字段，参与汇总的字段称为汇总项。汇总方式有求和、计数、最大值、最小值、平均值等。

1. 创建分类汇总

创建分类汇总前，需要以分类字段作为关键字进行排序，排序的方式可以是升序，也可以是降序。

在“数据”选项卡中单击“分级显示”组中的“分类汇总”按钮，在打开的“分类汇总”对话框中进行设置。

根据分类字段的个数和汇总方式的种类，将分类汇总分为以下 3 种情形。

1) 单个分类字段、单一的汇总方式

按照某一分类字段进行排序后，可对多个数值类字段用同一种方式汇总。

例 4-10　利用分类汇总统计出“学生档案”工作表中各民族的学生人数：对“学生档案”工作表中的数据清单按照“民族”进行分类汇总，汇总方式为“计数”，汇总项为“学号”，汇总结果显示在数据下方。

操作步骤：

(1) 打开“学生档案”工作表，将光标置于数据清单 A1:G151 中的“民族”列(F 列)，单击“数据”选项卡“排序和筛选”组中的“升序”按钮。

(2) 数据清单按照“民族”进行排序后，单击“数据”选项卡“分级显示”组中的“分类汇总”按钮。

(3) 打开如图 4-42 所示的“分类汇总”对话框，“分类字段”选择“民族”，“汇总方式”默认选择“计数”，在“选定汇总项”列表框中选中“学号”、取消选中“籍贯”，单击“确定”按钮。分类汇总的结果如图 4-43 所示。

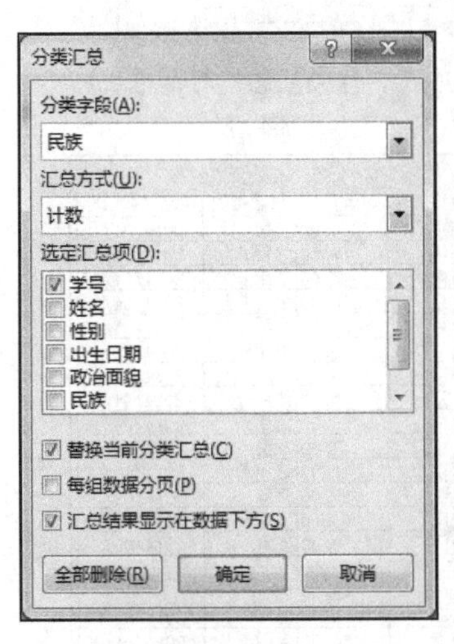

图 4-42　“分类汇总”对话框

	A	B	C	D	E	F	G
1	学号	姓名	性别	出生日期	政治面貌	民族	籍贯
2	140201043	韩俊	女	1996/02/24	团员	朝鲜族	江苏无锡
3	140201049	姜龙	女	1995/08/24	团员	朝鲜族	江苏苏州
4	140202010	安彬	女	1995/12/16	党员	朝鲜族	福建厦门
5	140202012	朴杭婷	男	1996/08/25	团员	朝鲜族	江苏南通
6	140202034	李力举	男	1996/07/25	党员	朝鲜族	江苏盐城
7	140203004	罗凯	男	1997/07/28	群众	朝鲜族	江苏南通
8	140203012	金江涛	男	1997/04/26	团员	朝鲜族	江苏太仓
9	7					**朝鲜族 计数**	
10	140201001	杨婧	男	1997/04/08	团员	汉族	江苏南京
11	140201002	董甜	男	1997/12/06	群众	汉族	江苏镇江
12	140201003	贾仁兵	男	1998/03/12	群众	汉族	江苏苏州
13	140201004	薛锋	女	1996/05/28	团员	汉族	北京
14	140201006	刘玉柱	女	1997/07/31	团员	汉族	江苏扬州
15	140201007	谢丽	男	1996/08/31	团员	汉族	江苏南通
16	140201009	刘莹莹	女	1997/11/15	党员	汉族	上海
17	140201010	李彩莲	男	1997/03/12	团员	汉族	江苏苏州
18	140201011	张晓宇	男	1997/09/14	团员	汉族	江苏南京
19	140201012	翟向明	男	1996/08/14	党员	汉族	江苏南京
20	140201013	吕文斌	女	1996/10/25	团员	汉族	江苏镇江
21	140201015	张玉美	女	1996/09/17	团员	汉族	江苏常州
22	140201016	殷海浪	男	1995/11/10	团员	汉族	江苏南通
23	140201017	吴斌	男	1994/11/17	团员	汉族	江苏常州
24	140201018	丁云飞	男	1995/12/08	群众	汉族	江苏徐州
25	140201019	印玉峰	男	1996/01/10	团员	汉族	江苏徐州

学生档案　订单　学生住宿　学生成绩

图 4-43　“学生档案”工作表分类汇总

2) 单个分类字段、多种汇总方式

按照某一分类字段进行排序后，可对同一个数值类字段进行多次不同方式的汇总。

例 4-11　利用分类汇总统计出“订单”工作表中各运货商的平均运费和最高运费：对“订单”工作表中的数据清单按照“运货商”进行分类汇总，汇总方式分别为“最大值”和“平均值”，汇总项为“运费”，汇总结果显示在数据下方。

操作步骤：

(1) 对“订单”工作表中的数据清单 A1:J31 按照“运货商”进行排序(排序方法和排序方式均不限，本例采用降序方式排序)。

(2) 单击“数据”选项卡“分级显示”组中的“分类汇总”按钮，在“分类汇总”对话框中，“分类字段”选择“运货商”，“汇总方式”选择“平均值”，在“选定汇总项”列表框中选中“运费”、取消选中“实际付款日期”，单击“确定”按钮，如图 4-44 所示。

(3)再次单击“数据”选项卡“分级显示”组中的“分类汇总”按钮,在“分类汇总”对话框中，“分类字段”不变，“汇总方式”选择“最大值”，“选定汇总项”不变，不选中“替换当前分类汇总”，单击“确定”按钮，如图 4-45 所示。分类汇总结果如图 4-46 所示。

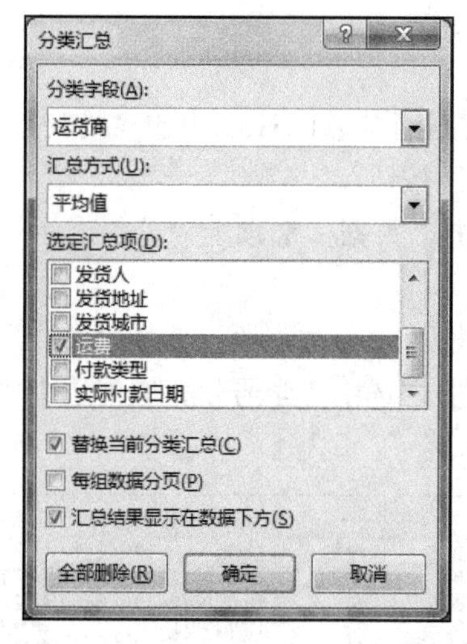

图 4-44　订单表“分类汇总”对话框(1)

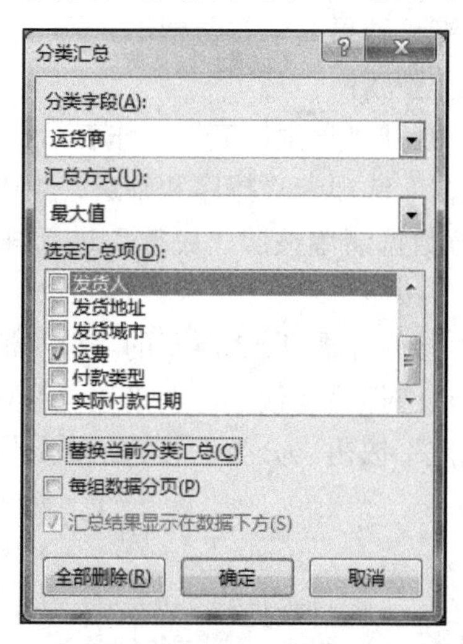

图 4-45　订单表“分类汇总”对话框(2)

	A	B	C	D	E	F	G	H	I	J
1	订单ID	订单日期	发货日期	运货商	发货人	发货地址	发货城市	运费	付款类型	实际付款日期
2	10261	2014/01/15	2014/01/22	统一包裹	方建文	南开北路 3 号	南京	200.00	支票	2014/01/15
3	10267	2014/03/24	2014/03/24	统一包裹	周先生	曙光路东区 45 号	深圳	9.00	信用卡	2014/03/24
4	10268	2014/04/07	2014/04/07	统一包裹	徐先生	历下区浪潮路 97 号	济南	40.00	信用卡	2014/04/07
5	10270	2014/04/08	2014/04/08	统一包裹	王先生	西城区新开胡同 54 号	北京	300.00	信用卡	2014/04/08
6	10271	2014/04/05	2014/04/05	统一包裹	余小姐	海淀区明成大街 29 号	北京	50.00	支票	2014/04/05
7	10273	2014/04/05	2014/04/05	统一包裹	周先生	和平路 794 号	北京	60.00	信用卡	2014/04/05
8	10274	2014/04/05	2014/04/05	统一包裹	刘先生	历城区和平路 53 号	济南	200.00	支票	2014/04/05
9	10277	2014/04/22	2014/04/22	统一包裹	陈先生	建外大街 77 号	北京	5.00	信用卡	2014/04/22
10	10278	2014/04/30	2014/04/30	统一包裹	胡继尧	上海路 432 号	青岛	50.00	信用卡	2014/04/30
11	10280	2014/04/25	2014/04/25	统一包裹	方先生	承德路 281 号	张家口	7.00	现金	2014/04/25
12	10283	2014/06/07	2014/06/07	统一包裹	王先生	广渠路 645 号	深圳	40.00	信用卡	2014/06/07
13	10286	2014/06/05	2014/06/05	统一包裹	林慧音	昆山路甲 4 号	昆明	50.00	支票	2014/06/05
14	10288	2014/06/05	2014/06/05	统一包裹	苏先生	崇明西大路 393 号	重庆	60.00	信用卡	2014/06/05
15	10290	2014/06/23	2014/06/23	统一包裹	刘先生	成大西街 69 号	厦门	0.00	支票	2014/06/23
16				**统一包裹**	**最大值**			300.00		
17				**统一包裹**	**平均值**			76.50		
18	10262	2014/01/22	2014/01/22	联邦货运	黎先生	黄岛区新技术开发区 65 号	青岛	5.00	信用卡	2014/01/22
19	10263	2014/01/30	2014/01/31	联邦货运	李先生	江北开发区 7 号	南京	50.00	信用卡	2014/01/30
20	10265	2014/03/06	2014/03/09	联邦货运	黎先生	市中区绮丽路 54 号	烟台	12.00	信用卡	2014/03/06
21	10269	2014/04/05	2014/04/05	联邦货运	王先生	历下区浪潮路 2 号	济南	100.00	支票	2014/04/05
22	10275	2014/04/03	2014/04/03	联邦货运	钟小姐	舜井街 54 号	济南	0.00	支票	2014/04/03
23	10276	2014/04/22	2014/04/22	联邦货运	王先生	经二纬六路 8 号	济南	200.00	支票	2014/04/22
24	10281	2014/05/09	2014/05/09	联邦货运	刘先生	花园口南街 62 号	重庆	12.00	信用卡	2014/05/09
25	10282	2014/05/24	2014/05/24	联邦货运	王先生	阜石路 58 号	北京	9.00	信用卡	2014/05/24

学生档案　订单　学生住宿　学生成绩

图 4-46　“订单”工作表分类汇总结果

3)多个分类字段、嵌套汇总

按照多个分类字段(依次充当主要关键字、次要关键字)进行排序后，可对一个或多个字段进行汇总。

下列例题分别介绍了两个分类字段、一个汇总字段与两个分类字段、多个汇总字段的分类汇总方法。

例 4-12　利用分类汇总统计出“学生住宿”工作表中各学院的男女生人数：对“学生住宿”工作表中的数据清单按照“所在院系”和“性别”进行分类汇总，汇总方式为“计数”，汇总项为“姓名”，汇总结果显示在数据下方。

操作步骤：

(1) 单击“学生住宿”工作表的数据清单 A1:G384 中的任一单元格，在“数据”选项卡“排序和筛选”组中单击“排序”按钮，打开“排序”对话框。选中“数据包含标题”复选框，选择“所在院系”为主要关键字，再单击“添加条件”按钮，选择“性别”为次要关键字，单击“确定”按钮，设置结果如图 4-47 所示。

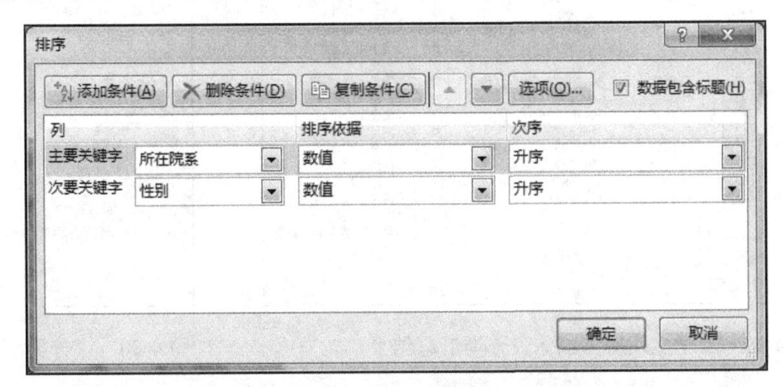

图 4-47　“学生住宿”表“排序”对话框

(2) 单击“数据”选项卡“分级显示”组中的“分类汇总”按钮，在弹出的警告对话框中单击“确定”按钮，如图 4-48 所示。在“分类汇总”对话框中，“分类字段”选择“所在院系”，“汇总方式”选择“计数”，在“选定汇总项”列表框中仅选中“姓名”，单击“确定”按钮。

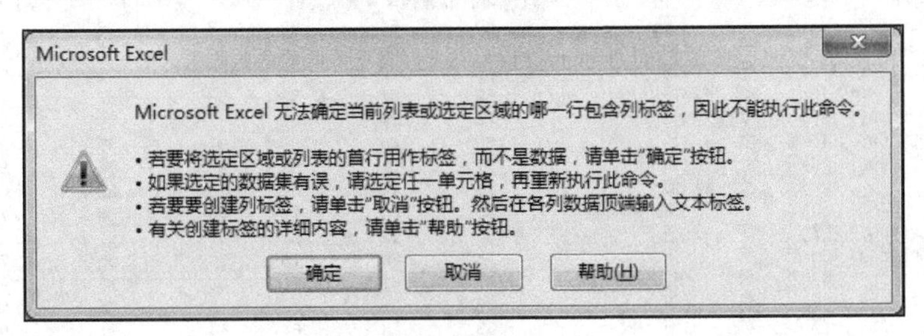

图 4-48　警告对话框

(3) 再次单击“数据”选项卡“分级显示”组中的“分类汇总”按钮，在“分类汇总”对话框中，“分类字段”选择“性别”，“汇总方式”不变，“选定汇总项”不变，不选中“替换当前分类汇总”，单击“确定”按钮。分类汇总结果如图 4-49 所示。

例 4-13　利用分类汇总统计出“学生成绩”工作表中各班级男女生每门课程的平均分：按照“班级”和“性别”进行分类汇总，汇总方式为“平均值”，汇总项为“计算机基础”“高等数学”等全部课程，汇总结果显示在数据下方。

操作步骤：

(1) 对“学生成绩”工作表中的数据清单 A1:K23 以“班级”为主要关键字、“性别”为次要关键字进行排序。

(2) 单击“数据”选项卡“分级显示”组中的“分类汇总”按钮，在“分类汇总”对话框中，“分类字段”选择“班级”，“汇总方式”选择“平均值”，在“选定汇总项”列表框中选中“计算机基础”“高等数学”等全部课程，单击“确定”按钮，如图 4-50 所示。

	A	B	C	D	E	F	G
370	1400300129	王蕊	4-311	84028421	陕西	男	信息工程学院
371	1400300128	王娇娣	4-310	84028420	安徽	男	信息工程学院
372	1400300218	郑婷	4-313	84028423	江苏	男	信息工程学院
373	1400300131	陈海龙	4-313	84028423	湖北	男	信息工程学院
374	1400300111	殷海涛	4-309	84028419	湖南	男	信息工程学院
375	1400300205	李明井	4-310	84028420	江苏	男	信息工程学院
376	1400300110	高绪婷	4-308	84028418	天津	男	信息工程学院
377		48				**男 计数**	
378	1400300224	杨旭芝	7-803	84028829	黑龙江	女	信息工程学院
379	1400300223	刘祝	7-802	84028828	天津	女	信息工程学院
380	1400300234	张莹	7-802	84028828	江苏	女	信息工程学院
381	1400300221	薛飞	7-803	84028829	宁夏	女	信息工程学院
382	1400300226	李婷婷	7-802	84028828	四川	女	信息工程学院
383	1400300228	赵红艳	7-804	84028830	浙江	女	信息工程学院
384	1400300227	吴月	7-803	84028829	江苏	女	信息工程学院
385	1400300233	晋尉	7-804	84028830	浙江	女	信息工程学院
386	1400300225	刘畅	7-804	84028830	河北	女	信息工程学院
387	1400300235	徐丽娟	7-803	84028829	广东	女	信息工程学院
388	1400300222	陈习连	7-804	84028830	江苏	女	信息工程学院
389	1400300229	王华	7-802	84028828	山西	女	信息工程学院
390	1400300231	杜婷婷	7-803	84028829	陕西	女	信息工程学院
391	1400300220	於丽娟	7-802	84028828	河北	女	信息工程学院
392		14				**女 计数**	
393		62					**信息工程学院 计数**
394		383					**总计数**

学生档案　订单　学生住宿　学生成绩

就绪

图 4-49　“学生住宿”工作表分类汇总结果

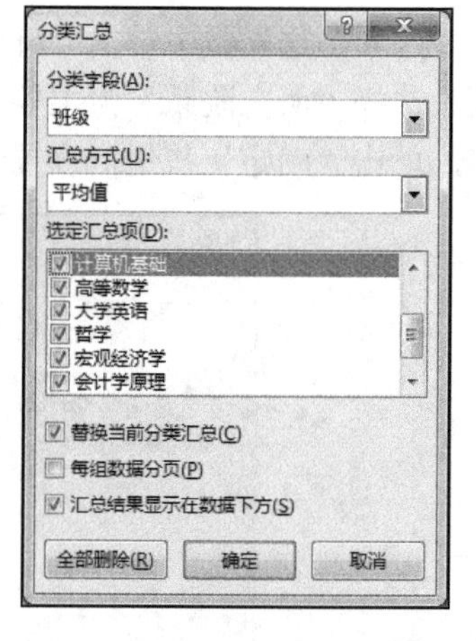

图 4-50　“分类汇总”对话框

(3) 再次单击“数据”选项卡“分级显示”组中的“分类汇总”按钮，在“分类汇总”对话框中，“分类字段”选择“性别”，“汇总方式”不变，“选定汇总项”不变，不选中“替换当前分类汇总”，单击“确定”按钮。分类汇总结果如图 4-51 所示。

	A	B	C	D	E	F	G	H	I	J	K
1	学号	姓名	性别	班级	计算机基础	高等数学	大学英语	哲学	宏观经济学	会计学原理	审计学原理
2	210201002	刘福伟	男	1班	29	54	69	69	98	40	95
3	210201003	刘峰	男	1班	90	36	90	63	96	86	48
4	210201004	戴启发	男	1班	65	82	64	67	71	91	91
5			**男 平均值**		61	57	74	66	88	72	78
6	210201001	周伟	女	1班	75	84	82	67	80	60	93
7	210201005	谈晓春	女	1班	51	86	89	97	89	93	61
8	210201006	丁洁瑾	女	1班	97	51	82	45	76	90	51
9			**女 平均值**		74	74	84	70	82	81	68
10				**1班 平均值**	68	66	79	68	85	77	73
11	210202007	王昆	男	2班	60	52	63	84	91	62	64
12	210202009	李一品	男	2班	73	80	73	70	95	70	87
13	210202011	章庭磊	男	2班	97	61	81	63	73	98	74
14	210202012	朱峰	男	2班	82	61	88	75	75	78	60
15	210202014	赵东强	男	2班	68	88	64	44	91	97	60
16			**男 平均值**		76	68	74	67	85	81	69
17	210202008	李俊	女	2班	80	62	92	99	56	60	65
18	210202010	陈方	女	2班	68	75	77	55	85	67	96
19	210202013	陈琼	女	2班	95	86	66	77	74	67	79
20	210202015	陈忞弫	女	2班	85	89	43	79	98	91	97
21			**女 平均值**		82	78	70	78	78	71	84
22				**2班 平均值**	79	73	72	72	82	77	76
23	210203016	韩强	男	3班	89	53	87	81	84	62	84
24	210203018	周锋	男	3班	76	72	96	60	88	78	23
25	210203019	张翔	男	3班	75	33	76	78	85	95	75
26	210203022	蔡仁元	男	3班	63	93	91	88	72	93	87
27			**男 平均值**		76	63	88	77	82	82	67
28	210203017	袁骅娟	女	3班	88	92	39	61	83	65	73
29	210203020	张汇英	女	3班	38	80	74	77	95	74	87
30	210203021	孙敏	女	3班	90	85	78	85	75	55	78
31			**女 平均值**		72	86	64	74	84	65	79
32				**3班 平均值**	74	73	77	76	83	75	72
33				**总计平均值**	74	71	76	72	83	76	74
34											

学生档案　订单　学生住宿　学生成绩

图 4-51　“学生成绩”工作表分类汇总结果

2. 清除分类汇总

如果需要查看原始的数据清单内容，清除汇总项，可以执行清除分类汇总的操作。

首先选中数据清单中的某单元格，然后在“数据”选项卡中单击“分级显示”组中的“分类汇总”按钮，在打开的“分类汇总”对话框中单击“全部删除”按钮，即可清除当前的分类汇总结果，显示排序后的数据清单。

4.2.2 使用分类汇总的结果

对于数据清单中的记录可以根据指定的字段进行分类汇总，这些字段称为分类字段，参与汇总的字段称为汇总项。汇总方式有求和、计数、最大值、最小值、平均值等。

1. 显示和隐藏结果

在对数据清单进行分类汇总后，工作表的左上角将显示多个不同级别的分类汇总按钮，单击这些按钮将显示相应级别的分类结果，从而实现对记录的分级显示。

工作表的左侧将显示展开和折叠按钮，单击后会显示或隐藏某一分类汇总的结果。

2. 复制结果

对数据清单进行分类汇总后，如果需要对统计结果进行提取而忽略记录明细，可按下列步骤进行操作。

(1) 对分类汇总的结果适当折叠。例如，将例 4-13 的结果折叠到第 3 层，如图 4-52 所示。

	A	B	C	D	E	F	G	H	I	J	K
1	学号	姓名	性别	班级	计算机基础	高等数学	大学英语	哲学	宏观经济学	会计学原理	审计学原理
5			男 平均值		61	57	74	66	88	72	78
9			女 平均值		74	74	84	70	82	81	68
10				1班 平均值	68	66	79	68	85	77	73
16			男 平均值		76	68	74	67	85	81	69
21			女 平均值		82	78	70	78	78	71	84
22				2班 平均值	79	73	72	72	82	77	76
27			男 平均值		76	63	88	77	82	82	67
31			女 平均值		72	86	64	74	84	65	79
32				3班 平均值	74	73	77	76	83	75	72
33				总计平均值	74	71	76	72	83	76	74

学生档案　订单　学生住宿　学生成绩

图 4-52　折叠后的“学生成绩”工作表分类汇总

(2) 选中单元格区域 C1:K33，选择可见单元格。

方法 1：按 Alt+“;”组合键。

方法 2：按 F5 键，在“定位”对话框中单击“定位条件”按钮，如图 4-53 所示。在“定位条件”对话框中选中“可见单元格”单选按钮，单击“确定”按钮，如图 4-54 所示。

方法 3：在“开始”选项卡的“编辑”组中单击“查找和选择”按钮，执行“定位条件”命令，打开“定位条件”对话框，单击“可见单元格”单选按钮。

(3) 复制可见单元格。单击“开始”选项卡“剪贴板”组中的“复制”按钮，或者按 Ctrl+C 快捷键进行复制。

(4) 粘贴可见单元格。选中单元格 C36，单击“开始”选项卡“剪贴板”组中的“粘贴”按钮，或者按 Ctrl+V 快捷键，或者直接按 Enter 键进行粘贴，结果如图 4-55 所示。

图 4-53　“定位”对话框

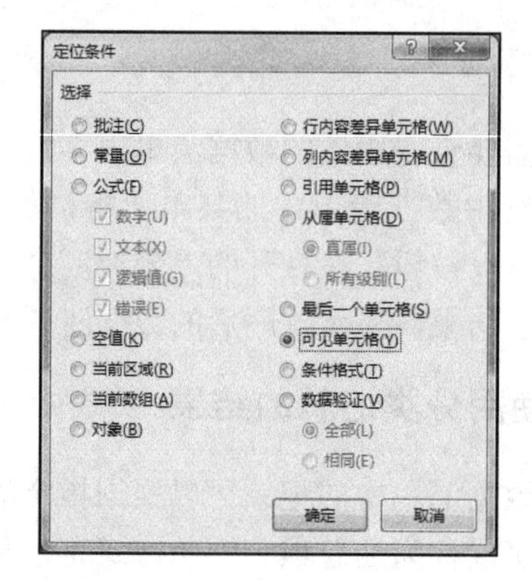

图 4-54　“定位条件”对话框

	A	B	C	D	E	F	G	H	I	J	K
36			性别	班级	计算机基础	高等数学	大学英语	哲学	宏观经济学	会计学原理	审计学原理
37			男 平均值		61	57	74	66	88	72	78
38			女 平均值		74	74	84	70	82	81	68
39				1班 平均值	68	66	79	68	85	77	73
40			男 平均值		76	68	74	67	85	81	69
41			女 平均值		82	78	70	78	78	71	84
42				2班 平均值	79	73	72	72	82	77	76
43			男 平均值		76	63	88	77	82	82	67
44			女 平均值		72	86	64	74	84	65	79
45				3班 平均值	74	73	77	76	83	75	72
46				总计平均值	74	71	76	72	83	76	74

学生档案　订单　学生住宿　学生成绩

图 4-55　复制分类汇总结果

4.3　模拟运算表

Excel 提供的模拟运算表工具适用于假设分析方法，利用模拟运算表可以查看一个公式中一个或两个变量值的变化对计算结果的影响，可将不同变量的值对应的公式结果列在一张表上进行对比分析。根据变量个数的不同，模拟运算表分为单变量模拟运算表和双变量模拟运算表两种类型。

4.3.1　单变量模拟运算表

单变量模拟运算表用于公式中含有单个变量的情形，相当于数学中的一元函数。自变量的排列有行和列两种形式，函数(含有自变量所在单元格的公式)的位置放在一系列自变量的值所对应的函数值的左侧或上方，可以同时计算多个函数值。

1. 引用行

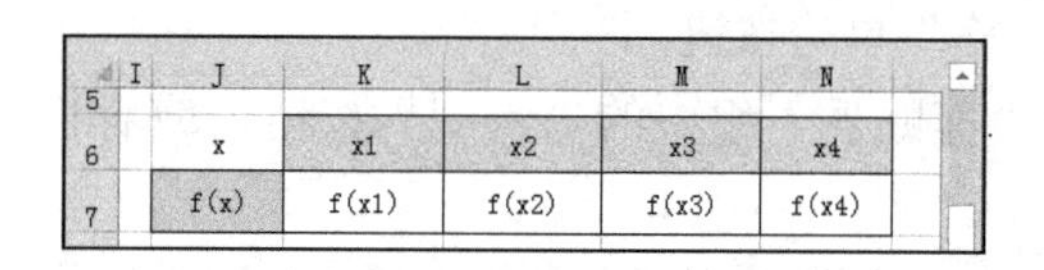

	I	J	K	L	M	N
5						
6		x	x1	x2	x3	x4
7		f(x)	f(x1)	f(x2)	f(x3)	f(x4)

图 4-56　单变量按水平方向排列

已知函数关系 $y=f(x)$，自变量 x 的值 $x_1, x_2,\cdots, x_n$ 按水平方向排列，函数对应的公式放在需要计算的函数值 $f(x_1), f(x_2),\cdots, f(x_n)$ 的左侧，如图 4-56 所示。

公式 $f(x)$ 中所引用的 x 单元格不能是模拟运算表中某个自变量 x_i 单元格，否则将导致循环引用而无法计算。x 单元格可以选用公式单元格与自变量单元格所在的行列交叉处的单元格，也可以选择模拟运算表外部的任意一个单元格。公式既可以引用 x 单元格直接构建，也可以引用已有公式的单元格。

例 4-14　对于“学生档案”工作表中的数据清单 A1:G151，利用单变量模拟运算表统计各民族学生的人数。

操作步骤：

(1) 设计模拟运算表结构如图 4-57 所示。

(2) 在 J4 单元格中输入任一民族，例如“汉族”；在 K4 单元格中输入数组公式：=SUM(IF(F2:F151=J4,1,0))，按 Ctrl+Shift+Enter 组合键执行。

(3) 在 J7 单元格中输入：=K4，引用 K4 单元格中的数组公式。

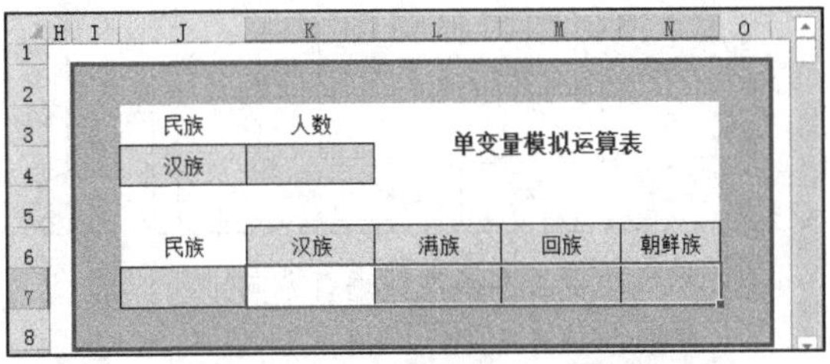

图 4-57　单变量模拟运算表结构

(4) 选中单元格区域 J6:N7，在“数据”选项卡“预测”组中单击“模拟分析”按钮，选择“模拟运算表”命令。

(5) 打开“模拟运算表”对话框，由于自变量单元格“汉族”“满族”“回族”“朝鲜族”排成一行，公式单元格 J7 引用了 K4 单元格中的公式，所以模拟运算表的 x 单元格是 K4 单元格中的公式引用的 J4 单元格。单击“输入引用行的单元格”右侧的文本框，选择 J4 单元格，单击“确定”按钮，如图 4-58 所示。统计结果如图 4-59 所示。

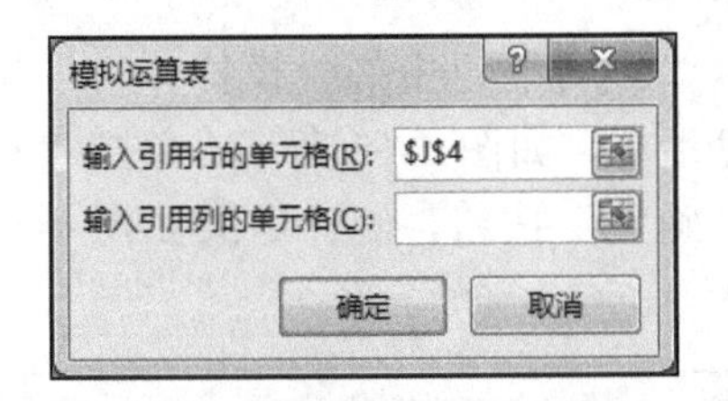

图 4-58　“模拟运算表”对话框

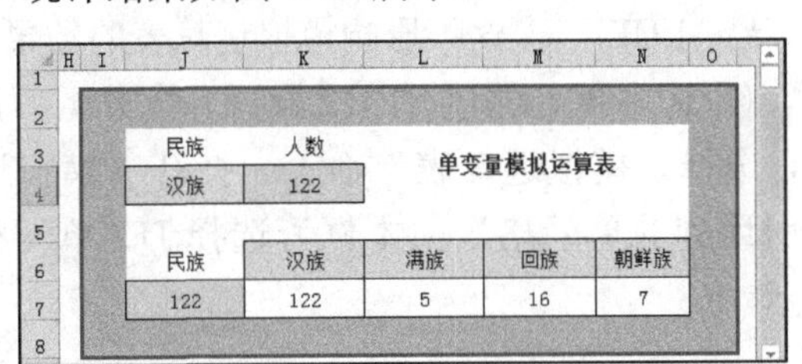

图 4-59　单变量模拟运算表结果

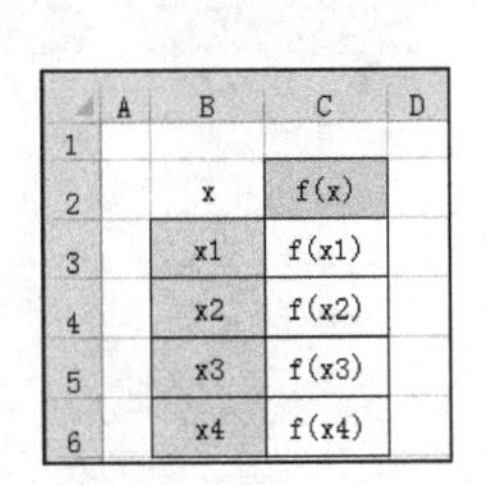

图 4-60　单变量按垂直方向排列

2. 引用列

已知函数关系 $y=f(x)$，自变量 x 的值 $x_1, x_2, \cdots, x_n$ 按垂直方向排列，函数对应的公式放在需要计算的函数值 $f(x_1)$, $f(x_2), \cdots, f(x_n)$ 的上方，如图 4-60 所示。在计算时需要在“模拟运算表”对话框（如图 4-58 所示）“输入引用列的单元格”标签右侧的文本框中输入 x 单元格的地址。

3. 多个函数

单变量模拟运算表不仅可以计算一个自变量所对应的一个函数值，也可以同时计算一个自变量所对应的多个函数值。自变量 x 的值 $x_1, x_2, \cdots, x_n$ 既可以按水平方向排列，也可以按垂直方向排列。例如，将自变量排成一列，需要计算的多个函数值也排成列，位置分布如图 4-61 所示。操作方法与单个函数相同。

例 4-15　对于“学生档案”工作表中的数据清单 A1:G151，利用单变量模拟运算表分别统计不同年份出生的党员人数、团员人数、群众人数，如图 4-62 所示。

x	f(x)	g(x)	h(x)
x1	f(x1)	g(x1)	h(x1)
x2	f(x2)	g(x2)	h(x2)
x3	f(x3)	g(x3)	h(x3)
x4	f(x4)	g(x4)	h(x4)

图 4-61　单变量多函数按垂直方向排列

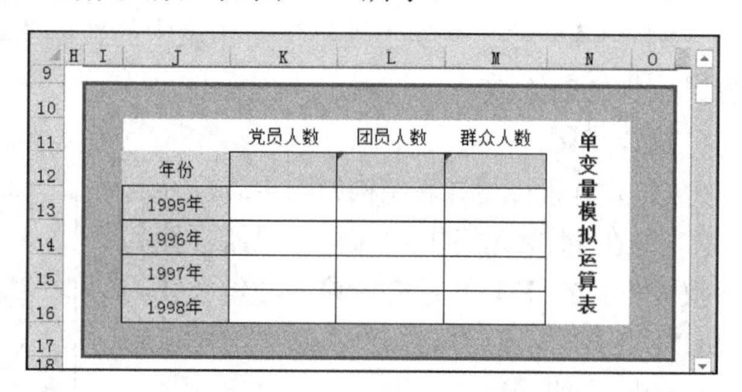

图 4-62　单变量多函数模拟运算表结构

操作步骤：

(1) 以 J12 单元格为自变量（可以采用模拟运算表区域以外的任一单元格充当自变量），分别在 K12:M12 单元格中输入并执行以下数组公式。

=SUM(IF((YEAR(D2:D151)=VALUE(LEFT(J12,4)))*(E2:E151="党员"),1))

=SUM(IF((YEAR(D2:D151)=VALUE(LEFT(J12,4)))*(E2:E151="团员"),1))

=SUM(IF((YEAR(D2:D151)=VALUE(LEFT(J12,4)))*(E2:E151="群众"),1))

由于 J12 单元格中的内容不是具体的年份，公式没有确定的值，相关单元格将显示错误值“#VALUE!”，这不影响模拟运算表的结果。

(2) 选中单元格区域 J12:M16，单击“数据”选项卡“预测”组中的“模拟分析”按钮，选择“模拟运算表”命令，打开“模拟运算表”对话框，如图 4-63 所示。单击“输入引用列的单元格”文本框，选择 J12 单元格，单击“确定”按钮，统计结果如图 4-64 所示。

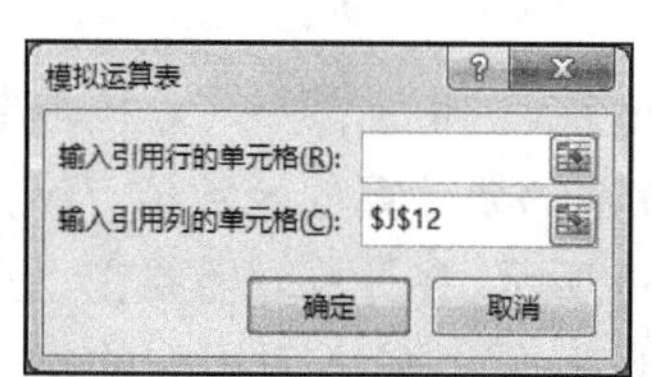

图 4-63　“模拟运算表”对话框

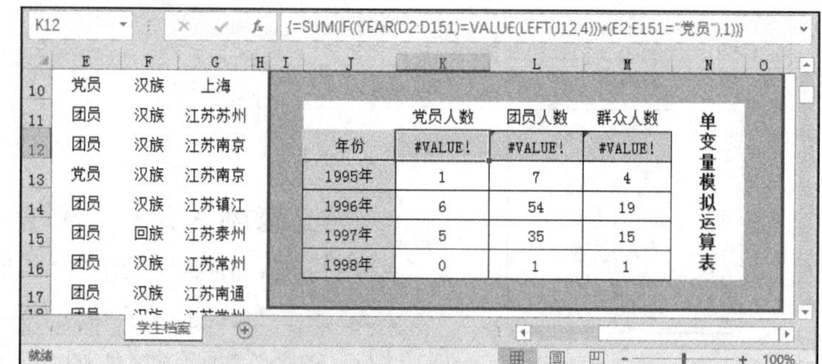

图 4-64　单变量多函数模拟运算表结果

4.3.2　双变量模拟运算表

双变量模拟运算表用于公式中含有两个自变量的情形，相当于数学中的二元函数。自变量分别排成行和列，函数（公式单元格）$f(x,y)$ 的位置放在一系列变量值所在行和列的交叉处，

计算出来的函数值 $f(x_j,y_i)$ 将显示在行变量值 x_j 所在列与列变量 y_i 所在行的交叉处，如图 4-65 所示。

例 4-16　对于“学生档案”工作表中的数据清单 A1:G151，利用双变量模拟运算表，统计不同年份出生、各类政治面貌的人数，如图 4-66 所示。

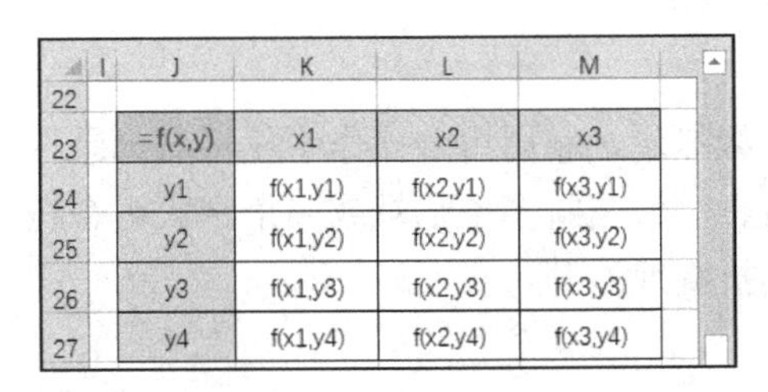

图 4-65　双变量呈矩形分布

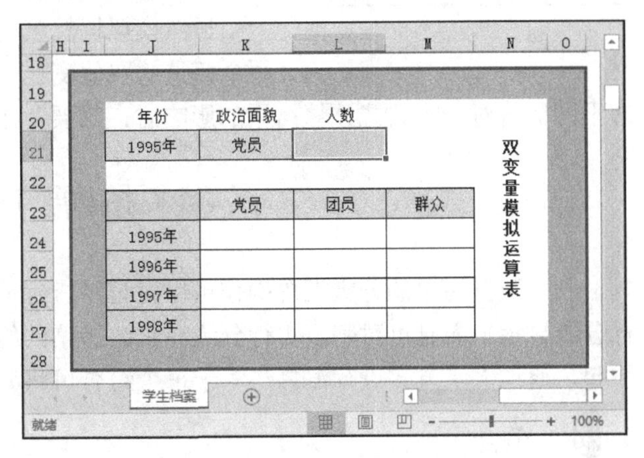

图 4-66　双变量模拟运算表结构

操作步骤：

(1) 在 L21 单元格中输入以下数组公式。

=SUM(IF((YEAR(D2:D151)=VALUE(LEFT(J21,4)))*(E2:E151=K21),1))

(2) 在 J23 单元格中输入公式：=L21。

(3) 选中单元格区域 J23:M27，单击“数据”选项卡“预测”组中的“模拟分析”按钮，选择其中的“模拟运算表”命令，打开“模拟运算表”对话框，如图 4-67 所示。单击“输入引用行的单元格”文本框，选择 K21 单元格(对应水平方向排列的 x 单元格)，单击“输入引用列的单元格”文本框，选择 J21 单元格(对应垂直方向排列的 y 单元格)，单击“确定”按钮，统计结果如图 4-68 所示。

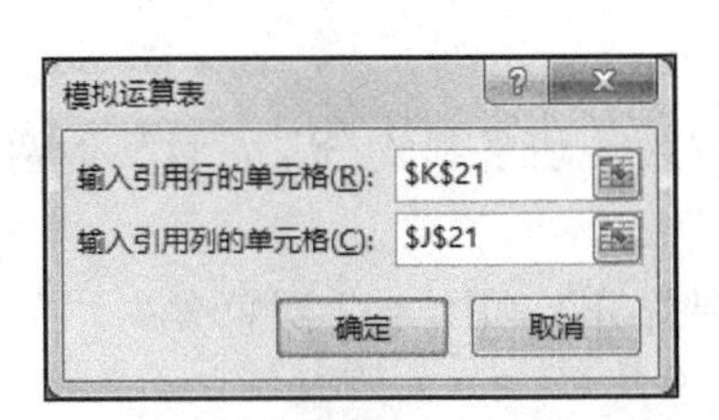

图 4-67　“模拟运算表”对话框

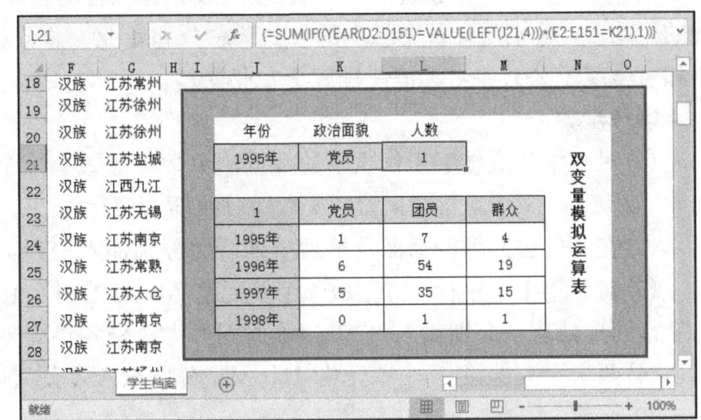

图 4-68　双变量模拟运算表结果

在模拟运算表中可以随时修改自变量的值，也可以修改公式，但不能部分修改或删除函数值(即计算结果)，否则将弹出提示框“无法只更改模拟运算表的一部分”，如图 4-69 所示。

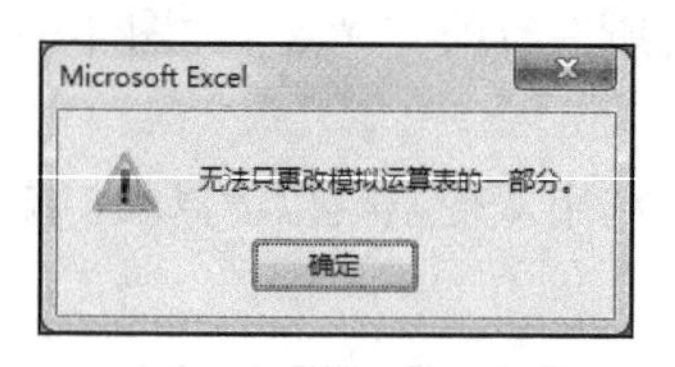

图 4-69　无法更改提示框

如果要删除全部计算结果，可选中所有函数值(不需要删除水平方向的 x 单元格或垂直方向的 y 单元格的内容)进行删除。如果在删除计算结果时使用了退格键，或者进入了函数值单元格的编辑状态，无法删除时，可按键盘左上角的 Esc 键退出。

虽然模拟运算表的应用范围较广，但只能用于分析一个或两个变量的取值变化对公式计算结果的影响。当涉及多个变量的不同取值对一个公式计算结果的影响时，需要改用方案管理器。

4.4　拓展应用

利用数据清单的分类汇总操作可以对记录进行分级显示，利用组合操作不仅可对记录进行分级显示，而且可对字段实行分级显示。所谓的组合，就是将多条记录或多个字段组合在一起，通过人工方式进行汇总，对于每个组合可将其折叠或展开。

4.4.1　组合

利用数据清单的分类汇总操作可以对记录进行分级显示，利用组合操作不仅可对记录进行分级显示，而且可对字段实行分级显示。所谓的组合，就是将多条记录或多个字段组合在一起，通过人工方式进行汇总，对于每个组合可将其折叠或展开。

1. 建立组合

对记录(行)或字段(列)的组合可以通过自动创建与手动创建两种方式建立。

1) 自动创建

自动创建组合需要通过人工方式先对若干行或列进行数据汇总，再利用“数据”选项卡“分级显示”组中“创建组”按钮提供的“自动建立分级显示”命令建立分组。

例 4-17　对“学生成绩”工作表按班级和课程自动建立分级显示：统计各班级、各门课程的平均分，分别统计每个学生的公共课总分和专业课总分(计算机基础、高等数学、大学英语和哲学属于公共课，其他课程属于专业课)。

操作步骤：

(1) 对“学生成绩”工作表中的数据清单按“班级”排序，分别在“1 班”与“2 班”之间、“2 班”与“3 班”之间及“3 班”后面插入空行。

(2) 在 4 门公共课的后面及最后一列后面分别插入空列。

(3) 对于第 1 个空行，将左边 4 个单元格 A8:D8 合并，输入“1 班各科均分”，对其他两个空行同样处理，分别输入“2 班各科均分”“3 班各科均分”。

(4) 两个空列的第 1 个单元格 I1、M1 分别输入“公共课总分”和“专业课总分”，如图 4-70 所示。

(5) 在空行中利用 AVERAGE 函数计算每个班级各门课程的平均分：

在 E8 单元格中输入公式：=AVERAGE(E2:E7)，向右拖动填充柄将公式复制到 L8 单元格。

在 E18 单元格中输入公式：=AVERAGE(E9:E17)，向右拖动填充柄将公式复制到 L18 单元格。

在 E26 单元格中输入公式：=AVERAGE(E19:E25)，向右拖动填充柄将公式复制到 L26 单元格。

在空列中利用 SUM 函数计算每个学生的公共课总分、专业课总分：

在 I2 单元格中输入公式：=SUM(E2:H2)，向下拖动填充柄将公式复制到 I26 单元格。

在 M2 单元格中输入公式：=SUM(J2:L2)，双击填充柄，将公式向下复制到 M26 单元格。

计算结果如图 4-71 所示。

A8　1班各科均分

	A	B	C	D	E	F	G	H	I	J	K	L	M
1	学号	姓名	性别	班级	计算机基础	高等数学	大学英语	哲学	公共课总分	宏观经济学	会计学原理	审计学原理	专业课总分
2	210201001	周伟	女	1班	75	84	82	67		80	60	93	
3	210201002	刘福伟	男	1班	29	54	69	69		98	40	95	
4	210201003	刘峰	男	1班	90	36	90	63		96	86	48	
5	210201004	戴启发	男	1班	65	82	64	67		71	91	91	
6	210201005	谈晓春	女	1班	51	86	89	97		89	93	61	
7	210201006	丁洁瑾	女	1班	97	51	82	45		76	90	51	
8		1班各科均分											
9	210202007	王昆	男	2班	60	52	63	84		91	62	64	
10	210202008	李俊	女	2班	80	62	92	99		56	60	65	
11	210202009	李一品	男	2班	73	80	73	70		95	70	87	
12	210202010	陈方	女	2班	68	75	77	55		85	67	96	
13	210202011	章庭磊	男	2班	97	61	81	63		73	98	74	
14	210202012	朱峰	男	2班	82	61	88	75		75	78	60	
15	210202013	陈琼	女	2班	95	86	66	77		74	67	79	
16	210202014	赵东强	男	2班	68	88	64	44		91	97	60	
17	210202015	陈忞驱	女	2班	85	89	43	79		98	91	97	
18		2班各科均分											
19	210203016	韩强	男	3班	89	53	87	81		84	62	84	
20	210203017	袁骅娟	女	3班	88	92	39	61		83	65	73	
21	210203018	周锋	男	3班	76	72	96	60		88	78	23	
22	210203019	张翔	男	3班	75	33	76	78		85	95	75	
23	210203020	张汇英	女	3班	38	80	74	77		95	74	87	
24	210203021	孙敏	女	3班	90	85	78	85		75	55	78	
25	210203022	蔡仁元	男	3班	63	93	91	88		72	93	87	
26		3班各科均分											

学生成绩　计算机基础　高等数学　大学英语　哲学　公共课成绩合并　宏观经济学　会计学原理

就绪　100%

图 4-70　插入空行与空列

I2　=SUM(E2:H2)

	A	B	C	D	E	F	G	H	I	J	K	L	M
1	学号	姓名	性别	班级	计算机基础	高等数学	大学英语	哲学	公共课总分	宏观经济学	会计学原理	审计学原理	专业课总分
2	210201001	周伟	女	1班	75	84	82	67	308	80	60	93	233
3	210201002	刘福伟	男	1班	29	54	69	69	221	98	40	95	233
4	210201003	刘峰	男	1班	90	36	90	63	279	96	86	48	230
5	210201004	戴启发	男	1班	65	82	64	67	278	71	91	91	253
6	210201005	谈晓春	女	1班	51	86	89	97	323	89	93	61	243
7	210201006	丁洁瑾	女	1班	97	51	82	45	275	76	90	51	217
8		1班各科均分			68	66	79	68	281	85	77	73	235
9	210202007	王昆	男	2班	60	52	63	84	259	91	62	64	217
10	210202008	李俊	女	2班	80	62	92	99	333	56	60	65	181
11	210202009	李一品	男	2班	73	80	73	70	296	95	70	87	252
12	210202010	陈方	女	2班	68	75	77	55	275	85	67	96	248
13	210202011	章庭磊	男	2班	97	61	81	63	302	73	98	74	245
14	210202012	朱峰	男	2班	82	61	88	75	306	75	78	60	213
15	210202013	陈琼	女	2班	95	86	66	77	324	74	67	79	220
16	210202014	赵东强	男	2班	68	88	64	44	264	91	97	60	248
17	210202015	陈忞驱	女	2班	85	89	43	79	296	98	91	97	286
18		2班各科均分			79	73	72	72	295	82	77	76	234
19	210203016	韩强	男	3班	89	53	87	81	310	84	62	84	230
20	210203017	袁骅娟	女	3班	88	92	39	61	280	83	65	73	221
21	210203018	周锋	男	3班	76	72	96	60	304	88	78	23	189
22	210203019	张翔	男	3班	75	33	76	78	262	85	95	75	255
23	210203020	张汇英	女	3班	38	80	74	77	269	95	74	87	256
24	210203021	孙敏	女	3班	90	85	78	85	338	75	55	78	208
25	210203022	蔡仁元	男	3班	63	93	91	88	335	72	93	87	252
26		3班各科均分			74	73	77	76	300	83	75	72	230

学生成绩　计算机基础　高等数学　大学英语　哲学　公共课成绩合并　宏观经济学　会计学原理

就绪　100%

图 4-71　在空行与空列中输入统计公式

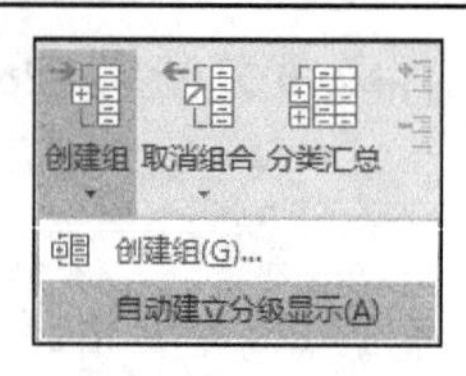

图 4-72　创建组

(6) 在“数据”选项卡中单击“分级显示”组中的“创建组”下方的下拉按钮，执行“自动建立分级显示”命令，如图 4-72 所示。分级显示的结果如图 4-73 所示。

(7) 单击“1 班各科均分”和“3 班各科均分”两组左侧的折叠按钮，结果如图 4-74 所示。

	A	B	C	D	E	F	G	H	I	J	K	L	M
1	学号	姓名	性别	班级	计算机基础	高等数学	大学英语	哲学	公共课总分	宏观经济学	会计学原理	审计学原理	专业课总分
2	210201001	周伟	女	1班	75	84	82	67	308	80	60	93	233
3	210201002	刘福伟	男	1班	29	54	69	69	221	98	40	95	233
4	210201003	刘峰	男	1班	90	36	90	63	279	96	86	48	230
5	210201004	戴启发	男	1班	65	82	64	67	278	71	91	91	253
6	210201005	谈晓春	女	1班	51	86	89	97	323	89	93	61	243
7	210201006	丁洁瑾	女	1班	97	51	82	45	275	76	90	51	217
8		1班各科均分			68	66	79	68	281	85	77	73	235
9	210202007	王昆	男	2班	60	52	63	84	259	91	62	64	217
10	210202008	李俊	女	2班	80	62	92	99	333	56	60	65	181
11	210202009	李一品	男	2班	73	80	73	70	296	95	70	87	252
12	210202010	陈方	女	2班	68	75	77	55	275	85	67	96	248
13	210202011	章庭磊	男	2班	97	61	81	63	302	73	98	74	245
14	210202012	朱峰	男	2班	82	61	88	75	306	75	78	60	213
15	210202013	陈琼	女	2班	95	86	66	77	324	74	67	79	220
16	210202014	赵东强	男	2班	68	88	64	44	264	91	97	60	248
17	210202015	陈忞驱	女	2班	85	89	43	79	296	98	91	97	286
18		2班各科均分			79	73	72	72	295	82	77	76	234
19	210203016	韩强	男	3班	89	53	87	81	310	84	62	84	230
20	210203017	袁骅娟	女	3班	88	92	39	61	280	83	65	73	221
21	210203018	周锋	男	3班	76	72	96	60	304	88	78	23	189
22	210203019	张翔	男	3班	75	33	76	78	262	85	95	75	255
23	210203020	张汇英	女	3班	38	80	74	77	269	95	74	87	256
24	210203021	孙敏	女	3班	90	85	78	85	338	75	55	78	208
25	210203022	蔡仁元	男	3班	63	93	91	88	335	72	93	87	252
26		3班各科均分			74	73	77	76	300	83	75	72	230

学生成绩　计算机基础　高等数学　大学英语　哲学　公共课成绩合并　宏观经济学　会计学原理　审计学 ...

就绪　100%

图 4-73　分级显示结果

	A	B	C	D	E	F	G	H	I	J	K	L	M
1	学号	姓名	性别	班级	计算机基础	高等数学	大学英语	哲学	公共课总分	宏观经济学	会计学原理	审计学原理	专业课总分
8		1班各科均分			68	66	79	68	281	85	77	73	235
9	210202007	王昆	男	2班	60	52	63	84	259	91	62	64	217
10	210202008	李俊	女	2班	80	62	92	99	333	56	60	65	181
11	210202009	李一品	男	2班	73	80	73	70	296	95	70	87	252
12	210202010	陈方	女	2班	68	75	77	55	275	85	67	96	248
13	210202011	章庭磊	男	2班	97	61	81	63	302	73	98	74	245
14	210202012	朱峰	男	2班	82	61	88	75	306	75	78	60	213
15	210202013	陈琼	女	2班	95	86	66	77	324	74	67	79	220
16	210202014	赵东强	男	2班	68	88	64	44	264	91	97	60	248
17	210202015	陈忞驱	女	2班	85	89	43	79	296	98	91	97	286
18		2班各科均分			79	73	72	72	295	82	77	76	234
26		3班各科均分			74	73	77	76	300	83	75	72	230

学生成绩　计算机基础　高等数学　大学英语　哲学　公共课成绩合并　宏观经济学　会计学原理　审计学 ...

就绪　100%

图 4-74　部分折叠分级显示结果

2) 手动创建

选中需要组合的行或列后，在“数据”选项卡中单击“分级显示”组中的“创建组”下方的下拉按钮，在下拉菜单中选择“创建组”命令，即可直接将指定的行或列组合在一起。

2. 复制分级显示结果

复制分级显示结果的方法，与复制分类汇总结果的方法相同。

3. 清除分级显示和组合

在“数据”选项卡中单击“分级显示”组中的“取消组合”下方的下拉按钮，执行“取消组合”命令或“清除分级显示”命令，即可取消组合或清除分级显示。

4.4.2　合并计算

若要汇总多个工作表中的数据，可以将每个单独工作表中的数据合并到一个工作表(主工作表)中。参与合并的工作表与主工作表即可以位于同一工作簿中，也可以位于不同的工作簿中。对合并后的工作表中的数据可以更加轻松地进行汇总与分析。

1. 主工作表与合并工作表结构一致

对于多个结构基本相同的工作表，当它们有相同的行标题或列标题时，可将这些工作表中的数据合并到主工作表中。合并后的数据清单自动建立分级显示并处于折叠状态。

例 4-18　将“计算机基础”“高等数学”“大学英语”“哲学”4 张工作表中的成绩合并到“公共课成绩合并”工作表中，并统计每个学生 4 门公共课的总分。

操作步骤：

(1)在“公共课成绩合并”工作表中，第 1 行输入标题“姓名”和“成绩”，第 1 列输入所有学生姓名(可从相关工作表中复制)，结果如图 4-75 所示。

(2)将光标置于“公共课成绩合并”工作表中的 A1 单元格，在“数据”选项卡中单击“数据工具”组中的“合并计算”按钮，弹出“合并计算”对话框，如图 4-76 所示。

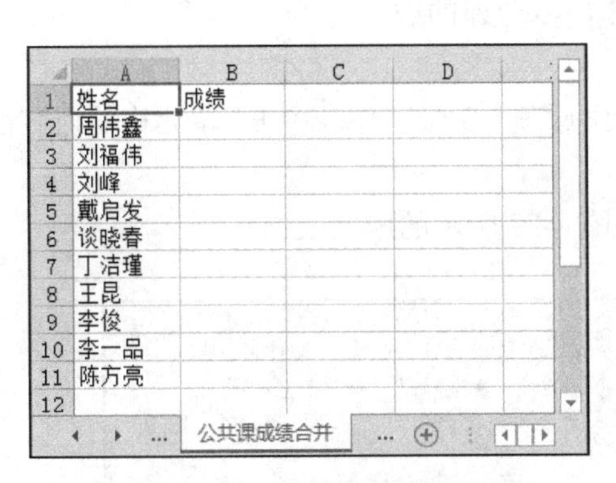

	A	B	C	D
1	姓名	成绩		
2	周伟鑫			
3	刘福伟			
4	刘峰			
5	戴启发			
6	谈晓春			
7	丁洁瑾			
8	王昆			
9	李俊			
10	李一品			
11	陈方亮			
12				

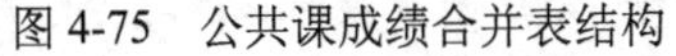

图 4-75　公共课成绩合并表结构

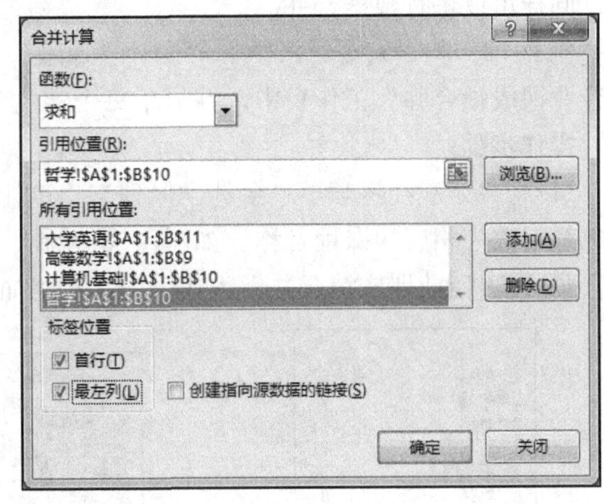

图 4-76　“合并计算”对话框

(3)在“函数”下拉列表框中，默认选择“求和”函数。

(4)在“引用位置”文本框中，单击“折叠对话框”按钮，选中“计算机基础”工作表中的数据清单，再单击“展开对话框”按钮，最后单击“添加”按钮。

用同样的方法添加其他工作表中的数据清单。如果参与合并计算的工作表不在当前工作簿中，单击“浏览”按钮，打开相应的工作簿。

如果添加错误，可选中“所有引用位置”列表框中的数据项，单击“删除”按钮。

最后一个数据清单添加完成后，可删除“引用位置”文本框中的内容。

(5)在“标签位置”中选中“首行”和“最左列”复选框。

(6)当未选中“创建指向源数据的链接”复选框时，将得到没有明细的汇总结果，如图 4-77(a)所示。当选中“创建指向源数据的链接”复选框时，在源数据改变时将自动更新主工作表中的内容，得到含有明细的汇总结果，如图 4-77(b)所示。可取消自动分级显示，对汇总结果做进一步处理。

(7)单击“合并计算”对话框中的“确定”按钮，结果如图 4-77 所示。

	A	B
1	姓名	成绩
2	周伟鑫	308
3	刘福伟	221
4	刘峰	279
5	戴启发	278
6	谈晓春	323
7	丁洁瑾	275
8	王昆	259
9	李俊	333
10	李一品	216
11	陈方亮	77

(a)

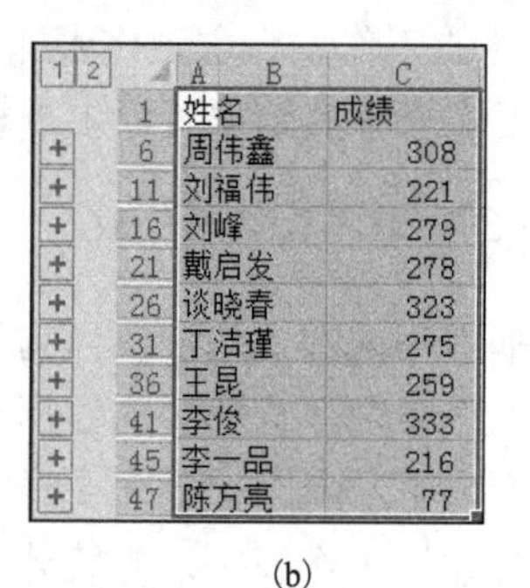

	A	C
1	姓名	成绩
6	周伟鑫	308
11	刘福伟	221
16	刘峰	279
21	戴启发	278
26	谈晓春	323
31	丁洁瑾	275
36	王昆	259
41	李俊	333
45	李一品	216
47	陈方亮	77

(b)

图 4-77　公共课成绩合并

2. 主工作表与合并工作表结构不一致

当多个工作表中的数据使用行标题和列标题不完全相同，排列次序或标题数目也不相同时，同样可以进行数据合并。

例 4-19　将“宏观经济学”“会计学原理”“审计学原理” 3 张工作表中的成绩合并到“专业课成绩合并”工作表中，并显示每个学生 3 门专业课的成绩。

操作步骤：

(1)将“宏观经济学”“会计学原理”“审计学原理” 3 张工作表中 B1 单元格的内容由“成绩”改为相应的课程名称，如图 4-78 所示。

(2)在“专业课成绩合并”工作表中，构建如图 4-79 所示的成绩表结构。

	A	B
1	姓名	宏观经济学
2	朱峰	75
3	孙岗	74
4	赵东强	91
5	陈忞弫	98
6	韩强	84
7	黄尽翔	83
8	周锋	88
9	张翔	85
10	张汇英	95
11	李峰	75
12		
13		

图 4-78　“宏观经济学”成绩表

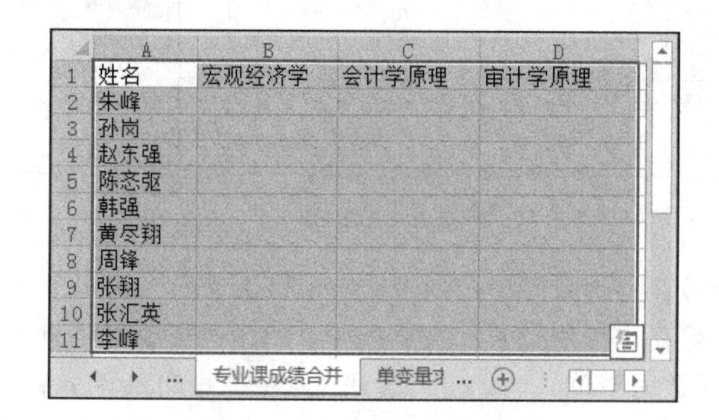

	A	B	C	D
1	姓名	宏观经济学	会计学原理	审计学原理
2	朱峰			
3	孙岗			
4	赵东强			
5	陈忞弫			
6	韩强			
7	黄尽翔			
8	周锋			
9	张翔			
10	张汇英			
11	李峰			

图 4-79　专业课成绩合并表结构

(3)选中“专业课成绩合并”工作表中的 A1 单元格，在“数据”选项卡中单击“数据工具”组中的“合并计算”按钮。

(4) 打开“合并计算”对话框，“添加”3 张工作表的引用位置：

在“引用位置”文本框中，单击“折叠对话框”按钮，选中“宏观经济学”工作表中数据清单所在的单元格区域 A1:B11，再单击“展开对话框”按钮，最后单击“添加”按钮。

用同样的方法添加“会计学原理”工作表和“审计学原理”工作表中的数据清单，如图 4-80 所示。

(5) 在“标签位置”中选中“首行”和“最左列”复选框，不选中“创建指向源数据的链接”复选框，单击“确定”按钮，结果如图 4-81 所示。

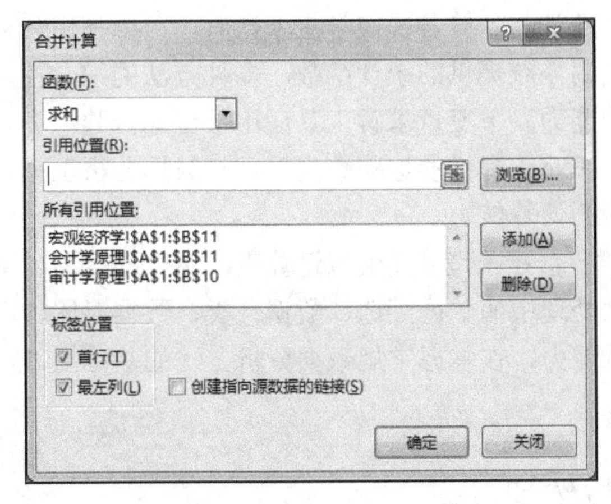

图 4-80　“合并计算”对话框

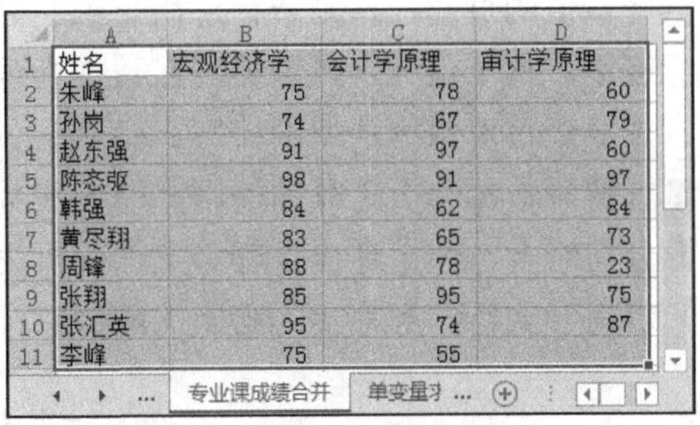

	A	B	C	D
1	姓名	宏观经济学	会计学原理	审计学原理
2	朱峰	75	78	60
3	孙岗	74	67	79
4	赵东强	91	97	60
5	陈态驱	98	91	97
6	韩强	84	62	84
7	黄尽翔	83	65	73
8	周锋	88	78	23
9	张翔	85	95	75
10	张汇英	95	74	87
11	李峰	75	55	

专业课成绩合并　单变量求...

图 4-81　“专业课成绩合并”工作表

3. 其他方法

当多个工作表的结构完全不相同，无法使用“合并计算”工具时，可以使用函数构建公式进行数据汇总，或者使用 SQL 查询、数据透视表等工具进行数据汇总。

4.4.3　单变量求解

当已知某个单元格中公式的所需结果，但不知道该公式引用的另一单元格的值时，可使用单变量求解工具确定这一单元格的值。

单变量求解是一种目标搜索技术，它将单个变量存放在“可变单元格”，包含该变量的公式存放在“目标单元格”，通过更改可变单元格中的值来查看这些更改对目标单元格中公式结果的影响。单变量求解采用可控的方式，使用迭代法，不断改变目标单元格的值，使得目标单元格的值与所需的结果充分接近，当迭代次数或计算精度满足 Excel 的设定之后，停止计算。

更改迭代次数的步骤如下：

(1) 选择“文件”→“选项”命令，打开“Excel 选项”对话框，选择“公式”类别。

(2) 在“计算选项”区域，选中“启用迭代计算”复选框。

(3) 在“最多迭代次数”框中输入迭代次数；在“最大误差”框中输入数值。迭代次数越多，误差数值越小，则结果越精确，Excel 计算所需的时间也越长。

单变量求解举例

单变量求解相当于数学上的求反函数：已知函数关系 $y=f(x)$，给定 y

值，求解 $x=f^{-1}(y)$ 的值。当函数关系复杂时，反函数很难通过解析法构建，而单变量求解可直接完成反函数 x 值的计算。利用单变量求解工具的特点，可求出数学上某些非线性方程的一个近似解。

本 章 小 结

本章介绍了数据清单多种排序与筛选的方式与方法，需要根据实际情形进行选择使用，分析不同算法的效率，提升算法思维能力。在统计与计算各民族学生人数时，可以使用分类汇总工具，也可以设计模拟运算表，还可以使用系统提供的统计函数，多种方法的综合使用可以培养创新思维和数据分析方法运用思维的能力。单变量求解工具适用于已知函数值去寻求自变量值的过程，这是一种逆向思维。利用 Excel 提供的这些数据管理与数据分析工具，灵活应用，举一反三，可以提高在数据处理中的计算能力。

本章通过对数据清单的排序、筛选、分类汇总等操作以及模拟运算表、组合与合并、单变量求解等数据分析工具的使用，锻炼在数据处理中的数据筛选、数据分类、数据对比、数据拆分与组合、数据逆向求解等数据分析思维能力，在掌握常规数据分析方法的基础上，可进一步提升分析、解决实际问题的能力。

思考与练习

一、选择题

1．下列操作中不能完成对数据清单进行排序的是________。

A．单击数据清单中任一单元格，在“开始”选项卡的“编辑”组中单击“排序和筛选”按钮，执行列表中的“自定义排序”命令

B．单击数据清单中任一单元格，在“数据”选项卡的“排序和筛选”组中单击“升序”或“降序”按钮

C．选中排序关键字所在的列，在“数据”选项卡的“排序和筛选”组中单击“排序”按钮

D．单击数据清单中任一单元格，在“数据”选项卡的“排序和筛选”组中单击“排序”按钮

2．在 Excel 的数据清单中，关于筛选功能描述正确的是________。

A．删除符合条件的数据

B．隐藏符合条件的数据

C．保留符合条件的数据，删除不符合条件的数据

D．显示符合条件的数据，隐藏不符合条件的数据

3．对数据清单进行分类汇总后，如果需要对统计结果进行提取而忽略记录明细，需要执行的操作步骤有：

①按“Alt+;”快捷键，选择可见单元格。

②选择整个数据区域，对分类汇总的结果适当折叠。

③按 Ctrl+C 快捷键进行复制。

④选中目标位置后按 Ctrl+V 快捷键或按 Enter 键进行粘贴。

其正确的顺序是________。

A. ①②③④　B. ③②①④　C. ②③①④　D. ②①③④

4. 下列关于分类汇总操作的描述中，错误是的________。

A. 创建分类汇总前，需要以分类字段作为关键字进行排序

B. 分类汇总只能设置一个分类字段，选择一种汇总方式

C. 分类汇总可以设置多个分类字段，选择多种汇总方式

D. 可以清除分类汇总操作的结果，也可以复制分类汇总操作的结果

5. 下列关于模拟运算表的叙述中，正确的是________。

A. 模拟运算表引用行的单元格与引用列的单元格可以是模拟运算表外部的单元格

B. 模拟运算表中的公式不能引用模拟运算表外部已有相关公式的单元格

C. 模拟运算表中的公式只能设置在模拟运算表的左上角

D. 单变量模拟运算表需要在引用行的单元格与引用列的单元格中任意设置一个

二、判断题

1. 在 Excel 的数据清单中，既可以直接修改其单元格的内容，也可以通过“记录单”对记录进行浏览、追加、删除、修改或查询等基本操作。（　）

2. 表格是 Excel 提供的一种数据管理和分析对象，与数据清单一样，它们具备相同的数据处理功能。（　）

3. 分类汇总后的数据清单在工作簿文件保存后无法恢复为分类汇总前的数据清单。（　）

4. 在模拟运算表中可以随时修改公式，也可以修改自变量的值，还可以修改或删除部分计算结果。（　）

5. 组合就是将多条记录或多个字段组合在一起，通过人工方式进行汇总，对于每个组合可将其折叠或展开。（　）

6. 参与数据合并的工作表可以与主工作表位于不同的工作簿文件中。（　）

三、思考题

1. 如何从数据清单的某一列中快速提取不重复的数据？

2. 要将数据清单中指定列有重复值的记录移到开头部分，最快捷有效的方法是什么？

第5章　图表与形象思维

我们在问题处理过程中，总将问题慢慢抽象化、模型化，但在提炼数据、总结规律及最后的应用中，为了使数据特征看起来更加形象化，同时增强可理解性和可阅读性，可以采用形象思维的方式来进行处理。所谓的形象思维，就是指在认知事物、处理问题的过程中，将事物和问题的特征具象化，通过观察这些表象就能进行取舍及解决问题的一种思维方式。例如，在生活和工作中，人们经常会使用Excel来处理大量的数据信息，单纯地面对一串数字，很多人会觉得很难发现或者记住它们之间的关系和发展趋势，但如果给出的是一幅图或者一条曲线，就会更为直观和容易记忆。

Excel 提供了制作图表的功能，可以根据工作表中的数据和实际需求，制作多种形态的图表，使得数据的表达更加形象，对数据的理解和交流也更加便捷。

5.1　认 识 图 表

5.1.1　图表的基本概念

在 Excel 中，图表是工作表中数据的图形表现形式，因此制作图表时，实际就是将工作表选定区域中的数据作为数据点，在图表中以柱状、点、线条等其他形状显示出来。此外，还可以自行选择标题、坐标轴、图例、数据标志等元素对图表再加工，也可以通过调整字体、尺寸大小、颜色等细节，使得图表更加美观、容易理解，传达更加丰富的信息。

5.1.2　图表的构成

Excel 为用户提供了多种多样的图表组件，用户在创建自己的图表时，可以根据需求选择其中的部分组件。已经添加到图表中的组件也可以改变其位置、大小、颜色等格式，甚至可以删除。在图5-1中，以最常见的柱形图为示例，展示了部分经常使用到的组件。

对如图5-1所示图表的构成介绍如下。

①图表区：即整个作图区域，图表中所有的组件均包含在这片区域中。可以通过拖拽边缘调整图表区的大小，也可以设置图表的背景色、边框等格式。

②绘图区：展示数据系列的主要区域。可以通过拖拽绘图区的边缘调整其大小，同样可以设置背景色、边框等格式。

③纵坐标轴和横坐标轴：可以通过坐标轴格式修改坐标轴刻度的表示范围、间隔、字体、颜色等元素。

④横坐标轴标题：对横坐标表示的内容加以说明的文字。可以通过拖拽修改其摆放的位置。纵坐标轴标题也可以同样设置。

⑤图表标题：这是整个图表的标题，一般选择概括性强、简短的文字作为标题。

⑥数据标签：用来展示某个数据点的信息，可以选择使用系统提供的标签类型，也可以

自行编辑其中的文字。

⑦图例：对绘图区中不同颜色块代表的数据加以解释说明。可以对整个图例进行删除，也可以只删除其中部分的图例项。

⑧数据系列：是整个图表最核心的成分，是各个数据点的具体展示。

⑨横向网格线：根据纵坐标轴刻度显示的水平参考线。

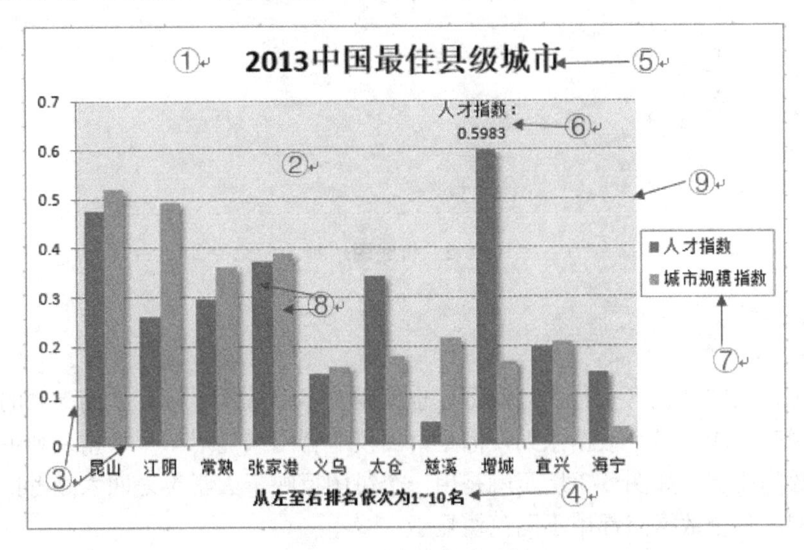

图 5-1　图表的构成示例

5.1.3　图表的分类

Excel 提供了多种形式的图表模板，以及模板组合形式。下面主要介绍其中 11 种常用的图表，分别是：柱形图、折线图、饼图、条形图、面积图、XY(散点图)、股价图、曲面图、圆环图、气泡图和雷达图。

1. 柱形图

柱形图是最常使用的一种图表形式，主要用来展示同一系列中数据的变化，或者不同数据系列之间的对比。如图 5-1 所示就是一个典型的柱形图，图中包含了两个不同的数据系列，分别使用了两种不同颜色的柱形进行显示。

2. 折线图

折线图是以折线的上升或下降来表示数据的增减变化，因此折线图可以用来反映同一事物在不同时间里的发展变化趋势。

需要注意的是，折线图只有一个坐标轴是数值轴，而水平坐标轴是分类轴，它的分类标签只能是文本或者日期，且必须以相同的间隔显示文本类别或日期。

图 5-2 用一个折线图来反映 15 天以来气温的变化走势，横坐标表示的日期均匀分布，纵坐标表示的气温沿着垂直方向也均匀分布。用折线图可以很清晰地反映出不论是最高气温还是最低气温，在这段时间内有个小幅上升后又逐步下降的趋势。

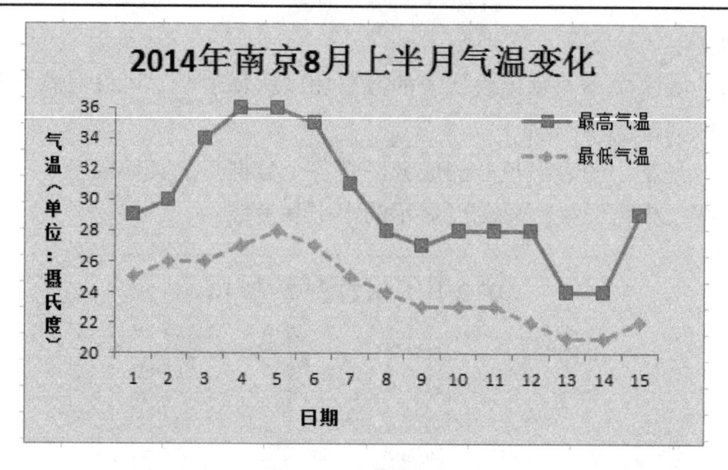

图 5-2　折线图示例

3. 饼图

一般在工作表中都包含多行多列数据，也就是有多个数据系列。上面提到的柱状图和折线图都可以同时绘制出多个数据系列，但是饼图仅适合用来显示一个数据系列中各项数据的大小及占总数的比例。如图 5-3 所示就是用一个饼图反映了大学英语四六级考试中各题型占总分值的比例，每个数据点都用不同色块显示。

由于饼图适合用来凸显数据的比例关系，因此在使用饼图时，需要注意的是饼图只能绘制一个数据系列，且这个数据系列中没有负数或零值的数据点。

4. 条形图

条形图和柱形图类似，都可以用来展示工作表中的数据。如图 5-4 所示就是在一个条形图中显示了各类产品的销售额。

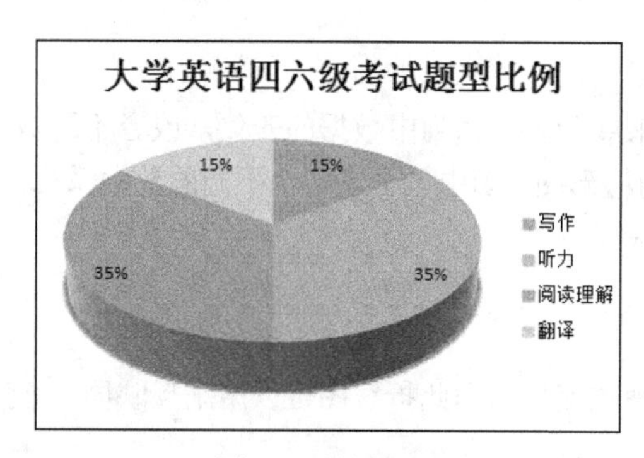

图 5-3　饼图示例

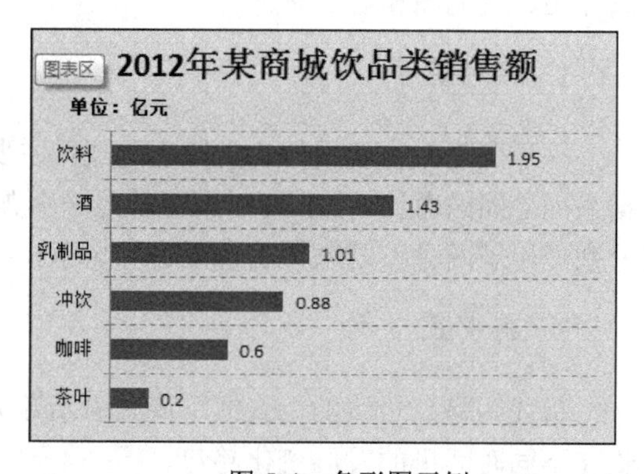

图 5-4　条形图示例

早期条形图和柱形图统称为 Bar Chart，后来为了便于选择，将两者区分开来，垂直方向的称为柱形图，水平方向的称为条形图。在具体应用的时候到底该使用条形图还是柱形图，可以根据以下几点进行选择：

(1) 根据数据展示的视觉方向选择，垂直方向选柱形图，水平方向选条形图；

(2) 如果坐标轴上的分类标签较长，则选择条形图；

(3) 如果数据项很多，则选择条形图；

(4) 一般数据中有负值，更倾向于选择柱形图。

5. 面积图

面积图适合用来凸显数据随时间的变化程度，引起人们对总值变化趋势的注意。如图 5-5 所示为 2008～2012 年这 5 年国内电影票房的走势，通过面积图可以突出总票房的收入。

从图 5-5 可以发现面积图有一个缺点：如果数值较小的数据系列排在后方，会被前面较大的数据系列遮盖。因此要合理地安排数据系列的排列顺序。Excel 还提供了另一种解决方法，可以调整前方数据系列的透明度，使得后方数据也能得到完整的体现。

6. 散点图 (XY)

散点图常常用来显示和比较数据，可以看出数据之间的相关性。散点图的两个坐标轴均为数值轴，水平方向(也就是 X 轴)可以显示一组数值，垂直方向(也就是 Y 轴)可以显示另一组数值。在 X 轴和 Y 轴的交叉处显示数据点，数据点在 X 轴上可能是均匀分布，也可能不是均匀分布，具体情况取决于工作表中的数据。

气温对饮料销售的影响如图 5-6 所示。通过该散点图可以看出两者关系的趋势走向，这也可以用来预测未来的销售量。

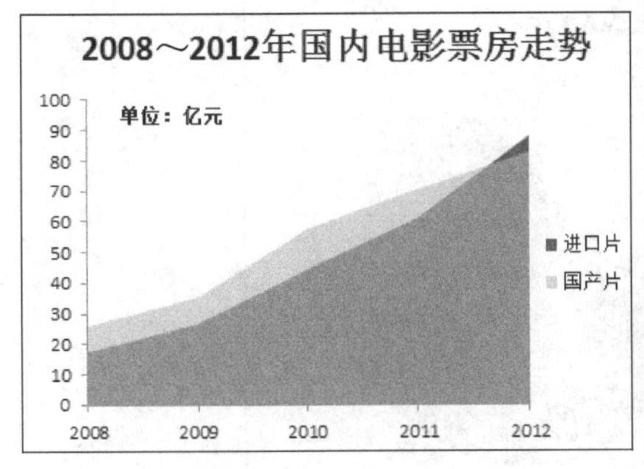

图 5-5　面积图示例

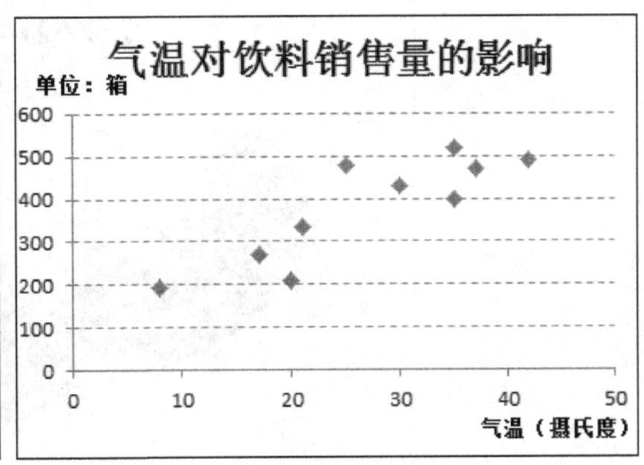

图 5-6　散点图示例

7. 股价图

股价图一般是将股价每个时间点(可以是每天，也可以是每分钟)的收盘价连接而成的走势图。通过股价图可以看出股价的波动情况。平安银行 2014 年第三季度股价的走势如图 5-7 所示。

在创建股价图时，需要根据选择的股价图类型有序地组织数据。图 5-7 选择的是第 2 种股价图，在组织数据时，必须按照“开盘价—最高价—最低价—收盘价”的顺序安排数据列。

图 5-7　股价图示例

8. 曲面图

曲面图是由一组数据点连接而成的三维曲面，同一个数据系列的颜色相同。如果为了寻找或者强调两组数据之间的最优组合，曲面图会起到比较好的效果。

创建曲面图时，数据的组织形式类似于交叉表。如图 5-8 所示的曲面体现了两组数据 X、Y 在满足关系 $Z=X^2/4-Y^2/5$ 的情况下值的分布情况。在构建工作表时，X 的值记录在第 1 列，Y 的值记录在第 1 行，交叉单元格中则记录 Z 的值。

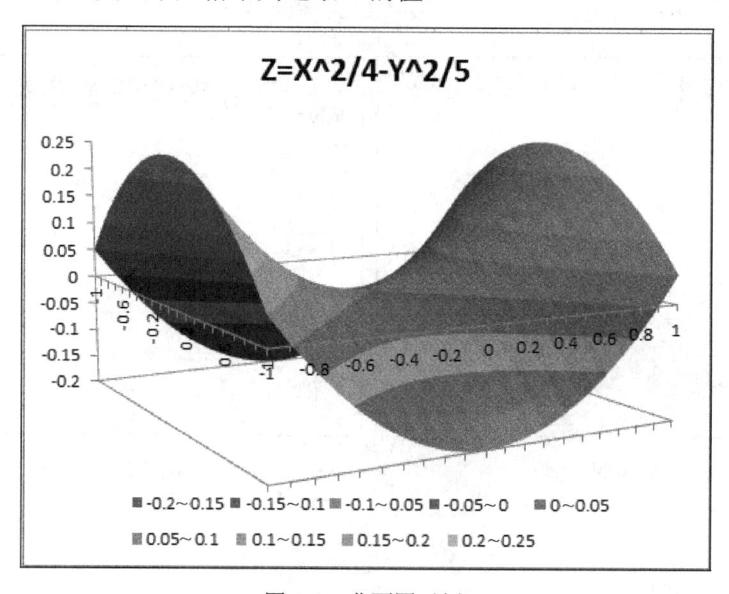

图 5-8　曲面图示例

9. 圆环图

圆环图和饼图很相似，都可以突出显示各个部分与整体之间的关系。不过饼图只能绘制一个数据系列，但是圆环图可以容纳多个数据系列，其中的每一个圆环表示一个数据系列。如图 5 9 所示，外环表示的是 2010~2013 年这 4 年的净利润，内环表示的是这 4 年的收入。

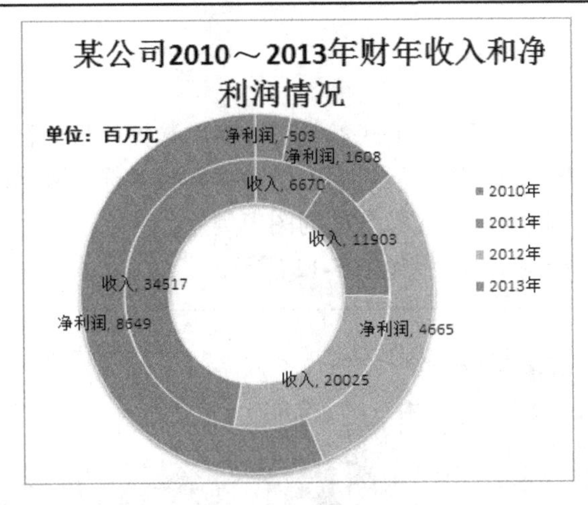

图 5-9　圆环图示例

10. 气泡图

气泡图和散点图很相似，都可以强调数据之间的比较。两者之间的不同之处在于，散点图是对成组的两个数值进行比较，而气泡图可以对成组的 3 个数值进行比较，第 3 个数值是通过气泡的大小反映出来。在如图 5-10 所示的气泡图中，比较了不同年龄、不同收入的员工所承担的工作量的情况。X 轴表示年龄，Y 轴表示收入，工作量是通过气泡的大小表现出来的。

11. 雷达图

雷达图可以在同一个坐标系内对不同对象就多个指标进行分析和比较。如图 5-11 所示的雷达图比较了分店 A 和 B 在 7～12 月的销售额。可以看出 8～9 月分店 A 的销售额较高，其他月份则是分店 B 的销售情况较好。

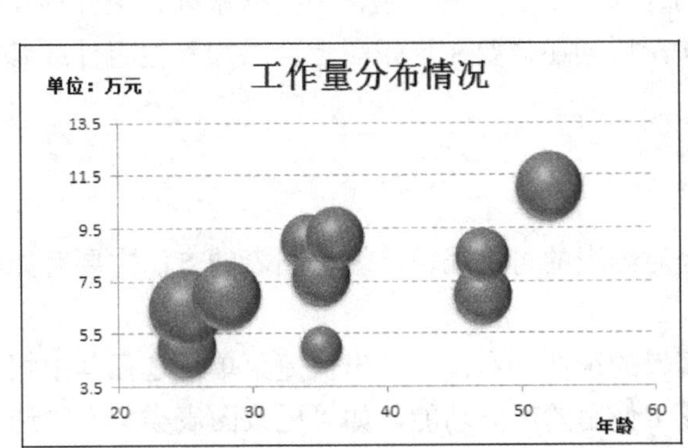

图 5-10　气泡图示例

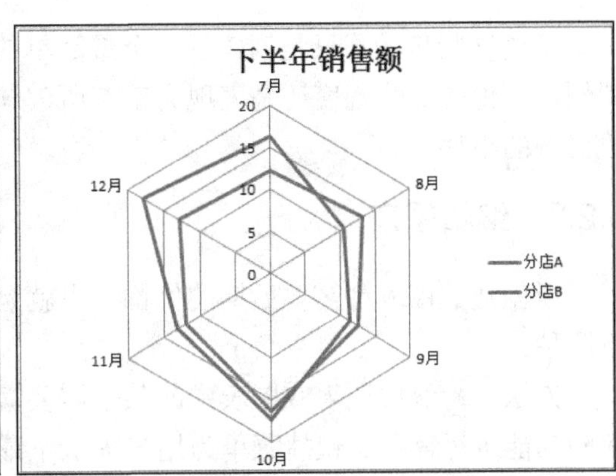

图 5-11　雷达图示例

5.2　创建与编辑图表

Excel 是对数据进行分析和展示的工具，为了使得分析结果更加直观、易懂，人们经常需要使用图表作为辅助。下面介绍如何创建图表，以及如何对已有的图表进行编辑加工。

5.2.1　创建图表

图表中的任何点、线、面等表现形式都是工作表中数据的另一种展现方式。因此要创建图表，首先需要在工作表中确定用于创建图表的数据区域。选中数据区域后，利用“插入”选项卡中的“图表”组，根据需求选择合适的图表类型。

创建一个二维簇状柱形图的过程如图 5-12 所示。

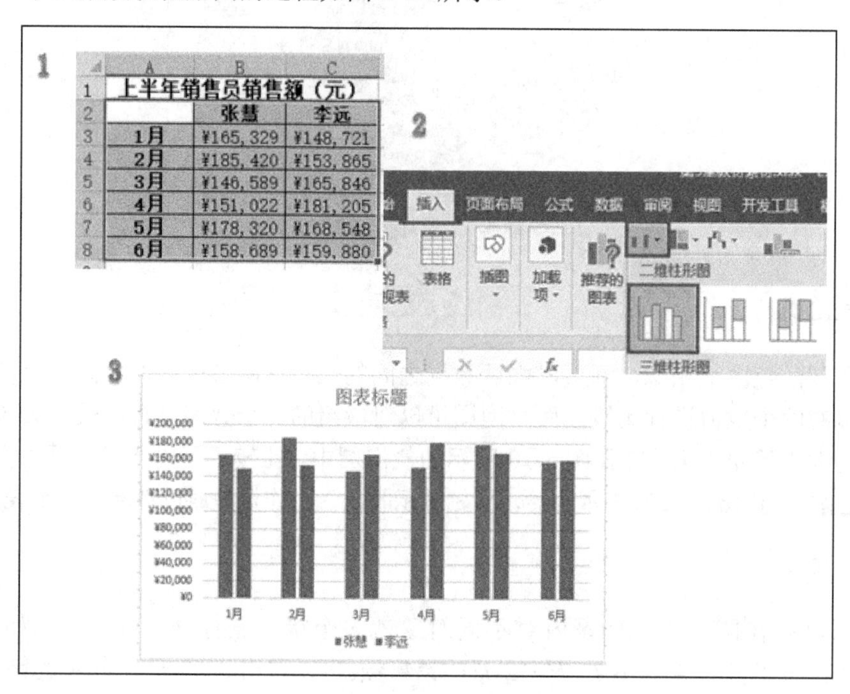

图 5-12　创建图表的操作流程

经过这些步骤，只是创建了一个最简单的柱形图。这张图只包含了数据系列、坐标轴及图例，不论是美观程度还是表现力都有所欠缺，后期还需要在这张图上再添加其他组件或修改已有的组件。

5.2.2　编辑图表

新创建的图表都需要后期的修饰，也就是对图表的再次编辑。编辑图表的方法主要有如下两种：

方法 1：选中图表或图表中的某个需要编辑的组件，右击，弹出快捷菜单，选择其中相应的功能进行操作。快捷菜单为用户提供了最常使用的部分功能，如“更改图表类型”“选择数据”等。

方法 2：选中图表后会激活“图表工具”选项卡，下面包含“设计”“格式”两个子选项卡，提供了几乎所有后期对图表可能进行的编辑操作。

1. 设置标题

在 Excel 的图表中，主要有 3 种标题，分别是图表标题、横坐标标题和纵坐标标题。

1)添加标题

在“图表工具”的“设计”选项卡的“图表布局”组中提供了添加标题的功能，图 5-13 中罗列了添加 3 种标题的功能，可根据实际的布局安排选择合适的标题摆放方位。

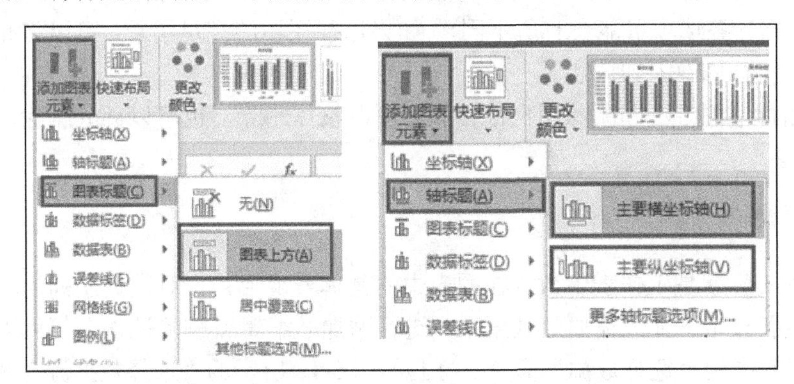

添加“图表标题”功能　　　　添加“坐标轴标题”功能

图 5-13　添加 3 种标题

如果后期觉得标题的位置不合适，也可以选中标题后，用鼠标进行拖拽，调整至合适的地方。

2)美化标题

如果需要对标题进行添加边框、调整颜色、设置三维效果等美化操作，可以在选中需要修改的标题后，右击弹出快捷菜单，选择“设置图表标题格式”命令，调出“设置图表标题格式”对话框进行设置。

另外在如图 5-13 所示的添加标题的下拉菜单中，均有“其他标题选项”命令，选中后也能弹出“设置图表标题格式”对话框。

3)删除标题

如果需要删除某个标题，只需要选中该标题，按 Delete 键即可完成删除操作。

2. 添加/删除图例

如果需要为图表添加图例，只需要选中图表，激活“图表工具”选项卡，在“设计”子选项卡的“图表布局”组中单击“添加图表元素”按钮，其下拉菜单提供了在图表四侧添加图例的功能。后期也可以用鼠标单击图例，通过拖拽调整其位置。

删除整个图例有两个方法：选择“图例”下的“无”命令，即可删除整个图例；选中整个图例后，按 Delete 键即可。

如果仅仅需要删除图例中的某一项，则需要先单击选中整个图例，对其中需要删除的某一项再次单击，再按 Delete 键即可。

3. 设置数据标签

在“设计”子选项卡的“图表布局”组的“添加图表元素”按钮中同样也提供了“数据标签”这个功能，可以为所有的数据系列添加上数据标签。如果只想为某一个数据系列添加标签，可以在图表中单击选中这个数据系列后，右击弹出快捷菜单，选择其中的“添加数据标签”命令即可。

默认的数据标签仅包含“值”这一项参数，系统还提供了其他候选参数。选中数据标签后，右击弹出快捷菜单，选择其中的“设置数据标签格式”，会弹出如图 5-14 所示对话框。可以看出，还可以选择“系列名称”和“类别名称”作为数据标签显示的内容(不同类型的图表，提供的数据标签选项可能会有所不同)。如果这些还不能满足需求，可以将光标插入某个数据标签内，自行修改添加内容。

删除数据标签的方法和删除图例很相似，可以整体删除，也可以部分删除，这里就不赘述了。

4. 设置数据系列

数据系列实际就是工作表中数据在图表中的具体表现形式，对数据系列的重新编辑即是对数据源的重新设定。如果需要对数据系列进行添加、编辑或删除操作，都可以通过右键快捷菜单，选择其中的“选择数据”命令，打开如图 5-15 所示的“选择数据源”对话框。值得一提的是，如果需要修改图例中显示的数据系列的名称，可以通过这个对话框中的“编辑”功能，重新设定数据系列的名称。

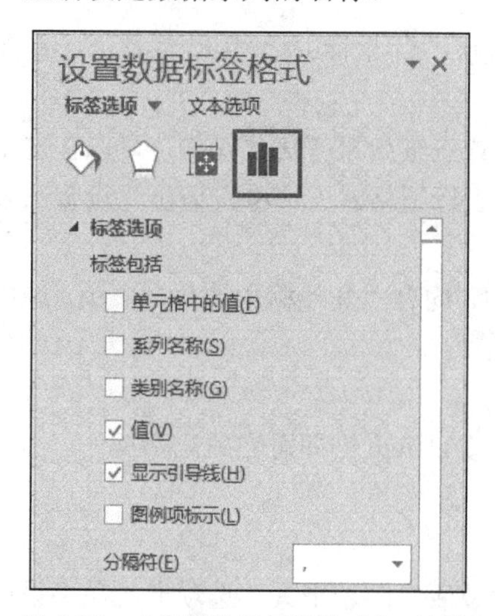

图 5-14　“设置数据标签格式”对话框

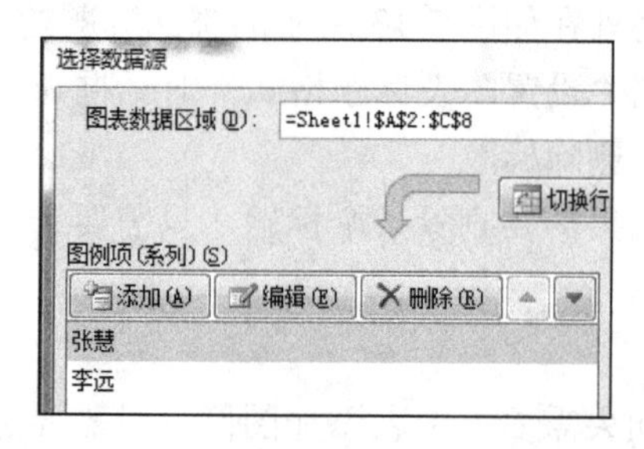

图 5-15　“选择数据源”对话框

数据系列在图表中的外观也是可以修改的，只需要选中数据系列后，右击弹出快捷菜单，选择“设置数据系列格式”命令，可以修改数据系列之间的间隔、填充色、边框、三维效果等外观效果。

5. 设置坐标轴

坐标轴有横向坐标轴(X 轴)和纵向坐标轴(Y 轴)两种，可以通过“设计”选项卡中“图表布局”组的“添加图表元素”按钮里提供的“坐标轴”命令，为图表选择合适的坐标轴表现形式。如果需要删除某个坐标轴，只需要单击选中后，按 Delete 键即可。

在使用的过程中会发现，坐标轴的刻度会随着图表大小的变化而变化。如果想要坐标轴的刻度固定化，或者调整刻度的最小值和最大值，都可以通过选择快捷菜单中的“设置坐标轴格式”命令来完成。

需要说明的是，坐标轴的刻度间隔有“主要刻度间隔”和“次要刻度间隔”之分。以常用的直尺为例，每隔 1 个厘米单位就会用数字进行标识，而每毫米则只是用短线表示，并无文字标识，那么这把尺的主要刻度间隔就为 1 厘米，次要刻度间隔为 1 毫米。在 Excel 的图表中，主要刻度可以通过坐标轴一侧的文字(或数字)识别出来，但是次要刻度在默认状态下是不显示出来的，除非通过设置次要刻度网格线才能体现出来。

6. 设置网格线

提到了坐标轴就不能不提网格线，根据坐标轴的方向网格线也分为横网格线和纵网格线，再按刻度间隔又可以细分为主要网格线和次要网格线。通过“设计”选项卡中“图表布局”组的“添加图表元素”按钮提供的选项，可以添加对应的网格线。如果要去除网格线，只需选中网格线，按 Delete 键即可。

Excel 也提供了对网格线进行外观设置的功能，通过右键快捷菜单中的“设置网格线格式”命令，就可以对网格线进行颜色、粗细、线型等外观形态的设置。

7. 添加趋势线

趋势线是 Excel 图表中的一种分析工具，可以用来反映数据的走势，有助于对数据进行预测分析。

下面以图 5-16 中的散点图为例，不难发现图中的数据点之间似乎存在着某种线性关系，这时可以利用趋势线来进行验证。在“设计”选项卡中“图表布局”组的“添加图表元素”按钮中提供了“趋势线”命令。如图 5-16 所示，选择添加合适的趋势线，通过这条趋势线可以分析出气温和饮料的销售量之间是存在着线性关系的。

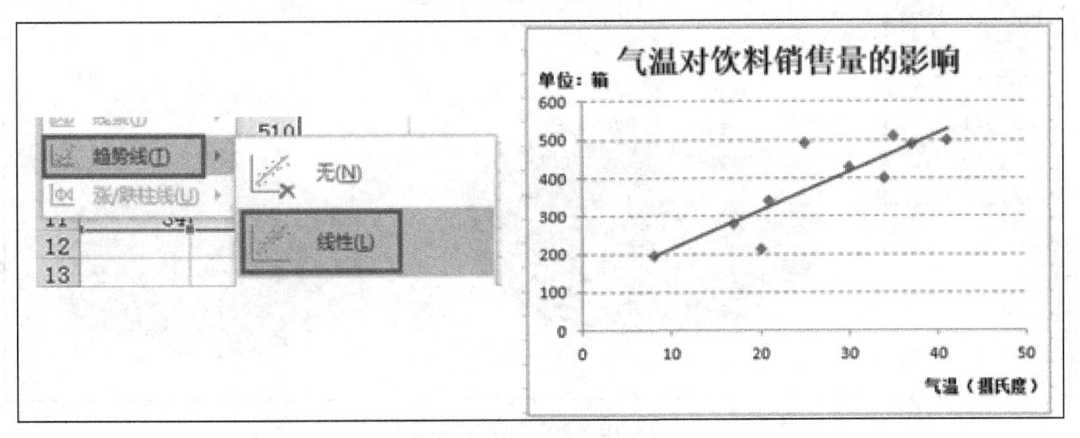

图 5-16　添加趋势线示例

8. 更改图表类型

在图表制作完成后，如果需要更换为另一种形式的图表，不用重新创建新图。Excel 提供了即时更改图表类型的功能，操作非常简单。在“设计”选项卡(或者是右键快捷菜单)中，选择“更改图表类型”命令，重新选择一个新的图表类型并加以应用即可。

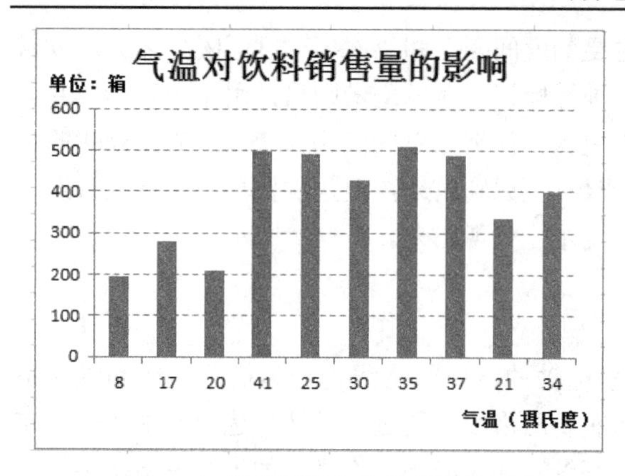

图 5-17　散点图变换为柱形图示例

将散点图变换为柱形图如图 5-17 所示。

5.2.3　高级饼图的制作

1. 突出型饼图

饼图可以用来展示各个数据项在总体中的分布情况。有时候为了强调某个成分的重要性或者特殊性，可以使用突出型饼图，使得某个扇区显示出特殊的视觉效果。

制作突出型饼图的方法很简单。以图 5-18 为例，首先为数据区域 A1:B8 中的数据创建一个普通的饼图，并在每个扇区上显示出系列名称和订单数比例。可以看出在所有地区中，华北地区所占的比例最大，达到了 42%。如果想要突出强调华北地区的份额，可以将其所在扇区从圆饼上“撕”下来。只需单击饼图的任何一个位置，这时每个扇区的周围都会出现若干控制点，标志着这时选中的是所有扇区(即整个饼图)。再单击需要“撕”下来的扇区，这时其他扇区周围的控制点都会消失，唯独这个扇区的控制点还保留着，这意味着单独选中了这个扇区。只需要拖拽鼠标，该扇区就会分离出来，成为图 5-18 中分离后的样式，突出型饼图就制作完成了。

如果想要将突出型饼图还原成普通饼图，同样也很简单，单击选中分离出的扇区往圆饼中心拖拽即可还原。

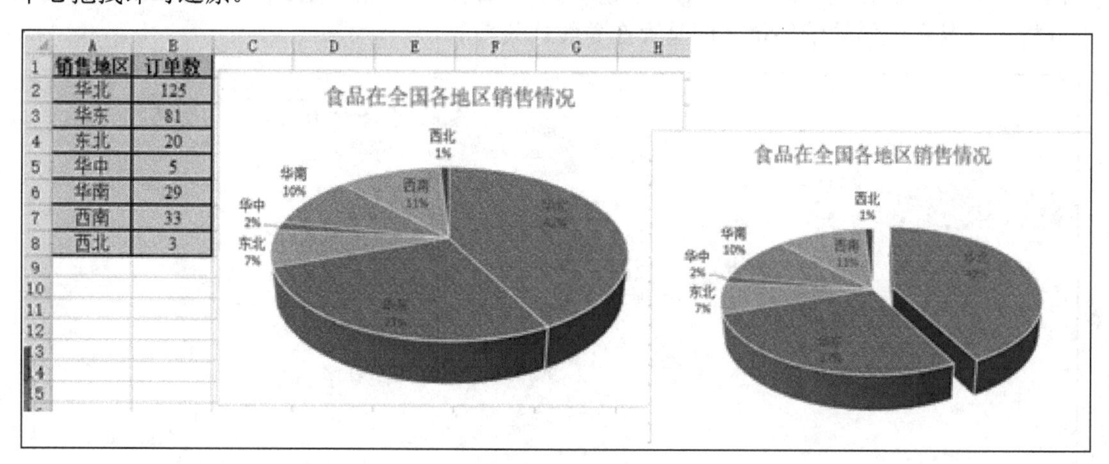

销售地区	订单数
华北	125
华东	81
东北	20
华中	5
华南	29
西南	33
西北	3

图 5-18　突出型饼图示例

2. 自动隐藏“0-数据项”饼图

在实际应用过程中，难免会遇到数据表中某些数据项为 0 的情况，如图 5-19 所示。在数据表中，最后一项“西北”地区的订单数为 0。如果不加以处理，虽然“西北”这项的比例为 0，但是依然会出现该项的数据标签“西北 0%”。如何才能自动隐藏该项的数据标签呢?

可以分析一下标签内包含的成分，主要有两部分组成：一是数据，二是名称。只需要对它们分别处理即可。

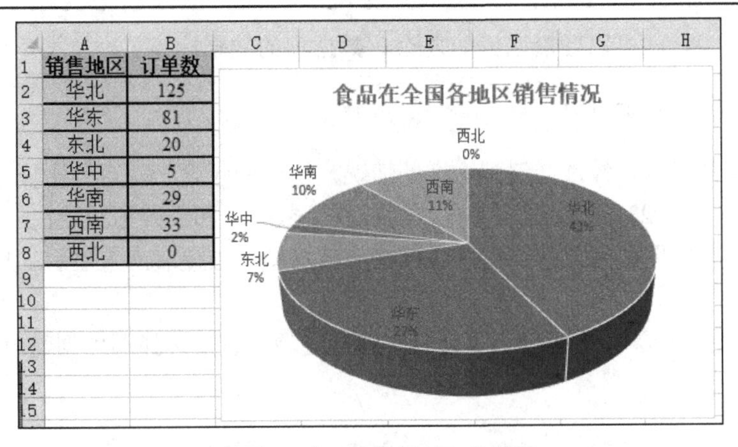

	A	B
1	销售地区	订单数
2	华北	125
3	华东	81
4	东北	20
5	华中	5
6	华南	29
7	西南	33
8	西北	0

图 5-19　含“0-数据项”的饼图

1) 设置数据 0 的显示格式

在 Excel 中，允许用户自己定义数据在图表中需要显示的格式。数据显示的完整格式为：

正数格式;负数格式;零格式;文本格式

根据如图 5-19 所示的情况，当数据项为正数时以百分比的形式显示，其他 3 种情况下都希望不显示该数据，那么可以将数据标签的格式自定义为“0%;;;”。

如图 5-20 所示，打开“设置数据标签格式”对话框，选择其中的“数字”选项，在“类别”中选择“自定义”，并在下方的“格式代码”中输入“0%;;;”，最后单击“添加”按钮。

这时再看饼图，就可以发现“西北”这项的数据标签中，数字的成分已经没有显示了。

2) 设置名称的显示格式

和数字的处理形式类似，希望非 0 项照常显示原有的地区名称，而 0 项则隐藏其名称。所谓隐藏也就是用空字符串来代替地区名称显示。

如图 5-21 所示，在中间新增加一列“新地区名称”，使用图中编辑栏所示的公式进行赋值。

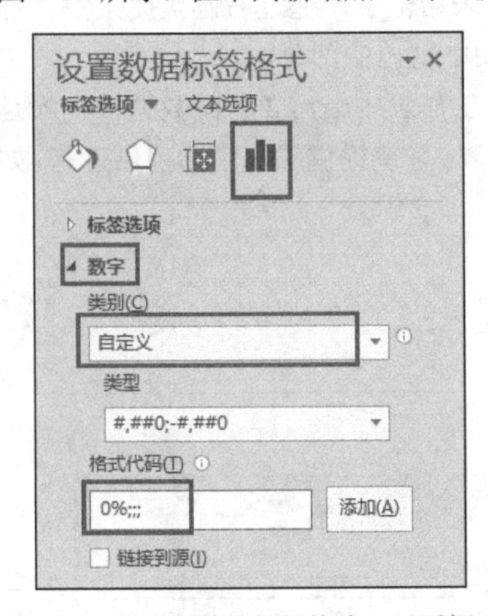

图 5-20　“设置数据标签格式”对话框

B2　=IF(C2=0,"",A2)

	A	B	C
1	销售地区	新地区名称	订单数
2	华北	华北	125
3	华东	华东	81
4	东北	东北	20
5	华中	华中	5
6	华南	华南	29
7	西南	西南	33
8	西北		0

图 5-21　增加新数据列隐藏 0-数据项的名称

通过右键快捷菜单中的“选择数据”命令，将“图表数据区域”重新设定为 B2:C8。这样可以使得 0-数据项对应的地区名称是一个空字符串，在图表中看起来也就什么都没有显示。

通过以上两步，就可以轻松地自动去除 0-数据项的数据标签了。

3. 复合饼图(复合条饼图)

在使用饼图的时候，经常会遇到这样的情况，饼图中包含一些百分比较小的数据项，例如图 5-18 中的华中占 2%、西北仅占 1%。将这些小数据项和大数据项放在一起，很难看清，这时可以使用复合饼图或复合条饼图，将这些小数据项单独提取出来显示，从而提高整个图表的可读性。

Excel 在饼图这一类型中提供了复合饼图这一选项，直接选择即可创建出如图 5-22 所示的图表。

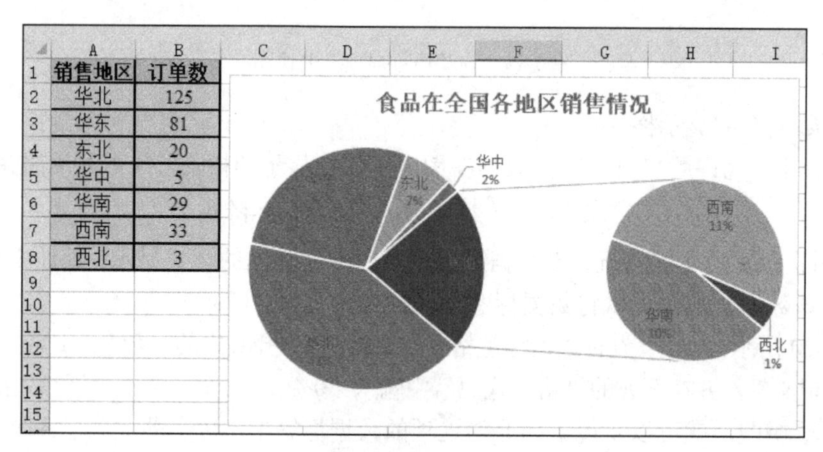

图 5-22　复合饼图

仔细观察这个复合饼图可以发现，右侧的小饼图并没有像预想的那样，自动显示小数据项，而是显示了数据区域的最后 3 项，也就是 A6:B8 中的数据。那该如何调整才能达到想要的效果呢？这就需要“设置数据系列格式”对话框来帮忙了。通过右键快捷菜单，打开“设置数据系列格式”对话框，如图 5-23 所示。关注图中框出的部分。

可以发现，系统默认右侧小饼图的数据源来自工作表中最后 3 行的数据，也就是“系列分割依据”是“位置”，如图 5-23 所示。打开下拉列表，系统提供了 4 个选项供选择，如图 5-24 所示。

图 5-23　小饼图的设置

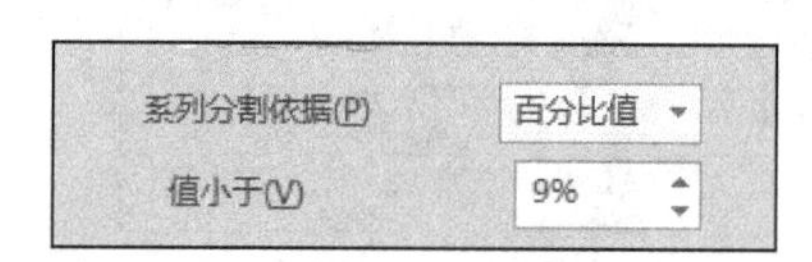

图 5-24　设置第二绘图区分割依据

如果想要将百分比最小的 3 项在右侧的小饼图(也就是图 5-24 对话框中所提到的第 2 绘图区)中单独显示，只需要将“系列分割依据”修改为“百分比”。再观察一下图 5-22 中各数据项的比例，很容易发现百分比最小的 3 项分别为东北 7%、华中 2%和西北 1%。倒数第 4 项的比例为 10%，因此应该将分割值范围设置为 7%～9%。在图 5-24 中将该值设置为 9%，这样就可以产生如图 5-25 所示的复合饼图。

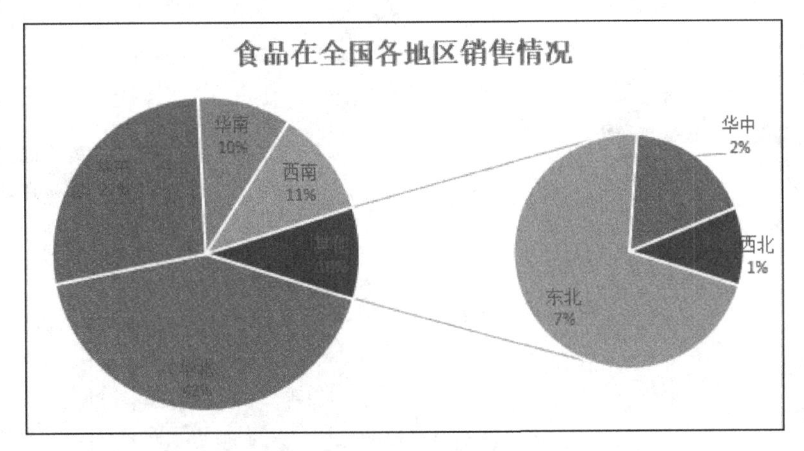

图 5-25　修改后的复合饼图

创建复合条饼图的方法与复合饼图一样，这里不赘述。

5.3　控件的使用

控件是一种图形用户界面的元素，每种控件都有特定的功能，用户可以根据需求选择合适的控件，并且自定义控件中显示的数据及与这些数据的交互操作。

5.3.1　添加“开发工具”选项卡

由于普通用户并不会用到控件，所以在默认情况下，Excel 中并不显示创建控件的选项卡。因此在第一次使用控件前，需要添加相应的功能选项卡。

控件属于一种开发工具，所以首先必须添加“开发工具”选项卡。操作步骤如下。

(1) 打开“文件”选项卡，选择“选项”，打开“Excel 选项”对话框。

(2) 选择“Excel 选项”对话框中左侧列表中的“自定义功能区”，然后在右侧上方的“自定义功能区”下拉列表中选择“主选项卡”，勾选右侧下方列表中的“开发工具”选项，如图 5-26 所示。

(3) 单击“确定”按钮，即可添加“开发工具”选项卡。

5.3.2　控件的分类

选择“开发工具”中“插入”命令，即可看到 Excel 提供的若干控件选项。

通过图 5-27 可以发现，Excel 中提供了两种类型的控件，分别是“表单控件”和“ActiveX 控件”。那么这两种控件有什么差别呢？

(1) “ActiveX 控件”只可以添加到工作表中，并不能用在图表、窗体中，因此在选中图表的情况下，选项卡是不提供“ActiveX 控件”的添加功能的；而“表单控件”的使用面则比较广，不仅可以添加到工作表中，也可以应用到图表和窗体中。但是需要说明的是，在早

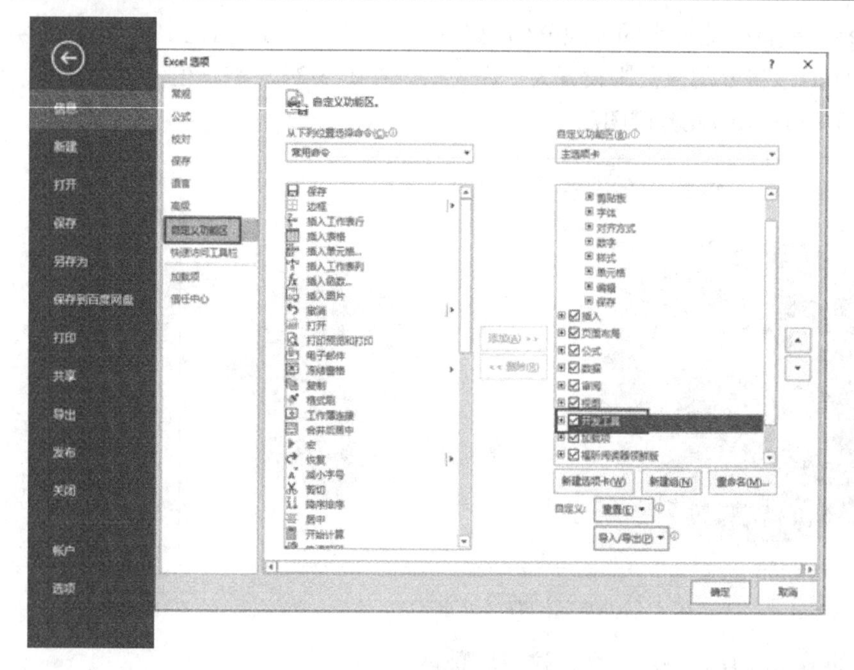

图 5-26　添加“开发工具”选项卡

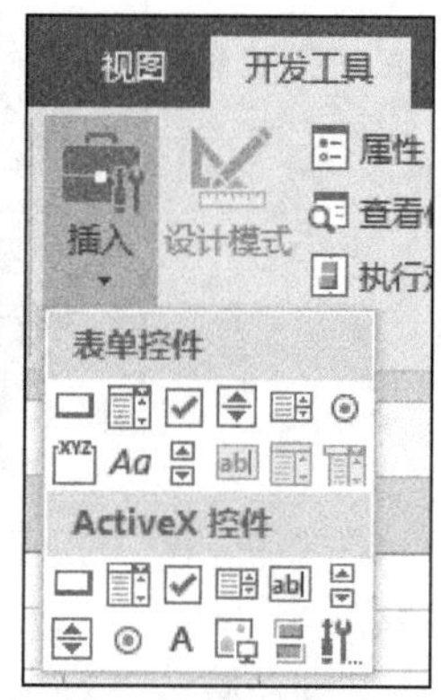

图 5-27　控件选项

期的 Excel 版本中，“表单控件”是可以内嵌入图表中的，即可以随着图表的移动而移动。但是从 Excel 2007 版本开始，就取消了内嵌图表的功能，也就是不论选择哪种控件，最终实际都是创建在工作表上。

(2)“表单控件”只能通过“控件格式”来对控件进行一些简单的设置；“ActiveX 控件”则提供了“属性”和“代码”两个功能，不仅可以设置控件的外观格式，还可以设定控件能够触发的事件，当然操作也更复杂。两种控件的格式设置对话框中选项卡的差异如图 5-28 所示。

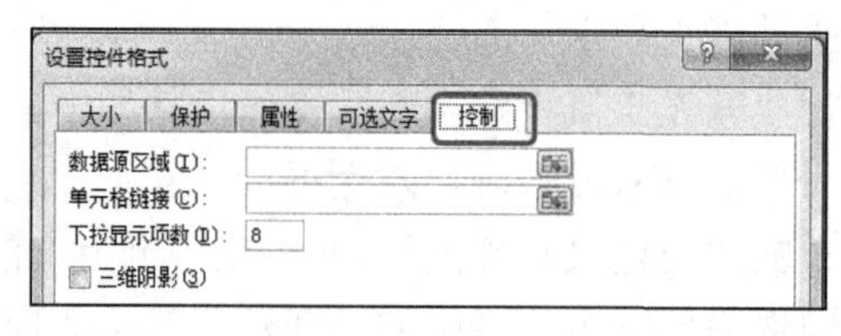

“表单控件”的格式对话框

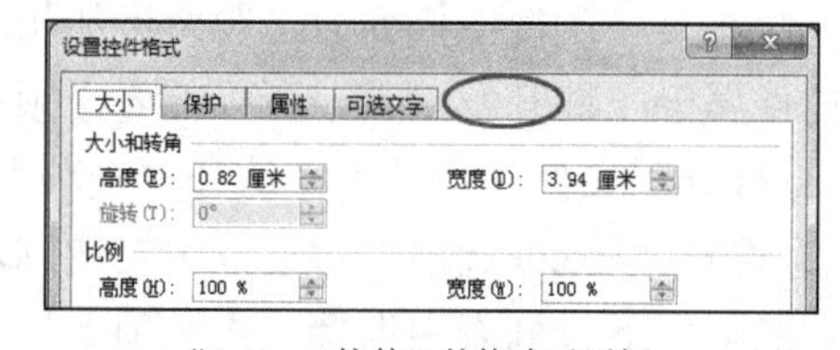

“ActiveX 控件”的格式对话框

图 5-28　两种控件格式对话框中选项卡的差异

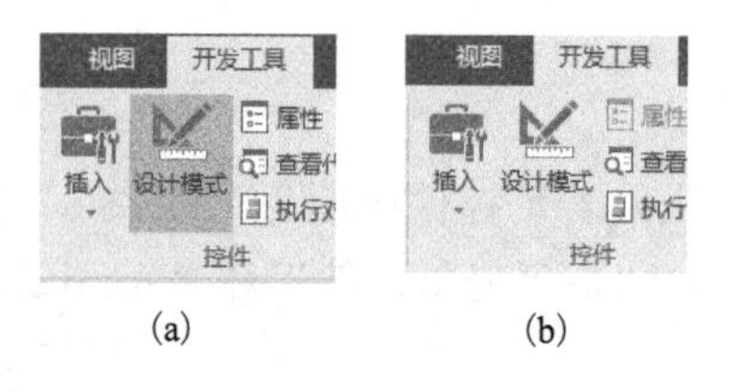

图 5-29　“ActiveX 控件”的两种状态

(3)“表单控件”从创建后就只有一种模式，也就是“使用模式”，如果想要选中“表单控件”需要通过鼠标右击，或者“Ctrl+鼠标左键单击”来实现；“ActiveX 控件”则有两种模式，分别是“设计模式”和“使用模式”。如图 5-29(a)所示为“设计模式”被选中状态，可以对“ActiveX 控件”进行各种格式或功能的设置；如果要进入用户使用状态，则必须取消“设计模式”，如图 5-29(b)所示。

5.3.3　常用的控件

由于 ActiveX 控件属性和事件代码的设置较为复杂，下面只介绍部分常用的表单控件。这些控件设置简单，也能满足用户大部分的使用需求。

1. 组合框

“表单控件”中第 1 排第 2 个图标表示组合框，组合框的功能主要是提供一个下拉式的选项列表，用户可以从选项列表中任意选择其中一项，也就是说组合框只提供单选。

组合框的功能主要通过如图 5-30 所示的对话框进行设置。首先右键单击组合框弹出快捷菜单，选择“设置控件格式”命令，打开如图 5-30 下方所示的“设置控件格式”对话框。该对话框中有 5 个选项卡，选择最后一个“控制”选项卡，这里提供了有关组合框最重要的功能设置。

(1) 数据源区域：组合框中展示的选项列表的数据来源，可以引用一片单元格区域。

(2) 单元格链接：该选项中应设置为某个单元格的地址，会将在选项列表中选中的选项序号传递到该单元格中，从而了解用户的操作结果。

(3) 下拉显示项数：打开组合框后，同时最多显示的选项条数。

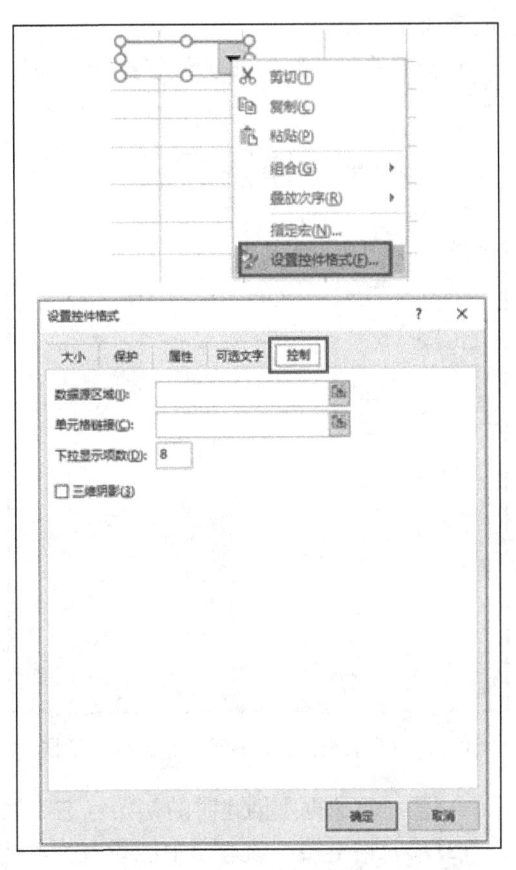

图 5-30　组合框的格式设置对话框

2. 列表框

“表单控件”中第 1 排第 5 个图标就是列表框，列表框的功能与组合框类似，都可以用来展示若干选项供用户选择。

列表框与组合框的差异主要有两点：外观差异，组合框占用面积小；组合框只提供单选功能，但是列表框可以提供多选功能。

列表框的“设置控件格式”对话框如图 5-31 所示。主要来看“控制”选项卡中提供的功能设置。

(1) 数据源区域：列表框中展示的选项列表的数据来源，可以引用一片单元格区域。

(2) 单元格链接：该选项中应设置为某个单元格的地址，会将在选项列表中选中的选项序号传递到该单元格中，从而了解用户的操作结果。该功能仅对单选状态有效。

(3) 选定类型：设定列表框提供“单选”还是“复选”功能。如果选择“复选”，则“单元格链接”设置失效。

3. 复选框

“表单控件”中第 1 排第 3 个图标表示复选框，这是一种可以同时选中多个选项的控件。复选框有 3 个状态：选中、未选中和未知。方框中打钩表示选中，空白表示未选中，灰色阴影表示未知。

复选框的“控制”选项卡主要提供两个设置，如图 5-32 所示。

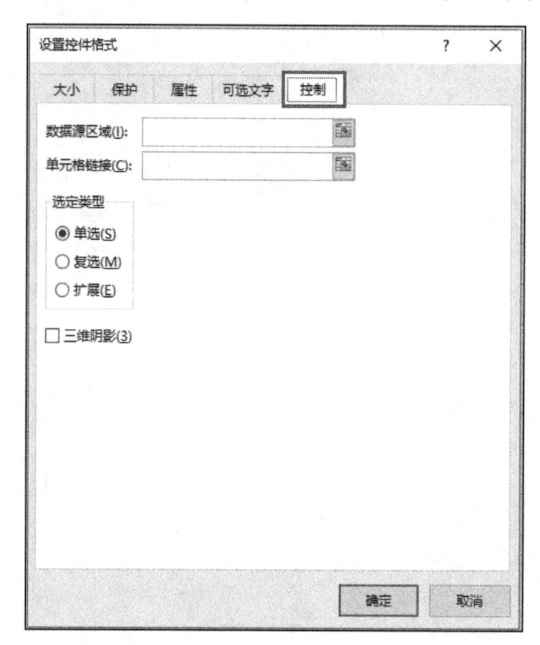

图 5-31　列表框的“设置控件格式”对话框

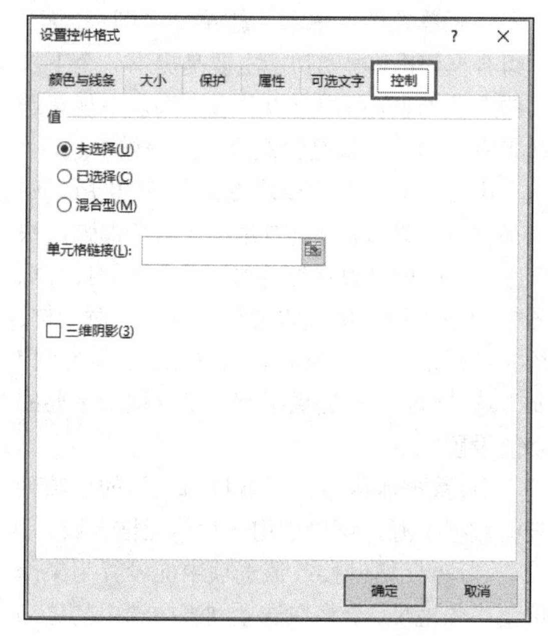

图 5-32　复选框的格式设置对话框

(1)值：复选框刚创建时的初始状态，混合型即上面提到的未知状态。

(2)单元格链接：该选项中应设置为某个单元格的地址，会将复选框的状态传递到该单元格中，从而了解用户的操作结果。如果用户选中了该复选框，单元格中会显示 TRUE，未选中会显示 FALSE，未知状态会显示“#N/A”。

4. 选项按钮

“表单控件”中第 1 排第 6 个图标表示选项按钮，这是一种可以控制单选的控件。选项按钮有两种状态：选中和未选中。选中时返回到链接单元格中的值为 1，未选中时值为 0。如果组内含有多个选项按钮，链接单元格中的值则是选中的那个选项按钮的序号(按创建的时间排序)。

但是需要注意的是，Excel 默认在工作表中直接创建的所有选项按钮(窗体控件)都属于同一个组，也就是这些按钮共同组成实现多选一的功能。如果需要在 Excel 中创建多组选项按钮组，并且这些组之间相互不干扰，则需要另一个控件“分组框”的帮助。

5. 分组框

“表单控件”中第 2 排第 1 个图标就是上面提到的“分组框”。分组框可以将一系列相关的控件(比如选项按钮、复选框等)组合到同一个可视单元中。除了视觉上可以使得工作表中的控件更有条理外，最大的功能就是可以划分多组选项按钮。

使用方法很简单，只需要先创建一个分组框，然后将新创建的选项按钮直接拖拽至分组框中生成即可。需要说明的是，在分组框外围创建的选项按钮，再位移至分组框内，不能算该分组框内的组员。

6. 标签

Aa 标志表示一个“标签”控件。标签控件的功能很简单，就是用来自定义一段文字，一般用来对位于后方的控件功能起解释说明的作用。

7. 数值调节钮

“数值调节钮”控件 可以调整某个单元格中显示的数字在一定范围内有规律的变化。

数值调节钮的“控制”选项卡如图 5-33 所示。

(1) 当前值：数值调节钮当前调整到的数值，也就是当前显示在单元格中的数值，可以显示的值为 0～30000。

(2) 最小值：数值调节钮可以调整到的最小数值，值的范围为 0～30000，不可以是小数。

(3) 最大值：数值调节钮可以调整到的最大数值，值的范围在最小值到 30000 之间，同样不可以为小数。

(4) 步长：按下数值调节钮的小三角，每次递减或递增的数量，只能设置为 0～30000 的整数。

(5) 单元格链接：该选项中应设置为某个单元格的地址，数值调节钮调整的结果显示在该单元格中。

数值调节钮只能调整 0～30000 的整数，如果要调整的数值范围包含负数或者小数，应该通过单元格之间书写表达式来进行值的转换。

8. 滚动条

表示一个“滚动条”控件，和数值调节钮类似，“滚动条”也可以输入一个指定范围内的数值。“滚动条”有垂直滚动条和水平滚动条两种，只是生成时拖拽的方向不同，其他并无差别。

如图 5-34 所示是设置滚动条格式的对话框，与数值调节钮唯一不同的是激活了“页步长”这个设置。和“步长”一样，“页步长”的取值范围也是 0～30000 的整数。

滚动条的其他设置项和数值调节钮的要求完全一样，请参考数值调节钮的相关内容。这里仅以图 5-35 为例，解释一下“步长”和“页步长”的差别。单击左右两侧的三角，滚动条的当前值会递减或递增一个步长。如果单击的是滚动条中间的空白处，则当前值递减或递增一个页步长，所以一般会将页步长的值设置得比步长要大。

9. 文本框

文本框就是一个矩形框，可以在其中输入、编辑和查看数据，也可以和某个单元格绑定，显示单元格中的数据。

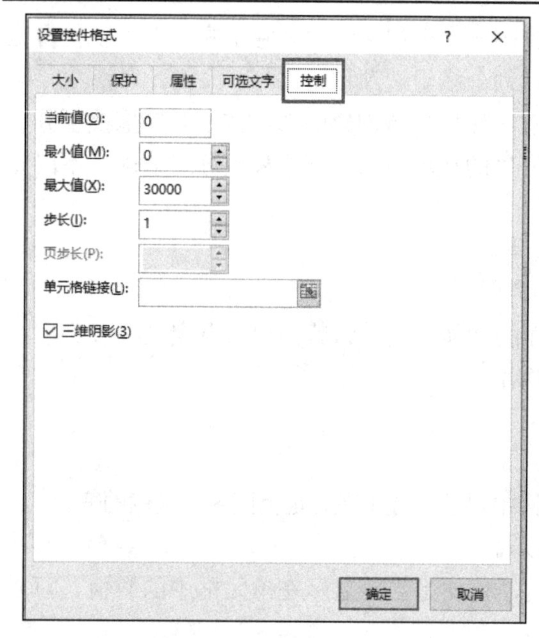

图 5-33　数值调节钮的格式设置对话框

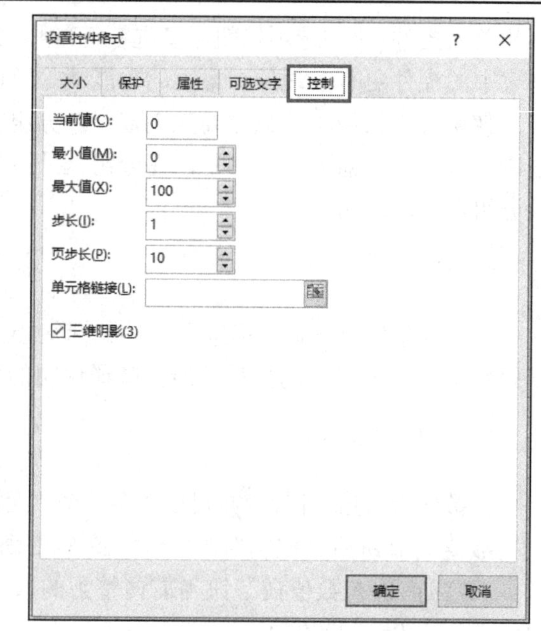

图 5-34　滚动条的格式设置对话框

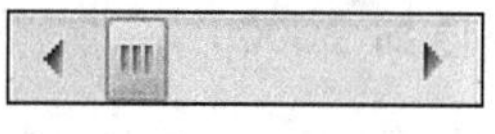

图 5-35　水平滚动条

“表单控件”中提供的“文本域”控件并不可用，可以使用形状控件文本框来代替。在“插入”选项卡的“插图”组中单击“形状”按钮，在“基本形状”中为用户提供了两种文本框。“文本框”就是指水平文本框，文本框中的文字按水平方向排列，“垂直文本框”中的文字则是按垂直方向依次排列。在“插入”选项卡的“文本”组中也有“文本框”按钮选项，两种功能完全一致。

可以通过右键快捷菜单中的“设置形状格式”命令来设定文本框的外观形态，如填充色、边框样式等。

将文本框和某个单元格绑定的方法也很简单，只需选中文本框，在编辑栏中输入“=某单元格地址”即可实现绑定。例如，输入“=A1”，就可以将文本框和单元格 A1 绑定，文本框中将会同步显示 A1 单元格中的内容，A1 中的内容发生变化，文本框中的内容也会随之发生变化。

5.3.4　常用控件的应用举例

在上面几节中介绍了几种常用的控件类型，在这节将以图 5-36 中的采购订单信息表为例，介绍这些控件的具体用法。

在图 5-36 中，A1:D14 区域内是采购订单信息表的主体部分，F～I 列中的内容均为辅助数据。

1. 组合框

在图 5-36 中 B4 单元格中创建的控件 邮局汇款 就是组合框，单击右侧的三角按钮可以展开一个选项列表，用户可以用鼠标选中其中的某一项，如图 5-37 所示。

要设置出这样的选项列表，只需右击组合框，选择快捷菜单中的“设置控件格式”命令，打开“设置控件格式”对话框。

	A	B	C	D	E	F	G	H	I
1	采购订单信息表							支付方式	配送方式
2								货到付款	上门自提
3	收货人信息:							在线支付	普通快递
4	支付方式:	邮局汇款				4		公司转账	邮政EMS
5	配送方式:	上门自提 普通快递 邮政EMS				2		邮局汇款	
6	是否需要发票:	○需要 ◉不需要							
7	商品清单								
8	商品名称	单价	数量	金额					
9	☑打印纸	¥25.00	2	¥50.00		TRUE			
10	☐墨盒	¥135.00	0	¥0.00		FALSE			
11	☑文件夹	¥16.00	3	¥48.00		TRUE			
12	☑计算器	¥32.00	1	¥32.00		TRUE			
14			合计:	¥130.00		¥130.00			

图 5-36　采购订单信息表

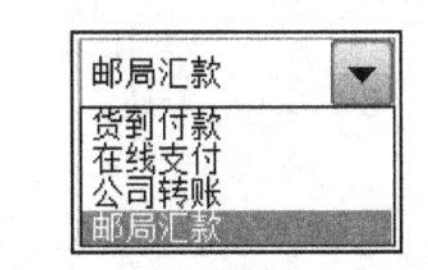

图 5-37　组合框中的选项列表

组合框中显示的选项列表的内容需要事先记录在工作表中某个单元格区域内，如将列表内容记录在 H2:H5 单元格区域内，如图 5-38 所示。然后在“控制”选项卡中设置组合框“数据源区域”为$H$2:$H$5。图中还将“单元格链接”设置为$F$4 单元格，这意味着用户选中某一项后，会将该项的序号反馈到 F4 单元格。例如：“邮局汇款”这一项的序号为 4，如果选中这项，F4 单元格中会出现数字 4；如果选中的是“在线支付”，则 F4 单元格中将会出现数字 2。

2.　*列表框*

在图 5-36 中 B5 单元格位置上使用了一个列表框，罗列了 3 种配送方式。右击列表框，选择快捷菜单中的“设置控件格式”命令，打开“设置控件格式”对话框，如图 5-39 所示。

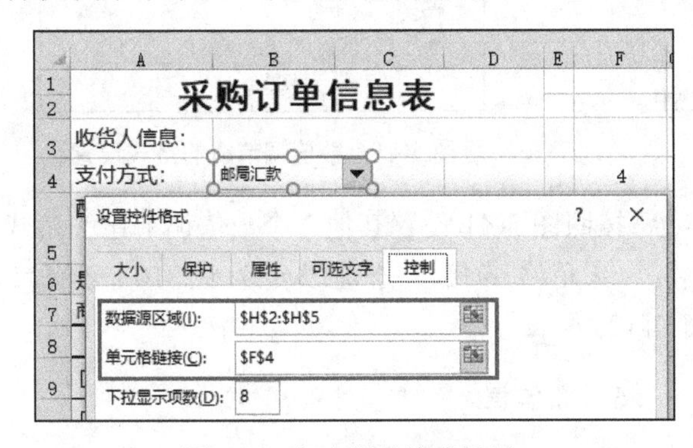

图 5-38　组合框的格式设置

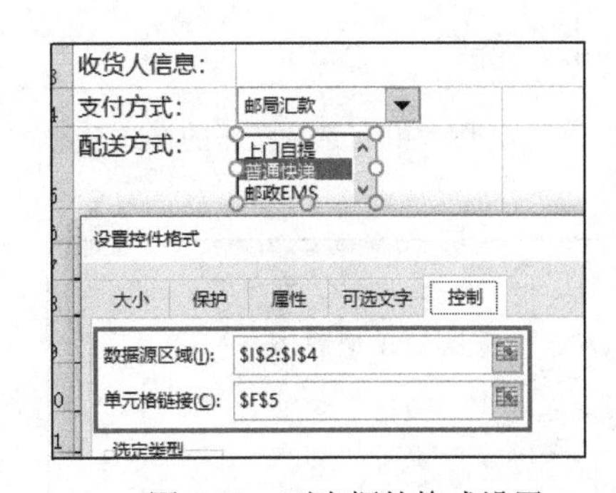

图 5-39　列表框的格式设置

在“控制”选项卡中，设置列表框“数据源区域”为$I$2:$I$4，将“单元格链接”设置为$F$5 单元格，用户选中某种配送方式后，会将该项的序号反馈到 F5 单元格中。

3.　*选项按钮*

在图 5-36 中 B6 单元格中使用了两个选项按钮，首先需要将选项按钮后的文字修改为合适的说明，然后右击第 1 个选项按钮，在弹出的快捷菜单中选择“设置控件格式”命令，打开“设置控件格式”对话框，如图 5-40 所示。

在“控制”选项卡中，将“值”设置为“未选择”，定义选项按钮的初始状态为没有选中。将“单元格链接”设置为$F$6 单元格。再查看第 2 个选项按钮的格式设置会发现，系统已自动将第 2 个按钮的“单元格链接”同样设置为$F$6 单元格。Excel 会自动为隶属同一个组内的选项按钮设置相同的“单元格链接”属性。

初始两个按钮都呈现未选中状态时，F6 单元格中值为空；如果选中第 1 个按钮，F6 中值为 1；如果选中第 2 个按钮，F6 中值为 2。

4. 复选框

图 5-36 中 A9:A12 区域创建了 4 个复选框控件，将其后的文字修改为各类商品名称，依次为这 4 个复选框设置“单元格链接”为$F$9、$F$10、$F$11、$F$12，如果该复选框被选中，在相应的链接单元格中会显示 TRUE，未被选中则显示 FALSE。

5. 数值调节钮

在图 5-36 中 C9:C12 这 4 个单元格中创建了 4 个数值调节钮，用以调整商品的数量。对第 1 个数值调节钮进行格式设置，将数值调整的范围设定为 0～100，步长为 1，并且将“单元格链接”设置为$C$9，如图 5-41 所示。另外将 C9 单元格的对齐方式设置为左对齐。

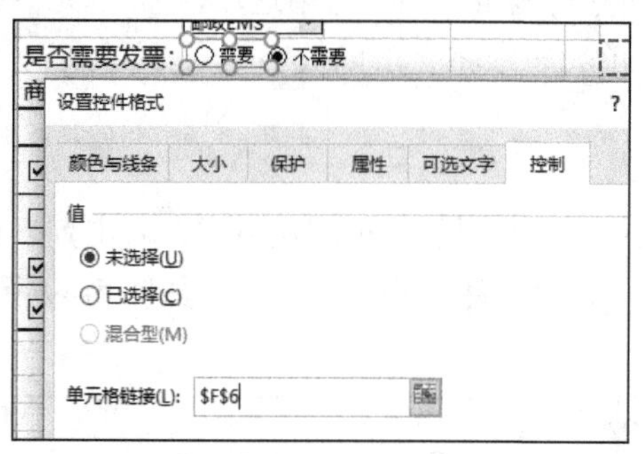

图 5-40　选项按钮的格式设置

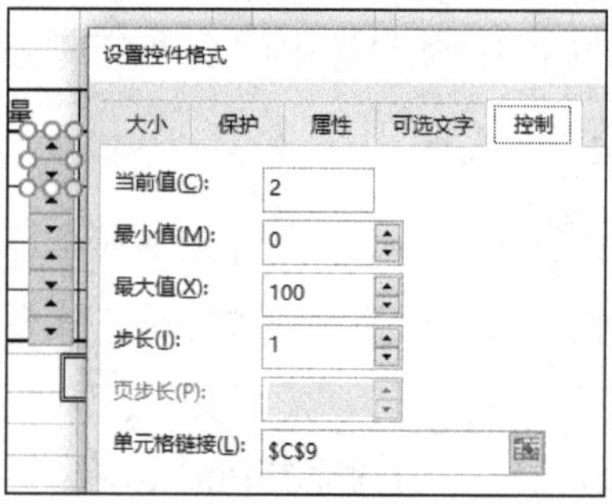

图 5-41　数值调节钮的格式设置

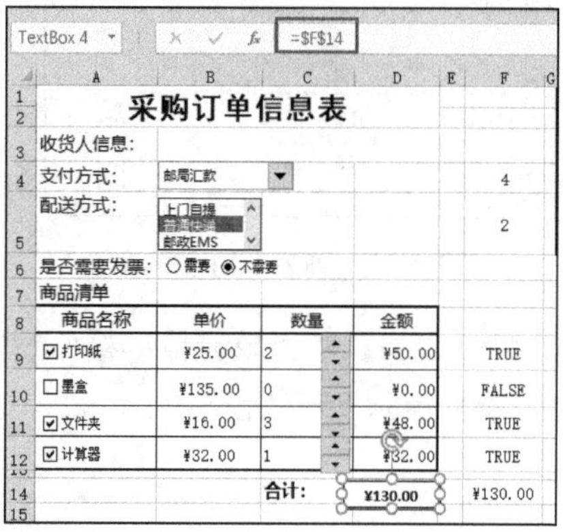

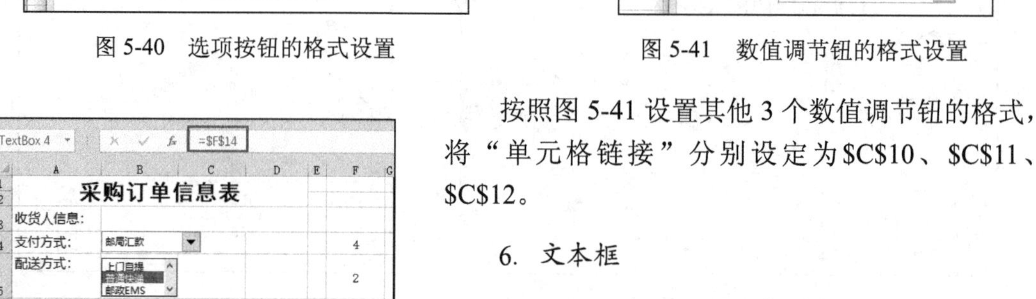

图 5-42　文本框的格式设置

按照图 5-41 设置其他 3 个数值调节钮的格式，将“单元格链接”分别设定为$C$10、$C$11、$C$12。

6. 文本框

在图 5-36 中 D14 单元格的位置创建了一个文本框，用以显示所有采购商品的总价。由于用户的需求可能会发生变化，那么文本框中显示的总价也会发生变化。如果文本框中显示的内容产生动态变化，那么必须将该文本框和某个单元格绑定，利用单元格中数据的变化来实现文本框的变化。

通过图 5-42 可以看出，选中文本框的时候，在上方的编辑栏中输入“=$F$14”，这样就可以将文本框和 F14 单元格进行绑定。

为了使文本框中显示正确的总价，那么 F14 单元中必须能够根据用户的选择计算出正确的值。首先在 D 列计算出每种商品的金额，例如 D9=B9*C9，以此类推填充 D10:D12。选中 F14 单元格，在编辑栏中输入公式“=D9*F9+D10*F10+ D11*F11+D12*F12”。在 Excel 中，逻辑值参与数学运算的时候，会自动进行转换，TRUE 值转换为 1，FALSE 值转换为 0。

5.4　动 态 图 表

大多数用户在使用 Excel 时，制作的都是静态图表，但数据源常常会发生变动，有时会新生成一张图表来覆盖旧图表，或者在工作表中记录多组数据源和图表。而实际上，如果充分利用 Excel 提供的数组、函数、控件等功能，将这些元素与图表相结合，便可以实现图表与数据源之间的动态交互。在一张图表上即可表现出数据源发生变化时，图表中展示内容随之发生变化的状态。

这种可以动态展示数据源信息的图表称为动态图表。动态图表为用户提供了对数据进行交互式分析的平台，大大提高了数据分析比较的效率。

5.4.1　组合框/列表框式动态图表

例 5-1　在如图 5-43 所示的工作表中，记录了各运货公司承接订单的情况(数据来源 Northwind.accdb)。如果想要动态切换查看不同运货公司发往不同地区的订单数量，可以利用动态图表来实现。操作步骤如下。

(1) 罗列出所有运货公司名称，作为控件的数据源。

在数据表的空白区域创建一个表格，罗列出所有不同运货公司的名称。这一步可以利用高级数据筛选来实现。单击“数据”选项卡“排序和筛选”组的“高级”按钮，弹出“高级筛选”对话框，具体设置如图 5-44 左图所示。如图 5-44 右图所示，在指定位置就会生成公司名单列表，每个公司名称只会出现一次。

	A	B	C	D	E	F
1	订单ID	订购日期	公司名称	运货费	货主地区	订单金额
2	10248	1996/7/4	联邦货运	32.38	华北	440
3	10249	1996/7/5	急速快递	11.61	华东	1863.4
4	10250	1996/7/8	统一包裹	65.83	华北	1552.6
5	10251	1996/7/8	急速快递	41.34	华东	654.06
6	10252	1996/7/9	统一包裹	51.30	东北	3597.9
7	10253	1996/7/10	统一包裹	58.17	华北	1444.8
8	10254	1996/7/11	统一包裹	22.98	华中	556.62
9	10255	1996/7/12	联邦货运	148.33	华北	2490.5
10	10256	1996/7/15	统一包裹	13.97	华东	517.8
11	10257	1996/7/16	联邦货运	81.91	华东	1119.9
12	10258	1996/7/17	急速快递	140.51	华东	1614.88
13	10259	1996/7/18	联邦货运	3.25	华东	100.8
14	10260	1996/7/19	急速快递	55.09	华北	1504.65
15	10261	1996/7/19	统一包裹	3.05	华东	448
16	10262	1996/7/22	联邦货运	48.29	华东	584
17	10263	1996/7/23	联邦货运	146.06	华北	1873.8
18	10264	1996/7/24	联邦货运	3.67	华北	695.62
19	10265	1996/7/25	急速快递	55.28	华中	1176

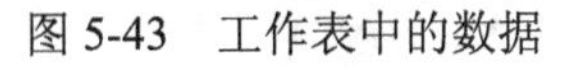

图 5-43　工作表中的数据

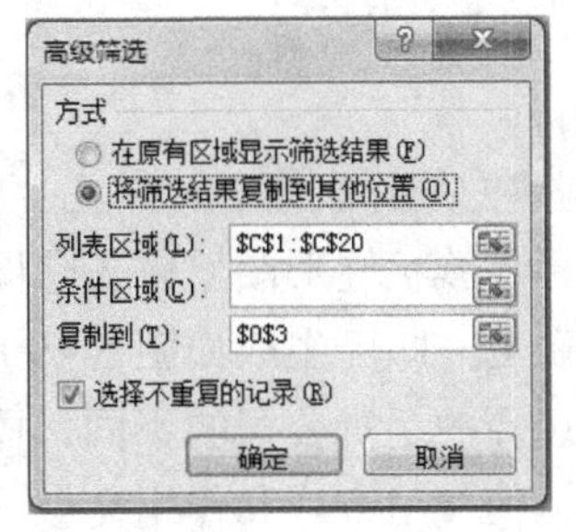

	M N	O
1		
2		
3		公司名称
4		联邦货运
5		急速快递
6		统一包裹

图 5-44　利用筛选罗列运货公司名称

(2) 以公司名单为数据源，创建组合框控件。

在工作表的空白处创建一个组合框，将其“数据源区域”设置为$O$4:$O$6，“单元格链接”设置为$O$2。

组合框中包含可供用户选择需要查看的运货公司名称，同时会将被选中的公司序号反馈到$O$2 单元格中，如图 5-45 所示。

(3) 根据用户的选择，动态显示运货公司名称。

由于后期将会对工作表中的数据做筛选统计，所以只知道用户选中的公司序号是不够的，还需要根据序号返回公司的具体名称。已知某一列单元格区域中的数据源，以及其中某项的序号，可以通过函数 INDEX( ) 找出该数据项。

如图 5-46 所示，在编辑栏中为单元格 O1 编写公式，即可在 O1 中同步显示用户在组合框中选择的公司名称。

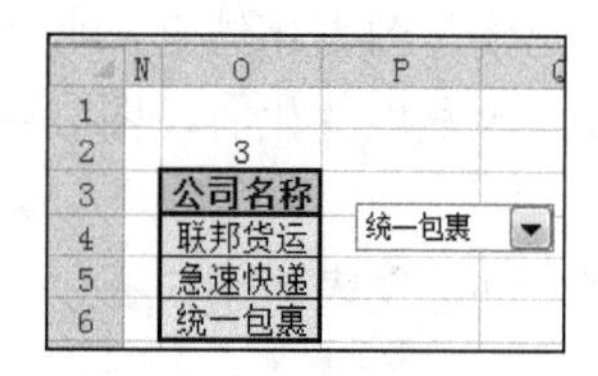

图 5-45　组合框控件效果

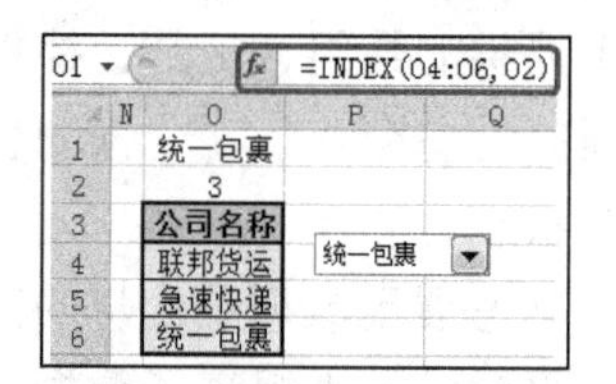

图 5-46　动态显示公司名称

(4) 制作统计表格。

根据要求，需要制作一张表格来统计发往不同地区的订单数量。在单元格 H1:L2 中创建该表格，如图 5-47 所示。

结合组合框中选择的结果，利用数组公式对单元格 I2:L2 进行填充。首先看 I2 单元格，在此单元格中需要统计出 O1 单元格中指定的运货公司发往华北地区的订单数量。可以使用数组公式来完成此功能，选中 I2 单元格，在编辑栏中输入公式：

```
{=SUM(IF(($C$2:$C$20=$O$1)*($E$2:$E$20=I1),1))}
```

利用 Excel 的自动填充功能，同样设置 J2:L2 单元格。当在组合框中选择“统一包裹”时，表格中的内容如图 5-48 所示。

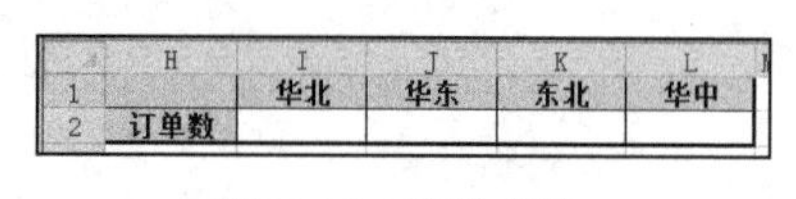

图 5-47　统计表格

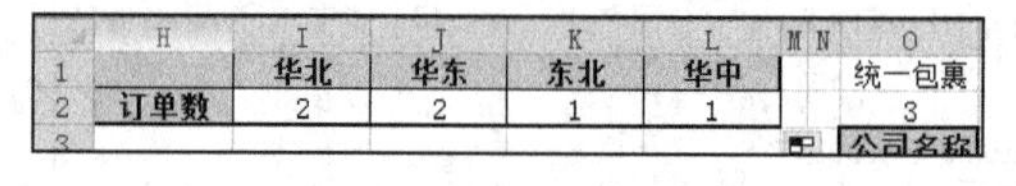

图 5-48　统计表中数据

(5) 创建柱形图。

选中第 (4) 步创建的统计表区域，单击“插入”选项卡“图表”组中的“柱形图”按钮，在打开的列表中选择“簇状柱形图”，去除图中图例、网格线，添加图表标题和数据标签，将组合框拖拽至图表上，即可生成如图 5-49 所示的效果。

根据组合框中选择的运货公司的不同，图表中显示的数据信息也会随之发生变化。

列表框和组合框的使用方式和作用完全一样，可以根据具体情况，选择合适的种类。

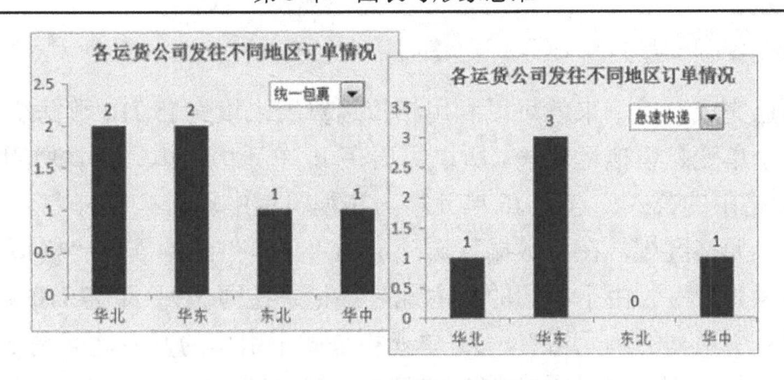

图 5-49　动态簇状柱形图

5.4.2　选项按钮/复选框式动态图表

选项按钮和复选框的格式设置方式相似，可以根据具体情况，选择合适的种类。下面以选项按钮为例，统计不同货运公司发往各地产生的运费总额。

例 5-2　依然使用图 5-43 所示的工作表，这次改用选项按钮来动态选择不同的货运公司，同时借助图 5-50 中的模拟运算表，统计出发往各地区的总运费。

(1) 以公司名称为数据源，创建选项按钮控件。

在工作表的空白处创建 3 个选项按钮表单控件，分别将其后的标签内容修改为“联邦货运”“急速快递”和“统一包裹”，如图 5-51 所示。

	H	I	J	K	L
1		货运公司			公司名称
2		货主地区	华北		联邦货运
3		总运费			急速快递
4					统一包裹
5			总运费		
6					
7		华北			
8		华东			
9		东北			
10		华中			
11					

图 5-50　模拟运算表及统计表格

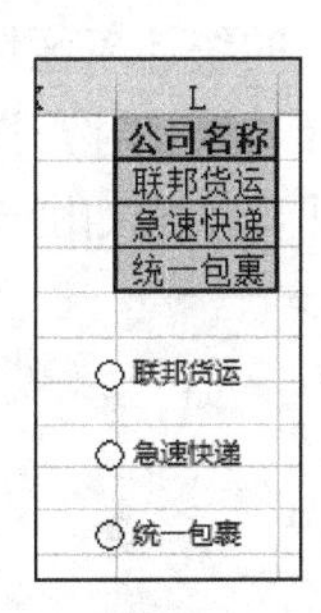

图 5-51　由选项按钮构成的货运公司选项

将第 1 个选项按钮的“单元格链接”属性设置为：$K$1。在 Excel 中，直接添加在工作表的选项按钮(不在任何分组框中)都被自动划为一个组内，所以另外两个选项按钮的“单元格链接”属性不用设置，系统会自动同步为$K$1 单元格。

(2) 根据用户的选择，动态显示运货公司名称。

由于选项按钮操作的结果为数字序号，所以还需要将其转换为具体的公司名称。与例 5-1 一样，可以使用 INDEX() 函数找到对应的公司名称，并将结果保存在 J1 单元格中，如图 5-52 所示。

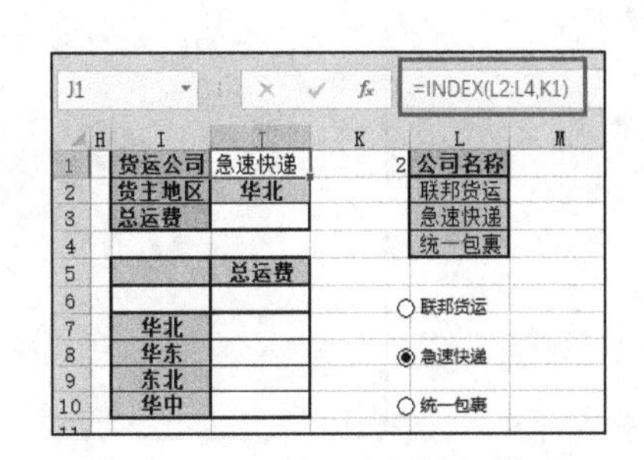

图 5-52　动态显示货运公司

(3) 制作统计表格。

根据 J1 和 J2 单元格中的信息，使用数组公式计算出相应的总运费，并将结果填充在 J3 单元格中。选中 J3 单元格，在编辑栏中输入：

```
{=SUM(IF((C2:C20=J1)*(E2:E20=J2),D2:D20))}
```

准备工作都已完成，接下来就可以利用模拟运算表来填充 I5:J10 数据统计区域。

由于这是一个单变量模拟运算表，所以需要在 J6 单元格内填写计算所用的公式，也就是直接调用 J3 单元格中的公式。选中 J6 单元格，在编辑栏中输入：=J3。

选中 I6:J10 单元格区域，在“数据”选项卡的“预测”组中展开“模拟分析”选项，选择其中的“模拟运算表”。由于不同的货主地区都记录在同一列(即 I7:I10 单元格)，所以需要设置的是“输入引用列的单元格”。J3 单元格公式中引用的货主地区是 J2 单元格，因此将该模拟运算表“输入引用列的单元格”设置为$J$2 单元格，最后单击“确定”按钮，如图 5-53 所示。统计表格如图 5-54 所示。

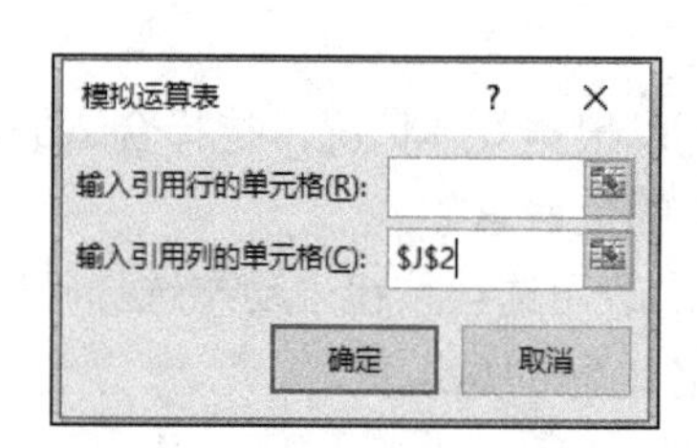

图 5-53　模拟运算表参数设置

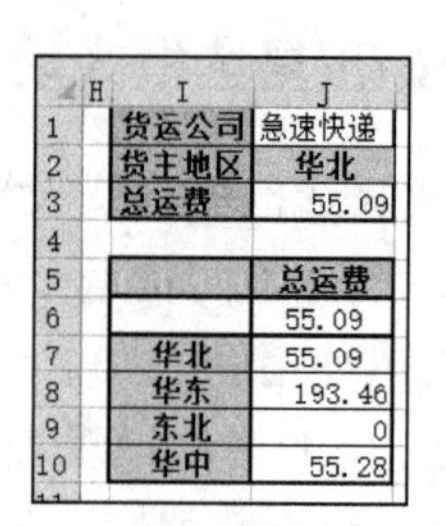

	H	I	J
1		货运公司	急速快递
2		货主地区	华北
3		总运费	55.09
4			
5			总运费
6			55.09
7		华北	55.09
8		华东	193.46
9		东北	0
10		华中	55.28

图 5-54　统计表格

(4)创建柱形图。

选中 I7:J10 的统计表区域，单击“插入”选项卡“图表”组中的“柱形图”按钮，在打开的列表中选择“簇状柱形图”，去除图中图例、添加图表标题，将 3 个选项按钮置顶后拖拽至图表上，即可生成如图 5-55 所示的效果。

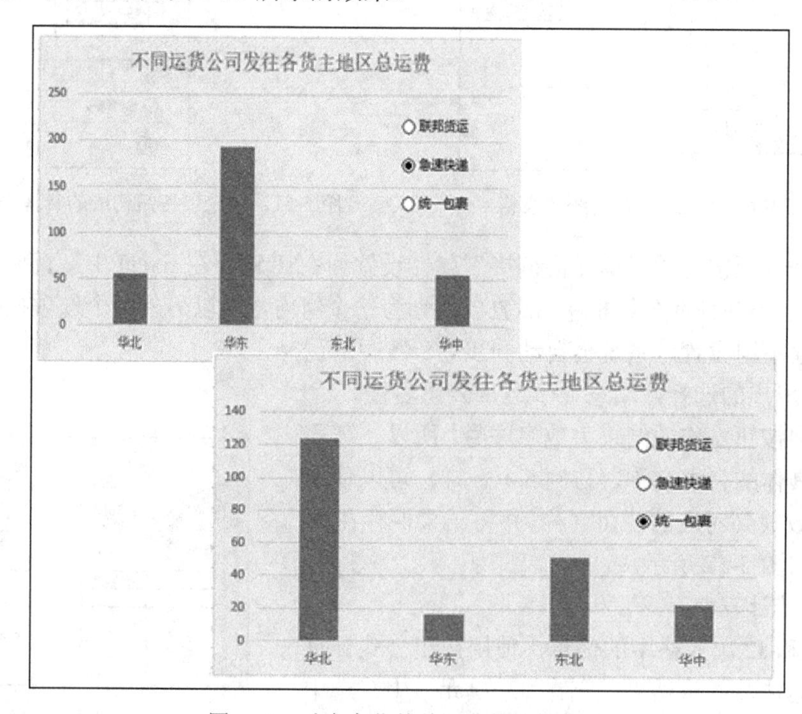

图 5-55　动态变化的总运费统计柱形图

5.4.3 数值调节按钮和文本框式动态图表

例 5-3　继续在如图 5-43 所示的工作表中，使用数值调节按钮和文本框来选择统计运货费总额，还有订单总金额，表格如图 5-56 所示。

(1) 创建数值调节按钮来选择统计量。

单击“开发工具”选项卡的“控件”组中的“插入”按钮，在展开的菜单中选择“表单控件”中的数值调节按钮，并将这个数值调节按钮的“最大值”设为 2，“最小值”设为 1，单元格链接设置为$L$1。

在“插入”选项卡的“文本”组中选择创建一个“横排文本框”，这个文本框用来显示用户选择统计的是运货费总额还是订单总金额。

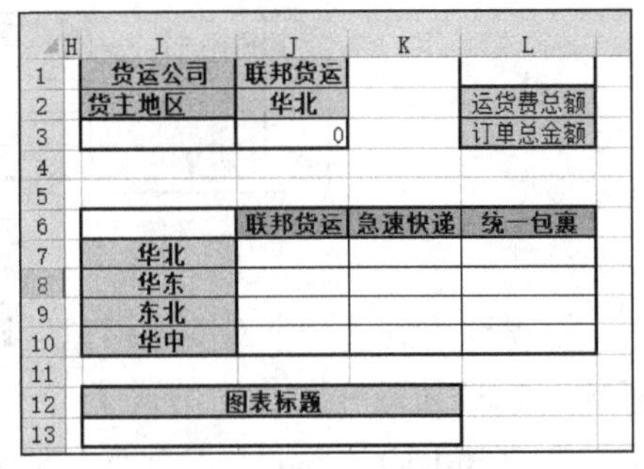

图 5-56　统计所需表格

最后在右键弹出的快捷菜单中，将这两个控件的“叠放次序”都设置为“置于顶层”，如图 5-57 所示。

(2) 根据用户的调节，设定统计量。

由于数值调节按钮产生的结果为数字，需要将其转化为阅读性更强的文字。结合 L2 和 L3 单元格中的内容，利用 INDEX() 函数找出对应的统计量名称，并将名称保存在 I3 单元格中，如图 5-58 所示。

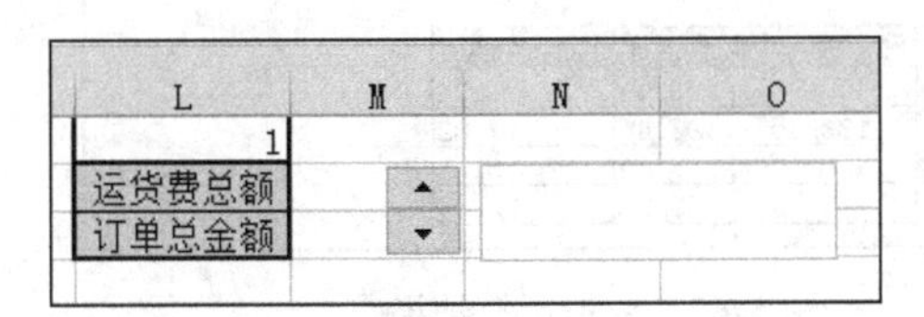

图 5-57　数值调节按钮和文本框

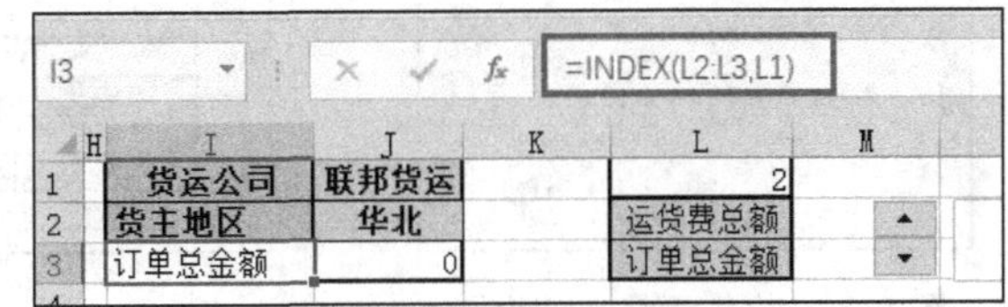

图 5-58　数值调节按钮选择的统计量

同时在文本框中同步显示用户选择的统计量名称，只需要选中该文本框后，在编辑栏中输入“=$I$3”，如图 5-59 所示。

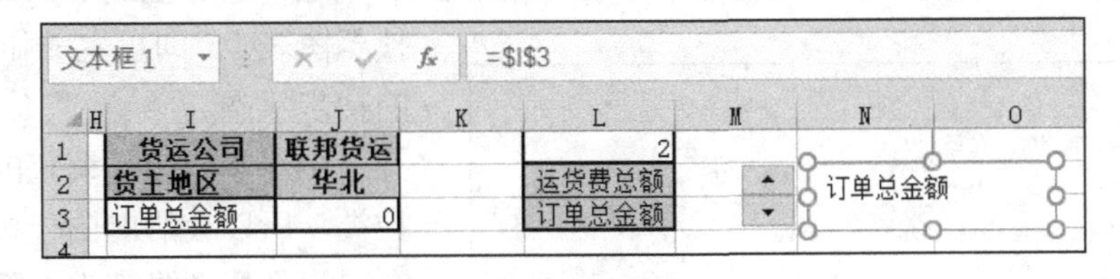

图 5-59　文本框的设置

(3) 利用模拟运算表制作统计表格。

根据 J1 和 J2 中的信息，再结合 L1 中反馈的统计量序号，使用数组公式计算出统计结果，并将结果保存在 J3 单元格中，如图 5-60 所示。选中 J3 单元格，在编辑栏中输入数组公式：

```
{=SUM(IF((C2:C20=J1)*(E2:E20=J2),IF(L1=1,D2:D20,F2:F20)))}
```

接下来就可以利用模拟运算表来填充 I6:L10 的数据区域。

	I	J	K	L	M	N
1	货运公司	联邦货运		1		
2	货主地区	华北		运货费总额		运货费总额
3	运货费总额	356.17		订单总金额		
4						
5						
6		联邦货运	急速快递	统一包裹		
7	华北					
8	华东					
9	东北					
10	华中					

图 5-60　统计表格

这道题用到了一个双变量模拟运算表，所以需要在 I6 单元格内填写计算所用的公式，也就是直接调用 J3 单元格中的式子。选中 J6 单元格，在编辑栏中输入“=J3”。

选中 I6:L10 区域，在“数据”选项卡的“预测”组中展开“模拟分析”选项，选择其中的“模拟运算表”。由于 3 个货运公司都记录在同一行(即 J6:L6 单元格)，所以货运公司信息应设置为“输入引用行的单元格”；不同的货主地区都记录在同一列(即 I7:I10 单元格)，所以货主地区信息应设置为“输入引用列的单元格”。因此将该模拟运算表“输入引用行的单元格”设置为$J$1 单元格，“输入引用列的单元格”设置为$J$2 单元格，如图 5-61 所示。单击“确定”按钮，如模拟运算结果如图 5-62 所示。

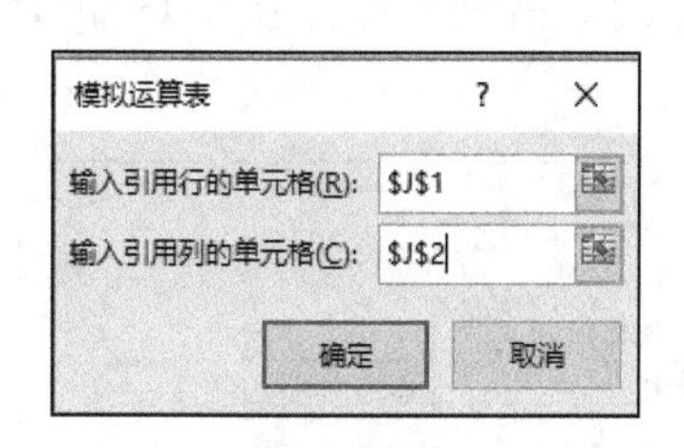

图 5-61　模拟运算表的设置

	I	J	K	L	M	N
1	货运公司	联邦货运		1		
2	货主地区	华北		运货费总额		运货费总额
3	运货费总额	356.17		订单总金额		
4						
5						
6	356.17	联邦货运	急速快递	统一包裹		
7	华北	356.17	55.09	124		
8	华东	133.45	193.46	17.02		
9	东北	0	0	51.3		
10	华中	0	55.28	22.98		

图 5-62　模拟运算结果

(4) 利用统计数据创建动态柱形图。

选中 I6:L10 的统计表区域，单击“插入”选项卡“图表”组中的“柱形图”按钮，在打开的列表中选择“簇状柱形图”，修改图表区和绘图区背景色，将数值调节按钮和文本框拖拽至图表上，即可生成如图 5-63 所示的初步状态。

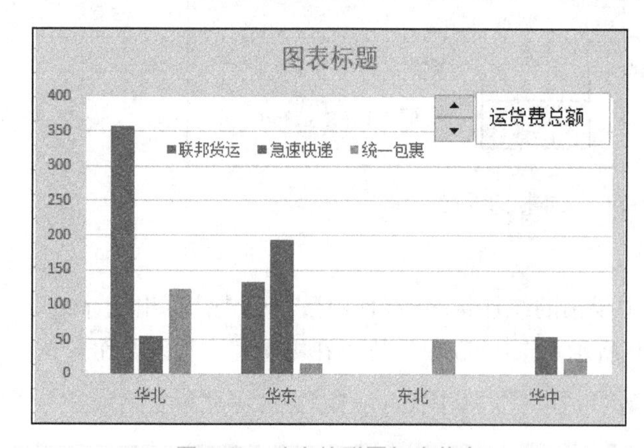

图 5-63　动态柱形图初步状态

由于本题控件调整的是统计量的种类，所以会影响图表标题显示的内容。为了标题内容也能随着数值调节按钮的调整而发生变化，那么需要删除系统自带的图表标题，然后在“插入”选项中的“文本”组中，添加一个“横排文本框”作为图表的标题。

选中这个文本框，在编辑栏中输入“=I13”。下面就需要通过式了设置

I13 单元格的内容，使之能随着控件的使用而发生相应的更改。选中 I13 单元格，在编辑栏输入：

```
="各货运公司发往不同地区的" & I3
```

通过以上步骤，就可以做出如图 5-64 所示的动态柱形图。

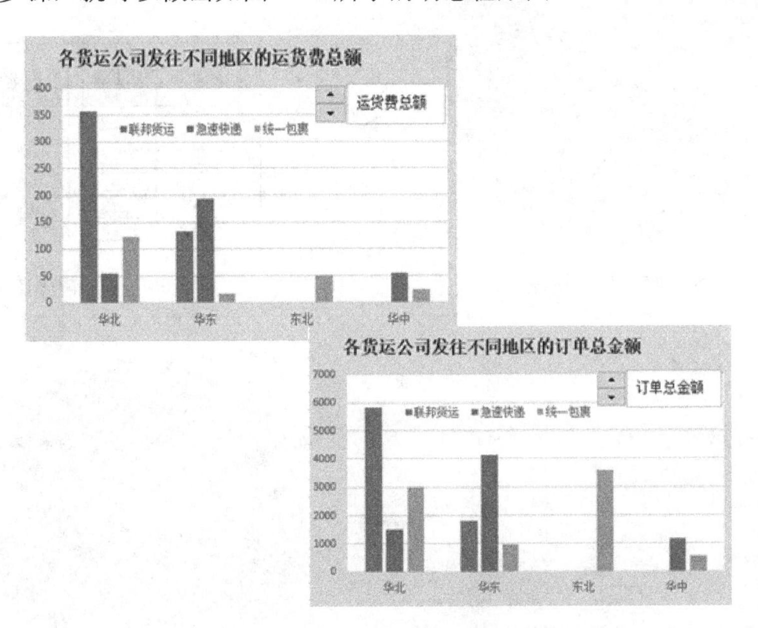

图 5-64 数值调节钮和文本框式动态柱形图

5.5 拓 展 应 用

5.5.1 母子饼图

与复合饼图的功能类似，母子饼图也可以用来显示某一个扇区中数据的详细组成成分。从外观上两者的区别在于，复合饼图的详细组成成分是外置的，而母子饼图中扇区的详细组成成分是内置。一个母子饼图的例子如图 5-65 所示。

创建母子饼图的过程与复合饼图最大的不同在于：母子饼图需要设置两个数据系列(有主次之分)，也就是内层的小扇区是第 1 个数据系列，外围的大扇区则是第 2 个数据系列。

以图 5-65 的母子饼图为例，首先从创建图表需要的工作表数据开始。创建母子饼图需要的数据源包含两个部分：一是大扇区对应的数据(也就是全国销售订单分布)，另一个则是某个扇区的详细组成成分(也就是华北区各省的销售订单分布)。请注意图 5-66 中 D8:E8 单元格的数据，其实就是除华北区外其他地区的订单总数，这个数据不能省。

数据源整理好后，就可以开始创建饼图了。首先需要创建内层的小扇区，选择 D3:E8 单元格区域中的数据，创建一个二维饼图，并为其增加数据标签，将数据标签中的内容设置为类别名称和百分比，那么第 1 个数据系列就构建完毕了。下一步就是要根据全国的订单情况创建第 2 个数据系列，可以通过右键快捷菜单中“选择数据”命令，然后单击“添加”按钮来实现，具体设置如图 5-67 所示。

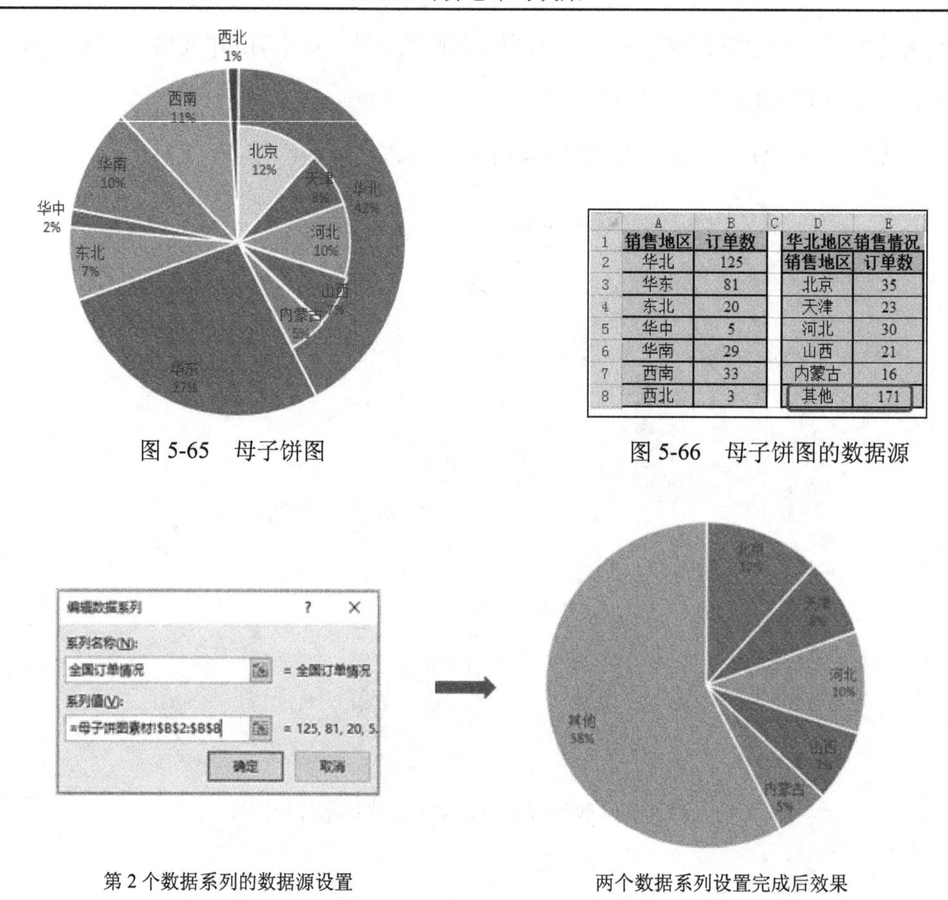

图 5-65　母子饼图

	A	B	C	D	E
1	销售地区	订单数		华北地区销售情况	
2	华北	125		销售地区	订单数
3	华东	81		北京	35
4	东北	20		天津	23
5	华中	5		河北	30
6	华南	29		山西	21
7	西南	33		内蒙古	16
8	西北	3		其他	171

图 5-66　母子饼图的数据源

第 2 个数据系列的数据源设置　　　　两个数据系列设置完成后效果

图 5-67　设置第 2 个数据系列

这时候是不是觉得添加第 2 个数据系列后饼图并无变化呢？为什么显示的还是第 1 个数据系列的饼图？这是因为饼图只可以显示一个数据系列。那么为了将两个数据系列都显示出来，就需要区分这两个部分。饼图虽然只能显示一个数据系列，但是却可以设置两个坐标系，当然是有主次之分。

打开第 1 个数据系列的“设置数据系列格式”对话框，将其设置为“次坐标轴”，同时将饼图的分离程度设置为 50%，如图 5-68 所示。修改后，第 1 个数据系列的饼图就会缩小分裂，露出了位于后层的第 2 数据系列。下面还需要做几点修饰工作：

(1)将其他“扇区”设置为无填充色，并删除该扇区的数据标签；

(2)北京扇区的填充色和后面的相同，为了以示区别，将该扇区的填充色更换；

(3)将北京、天津、河北、山西和内蒙古 5 个扇区依次向圆心拖拽合拢。

做完这些步骤，效果如图 5-69 所示。

图 5-69 基本已经呈现最终的效果了。最后只需要为后层的第 2 个数据系列设置数据标签即可。首先需要在“选择数据”对话框中选中第 2 个数据系列，将其“水平(分类)轴标签”设置为地区名称，如图 5-70 所示。选中后层的第 2 个数据系列的扇区，添加数据标签，并且将数据标签的内容设置为显示类别名称和百分比。

经过以上若干步骤，就可以创建出如图 5-65 所示的母子饼图。

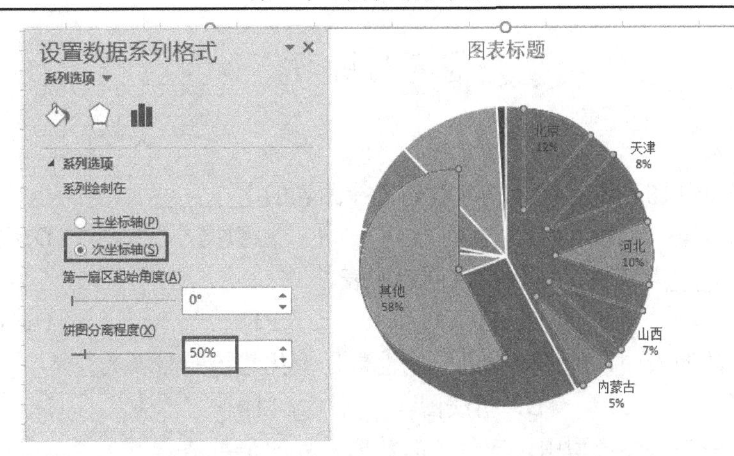

(a) 第 1 个数据系列的格式设置　　(b) 设置后饼图效果

图 5-68　第 1 个数据系列的格式设置

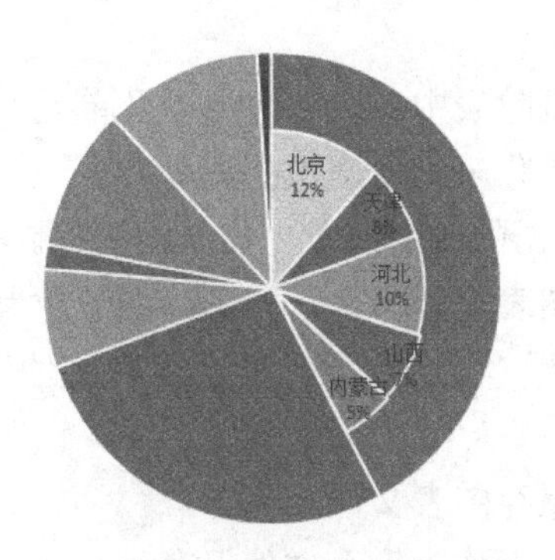

图 5-69　内层饼图处理后的效果

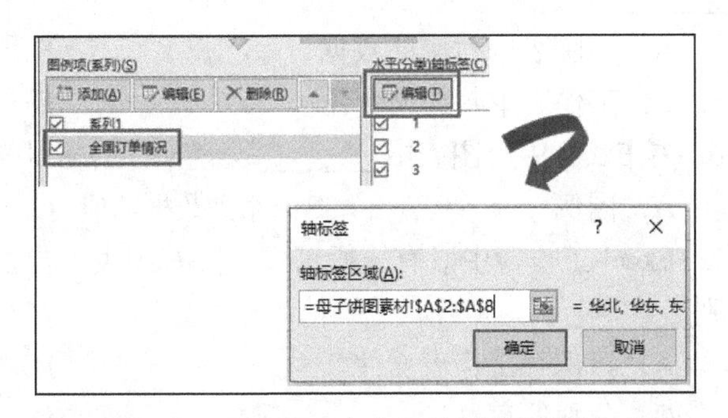

图 5-70　修改第 2 个数据系列的分类轴标签

5.5.2　迷你图表

当需要分析的数据规模很小时，无须对数据再做深层加工，通过明细数字就能展现出变化趋势。这时可以创建迷你图表来更直观地展现数据变化，同时操作步骤简化了很多，相当便捷。

迷你图表举例

本 章 小 结

本章主要介绍了 Excel 中图表的应用，主要包括了图表的常用类型、图表的创建、图表的编辑，以及如何在图表中结合控件，将普通的静态图表升级为交互性、阅读性更强的动态图表。其中动态图表可以灵活地展示在不同参数条件下，数据表现出的变化趋势，便于人们分析和提炼出数据体现出来的特征。

动态图表能够协助我们将抽象、枯燥的数字转换成人们更容易接受或理解的具体可感形象。而形象思维正是人类认识、了解这个世界的最基本形式之一，因此使用者只须通过肉眼观察、形象感知，就可以轻易捕获数据中隐藏的信息，进而更深刻地去认识和把握事物的各项特征。

思考与练习

一、单选题

1．在创建 Excel 图表过程中，应该首先选择图表的________。

A．插入位置　　B．选项　　C．源数据　　D．类型

2．使用________功能键，可以快速创建图表。

A．F8　　B．F9　　C．F11　　D．F12

3．在 Excel 的图表中，能反映出同一属性数据变化趋势的图表类型是________。

A．柱形图　　B．折线图　　C．饼图　　D．条形图

4．在 Excel 中的饼图类型中，应包含的数据系列的个数是________。

A．3 个　　B．1 个　　C．2 个　　D．任意

5．在 Excel 工作簿中，某图表与生成它的数据相连接，当删除该图表中某一数据系列时________。

A．清除表中对应的数据　　B．删除表中对应的数据以及单元

C．工作表中数据无变化　　D．工作表中对应数据变为 0

6．在 Excel 中，图表中________会随着工作表中数据的改变而发生相应的变化。

A．图例　　B．系列数据的值　　C．图表类型　　D．图表位置

7．Excel 工作簿中既有一般工作表又有图表，当执行“文件”菜单的“保存文件”命令时，则________。

A．只保存工作表文件　　B．保存图表文件

C．分别保存　　D．二者作为一个文件保存

8．“图表布局”组是位于“图表工具”下的“设计”选项卡中的功能组，它主要用来________。

A．提供 11 种内置的图表布局样式　　B．提供内置的图表类型

C．提供内置的 68 种图表样式　　D．手动编辑图表的各个元素

二、判断题

1．在 Excel 中，可以选择一定的数据区域建立图表。当该数据区域的数据发生变化时，图表亦随之发生相应的改变。（　）

2．数据图表功能是利用某种类型的图形，如柱形，直观地表示表格中各类数据的大小。利用图表编辑功能，可以分别调整图表中某一部分图形的大小和位置。（　）

3．如果想要移动 Excel 中的图表，只需将鼠标指针放在图表的控点上，按鼠标左键拖动。（　）

三、思考题

1．相对于表格，图表在表现数据方面有哪些优势？

2．如果不使用分组框，工作簿中的选项按钮会有何特征？

3．动态图表之所以能够产生动态的变化，其本质是什么？

第6章　投资决策模型与选择思维

人生中充满各种选择，运用科学的选择思维方式权衡利弊，可以做出更合理的决定。在投资决策时，当有众多方案摆在面前让我们挑选时，我们要用选择思维的方式看待问题，选出最佳的投资方案，做出更符合长期发展的决定，从而获得长期的收益。

投资决策的核心问题是利用科学的方法正确地计算和评价投资项目的经济效益，投资决策人员可以利用 Excel 建立多种投资模型，并进行定量分析，有效地、及时地、准确地计算和评价投资项目的经济效益，为正确的投资提供相应的支持。本章将介绍投资决策模型的基本概念、模型的建立方法，以及投资决策的分析方法，以培养选择思维的意识和利用选择思维解决问题的能力。

本章主要介绍内容有：

(1) 投资决策、货币的时间价值、贴现率、净现值和内部报酬率等基本概念；

(2) 常用的投资决策财务函数：PV()函数、FV()函数、NPV()函数、PMT()函数、PPMT()函数、IPMT()函数、ISPMT()函数、RATE()函数、IRR()函数和 NPER()函数；

(3) 投资决策模型的建立和分析方法。

6.1　投资决策模型概述

6.1.1　投资决策的基本概念

所谓投资决策就是指投资者运用一定的科学理论、科学方法和技术手段，对投资的目标、成本与收益等进行分析、判断和方案选择，以实现其预期的投资目标。在企业的生产经营活动中，投资决策是企业所有决策中最为关键、最为重要的决策。一个好的投资决策能使濒临破产的企业起死回生，焕发青春；一个失误的投资决策会使一个企业陷入困境，甚至破产倒闭。

进行投资方案比较和择优是评价投资的关键。在多个备选投资方案中主要是看投资项目净现值、净现值率和内部报酬率这 3 个指标，它们从不同的侧面反映了投资项目的经济效益。但同时这 3 个指标各有其局限性。因此，对投资方案进行比较与择优，必须区分投资项目的目的与用途，选择使用不同的评价指标。本章所讨论的投资评价问题主要是基于现金流的投资评价方法。

在贴现指标中要了解净现金流量，投资项目各期净现金流量的计算公式为：

各期净现金流量=各期现金流入量－各期现金流出量

6.1.2　货币的时间价值

货币的时间价值是指货币随着时间的推移而发生的增值，也称资金时间价值。货币的时间价值是一切金融计算的基础，无论是个人理财还是企业的财务管理，乃至整个社会的经济运行和国家财政，都是建立在这一基本概念之上的。

同一面额的货币在不同时间点具有不同的价值。例如，今年的 100 元钱和明年、后年的 100 元钱的价值是不相同的。假设将这 100 元钱存入银行，如果银行的年利率为 r，那么今年的 100 元钱到明年将变成 $100*(1+r)$ 元，在计算复利的情况下，后年将变成 $100*(1+r)^2$ 元，n 年后将变成 $100*(1+r)^n$ 元。

1. 单利终值与现值

单利是指在计算利息时，每一次都按照第 1 次投入的本金计算利息，每次计算的利息都不转入下一期的本金中。我国的银行通常采用此方法计算储户的利息。

1) 单利终值

单利终值就是按照单利方法来计算本金与未来利息之和。其计算公式可用式(6-1)表示。

$$F = P + I = P + P \times r \times t = P\times(1 + r \times t) \tag{6-1}$$

式中，F 为本利和(终值)，P 为本金(现值)，I 为利息，r 为利率，t 为年限。

2) 单利现值

单利现值的计算实际上就是未来的终值折算到现在的现金价值。单利现值的计算公式可用式(6-2)表示。

$$P = F/(1 + r \times t) \tag{6-2}$$

式中，P 为本金(现值)，F 为本利和(终值)，r 为利率，t 为年限。

单利终值与单利现值互为逆运算。

2. 复利终值与现值

所谓复利，就是对本金和本金所产生的利息在下期一起计算利息，即通常所说的“利滚利”。

1) 复利终值

复利终值的计算公式可用式(6-3)表示。

$$F = P \times (1 + r)^t \tag{6-3}$$

式中，F 为本利和(终值)，P 为本金(现值)，r 为利率，t 为年限。

例如，当前有 10000 元现金，假定银行的年利率是 6%，10 年后的将来值是 $10000 \times (1+6\%)^{10} = 17908.48$ 元。

2) 复利现值

复利现值就是指未来一定时间后希望获得的资金额，按复利折算到现在所需要的本金的价值。复利现值的计算公式可用式(6-4)表示。

$$P = F/(1 + r)^t \tag{6-4}$$

式中，F 为本利和(终值)，P 为本金(现值)，r 为利率，t 为年限。

例如，10 年后的 10000 元钱，假定年贴利率是 6%，则相当于现在的 $10000/(1+6\%)^{10} = 5583.95$ 元。

复利终值与复利现值互为逆运算。

6.1.3　评价投资决策的指标

投资决策的指标用于评估投资计划是否可行或是否更好。评价投资决策的指标有很多，但可以概括为两大类：一是贴现现金流量指标；二是非贴现现金流量指标。

贴现现金流量指标是指考虑了资金的时间价值的指标。这类指标主要有净现值、内部报酬率、获利指数等。

非贴现现金流量指标是指不考虑资金的时间价值的指标。这类指标主要有投资回收期和平均报酬率。

本节我们主要讨论贴现现金流量指标的净现值和内部报酬率。

1. 净现值(NPV)

净现值是指特定方案中未来现金流入的现值与未来现金流出的现值之差。

净现值决策规则如下：

(1) 对于各个投资项目，主要的判断标准是看它们的净现值是否大于 0。如果投资项目的净现值大于 0，说明投资项目的现金流入大于投资项目的现金流出，则投资方案可行；如果净现值小于 0，则不可行；如果净现值等于 0，则该项投资没有意义，白白耗费时间。

(2) 对于互斥的投资方案，则应该在所有净现值大于 0 的投资方案中，选择净现值最大的投资方案。

2. 内部报酬率(IRR)

内部报酬率又称内含报酬率，是指能够使未来现金流入量现值等于未来现金流出量现值的贴现率，或者是使投资方案净现值等于 0 的贴现率。在使用内部报酬率进行投资项目决策时，对于独立的项目，只要内部报酬率大于或等于项目的必要报酬率，该投资项目就是能采纳的；否则，该投资项目就不能作为投资的备选方案。当有多个互斥的投资项目可选时，应该选择内部报酬率最大的投资项目作为投资方案。

6.1.4　基于净现值的投资决策模型的一般建模步骤

一般的建模步骤如下：

(1) 根据题中已知的数据，列出每一期的净现金流。

(2) 在 Excel 工作表中建立清晰的投资评价模型的计算框架。

(3) 求出所有投资项目的净现值。

(4) 求出投资项目中最大的净现值，找出最优的投资项目名称。

(5) 分别求出每个项目的内部报酬率，通过内部报酬率的高低来分析各个项目的投资价值。

6.1.5　常用的财务函数

Excel 提供了大量的财务内建函数，在进行投资决策分析时，使用这些函数可以大大提高建立模型、分析模型的效率。本节主要介绍一些常用的财务函数。

1. PV()函数

功能：返回投资的现值。现值为一系列未来付款折算到现在当前值的累计和。例如，借入方的借入款数额即为贷出方贷款的现值。

语法格式：PV(rate, nper, pmt, fv, type)

参数说明：

(1) rate 为各期利率。

(2) nper 为总投资期，即该项投资的付款期总数。

(3) pmt 为各期所应支付的金额，其数值在整个年金期间保持不变。通常，pmt 包括本金和利息，但不包括其他费用或税款。如果忽略 pmt，则必须包含 fv 参数。

(4) fv 为未来值，或在最后一次支付后希望得到的现金余额。如果省略 fv，则默认其值为 0(例如，一笔贷款的未来值即为 0)。如果忽略 fv，则必须包含 pmt 参数。

(5) type 为数字 0 或 1，用以指定各期的付款时间是在期末还是期初。如果省略，则默认其值为 0，即表示期末。若为 1，则表示期初。

例 6-1　某保险公司近日推出一项名为“红太阳教育基金”的投资计划，只要花 30 万参加此方案，即可在未来 10 年内，每年领回 4 万元的子女教育基金(银行的年利率为 7.5%)。参加此方案后，未来 10 年就不必担心经济不景气、失业时无法负担子女的学费等问题。问此方案是否值得投资？

操作步骤：

	A	B	C	D
1				
2		红太阳教育基金投资计划		
3		投资成本	￥300,000	
4		年利率	7.50%	
5		期数	10	
6		每期得款	￥40,000	
7				
8		投资现值	-274,563.24	
9				

图 6-1　PV()函数示例

(1) 建立模型框架。将“投资成本”“年利率”“期数”“每年得款”等填写在工作表中，并在相应的单元格中输入已知的数据。

(2) 计算现值。在单元格 C8 中输入投资净现值的计算公式“=PV(C4, C5,C6,0,0)”。投资现值是 –274563.24 元。模型框架及计算结果如图 6-1 所示。

因为计算出来的“投资现值”是计算成本，表示要付出金额，所以会出现负数。

结果是计算出此投资方案的现值只有 274 563.24 元，表示未来回报的现值仅有 274 563.24 元，小于现在付出的 30 万元，因此，评估此方案的结果为“不值得投资”。

2. FV()函数

功能：基于固定利率及等额分期付款方式，返回某项投资的未来值。

语法格式：FV(rate, nper, pmt, pv, type)

参数说明：

(1) pv 为现值，或一系列未来付款的当前值的累计和。如果省略 pv，则默认其值为 0，并且必须包括 pmt 参数。

(2) 其他参数同 PV()函数。

例 6-2　王丽选择江苏银行推出的零存整取方案，每月月末将薪水的 1/3(3000 元)存入银行，为期 5 年，并享有 4%的年利率。王丽 5 年后会有多少存款？

操作步骤：

(1) 建立一个计算模型框架。将“每月存款”“年利率”“期数(月)”等填写在工作表中，在相应的单元格中输入已知的数据。

(2) 计算未来值。在单元格 C7 中输入存款总和的计算公式“=FV(C5/12, C4,C3,0,0)”。存款总和是 198 896.93 元，其中利息是 18 896.93 元。模型框架及计算结果如图 6-2 所示。

	A	B	C	D
1				
2		王丽零存整取5年存款计划		
3		每月存款	￥-3,000	
4		期数（月）	60	
5		利率	4%	
6				
7		存款总和	198,896.93	
8				

图 6-2　FV() 函数示例

在计算时，利率和期数必须是相同的单位。由于是每月存款一次，所以必须将年利率除以 12，换算成月利率来计算。

3. PMT()、PPMT()、IPMT()、ISPMT() 函数

1) PMT() 函数

功能：基于固定利率及等额分期付款方式，返回投资或贷款的每期付款额。

语法格式：PMT(rate,nper,pv,fv,type)

参数说明：PMT 函数中参数的详细说明请参阅 PV 函数和 FV 函数。

2) PPMT() 函数

功能：基于固定利率及等额分期付款方式，返回投资或贷款在某一给定期次内的本金偿还额。

语法格式：PPMT(rate,per,nper,pv,fv,type)

参数说明：

(1) per 用于计算其本金数额的期数，它的取值范围必须为 1～nper。

(2) 其他参数同 PMT() 函数。

3) IPMT() 函数

功能：基于固定利率及等额分期付款方式，返回投资或贷款在某一给定期次内的利息偿还金额。

语法格式：IPMT(rate,per,nper,pv,fv,type)

参数说明：同 PPMT() 函数。

4) ISPMT() 函数

功能：计算特定投资期内要支付的利息。

语法格式：ISPMT(rate,per,nper,pv)

参数说明：

(1) per 用于计算其本金数额的期数，它的取值范围必须为 0～(nper−1)。

(2) 其他参数同 PPMT() 函数。

例 6-3　某人向银行借款 200 万元，用于商业投资，借款期限为 10 年，借款年利率为 8%，银行要求采用等额本息摊还法来偿还借款。请编制一张还款计划表。

操作步骤：

(1) 建立模型框架。

设计还款计划表格，将“借款金额”“借款期限”“借款年利率”等已知数据填写在单元格区域 A1:E4 中；在单元格区域 A5:E18 中建立一个还款计划表的框架，在单元格区域 A7:A17 中输入 0～10，表示还款的期次。

(2) 计算整个还款期中年偿还额、支付利息、偿还本金和剩余本金。

在单元格 B8 中输入公式“=PMT($C$4,$C$3,–$C$2)”，并复制到单元格区域 B9:B17 中，即得到等额本息摊还法下每年的偿还额。

在单元格 C8 中输入公式“=IPMT($C$4,A8,$C$3,–$C$2)”，并复制到单元格区域 C9:C17 中，即得到该企业每年应支付给银行的利息。

在单元格 D8 中输入公式“=PPMT($C$4,A8,$C$3,–$C$2)”，并利用填充柄工具将 D8 单元格的公式复制到单元格区域 D9:D17 中，即得到该公司每年应偿还的本金数额。

在单元格 E7 中输入公式“=$C$2”，或直接输入借款金额 200，然后在单元格 E8 中输入公式“=E7-D8”，并复制到单元格区域 E9:E17 中，即得到该企业每年剩余的本金数。

在单元格 A18 中输入“合计”，在单元格 B18 中输入求和公式“=SUM(B7:B17)”，并将 B18 单元复制到 C18 和 D18，这样就算出了整个还款期中还款的总本金、总利息和总还款金额。

备注：

(1) 等额还款情况下每年的还款额除了可以用 PMT() 函数计算，也可以用每年的支付利息和每年的偿还本金和来计算。例如：B8=PMT($C$4,$C$3,–$C$2) 和 B8=C8+D8，其计算结果相同。

(2) 等额还款情况下每年的支付利息除了可以利用 IPMT() 函数来计算，还可以用上一年末的剩余本金乘以借款年利率来计算。例如：C8=IPMT($C$4,A8, $C$3,–$C$2) 和 C8=E7*$C$4，其计算结果相同。

模型的框架及计算结果如图 6-3 所示。

	A	B	C	D	E
1	等额本息摊还法偿还借款				
2	借款金额（万元）		200		
3	借款期限（年）		10		
4	借款年利率		8%		
5	还款计划表　　单位：万元				
6	年	年偿还额	支付利息	偿还本金	剩余本金
7	0	0.00	0.00	0.00	200.00
8	1	29.81	16.00	13.81	186.19
9	2	29.81	14.90	14.91	171.28
10	3	29.81	13.70	16.10	155.18
11	4	29.81	12.41	17.39	137.79
12	5	29.81	11.02	18.78	119.01
13	6	29.81	9.52	20.29	98.72
14	7	29.81	7.90	21.91	76.81
15	8	29.81	6.15	23.66	53.15
16	9	29.81	4.25	25.55	27.60
17	10	29.81	2.21	27.60	0.00
18	合计	298.06	98.06	200.00	

图 6-3　PMT()、PPMT()、IPMT() 函数示例

例 6-4　某人向银行借款 50 万元，期限为 10 年，借款年利率为 8%，要求以等本金摊还法偿还借款。试计算第 1 个月应支付的利息和第 1 年应支付的利息。

操作步骤：

(1)建立模型框架。

将“年利率”“期间”“投资的年限”“贷款额”“第一个月支付的利息”“第一年支付的利息”在工作表中形成一个计算的框架，在相应的单元格中输入已知的数据。

(2)计算相应的利息。

首先计算第 1 个月应支付的利息，把年利率、投资的年限要换算成对应的月利率的月期限，在 C7 单元格输入计算公式“=ISPMT(C2/12,C3-1,C4*12,-C5)”；其次计算第 1 年应支付的利息，在 C8 单元格输入计算公式“=ISPMT(C2,C3-1,C4,-C5)”。模型框架及计算结果如图 6-4 所示。

	A	B	C	D
1				
2		年利率	8%	
3		期间	1	
4		投资的年限	10	
5		贷款额	500,000	
6				
7		第一个月支付的利息	3,333.33	
8		第一年支付的利息	40,000.00	
9				

图 6-4　ISPMT()函数示例

4. RATE()函数

功能：返回年金的各期利率。RATE()函数通过迭代法计算得出，并且可能无解或有多个解。如果在进行 20 次迭代计算后，RATE()函数的相邻两次结果没有收敛于 0.0000001，RATE()函数返回错误值“#NUM!”。

语法格式：RATE(nper,pmt,pv,fv,type,guess)

参数说明：

(1)guess 为预期利率(估计值)。如果省略预期利率，则默认该值为 10%。如果 RATE()函数不收敛，可改变 guess 的值。通常当 guess 为 0～1 时，RATE()函数是收敛的。

(2)其他参数同 PV()函数和 PMT()函数。

例 6-5　小沈有一笔金额为 600000 元的 30 年期购房贷款，月支付额为 3700 元，则该笔贷款的月利率和年利率为多少？

操作步骤：

(1)建立模型框架。将“贷款总额”“贷款年限(年)”“月支付额”等填写在工作表中，在相应的单元格中输入已知的数据。

(2)计算月利率和年利率。在 C6 单元格中输入月利率的计算公式“=RATE(C3*12,-C4,C2,0,0)”，在 C7 单元格中输入年利率的计算公式“=C6*12”。模型框架及计算结果如图 6-5 所示。

	A	B	C	D
1				
2		贷款总额	600,000	
3		贷款期限（年）	30	
4		月支付额	3,700	
5				
6		月利率	0.52%	
7		年利率	6.26%	
8				

图 6-5　RATE()函数示例

5. NPV()函数

NPV 是 Net Present Value 的简称，中文的含义是净现值。

功能：通过使用贴现率以及一系列未来支出(负值)和收入(正值)，返回一项投资的净现值。

语法格式：NPV(rate,value1,value2,...)

参数说明：

(1)rate 为某一期间的贴现率，是一固定值。

（2）value1,value2,...代表支出及收入的 1～254 个参数。value1,value2,...在时间上必须具有相等间隔，并且都发生在期末。

例 6-6　某公司第 1 年初投资了 300 万，在未来 6 年的每年末收入分别为 50 万、70 万、90 万、115 万、140 万、150 万。若每年的银行贴现率为 7%，请计算该公司投资的净现值。

操作步骤：

（1）建立模型框架。将“投资成本”“贴现率”“各年收益”“投资的净现值”填写在工作表中，并在相应的单元格区域中输入已知的数据。

（2）计算净现值。在 C11 单元格中输入投资净现值的计算公式：“=C3+NPV(C2,C4:C9)”。投资净现值是 168.84 万元。模型框架及计算结果如图 6-6 所示。

	A	B	C	D
1				
2		贴现率	7%	
3		投资成本	-300	
4		第1年收益	50	
5		第2年收益	70	
6		第3年收益	90	
7		第4年收益	115	
8		第5年收益	140	
9		第6年收益	150	
10				
11		投资的净现值	168.84	
12				

图 6-6　NPV()函数示例

6. IRR()函数

功能：返回由数值代表的一组现金流的内部收益率。它们必须按固定的间隔发生，如按月或按年。

语法格式：IRR(values,guess)

参数说明：

（1）values 为数组或单元格范围的引用，包含用来计算内部收益率的数字。即从初期到最后一期的净现金流。

（2）guess 为对 IRR()函数计算结果的估计值。

当净现值为 0 时，内部报酬率和贴现率是相等的，即内部报酬率就是贴现率。

例 6-7　中宏公司投资某项目一次性花费资金 88000 元，根据目前的市场行情，经测算预期今后 4 年的净收益（净现金流量）分别为 29200 元、26300 元、19500 元和 26600 元，目前银行的利率为 5.5%。试评价中宏公司是否值得投资该项目。

操作步骤：

（1）建立计算模型框架。在相应的单元格区域中输入已知的数据。

（2）利用 IRR()函数计算投资项目的内部报酬率。投资模型框架及计算结果如图 6-7 所示。在 H5 单元格中，内部报酬率的计算公式为“=IRR(C5:G5)”，得到的内部报酬率是 6.20%，内部报酬率大于银行的报酬率 5.5%，所以该项目值得投资。

	A	B	C	D	E	F	G	H	I
1									
2		中宏公司投资项目内部报酬率							
3		银行利率	年初投资	各年年末净收益				内部报酬率	
4				第1年	第2年	第3年	第4年		
5		5.5%	-88,000	29,200	26,300	19,500	26,600	6.20%	
6									

图 6-7　IRR()函数示例

7. NPER()函数

功能：基于固定利率及等额分期付款方式，返回某项投资（或贷款）的总期数。

语法格式：NPER(rate,pmt,pv,fv,type)

参数说明：

(1) pmt 为各期所应付给(或得到)的金额，其数值在整个年金期间(或投资期内)保持不变。通常 pmt 包括本金和利息，但不包括其他的费用及税款。

(2) 其他参数同 PMT() 函数。

例 6-8　小沈有一笔金额为 600000 元的贷款，现在每月偿还 3700 元，月利率为 0.5%，问该笔贷款多少年能还清？

操作步骤：

(1) 建立模型框架。将“贷款额”“月利率”“月支付额”“还款年限”填写在工作表中，并在相应的单元格区域中输入已知的数据。

(2) 计算还款年限。在 C6 单元格中使用 NPER() 函数计算还款年限，计算公式为“=NPER(C3,–C4,C2,0,0)/12”，计算结果表明还款年限是 27.82 年。模型框架及计算结果如图 6-8 所示。

	A	B	C	D
1				
2		贷款额	600,000	
3		月利率	0.50%	
4		月支付额	3,700	
5				
6		还款年限	27.82	
7				

图 6-8　NPER() 函数示例

PV()、FV()、NPER()、PMT() 和 RATE() 函数都可称为年金函数，因为每期中发生的金额都是一样的，这 5 个函数是密切相关的，在 5 个参数(pv、fv、nper、pmt 和 rate)中已知其中 4 个参数，就可以求出剩下的一个参数。

6.2　企业经营投资决策模型

6.2.1　企业经营投资决策模型概述

1. 企业经营投资决策

企业在经营过程中，会面对多项投资的选择过程，这有多方面的考量：

(1) 当前的投资项目是否是必要的？

(2) 在一定时期内投资总量是多大？

(3) 在企业投资过程中，采用什么的方式进行融资？

(4) 对一定的投资的成本而言，预计投资收益如何？

企业经营投资的目的就是希望能够在一定的投资成本下，实现投资预期目标的最大化。因此，对于企业而言，若能寻找一个在企业投资能力范畴内的投资项目，将为企业带来最佳收益。

2. 企业经营投资决策的建模步骤

在企业经营投资决策建模的过程中，首要的建模任务是要收集和整理投资环境中的各种与投资相关的数据，然后整理出现金流的变化情况。企业经营投资决策建模的操作步骤如下：

(1) 将各种可能的投资方案一一列出，收集整理出每种投资方案的相关数据，如资金的投入金额、各种投资方案的起止期限、预期收益等相关的数据。资金的流入用正数表示，资金的流出用负数表示。

(2)用一些单元格表示已知参数、决策变量和目标变量，在 Excel 中建立经营投资评价模型的框架。

(3)使用 VPN()函数计算出每种经营投资方案的净现值。

(4)使用 MAX()函数计算出各种经营投资方案中最大的净现值，根据最大的净现值，利用 IF()、INDEX()和 MATCH()函数确定最优经营投资方案的名称。

(5)插入数值调节钮控件，用来调整贴现率、项目期限的大小。

(6)根据计算结果绘制可调整的动态图表。

(7)调整数值调节钮，观察贴现率、项目期限等决策变量与模型参数的变化对投资方案选择的影响。

6.2.2　应用举例

例 6-9　某项目有 4 个方案 A、B、C、D，各方案的投资及预期回报不同，如表 6-1 所示。投资发生在第 1 期的期初。

表 6-1　4 个方案的投资回报

方案	投资/万元	预期回报/万元				
		第 1 年	第 2 年	第 3 年	第 4 年	第 5 年
A	70	15	15	20	20	30
B	100	20	20	30	35	40
C	120	22	24	36	40	45
D	150	32	38	42	48	50

(1)基于贴现率 10%，建立一个决策模型，选出最优的投资方案。

操作步骤：

①建立模型框架，列出各期的现金净流量，如图 6-9 所示。

	A	B	C	D	E	F	G	H
1	方案	投资	预期回报					净现值 NPV
2			第1年	第2年	第3年	第4年	第5年	
3	A	-70	15	15	20	20	30	
4	B	-100	20	20	30	35	40	
5	C	-120	22	24	36	40	45	
6	D	-150	32	38	42	48	50	
7								
8	贴现率							
9	最大净现值							
10	最优方案							

图 6-9　模型框架

②计算各个方案的净现值。在 H3 单元格中输入公式“=B3+NPV($B$8,C3:G3)”，计算方案 A 的净现值。

将 H3 中的公式填充到 H4:H6，计算方案 B、C、D 的净现值。

③求出最大的净现值，找出最优投资方案的名称。通过 MAX 函数在 H3:H6 中查找净现值的最大值。如果最大值大于 0，说明方案可取，通过 MATCH 函数查找最大净现值在 H3:H6 中的位置，然后通过 INDEX()函数返回 A3:A6 中对应位置的方案名称。

在 B9 单元格中输入公式“=MAX(H3:H6)”计算最大净现值；在 B10 单元格中，输入公式“=IF(B9>0,INDEX(A3:A6,MATCH(B9,H3:H6,0)),"无")”，确定最优方案。

结果如图 6-10 所示，最优方案为 B，最大净现值为 5.9925 万元。

	A	B	C	D	E	F	G	H
1	方案	投资	预期回报					净现值 NPV
2			第1年	第2年	第3年	第4年	第5年	
3	A	-70	15	15	20	20	30	3.3473
4	B	-100	20	20	30	35	40	5.9925
5	C	-120	22	24	36	40	45	2.1440
6	D	-150	32	38	42	48	50	5.8818
7								
8	贴现率	10%	10					
9	最大净现值	5.9925						
10	最优方案	B						

图 6-10　计算结果

(2) 建立模拟运算表，分析不同贴现率(3%～15%)对净现值的影响。

操作步骤：

①在 A14:A26 单元格中输入贴现率序列，在 B13:E13 单元格中分别输入“=H3”“=H4”“=H5”“=H6”。

②选中 A13:E26 单元格，单击“数据”选项卡的“预测”组中的“模拟分析”按钮，在下拉列表中选择“模拟运算表”命令，在“模拟运算表”对话框中设置 B8 为输入引用列的单元格，单击“确定”按钮。结果如图 6-11 所示。

通过对模拟运算表的分析可以发现，贴现率越小，净现值越大。在贴现率较小时，方案 D 的净现值最大。

	A	B	C	D	E	F
11						
12	贴现率	方案A	方案B	方案C	方案D	
13		3.3473	5.9925	2.1440	5.8818	
14	3%	20.6529	31.3250	31.2835	41.1004	
15	4%	17.8252	27.1870	26.5260	35.3672	
16	5%	15.1277	23.2390	21.9860	29.8905	
17	6%	12.5529	19.4700	17.6513	24.6560	
18	7%	10.0937	15.8701	13.5102	19.6500	
19	8%	7.7437	12.4296	9.5519	14.8601	
20	9%	5.4968	9.1399	5.7663	10.2743	
21	10%	3.3473	5.9925	2.1440	5.8818	
22	11%	1.2898	2.9798	-1.3238	1.6722	
23	12%	-0.6805	0.0946	-4.6455	-2.3642	
24	13%	-2.5683	-2.6699	-7.8287	-6.2364	
25	14%	-4.3780	-5.3201	-10.8808	-9.9530	
26	15%	-6.1137	-7.8619	-13.8084	-13.5218	
27						

图 6-11　模拟运算表

(3) 根据模拟运算表的数据，建立各个投资方案净现值随贴现率变化的图形。

操作步骤：

选中 A14:E26，创建以 A14:A26 为 X 轴数据值的“带平滑线的散点图”，设置线型、系列名称，如图 6-12 所示。

(4) 利用 IRR() 函数求出两个方案净现值相等的曲线交点，画出参考线。

操作步骤：

这里以绘制方案 A 和方案 C 曲线交点的参考线为例进行讲解。

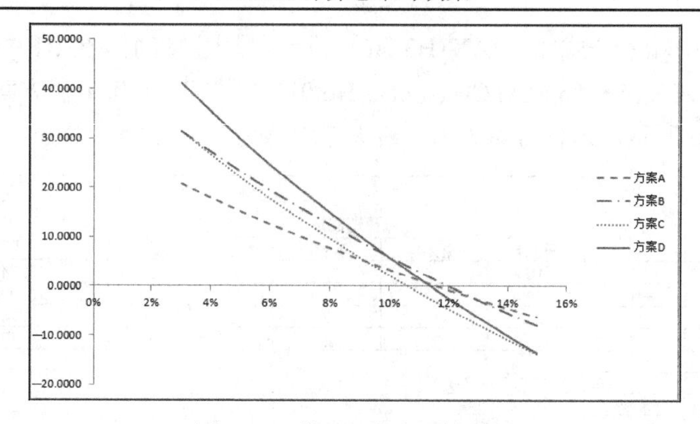

图 6-12　带平滑曲线的散点图

①在 G12 单元格中输入公式“=IRR(B3:G3–B5:G5)”，计算方案 A 和方案 C 净现值相等时的贴现率。

②在 H12 中输入公式“=B3+NPV(G12,C3:G3)”，计算净现值。

③在 G13 单元格中输入“=G12”，在 H13 中输入 0。此时，垂直参考线的两个点的坐标就有了。

④在 J12:K13 中输入水平参考线两端点的坐标。

⑤在散点图中添加两个数据系列，分别是垂直参考线和水平参考线。

⑥设置参考线的线型为方点，2 磅，颜色为红色。

⑦为交点添加数据标签。

结果如图 6-13 所示。

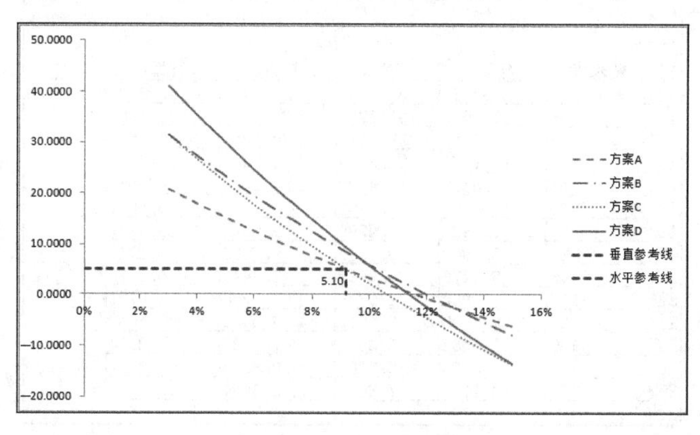

图 6-13　添加参考线

(5) 建立贴现率的可调控件，动态显示不同贴现率下各方案净现值的三维簇状圆柱图。

操作步骤：

①选中 A3:A6 和 H3:H6 单元格，建立三维簇状柱形图，在“设置数据系列格式”窗体中设置“柱体形状”为“圆柱图”，即建立了三维簇状圆柱图。设置标题为“净现值”。

②添加一个标签控件，设置文本为“贴现率”。

③添加一个微调框，设置其当前值、最小值、最大值和步长分别为 10、3、15、1，链接单元格设置为 C8。

④在 B8 单元格中输入公式“=C8/100”，以使贴现率随微调框变化。

⑤添加一个 ActiveX 控件组中的文本框控件，设置其 LinkedCell 属性值为 C8。然后添加一个标签，设置其文本为“%”，结果如图 6-14 所示。

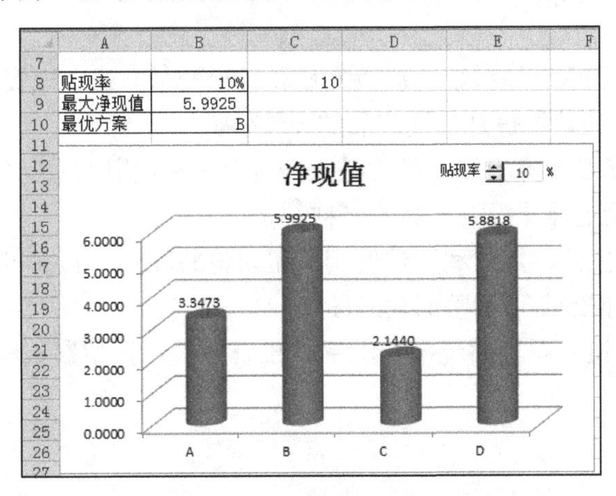

图 6-14　带微调框的簇状圆柱图

⑥将图表和各个控件组合。此时单击微调框，簇状圆柱图也会随之动态变化。

6.3　金融投资决策模型

6.3.1　金融投资决策模型概述

1. 金融市场中的决策问题概述

金融市场可以分为货币市场和资本市场，这两类金融市场的功能不同，所交易的证券期限、利率和风险也不同。

(1) 货币市场：是指短期债务工具交易的市场，交易期限一般不超过 1 年。货币市场的主要功能是保持金融资产的流动性，以便随时转换为现金。

(2) 资本市场：是指期限在 1 年以上的金融资产交易市场。与货币市场相比，资本市场交易的证券期限长，利率或必要报酬率较高，其风险也较大。资本市场的主要功能是进行长期资金的融通。资本市场的工具包括股票、公司债券、长期政府债券、外汇市场和银行长期贷款等。

①股票是指股票公司发行给股东的股份，作为购买股票的凭证以获得股息收入。股票是一种风险较大的投资。

②债券是债务人募集资金时根据法律程序发行的证券，购买债券的债权人将在特定日期收回本金，并以约定的利率和日期获得利息。

③外汇市场是不同国家的货币进行交易的地方。不同国家/地区的货币之间存在汇率，外汇市场投资者可从汇率波动中赚取投资回报。

2. 金融市场投资决策的建模步骤

金融市场中投资决策建模的关键是要了解金融市场中投资产品的类型，如何买、卖以获得投资收益，并且要特别注意现金流量的构成。具体操作步骤如下：

(1) 列出各种类型的投资项目，分别收集整理相应数据，例如证券的名称、发行票面价值、发行的时间、发行的期限，以及其他预期的投入和收益数据。资金的流入用正数表示，资金的流出用负数表示。

(2) 用一些单元格表示已知参数、决策变量和目标变量，建立投资评价模型的框架。

(3) 使用 VPN () 函数计算每种投资产品的净现值。

(4) 使用 MAX () 函数计算投资产品的最大净现值，并使用 IF ()、INDEX () 和 MATCH () 函数根据最大净现值确定最佳投资产品的名称。

(5) 建立可调整的控件，例如利用数值调节钮调整贴现率、汇率和期限的大小。

(6) 根据相关的数据绘制可调整的动态图表。

(7) 调整数值调节钮，观察贴现率、汇率、投资期限和模型参数等决策变量的变化对投资产品选择的影响。

6.3.2 应用举例

例 6-10　某投资者有 100 万元资金，现有两个投资项目，项目 A 是基金，项目 B 是股票。项目 A 初始投入 100 万元，根据预测以后每年获得红利 9 万元的投资收益，10 年后该基金的市场价值 120 万元；项目 B 初始投入 100 万元，根据预测该项目第 1 年可获得红利 5 万元的收益，以后每年的收益在上年基础上递增 10%，10 年后该股票的市场价值 150 万元。

假定贴现率为 6%，要求如下：

(1) 建立一个对两个投资项目进行比较的模型框架，使用 NPV () 函数分别求出两个投资项目的净现值，在一个单元格中利用条件函数 IF () 给出“项目 A 较优”或“项目 B 较优”的结论。

(2) 使用 IRR () 函数分别求出两个投资项目的内部报酬率。

(3) 在一个单元格中使用 Excel 内建函数 IRR () 求出使项目 A 和项目 B 的净现值达到相等的贴现率。

操作步骤：

(1) 建立模型框架。

根据题意，将两个项目投资数据输入到一张 Excel 工作表的 B2:D13 单元格区域中，如图 6-15 所示。

(2) 整理现金流量表。

将 10 年的现金支出和现金收入数据整理成一个净现金流量表放在 B16:D27 单元格区域中，即将“年”“项目 A”“项目 B”分别输入 B16:D16 单元格区域中，将 0～10 分别输入 B17:B27 单元格区域中。项目 A 和项目 B 的现金流计算公式如下：

项目 A	项目 B
C17=–C5	D17=–D5
C18=$C$6	D18=D7
C19=$C$6	D19=D18*(1+$D$8)
C20=$C$6	D20=D19*(1+$D$8)
C21=$C$6	D21=D20*(1+$D$8)

C22=$C$6　　　　D22=D21*(1+$D$8)

C23=$C$6　　　　D23=D22*(1+$D$8)

C24=$C$6　　　　D24=D23*(1+$D$8)

C25=$C$6　　　　D25=D24*(1+$D$8)

C26=$C$6　　　　D26=D25*(1+$D$8)

C27=$C$6+C9　　　　D27=D26*(1+$D$8)+D9

计算结果如图 6-16 所示。

	A	B	C	D	E
1					
2			项目A	项目B	
3		贴现率	6%		
4		年限	10		
5		初始投入	100	100	
6		每年收益	9		
7		第一年收益		5	
8		以后各年收益增长率		10%	
9		收回本金	120	150	
10		净现值	¥33.25	¥39.80	
11		比较结论	项目B较优		
12		内部报酬率	10.2%	10.4%	
13		使两种方案净现值相等的贴现率		12.0%	
14					

图 6-15　项目 A 和项目 B 的投资决策模型

	A	B	C	D	E
15					
16		年	项目A	项目B	
17		0	-100	-100	
18		1	9	5	
19		2	9	5.5	
20		3	9	6.05	
21		4	9	6.655	
22		5	9	7.3205	
23		6	9	8.05255	
24		7	9	8.857805	
25		8	9	9.743586	
26		9	9	10.71794	
27		10	129	161.7897	
28					

图 6-16　项目 A 和项目 B 的现金流量表

(3)计算各个投资项目的净现值。

在单元格 C10 中输入公式“=NPV($C$3,C18:C27)+C17”，在单元格 D10 中输入公式“=NPV($C$3,D18:D27)+D17”，如图 6-17 所示。

(4)计算内部报酬率。

在单元格 C12 和 D12 分别求出两个项目的内部报酬率，通过内部报酬率来观察分析项目的投资价值。具体做法是：在单元格 C12 中输入公式“=IRR(C17:C27)”，在单元格 D12 中输入公式“=IRR(D17:D27)”，如图 6-17 所示。

(5)计算两种方案净现值相等的贴现率。

在单元格 D13 中输入公式“=IRR(C17:C27-D17:D27)”，如图 6-17 所示。

(6)找出最优投资项目。

在单元格 C11 中输入决策结论公式“=IF(C10>D10, IF(C10>0, "项目 A 较优", "都不好"), IF(D10>0, "项目 B 较优", "都不好"))”，结果为“项目 B 较优”，如图 6-17 所示。

	A	B	C	D	E
1					
2			项目A	项目B	
3		贴现率	6%		
4		年限	10		
5		初始投入	100	100	
6		每年收益	9		
7		第一年收益		5	
8		以后各年收益增长率		10%	
9		收回本金	120	150	
10		净现值	¥33.25	¥39.80	
11		比较结论	项目B较优		
12		内部报酬率	10.2%	10.4%	
13		使两种方案净现值相等的贴现率		12.0%	
14					
15					
16		年	项目A	项目B	
17		0	-100	-100	
18		1	9	5	
19		2	9	5.5	
20		3	9	6.05	
21		4	9	6.655	
22		5	9	7.3205	
23		6	9	8.05255	
24		7	9	8.857805	
25		8	9	9.743586	
26		9	9	10.71794	
27		10	129	161.7897	
28					

图 6-17　项目 A 和项目 B 的投资决策模型

例 6-11　中宏公司有 3 个投资项目可供选择，各个项目(净现金流量)如表 6-2 所示。若市场利率为 5%，分别用净现值法和内部报酬率法进行项目投资决策。

表 6-2　各个项目初始投资和各年净收益

投资方案	年初投资	各年净收益			
		第 1 年	第 2 年	第 3 年	第 4 年
项目 1	–72,000	25,000	20,000	22,000	23,000
项目 2	–100,000	30,000	25,000	35,000	41,000
项目 3	–100,000	40,000	50,000	35,000	0

操作步骤：

(1)根据案例的原始资料建立如图 6-18 所示的 Excel 表格。

	A	B	C	D	E	F	G	H	I	J
1	中宏公司项目投资决策分析模型									
2	投资方案	市场利率	年初投资	各年净收益				净现值	内部报酬率	
3				第1年	第2年	第3年	第4年			
4	项目1	5%	-72,000	25,000	20,000	22,000	23,000			
5	项目2	5%	-100,000	30,000	25,000	35,000	41,000			
6	项目3	5%	-100,000	40,000	50,000	35,000	0			
7										

图 6-18　中宏公司项目投资决策分析模型

(2)根据有关数据分别计算 3 个项目的净现值和内部报酬率。

利用求净现值函数 NPV()，在单元格区域 H4:H6 中输入如下公式，分别求出 3 个投资项目的净现值。

H4=C4+NPV(B4,D4:G4)

H5=C5+NPV(B5,D5:G5)

H6=C6+NPV(B6,D6:G6)

利用求内部报酬率函数 IRR()，在单元格区域 I4:I6 中输入如下公式，分别求出 3 个投资项目的内部报酬率。

I4=IRR(C4:G4)

I5=IRR(C5:G5)

I6=IRR(C6:G6)

3 个项目的净现值和内部报酬率计算结果如图 6-19 所示。

	A	B	C	D	E	F	G	H	I	J
1	中宏公司项目投资决策分析模型									
2	投资方案	市场利率	年初投资	各年净收益				净现值	内部报酬率	
3				第1年	第2年	第3年	第4年			
4	项目1	5%	-72,000	25,000	20,000	22,000	23,000	￥7,876.70	9.67%	
5	项目2	5%	-100,000	30,000	25,000	35,000	41,000	￥15,212.28	10.96%	
6	项目3	5%	-100,000	40,000	50,000	35,000	0	￥13,681.03	12.29%	
7										

图 6-19　中宏公司项目投资决策分析结果

(3)分析模型的计算结果。如果采用净现值法来决策，则“项目 2”的净现值最大，应该选择的投资方案是“项目 2”。但是，如果采用内部报酬率法来决策，则“项目 3”的内部报酬率最大，应该选择的投资方案是“项目 3”。

同样的投资方案为什么会互相矛盾呢？仔细观察图6-19就会发现“项目1”“项目2”“项目 3”的投资收益不一样。这需要从“效益”和“效率”两方面分别考虑：如果从效益最大化的角度上考虑，则应该选择净现值最大的“项目2”作为最优的投资方案；如果从资金使用效率的角度上考虑，则应该根据内部报酬率的大小，选择“项目3”作为投资方案。

因此，对于类似互斥的投资方案，如果在资金供给充足的前提下，应该以净现值为衡量标准选择。如果多个项目是互相独立的投资方案，即多个项目可同时采纳，这时应优先选择内部报酬率较高的投资方案。如果资金足够多，再依次考虑其他投资方案。

通过这个案例分析可以得出结论：内部报酬率法和净现值法指标在投资项目决策中有各自的优缺点，实际使用时应根据资金的情况来选择采用。

6.4 拓展应用

6.4.1 设备更新改造投资概述

1. 设备更新改造的投资决策概述

在企业生产中，经过长期生产，设备老化在所难免。这就带来一个问题：是对老旧的设备进行更新改造还是重新购买新设备？对老旧设备是进行简单维修还是大修？哪一种方案的成本效益最高？综合考虑生产效率、购买成本、维护成本等多方面，从中选择一个最佳方案是企业管理者重要的决策。

2. 设备更新改造投资决策的建模步骤

设备更新和改造的投资决策建模的关键是要整理现金流量的数据，具体的操作步骤如下：

(1) 通过分析，列出几种更新和改造方案，并整理出每种方案的投入和产出数据。

(2) 确定已知参数、决策变量和目标变量，并建立投资评估模型的框架。

(3) 使用VPN()函数计算出每个更新和改造方案的净现值。

(4) 使用MAX()函数找到投资项目的最大净现值，并使用IF()、INDEX()和MATCH()函数根据最大净现值确定最佳投资项目的名称。

(5) 建立可调整的控件，例如使用数值调节钮调整贴现率和折旧率的大小。

(6) 根据相关数据绘制可调整的动态图表。

(7) 调整数值调节钮，观察贴现率、折旧率和模型参数等决策变量的变化对投资项目选择的影响。

6.4.2 设备更新改造投资决策模型应用举例

设备更新改造投资决策模型应用实例详见右侧二维码。

设备更新改造投资决策模型举例

本章小结

本章首先介绍选择思维及与货币时间价值有关的概念，包括现金流量、贴现率、净现值和内部报酬率等。对这些概念的充分理解是掌握本章内容的必要条件。然后介绍了Excel常用的财务函数，包括PV()、FV()、PMT()、PPMT()、IPMT()、ISPMT()、NPV()、IRR()、

RATE()、NPER()函数。本章重点介绍了基于净现值的投资决策模型、企业经营投资决策模型、金融投资决策模型和设备更新改造的投资决策模型。本章所用的技术包括净现值曲线交点的确定方法，以及利用数值调节钮控件、文本框和标签相结合制作可调图形的方法等。

本章运用选择思维的方式去思考、分析投资决策中的实际问题，设计出各种模型框架，给出投资决策的最佳解决方案，从而培养和提高选择思维的意识与能力。

本章所用的函数包括 10 个财务函数，以及 IF()、MAX()、MIN()、INDEX()、MATCH()函数等。

思考与练习

一、选择题

1. 现值为一系列未来付款折算到现在当前值的累计和。在 Excel 中，返回投资现值的函数是________。

A. FV()　　B. NPV()　　C. PV()　　D. PMT()

2. 在 Excel 中，可以用来计算未来值的函数是________。

A. NPV()　　B. FV()　　C. PMT()　　D. PV()

3. 在 Excel 中，可以用来计算基于固定利率及等额分期方式，返回投资或贷款的每期付款额的函数是________。

A. PPMT()　　B. PMT()　　C. IPMT()　　D. ISPMT()

4. 在 Excel 中，可以用来计算基于固定利率及等额分期方式，返回投资或贷款在某一给定期次的本金偿还金额的函数是________。

A. PPMT()　　B. PMT()　　C. IPMT()　　D. ISPMT()

5. 在 Excel 中，可以用来计算基于固定利率及等额分期付款方式，返回投资或贷款在某一给定期次的利息偿还金额的函数是________。

A. PPMT()　　B. PMT()　　C. IPMT()　　D. ISPMT()

6. 在 Excel 中，可以用来计算基于固定利率及等本金分期方式、特定投资期内的利息偿还金额的函数是________。

A. PPMT()　　B. PMT()　　C. IPMT()　　D. ISPMT()

7. 在 Excel 中，可以用来计算年金的各期利率的函数是________。

A. RATE()　　B. NPV()　　C. IRR()　　D. NPER()

8. 在 Excel 中，可以用来计算一项投资净现值的函数是________。

A. NPER()　　B. NPV()　　C. IRR()　　D. RATE()

9. 在 Excel 中，可以用来计算一组现金流内部收益率的函数是________。

A. NPER()　　B. NPV()　　C. IRR()　　D. RATE()

10. 在 Excel 中，基于固定利率及等额分期付款方式，计算某项投资(或贷款)总期数的函数是________。

A. RATE()　　B. IRR()　　C. NPV()　　D. NPER()

二、判断题

1．如果某项贷款的总金额、贷款利率、年限等参数均相同，仅是还款方式不同，那么选择等额本息还款方式的利息总额要小于等额本金还款方式的利息总额。（　）

2．PV()、FV()、NPER()、PMT()和 RATE()函数都可称为年金函数，因为每期中发生的金额都是一样的，这 5 个函数是密切相关的，在 5 个参数(PV、FV、NPER、PMT 和 RATE)中已知其中 4 个参数，就可以求出剩下的一个参数。（　）

3．在 PV()、FV()、PMT()、PPMT()、IPMT()、NPER()和 RATE()函数中的参数 type 数字可以为 0 或 1，用以指定各期的付款时间是在期末还是期初；如果省略，则假设其值为 0，即表示期初；若为 1，则表示期末。（　）

4．对于互斥的投资方案，应该在所有净现值大于 0 的投资方案中，选择净现值最大的投资方案。（　）

5．内部报酬率是指能够使未来现金流入量现值等于未来现金流出量现值的折现率，或者是使投资方案净现值等于 0 的折现率。在使用内部报酬率进行投资项目决策时，对于独立项目，只要内部报酬率大于或等于项目的必要报酬率，该投资项目就是可行的。（　）

三、填空题

1．投资决策是指对一个投资项目的各种方案的投资支出和投资后的收入进行对比分析，以选择________的方案。

2．净现金流量等于________。

3．把未来值折算为现值的过程称为折现。折现率越高，折现的现值就________。

4．内含报酬率又称内部报酬率，是使投资项目的净现值等于________的贴现率。

5．净现值是指基于一系列现金流和固定的各期贴现率，返回一项投资的________。

四、思考题

1．在常用的财务函数中，如何确定某些参数的正负号？

2．在银行贷款的还款方式中，等额本息摊还法和等本金摊还法有什么区别？

3．投资决策评价指标的类型有哪些？

第 7 章　经济订货量模型与成本管理思维

企业在组织生产时需要采购材料，而材料的采购既要保证生产经营的需要，又要节约资金占用，防止材料超量存储、积压材料。因此，采购部门应在考虑采购限额的同时，考虑采购批量对存货总成本的影响。应该怎样订购原料才能使总成本最小、利润最大呢？

思维是一个发现问题和探索问题的过程，是一种理解、分析、创新等一系列活动的总称，成本管理思维就是围绕既定重心，通过一系列方法和手段，使企业在组织生产或在原料采购等方面的总成本最小，以获取最大的利益的一种问题解决的探索过程。本章将运用成本管理思维，使用经济订货量模型的理论知识，寻求使企业利润最大化的解决方案。

7.1　经济订货量模型的基本概念

所谓经济订货量 EOQ(Economic Order Quantity，也可以用 Q^*表示)，就是指通过调整每次采购订货量来平衡采购费用和储存费用核算，以实现存货总费用最低的最佳订货量。假定企业每次订货的数量是一个固定值，当每次实际订货的数量等于经济订货量时，可实现总存货费用最小化，从而实现利益的最大化。

7.1.1　存货费用

企业在生产过程中，必须储备一定量的生产材料，这就要占用库存，即存货。如果不考虑成本因素，库存数量应该越大越好。然而在实际情况中，企业存货必须付出一定的代价，称之为存货费用。总存货费用一般包含采购费用、订货费用和储存费用。

1. 采购费用

采购费用是由采购数量和采购单价决定的，其中影响最大的是采购单价，而采购批量的大小又影响着采购单价的高低。一般来说，采购批量越大，可能享受到的采购价格越优惠。

2. 订货费用

订货费用是指订购商品时所发生的费用总和。在一定时期，需求问题一定的情况下，每次的采购数量越少，则需要订货的次数就越多，订货费用也就越高；而每次的采购数量越多，则需要订货的次数就越少，订货费用也就越少。因此，扩大每次采购数量，可减少总的订货次数，从而减少订货费用。

3. 储存费用

储存费用是指商品在仓库储存时发生的费用，储存费用的高低主要取决于库存量和单位商品的储存费用。储存费用与存储的库存量有直接关系，而与订货次数无关。在一定的时期以内，可以用平均库存量乘以单位储存费用来表示商品的储存费用总额。为了降低储存费用，就需要减少库存量，即每次订货数量。但为了满足生产需求，需要增加采购次数，不难看出，这与减少订货费用是相冲突的。因此，需要在二者之间找到一个平衡点，而这个平衡点就是每次订货的最佳数量，即经济订货量。

企业的总存货费用(C)的计算公式为：

$$C=\text{采购费用}+\text{订货费用}+\text{储存费用}$$

即

$$C=D\times P+\frac{D}{Q}\times A+\frac{Q}{2}\times PK \tag{7-1}$$

式中，C 表示总存货费用(又称总存货成本)；D 表示一定时期内商品的总需求量；P 表示商品的采购单价；Q 表示商品每次的订货量；A 表示一次订货的固定成本(简称单位订货成本)；K 表示一定时期内一件商品在仓库中保存的储存费率(简称单位储存费率)；PK 表示一定时期内一件商品在仓库中保存的储存成本(简称单位储存成本)，如果单独给出 P 和 K，那么 $PK=P\times K$。根据上述的假设条件可知，平均库存量可以用 $Q/2$ 来计算。

7.1.2　经济订货量的前提条件

研究经济订货量模型需要设立的前提条件有：

(1)企业在一定时期内的商品总需求量保持不变。

(2)初始库存为零。

(3)每次订货的费用(即单位订货成本)固定不变。

(4)在一定时期内单位商品储存费率总是稳定的。

(5)假定库存一旦不足就可以立即得到补充。

7.2　经济订货量基本模型

7.2.1　模型简介

经济订货量基本模型首先要满足上述假设条件，而且还要满足商品的单价是固定不变的，不会随着订货数量的多少而改变。由于单位商品的价格是固定不变的，而且在一定时期内，企业对某种商品的总需求量固定，而采购费用是由总需求量乘以商品单价而获得的，因此采购费用也是固定不变的，就和每次订货数量没有关系了。在这种情况下，总存货费用一般只考虑订货费用和储存费用，即订储费用。因为采购费用固定，所以当订储费用最低时，总存货费用也一定最低。

因此，在讨论经济订货量基本模型时，可以只考虑储存费用与订货费用，将企业的总存货费用看成储存费用与订货费用之和，即总存货费用(C)的计算公式为：

$$C=\text{订储费用}=\text{订货费用}+\text{储存费用}$$

即

$$C=\frac{D}{Q}\times A+\frac{Q}{2}\times PK \tag{7-2}$$

式中，各字母表示的含义与式(7-1)的描述相同。

从式(7-2)不难看出，如果订货量 Q 越大，平均库存量就越大，则储存费用会越高，而订货次数会减少，相应的订货费用就会越低；相反，如果订货量 Q 越小，则储存费用会越低，而订货费用就会越高。因此，企业需要在因增加订货量而节约的订货成本及采购成本与增加库存量而提高的储存成本之间进行权衡，以求得两者的最佳平衡点。

在式(7-2)中，通过计算 C 对 Q 的导数并使结果为 0，可以推导出计算经济订货量的公式为：

$$\text{EOQ}(Q^*)=\sqrt{\frac{2DA}{PK}} \tag{7-3}$$

从式(7-2)及式(7-3)可以看出，EOQ 下的订货费用和储存费用二者相等，它们的值均为：

$$\frac{D}{Q^*}A=\frac{Q^*}{2}PK=\sqrt{\frac{DAPK}{2}} \tag{7-4}$$

而作为二者之和的总存货费用(订储费用)的极小值则为：

$$C_{\min}=\sqrt{2DAPK} \tag{7-5}$$

7.2.2 应用模型举例

例 7-1 假设某公司需要采购一种零件，全年需求量为 12000，每次订货的订货成本为 300 元，单件零件在仓库里储存一年的费用为 20 元。按如上描述建立经济订货量基本模型，并完成如下要求：

(1) 计算当订货量为 500 时的年订货成本、年储存成本和年总成本。

(2) 计算经济订货量(EOQ)和年总成本(订储成本)的极小值。

(3) 在本工作表的单元格区域 D1:G12 的运算表中，使用模拟运算表计算订货量从 100 按增量 100 变化到 1000 时各订货量下的年订货成本、年储存成本、年总成本的值。

(4) 基于此运算表绘制如图 7-11 所示的年订货成本、年储存成本、年总成本随订货量变化的曲线图表(带平滑线的散点图)。要求按图 7-11 所示的内容修改各系列线条的线型。

(5) 在图表中使用数值调节钮与横排文本框控制当该零件年需求量从 10000 按增量 500 变化到 30000 时(B1 单元格的值也随之同步变化)，各种成本也随之动态变化，并“动态”地反映在图形中。

(6) 在图表中添加一条经济订货量的紫色垂直参考线，并在参考线上添加年总成本极小值的参考点(蓝色、填充正方形方点、大小为 5 磅)，并添加数据标签以显示该点的数据值。

操作步骤：

(1) 新建一个工作簿文件，在工作表中如图 7-1 所示建立经济订货量基本模型，并在相应单元格中输入已知的条件信息。

(2) 按照前面介绍的计算公式在 B6:B8 单元格区域的相应单元格中分别输入计算当前订货量 Q 为 B5 单元格时的年订货成本、年储存成本、年总成本的公式；在 B10:B11 单元格区域的相应单元格中分别输入计算经济订货量及 Q^*下的年总成本(年总成本的极小值)的公式。各计算公式如图 7-2 所示。

	A	B	C	D	E	F	G
1	年需求量(D)	12000		订货量	年订货成本	年储存成本	年总成本
2	一次订货的订货成本(A)	300		模拟运算表			
3	单位年储存成本(PK)	20					
4							
5	订货量(Q)	500					
6	年订货成本						
7	年储存成本						
8	年总成本						
9							
10	经济订货量(Q*)						
11	Q*下的年总成本						
12							
13	文本框显示的值						
14				Q*垂直参考线			
15							
16							
17							

图 7-1　经济订货量分析模型

	A	B
1	年需求量(D)	12000
2	一次订货的订货成本(A)	300
3	单位年储存成本(PK)	20
4		
5	订货量(Q)	500
6	年订货成本	=B1/B5*B2
7	年储存成本	=B5/2*B3
8	年总成本	=SUM(B6:B7)
9		
10	经济订货量(Q*)	=SQRT(2*B1*B2/B3)
11	Q*下的年总成本	=SQRT(2*B1*B2*B3)

图 7-2　相关计算公式

(3) 在 D1:G12 单元格区域中建立以订货量为自变量，以年订货成本、年储存成本、年总成本为因变量的一维模拟运算表。其中，D3:D12 单元格区域中输入 100 到 1000 以 100 为公差的等差数列，如图 7-11 所示。在 E2:G2 单元格区域中相应成本的计算分别引用单元格 B6、B7、B8 中的公式，其公式分别为“=B6”“=B7”“=B8”。选中 D2:G12 单元格区域，单击“数据”选项卡的“预测”组中的“模拟分析”按钮，再单击菜单中的“模拟运算表”命令，在弹出的“模拟运算表”对话框中设置“输入引用列的单元格”为 B5 单元格，单击“确定”按钮完成各成本的计算，如图 7-3 所示。

(4) 以模拟运算表中的 D1:G1 和 D3:G12 为数据源(先选中第 1 个单元格区域，再按住 Ctrl 键不放选中第 2 个单元格区域)，绘制带平滑线的散点图(选择“插入”选项卡的“图表”组中的“带平滑线的散点图”按钮)。选中需要修改的“年订货成本”系列，右击，在快捷菜单中单击“设置数据系列格式”命令，在弹出的对话框中选择 按钮(填充与线条)，设置“短划线类型”为“长划线”，类似修改“年储存成本”系列的“短划线类型”为“方点”。删除图表标题，再把图例显示改为“右侧”，绘制的图形如图 7-4 所示。

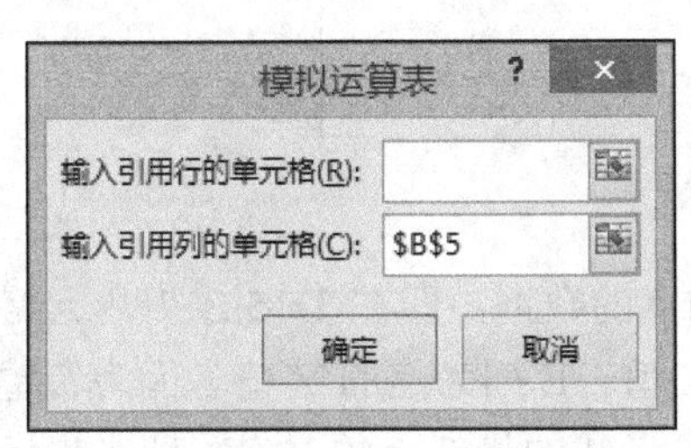

图 7-3　“模拟运算表”对话框设置

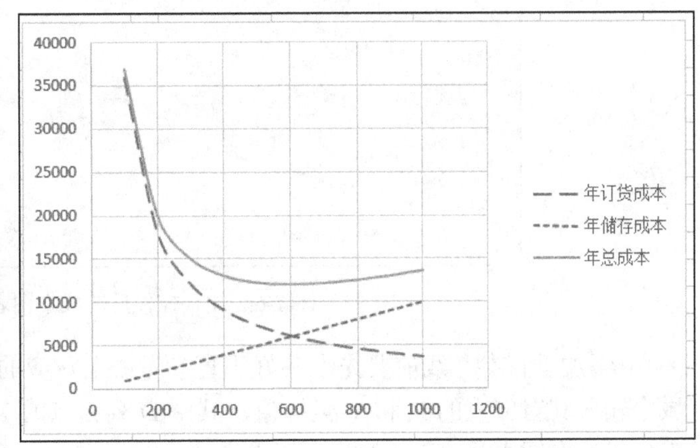

图 7-4　描述各成本的图表

(5) 在工作表空白处添加一个数值调节钮控件与一个横排文本框控件，右击数值调节钮，单击快捷菜单中的“设置控件格式”打开设置控件格式对话框，按图 7-5 所示内容设置数值调节钮的控件属性。将文本框的内容链接到 A14 单元格，在 A14 单元格中输入公式“="年需求量="&B1"。为了防止图表遮挡控件，分别右击两个控件，在快捷菜单中选择"置于顶层"，最后将两个控件拖放到图表中的合适位置即可，如图 7-6 所示。

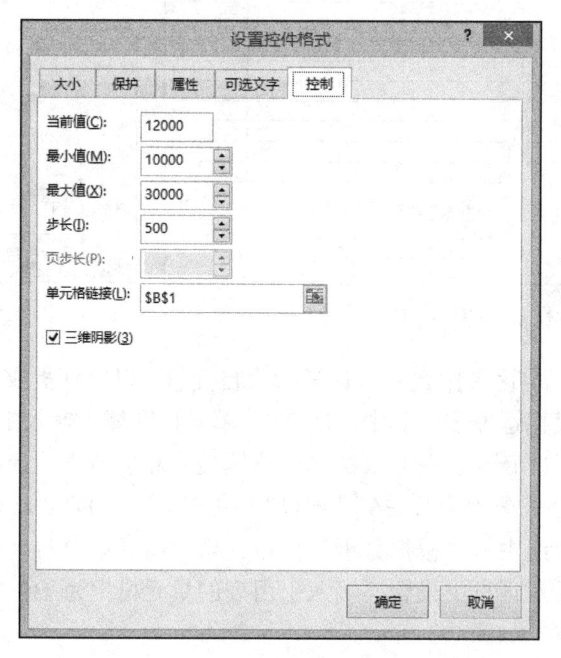

图 7-5　数值调节钮的控件属性设置

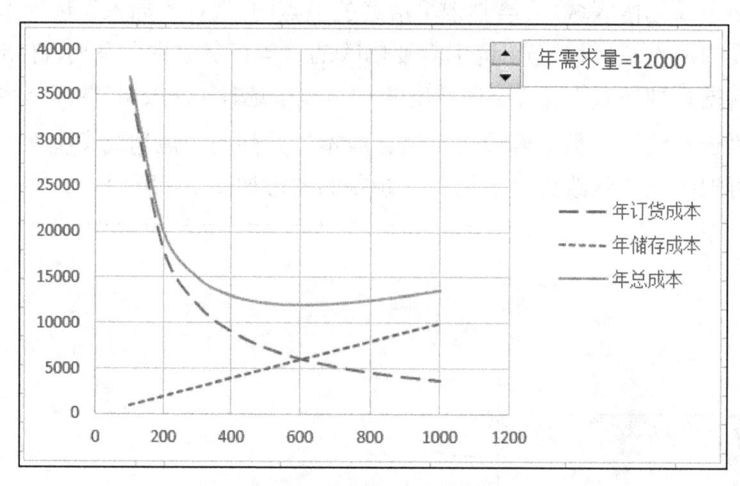

图 7-6　加入控件后的成本图表

(6)添加垂直参考线前要先准备好垂直参考线上对应的点的数据，即在 D15:E17 单元格区域中输入其对应点的 X 和 Y 坐标值，其中 D 列为点的 X 值，E 列为点的 Y 值。因为希望垂直参考线在图中从底划到顶，所以 E17 单元格的值设为参考线的最低点的 Y 值，即纵坐标轴的最小刻度 0；而 E15 单元格设为参考线的最高点的 Y 值，即纵坐标轴的最大刻度 40000；垂直参考线上的所有点的 X 坐标值都相等，都等于经济订货量，所以 D15:D17 单元格区域均引用经济订货量对应的 B10 单元格，而中间要显示的数据点表示垂直参考线与年总成本的交点，所以其 Y 值应该取 Q^*下的年总成本 B11 单元格，各单元格中的公式或值如图 7-7 所示。

(7) 在图表中添加垂直参考线实际上是通过添加系列实现的。选中如图 7-6 所示的图表，单击“图表工具”中的“设计”选项卡，单击“数据”组中的“选择数据”按钮，弹出“选择数据源”对话框。单击“添加”按钮，在弹出的“编辑数据系列”对话框中把“X 轴系列值”设置为 D15:D17 单元格区域(可以使用鼠标拖动选择)，把“Y 轴系列值”设置为 E15:E17 单元格区域，“系列名称”缺省，如图 7-8 所示。单击“确定”按钮添加系列后，“选择数据源”对话框变为如图 7-9 所示的内容。

	D	E
14	Q*垂直参考线	
15	=$B$10	40000
16	=$B$10	=B11
17	=$B$10	0

图 7-7　垂直参考线各点数据或公式

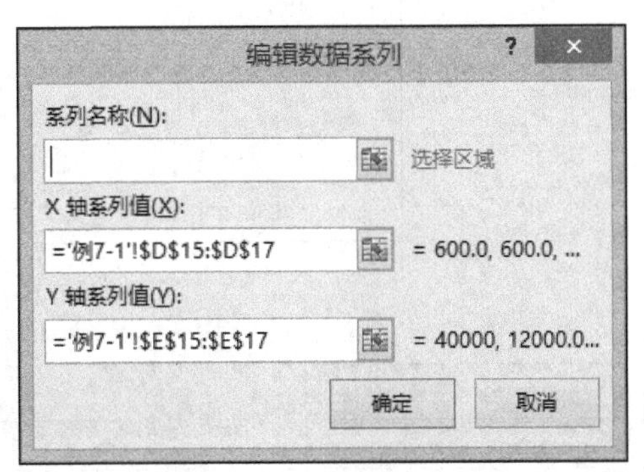

图 7-8　编辑数据系列

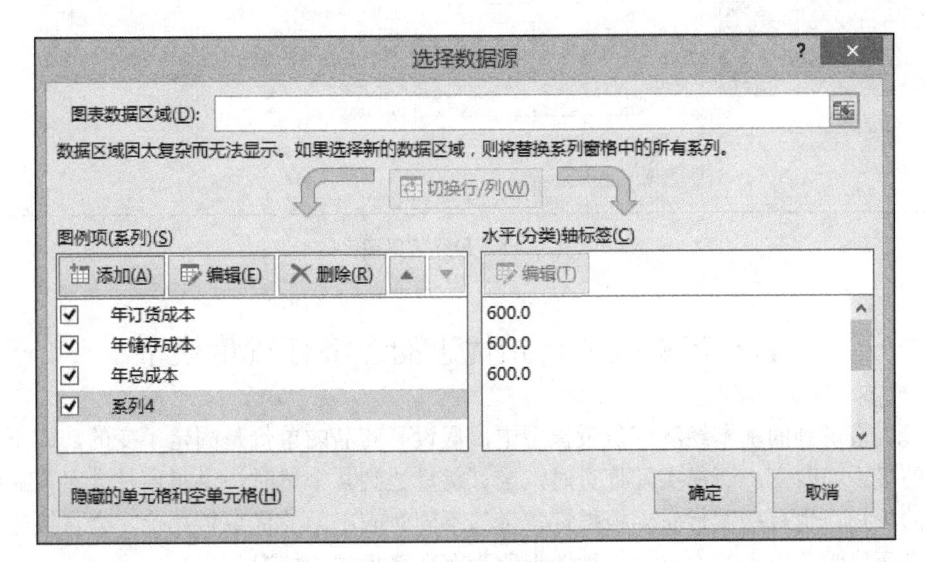

图 7-9　添加系列

单击“确定”按钮，即可在图表中看到添加的垂直参考线，删除图例中自动出现的“系列 4”(两次单击它，按 Delete 键删除)。最后选中垂直参考线与绿色总成本曲线交点对应的数据点，右击数据点，单击快捷菜单中的“设置数据点格式”，在弹出的对话框中设置数据点的数据标记选项为“内置”，“类型”选为“方框”，“大小”设置为“5”；设置“填充”为“纯色填充”，颜色选为“蓝色”；最后为数据点添加数据标签。设置完成后图表如图 7-10 所示。

至此，所有操作均已完成，可以通过数值调节钮尝试调整年需求量，查看不同年需求量下各成本及经济订货量的变化情况。最终完成的效果图如图 7-11 所示。

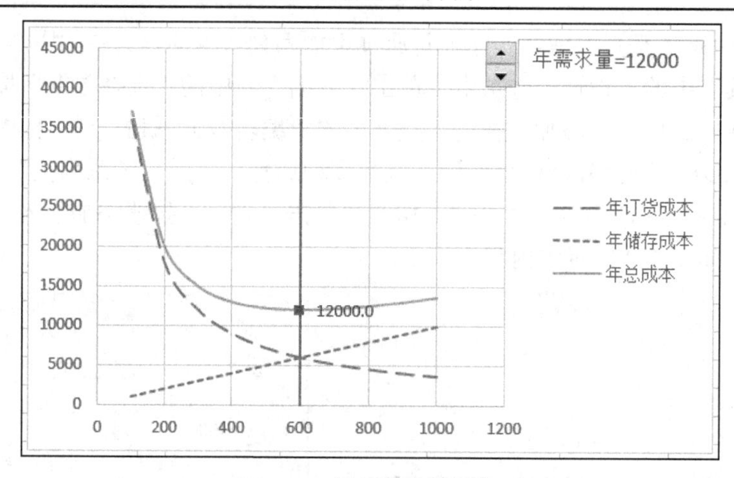

图 7-10　设置完成的图表

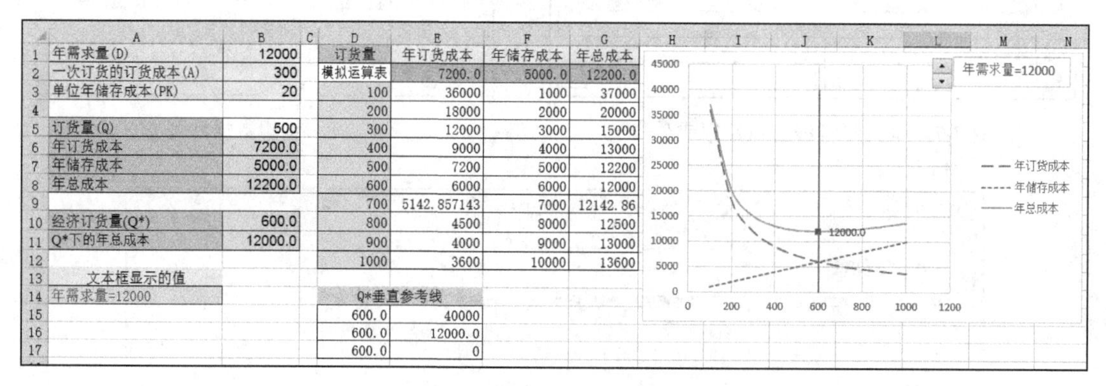

	A	B	C	D	E	F	G
1	年需求量(D)	12000		订货量	年订货成本	年储存成本	年总成本
2	一次订货的订货成本(A)	300		模拟运算表	7200.0	5000.0	12200.0
3	单位年储存成本(PK)	20		100	36000	1000	37000
4				200	18000	2000	20000
5	订货量(Q)	500		300	12000	3000	15000
6	年订货成本	7200.0		400	9000	4000	13000
7	年储存成本	5000.0		500	7200	5000	12200
8	年总成本	12200.0		600	6000	6000	12000
9				700	5142.857143	7000	12142.86
10	经济订货量(Q*)	600.0		800	4500	8000	12500
11	Q*下的年总成本	12000.0		900	4000	9000	13000
12				1000	3600	10000	13600
13	文本框显示的值						
14	年需求量=12000			Q*垂直参考线			
15				600.0	40000		
16				600.0	12000.0		
17				600.0	0		

图 7-11　最终效果图

7.3　带阈限值折扣优惠的经济订货量模型

在 7.2 节讲到的基本经济订货量模型中，假设了商品的单价是固定不变的，即不会随着订货量的多少而改变。而在实际订货时，当订货量达到某个量时，供货商就会对商品的单价打一定的折扣，也有些供货商会根据订货量的不同对应不同的优惠折扣价，会直接影响采购成本，进而影响总成本的大小。这种情形称为有数量折扣的情况。

根据供货商提供的优惠政策的不同，优惠分成 3 种方式：带阈限值折扣优惠、非连续价格的折扣优惠和连续价格的折扣优惠。本节重点介绍带阈限值折扣优惠的经济订货量模型。

7.3.1　模型简介

带阈限值折扣优惠的经济订货量模型，指的是供货商只提供一种简单的优惠政策，即当一次订货量达到一定数量时，所采购商品的单价整体享受优惠价。而能够享受折扣优惠的最小订货量就是折扣阈限值。一次采购数量达到了折扣阈限值时，商品单价按折扣优惠价计算，否则，按原价计算。为了能够在公式中自动获取当前订货量所对应商品的单价，应使用 IF() 函数根据订货量 Q 与折扣阈限值的比较，动态获取商品的实际采购单价。

在计算经济订货量时，先不考虑优惠政策对商品购买单价的影响，也就是说先使用商品的原价参与经济订货量的计算，这仍然可以按照 7.2 节讲到的经济订货量基本模型来求解经济订货量。那么企业订货时应如何在经济订货量和折扣优惠政策之间选择呢？这里分以下两种情况：

(1) 如果折扣优惠政策规定的享受优惠价的订货量小于或等于经济订货量，则按经济订货量订货，这样做既可以享受折扣优惠价格，又实现了总成本最低。

(2) 如果折扣优惠政策规定的享受优惠价的订货量大于经济订货量，就要分别计算不同订货量下的订货总成本，然后再比较总成本高低，选择总成本最低的订货方式。这种情况下，商品单价会随着订货量的变化而变化，所以总存货费用也应该包含采购费用在内，即总存货费用为采购费用、订货费用和储存费用之和。

$$C = \text{采购费用} + \text{订货费用} + \text{存储费用}$$

即

$$C = D \times P' + \frac{D}{Q} \times A + \frac{Q}{2} \times PK \tag{7-6}$$

说明：如果没有给出 PK 的值，则 $PK = P' \times K$，其中 P' 为商品的实际采购单价，其他字母代表的含义参照 7.1 节式(7-1)中的描述。

7.3.2　应用模型举例

例 7-2　某公司每年需要一种配件 20000 件，每次订货费用为 600 元，每件配件存储费用为 25 元。假定供货单位提供给公司的折扣优惠条件为：每次订货量大于或等于 1500 件(折扣阈限值)，则每件的采购单价在原价的基础上可以享受 10%的优惠折扣。依据上述条件建立模型并做出选择，对于按经济订货量订货和按折扣阈限值订货，哪一种订货方式可以使总成本最小？按如上描述建立带阈限值折扣优惠的经济订货量模型，并完成如下要求：

(1) 以折扣阈限值作为实际订货量，使用 IF()函数计算“实际采购单价”的值，并求出其年订货成本、年储存成本、年采购成本和年总成本(年总成本=年采购成本+年订货成本+年储存成本)。

(2) 根据经济订货量基本模型，计算经济订货量及其对应的年订货成本、年储存成本、年采购成本和年总成本。

(3) 在本工作表的单元格区域 E1:F21 的运算表中，使用模拟运算表计算订货量从 300 变化到 4000 时各订货量下的年总成本的值。注意：为了实现成本在折扣阈限值处的陡降效果。

(4) 基于上述运算表绘制如图 7-12 所示的年总成本随订货量变化的曲线图表(带平滑线的散点图)，要求在折扣阈限值处体现总成本的陡降效果。

(5) 在工作表中添加一个数值调节钮和一个横排文本框，用以控制折扣阈限值从 1500 按增量 50 变化到 3500。设置数值调节钮属性，使 C3 单元格中的折扣阈限值随控件同步变化，文本框中显示同步调整的折扣阈限值信息，如图 7-12 所示。

(6) 在工作表的 B26 单元格中显示最终的决策：是采用经济订货量，还是接受折扣优惠，能使总成本最小，并在图表中添加一个同步显示决策结果的文本框，文本框的格式参照图 7-12 进行设置。

(7) 在图表中添加一条能反映年总成本极小值的红色水平参考线，并在参考线上添加年总成本极小值的参考点(数据标记为红色菱形、大小为 6 磅)，并添加数据标签以显示该点的数据值。

参照图 7-12 完成以上各操作。

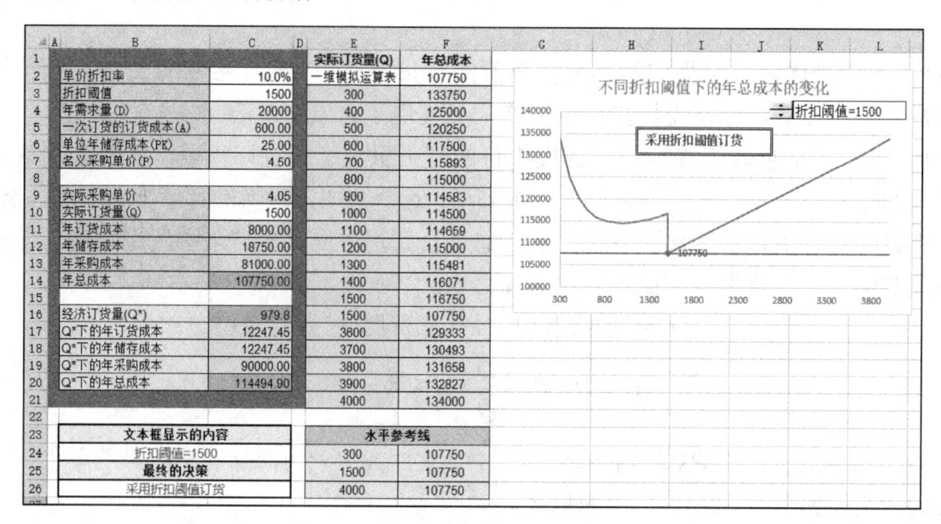

	B	C	E	F
1			实际订货量(Q)	年总成本
2	单价折扣率	10.0%	一维模拟运算表	107750
3	折扣阈值	1500	300	133750
4	年需求量(D)	20000	400	125000
5	一次订货的订货成本(A)	600.00	500	120250
6	单位年储存成本(PK)	25.00	600	117500
7	名义采购单价(P)	4.50	700	115893
8			800	115000
9	实际采购单价	4.05	900	114583
10	实际订货量(Q)	1500	1000	114500
11	年订货成本	8000.00	1100	114659
12	年储存成本	18750.00	1200	115000
13	年采购成本	81000.00	1300	115481
14	年总成本	107750.00	1400	116071
15			1500	116750
16	经济订货量(Q*)	979.8	1500	107750
17	Q*下的年订货成本	12247.45	3600	129333
18	Q*下的年储存成本	12247.45	3700	130493
19	Q*下的年采购成本	90000.00	3800	131658
20	Q*下的年总成本	114494.90	3900	132827
21			4000	134000
22				
23	文本框显示的内容		水平参考线	
24	折扣阈值=1500		300	107750
25	最终的决策		1500	107750
26	采用折扣阈值订货		4000	107750

图 7-12　完成的效果图

操作步骤：

(1)新建一工作簿文件，在工作表中如图 7-13 所示建立带阈限值折扣优惠的经济订货量分析模型，并在相应单元格中输入已知的条件信息。

	B	C	E	F
1			实际订货量(Q)	年总成本
2	单价折扣率	10.0%	一维模拟运算表	
3	折扣阈值	1500		
4	年需求量(D)	20000		
5	一次订货的订货成本(A)	600.00		
6	单位年储存成本(PK)	25.00		
7	名义采购单价(P)	4.50		
8				
9	实际采购单价			
10	实际订货量(Q)			
11	年订货成本			
12	年储存成本			
13	年采购成本			
14	年总成本			
15				
16	经济订货量(Q*)			
17	Q*下的年订货成本			
18	Q*下的年储存成本			
19	Q*下的年采购成本			
20	Q*下的年总成本			
21				
22				
23	文本框显示的内容		水平参考线	
24				
25	最终的决策			
26				

图 7-13　带阈限值折扣优惠的经济订货量分析模型

(2)按照带阈限值折扣优惠的经济订货量分析模型的计算方法，使用公式来计算实际采购单价 C9 单元格的值，按照各成本的计算公式在单元格区域 C11:C14 的相应单元格中分别计算年订货成本、年储存成本、年采购成本和年总成本。按照经济订货量基本模型公式在单元格区域 C16:C20 的相应单元格中分别计算经济订货量 Q^*及 Q^*下的年订货成本、年储存成本、年采购成本和年总成本，计算公式如图 7-14 所示。

(3) 在 E1:F21 单元格区域中建立以订货量为自变量，以年总成本为因变量的一维模拟运算表。其中，E3:E14 单元格中输入 300 到 1400 以 100 为公差的等差数列，E15 单元格中输入公式“=C3−0.001”，E16 单元格中输入“=C3”，E17:E21 单元格区域中输入 3600 到 4000 以 100 为公差的等差数列。构建好的订货量列表如图 7-12 所示。其中需要注意的是，为了实现成本在折扣阈限值处的陡降效果，E15 和 E16 单元格中关于折扣阈限值的处理方法。F2 单元格中关于年总成本的计算引用单元格 C14 中的计算公式，其公式为“=C14”。选中 E2:F21 单元格区域，单击“数据”选项卡的“预测”组中的“模拟分析”按钮，再单击菜单中的“模拟运算表”命令，在弹出的“模拟运算表”对话框中设置“输入引用列的单元格”为 C10 单元格，单击“确定”按钮完成总成本的计算，如图 7-15 所示。

	A	B	C
8			
9		实际采购单价	=IF(C10>=C3,C7*(1-C2),C7)
10		实际订货量(Q)	=C3
11		年订货成本	=C4*C5/C10
12		年储存成本	=C6*C10/2
13		年采购成本	=C4*C9
14		年总成本	=SUM(C11:C13)
15			
16		经济订货量(Q*)	=SQRT(2*C4*C5/C6)
17		Q*下的年订货成本	=C4*C5/C16
18		Q*下的年储存成本	=C6*C16/2
19		Q*下的年采购成本	=C4*IF(C16>=C3,C7*(1-C2),C7)
20		Q*下的年总成本	=SUM(C17:C19)

图 7-14　各单元格中的计算公式

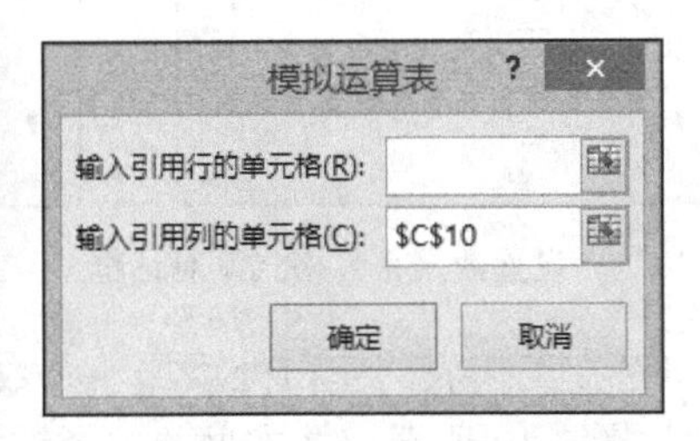

图 7-15　“模拟运算表”对话框

(4) 以模拟运算表中的 E1:F1 和 E3:F21 为数据源(先选中第 1 个单元格区域，再按住 Ctrl 键不放选中第 2 个单元格区域)，绘制带平滑线的散点图(选择“插入”选项卡的“图表”组中的“带平滑线的散点图”按钮)。单击选中“垂直坐标轴”，右击，在快捷菜单中选择“设置坐标轴格式”命令，在弹出的对话框中设置最大值为 140000，最小值为 100000，主要单位为 5000，如图 7-16 所示。同样设置“水平坐标轴”的刻度单位：最大值为 4000，最小值为 300，主要单位为 500。

(5) 选中绘制的成本曲线(“年总成本”系列)，右击，在快捷菜单中单击“设置数据系列格式”命令，在弹出的对话框中选择 按钮(填充与线条)，去除最底部的“平滑线”复选框中的“√”，以实现总成本曲线的陡降效果，如图 7-17 所示。

(6) 设置图表中的“图表标题”为“不同折扣阈值下的年总成本的变化”，删除“水平轴主要网格线”。绘制好的图表如图 7-18 所示。

图 7-16　“设置坐标轴格式”对话框

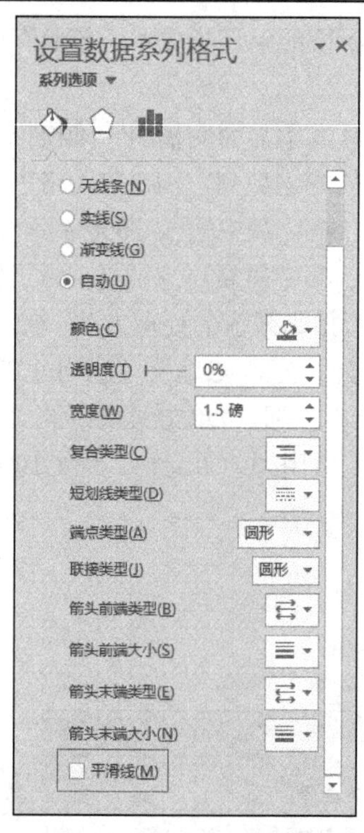

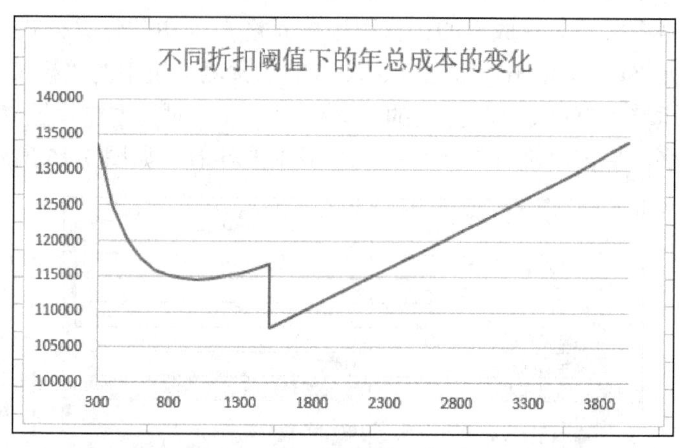

图 7-17　“设置数据系列格式”对话框

图 7-18　绘制好的图表

(7)在工作表的空白处添加一个数值调节钮与一个横排文本框，设置数值调节钮的控件属性如图 7-19 所示。文本框的内容链接到 B24 单元格，而 B24 单元格中的公式如图 7-20 所示。B26 单元格的值显示决策内容，通过 IF()函数对比两种方法求出的总成本的大小，总成本小者为可行方案。B26 单元格中的公式如图 7-20 所示。

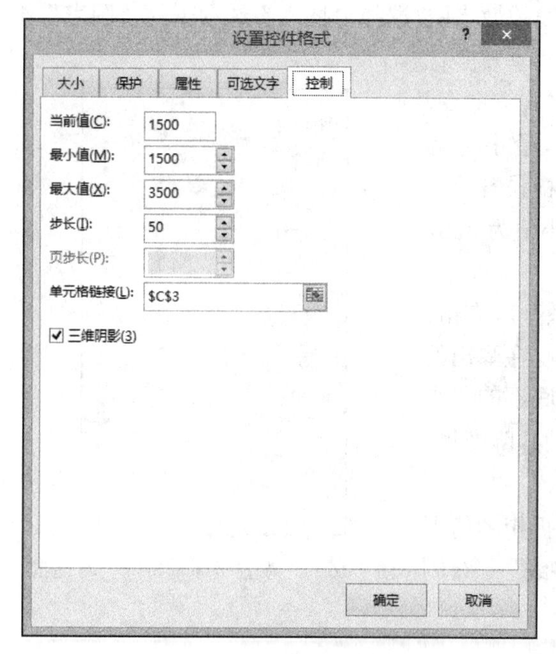

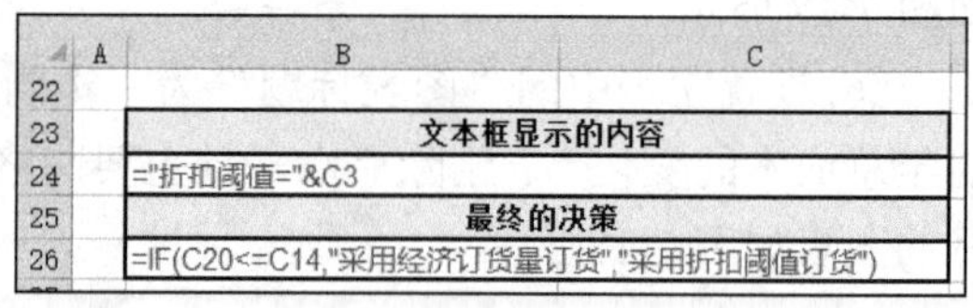

图 7-19　数值调节钮的控件属性设置

图 7-20　文本框显示值公式

(8)在工作表的空白处再添加一个横排文本框用于显示决策结果，文本框的内容链接到B26单元格。设置文本框的形状格式，线条的宽度设置为2.5磅，复合类型设置为“双线”。为了防止图表遮挡控件，分别右击数据调节钮和两个文本框控件，在快捷菜单中选择“置于顶层”，最后将3个控件拖放到图表中的合适位置即可，如图7-12所示。

(9)在图表中添加水平参考线前要先准备好水平参考线上对应的点的数据，即在E24:F26单元格区域中输入其对应点的X和Y坐标值，其中E列为点的X值，F列为点的Y值。因为希望水平参考线在图中从左划到右，所以E24单元格的值设为参考线的最左边数据点的X值，即水平坐标轴的最小刻度300；而E26单元格设为参考线的最右边数据点的X值，即水平坐标轴的最大刻度4000；水平参考线上的所有点的Y坐标值都相等，都等于年总成本的极小值，而极小值可能取在折扣阈值下的年总成本或是Q^*下的年总成本，也就是对应C14和C20单元格中的最小值，因此其公式为“=MIN($C$14,$C$20)”。而中间数据点的X值则代表年总成本极小值时所对应的订货量，要根据总成本极小值的取值来动态的选择为折扣阈值或Q^*。各数据点单元格中的公式或值如图7-21所示。

(10)在图表中添加水平参考线实际上是通过添加系列实现的，其操作类似7.2节中例7-1中垂直参考线的添加方法，在此就不赘述了。最后选中水平参考线与总成本曲线交点对应的数据点，按要求设置数据点格式，并为其添加数据标签。关于数据点的操作也类似于7.2节中例7-1，在此也不赘述了。

水平参考线	
300	=MIN($C$14,$C$20)
=IF(C14<C20,C10,C16)	=MIN($C$14,$C$20)
4000	=MIN($C$14,$C$20)

图7-21　水平参考线各数据点中的数据或公式

至此，所有操作均已完成，可以通过数值调节钮尝试调整折扣阈值，查看不同折扣阈值下总成本及订货决策的变化情况。最终完成的效果如图7-12所示。

7.4　拓展应用

7.3节中介绍的带阈限值折扣优惠的经济订货量模型中，供货商只提供一种简单的优惠政策，对商品单价而言只存在两种价格，采购时要么原价，要么优惠价，实际采购单价的获取还算比较简单。而在实际问题中，供货商往往会根据不同的订货量提供多个档位的优惠价，总而言之，订货量越多，价格就越优惠。这样对商品实际采购单价的获取就相对复杂了。这种情况下，商品单价会随着订货量的变化而变化，所以总存货费用也应该包含采购费用在内，即总存货费用为采购费用、订货费用和储存费用三者之和。

7.4.1　非连续价格折扣优惠的经济订货量模型

1. 模型概述

非连续价格折扣优惠指的是有多个折扣阈限值，也对应多档优惠折扣价。当一次订货量Q每达到一个阈限值后，商品的采购单价整体(即购买的所有商品)均按相应优惠折扣价进行核算的一种折扣优惠形式。

从7.3节中的带阈限值折扣优惠的经济订货量模型的总成本图形可以看出，当只有一个折扣阈限值时，整个总成本曲线被折扣阈限值划分成了两个区间，前面区间为原价下的不同订货量的总成本曲线，此区间内的总成本极小值会出现在经济订货量 Q^*下；后面区间为优惠价下的不同订货量的总成本曲线，此区间内的总成本极小值会出现在折扣阈限值处，因此整个总成本的极小值，只要求解这两个极小值中的最小值即可。而非连续价格折扣优惠的经济订货量模型中会有 n 个折扣阈限值，就会对应 $n+1$ 个不同价格区间，因此要先判断出每个区间内的总成本极小值，然后再求出这些极小值中的最小值，就是整个总成本的极小值了。

为了方便表述求解步骤，我们设一次订货量为 Q，假设存在 $n+1$ 个折扣阈限值(又称为折扣起点批量) $Q_i(0\leqslant i\leqslant n，Q_0=1)$，其对应的商品价格(即实际采购单价)为 $P_i(1\leqslant i\leqslant n+1)$，则一次采购费用的计算方法如表 7-1 所示。

表 7-1　非连续价格折扣优惠下的价格与采购费用计算表

订货量优惠条件	实际采购价格	享受优惠的数量	一次采购费用
$Q_0\leqslant Q<Q_1$	P_1	Q	$Q\times P_1$
$Q_1\leqslant Q<Q_2$	P_2	Q	$Q\times P_2$
$Q_2\leqslant Q<Q_3$	P_3	Q	$Q\times P_3$
⋮	⋮	⋮	⋮
$Q_{n-1}\leqslant Q<Q_n$	P_n	Q	$Q\times P_n$
$Q_n\leqslant Q$	P_{n+1}	Q	$Q\times P_{n+1}$

根据非连续价格折扣优惠的经济订货量模型，可以按照以下步骤来求解非连续价格折扣优惠下的最优订货量。

(1)按照经济订货量基本模型公式，分别计算出表 7-1 中的不同实际采购价格 $P_i(1\leqslant i\leqslant n+1)$下的经济订货量 $EOQ_i(1\leqslant i\leqslant n+1)$，其中 EOQ_1 表示价格为原价 P_1 时的经济订货量，EOQ_2 表示价格为优惠价 P_2 时的经济订货量。以此类推，EOQ_i 表示价格为优惠价 P_i 时的经济订货量。

(2)判断各不同价格 P_i 所对应的经济订货量 EOQ_i 是否有效。判断的基本依据是：若求出的对应 EOQ_i 满足表 7-1 中对应的订货量优惠条件则有效，否则无效。

(3)计算出所有有效的 EOQ_i 对应的总存货费用 C_i(C=采购费用+订货费用+存储费用)。

(4)计算出所有折扣起点批量 Q_i 对应的总存货费用 C_i' $(0\leqslant i\leqslant n)$。

(5)比较所有已求出的 C_i 和 C_i' $(0\leqslant i\leqslant n)$，求出其中的最小值 $C_{\min}$ 及对应的订货量 $Q_{\min}$。

(6)上一步所求出的最小值 $C_{\min}$ 是理论上的总存货费用极小值，其对应的订货量 $Q_{\min}$ 也是理论上的最优订货量，也称为无需求量限制的最优订货量。但是它有可能超过总需要量 D，这时也不可能按照它来订货。因此我们还要比较 $Q_{\min}$ 与总需求量 D 的大小关系，若 $Q_{\min}\leqslant$总需求量 D，则 $Q_{\min}$ 就是最优订货量，否则，总需求量 D 才是最优订货量。最优订货量所对应的总存货费用也一定是符合条件下的总存货费用的最小值。

2. 应用模型举例

例 7-3　某公司每年需要一种零件 25000 件，每次订货费用为 800 元，单件零件的存储费用是零件单价的 15%。供货商规定：凡一次性购买 3000 件以下的，价格为 9 元/件；3000 件及以上 6000 件以下的，所购商品的整体价格为 8 元/件；6000 件及以上 9000 件以下的，所购商品的整体价格为 7 元/件；9000 件及以上的，所购商品的整体价格为 6 元/件。问该公司应该如何订货才能保证总存货费用最小？

解题分析：

通过题意可以看出，当一次订货量达到某个区间时，所有零件的价格均按照其对应的优惠价进行核算，所以是典型的非连续价格折扣优惠。

操作步骤：

(1) 新建一个工作簿文件，在工作表中建立非连续价格折扣优惠的经济订货量模型，并在相应单元格中输入已知的条件信息，如图 7-22 所示。

	A	B	C	D	E	F	G	H
1	折扣起点批量(Q)	配件单价折扣价(P)						
2	1	9						
3	3000	8						
4	6000	7						
5	9000	6						
6								
7	年需求量(件)(D)	25000						
8	每次订货费用(A)	800						
9	年存储费率(K)	15%						
10								
11	折扣起点批量(Q)	配件单价折扣价(P)	不同单价折扣价下的经济订货量(Q*)	Q*是否有效	有效Q*下的总存货费用C	折扣起点批量下的总存货费用C'	C和C'的最小值	最小总存货费用对应的订货量
12								
13								
14								
15								
16								
17	无需求量限制的最优订货量							
18								
19	订货量的最优解							

图 7-22　非连续价格折扣优惠的经济订货量模型

(2) 在 A11:B15 单元格区域中引用 A1:B5 单元格区域中的价格优惠政策，具体引用公式如图 7-23 所示。按照非连续价格折扣优惠的模型确定最优订货量的决策步骤，计算不同折扣价下的经济订货量，判断其有效性，并求出有效 Q^*下的总存货费用 C，所有折扣起点批量下的总存货费用 C'；C 与 C'的最小值，最小值对应的订货量；并根据所求数据进一步求解无需求量限制的最优订货量及订货量的最优解。相关单元格的计算公式如图 7-23～图 7-26 所示。

	A	B	C	D
10				
11	=A1	=B1	不同单价折扣价下的经济订货量(Q*)	Q*是否有效
12	=A2	=B2	=SQRT(2*$B$7*$B$8/(B2*$B$9))	=IF(AND(C12>=A2,C12<A3),"有效","无效")
13	=A3	=B3	=SQRT(2*$B$7*$B$8/(B3*$B$9))	=IF(AND(C13>=A3,C13<A4),"有效","无效")
14	=A4	=B4	=SQRT(2*$B$7*$B$8/(B4*$B$9))	=IF(AND(C14>=A4,C14<A5),"有效","无效")
15	=A5	=B5	=SQRT(2*$B$7*$B$8/(B5*$B$9))	=IF(C15>=A5,"有效","无效")

图 7-23　相关单元格的计算公式(1)

	E	F
10		
11	有效Q*下的总存货费用C	折扣起点批量下的总存货费用C'
12	=IF(D12="有效",$B$7*B12+$B$7/C12*$B$8+C12/2*B12*$B$9,"无效")	=$B$7*B12+$B$7/A12*$B$8+A12/2*B12*$B$9
13	=IF(D13="有效",$B$7*B13+$B$7/C13*$B$8+C13/2*B13*$B$9,"无效")	=$B$7*B13+$B$7/A13*$B$8+A13/2*B13*$B$9
14	=IF(D14="有效",$B$7*B14+$B$7/C14*$B$8+C14/2*B14*$B$9,"无效")	=$B$7*B14+$B$7/A14*$B$8+A14/2*B14*$B$9
15	=IF(D15="有效",$B$7*B15+$B$7/C15*$B$8+C15/2*B15*$B$9,"无效")	=$B$7*B15+$B$7/A15*$B$8+A15/2*B15*$B$9

图 7-24　相关单元格的计算公式(2)

	G	H
10		
11	C和C'的最小值	最小总存货费用对应的订货量
12	=IF(D12="有效",MIN(E12:F12),F12)	=IF(G12=F12,A12,C12)
13	=IF(D13="有效",MIN(E13:F13),F13)	=IF(G13=F13,A13,C13)
14	=IF(D14="有效",MIN(E14:F14),F14)	=IF(G14=F14,A14,C14)
15	=IF(D15="有效",MIN(E15:F15),F15)	=IF(G15=F15,A15,C15)

图 7-25　相关单元格的计算公式(3)

	A	B
16		
17	无需求量限制的最优订货量	=INDEX(H12:H15,MATCH(MIN(G12:G15),G12:G15,0))
18		
19	订货量的最优解	=IF(B7>B17,B17,B7)

图 7-26　相关单元格的计算公式(4)

完成的效果图如图 7-27 所示。

	A	B	C	D	E	F	G	H
1	折扣起点批量(Q)	配件单价折扣价(P)						
2	1	9						
3	3000	8						
4	6000	7						
5	9000	6						
6								
7	年需求量(件)(D)	25000						
8	每次订货费用(A)	800						
9	年存储费率(K)	15%						
10								
11	折扣起点批量(Q)	配件单价折扣价(P)	不同单价折扣价下的经济订货量(Q*)	Q*是否有效	有效Q*下的总存货费用C	折扣起点批量下的总存货费用C'	C和C' 的最小值	最小总存货费用对应的订货量
12	1	9	5443	无效	无效	20225000.68	20225000.68	1
13	3000	8	5774	有效	206928.2032	208466.6667	206928.2032	5774
14	6000	7	6172	有效	181480.7407	181483.3333	181480.7407	6172
15	9000	6	6667	无效	无效	156272.2222	156272.2222	9000
16								
17	无需求量限制的最优订货量	9000						
18								
19	订货量的最优解	9000						

图 7-27　完成的效果图

7.4.2　连续价格折扣优惠的经济订货量模型

1. 模型概述

在非连续价格折扣优惠的模型下，当一次订货量 Q 每达到一个阈限值后，商品的采购单价整体(即购买的所有商品)均按相应优惠折扣价进行核算，所有商品均一个价格来计算采购成本。而在连续价格折扣优惠的经济订货量模型下，当一次订货量 Q 达到某一个阈限值后，超过的商品数量按新的优惠价进行核算，而前面的商品会根据各自价格区间按相应优惠价格核算其价格对应数量下的商品的采购成本，商品的采购单价不再是一个固定的价格，而是呈梯度价格呈现。因此在连续价格折扣优惠的经济订货量模型下，商品的采购成本的核算会比较复杂，这也是与非连续价格折扣优惠的经济订货量模型的主要区别所在。

为了方便表述求解步骤，我们设一次订货量为 Q，假设存在 n+1 个折扣阈限值(又称为折扣起点批量) Q_i $(0 \leqslant i \leqslant n,\ Q_0=1)$，其对应的商品价格(即实际采购单价)为 P_i $(1 \leqslant i \leqslant n+1)$，则采购费用采用的是各价格区间不同价格的核算方式，计算方法如表 7-2 所示。

表 7-2　连续价格折扣优惠下的价格与享受优惠数量表

订货量折扣区间	各区间价格	各区间享受优惠的数量
$Q_0 \leqslant Q < Q_1$ $(Q_0=1)$	P_1	Q
$Q_1 \leqslant Q < Q_2$	P_2	$Q-(Q_1-1)$
$Q_2 \leqslant Q < Q_3$	P_3	$Q-(Q_2-1)$
⋮	⋮	⋮
$Q_{n-1} \leqslant Q < Q_n$	P_n	$Q-(Q_{n-1}-1)$
$Q \geqslant Q_n$	P_{n+1}	$Q-(Q_n-1)$

说明：

(1) 当 Q 位于第一个折扣区间，即当 $1 \leqslant Q < Q_1$ 时，模型实际上就退化为了经济订货量基

本模型，按经济订货量基本模型求解经济订货量就是最优订货量。

(2) 当 Q 位于后面的第 i 个折扣区间时，一次商品的采购费用 B 的计算要采用累加式计算。

$$B=\text{折扣阈值前累计的采购费用}+\text{当前折扣区间的采购费用}$$

$$=\sum_{j=1}^{i-1}(Q_j-Q_{j-1})P_j+(Q-Q_{i-1}+1)P_i \tag{7-7}$$

商品的平均订货价格则为：

$$\overline{P}=\frac{B}{Q}=\frac{\sum_{j=1}^{i-1}(Q_j-Q_{j-1})P_j+(Q-Q_{i-1}+1)P_i}{Q} \tag{7-8}$$

总存货费用为：

$$C=D\cdot\overline{P}+\frac{D}{Q}\cdot A+\frac{Q}{2}\cdot\overline{P}\cdot K \tag{7-9}$$

各折扣区间的经济订货量为：

$$\mathrm{EOQ}_i=Q_i^*=\sqrt{\frac{2D}{P_iK}\left[A+\sum_{j=2}^{i}(P_{j-1}-P_j)Q_{j-1}\right]}\quad ,i\geqslant 2 \tag{7-10}$$

为了在下面模型中方便求解各折扣区间的经济订货量 EOQ_i，记 M_i 为求解中间量，其公式为：

$$M_i=\sum_{j=2}^{i-1}(P_{j-1}-P_j)Q_{j-1}\quad ,i\geqslant 2,M_1=0 \tag{7-11}$$

因此，各折扣区间的经济订货量 EOQ_i 简化为：

$$\mathrm{EOQ}_i=Q_i^*=\sqrt{\frac{2D}{P_iK}[A+M_i]}\quad ,i\geqslant 2 \tag{7-12}$$

根据连续价格折扣优惠的经济订货量模型，可以按照以下步骤来求解连续价格折扣优惠下的最优订货量。

(1) 按照公式(7-11)和公式(7-12)，分别计算出表 7-2 中的各折扣区间实际采购价格 P_i ($1\leqslant i\leqslant n+1$) 下的经济订货量 EOQ_i ($1\leqslant i\leqslant n+1$)。

(2) 判断各折扣区间对应的经济订货量 EOQ_i 是否有效。判断的基本依据是：若求出的对应 EOQ_i 满足表 7-2 中对应的订货量折扣区间则有效，否则无效。

(3) 参照公式(7-7)中的计算方法，计算出各折扣区间的折扣阈值前累计的采购费用及各 EOQ_i 下的采购费用。

(4) 参照公式(7-8)中的计算方法，计算所有有效的 EOQ_i 下对应的订货平均价格。

(5) 参照公式(7-9)中的计算方法，计算所有有效的 EOQ_i 下对应的总存货费用 C_i。

(6) 求解所有有效的总存货费用 C_i 的最小值，即为整个模型总存货费用的极小值 $C_{\min}$。

(7) 查找出总存货费用的极小值 $C_{\min}$ 对应的经济订货量，即为整个模型的最优订货量。

2. 应用模型举例

连续价格优惠的经济订货量模型举例详见右侧二维码。

连续价格折扣优惠的
经济订货量模型举例

本 章 小 结

本章主要运用成本管理思维，介绍了经济订货量的基本概念、常用模型及其应用举例等，希望能通过实例来拓展读者的思维能力，灵活地掌握各模型的应用方法及常见问题解决方案的求解。其中重点介绍了经济订货量基本模型和带阈限值折扣优惠的经济订货量模型，对于较为复杂的非连续与连续价格折扣优惠的经济订货量模型在“拓展应用”一节中也做了较为详细的介绍，读者可以有选择地学习。

思考与练习

一、选择题

1. 经济订货量模型所依据的假设不包括________。
   A. 一定时期内的商品总需求量保持不变　　B. 初始库存为零
   C. 每次订货的费用固定不变　　D. 允许缺货
2. 下列各项中与经济订货量无关的因素是________。
   A. 每次订货费用　　B. 全年计划总需求量
   C. 储存成本　　D. 交货期
3. 某企业全年需用 A 材料 2400 吨，每次的订货成本为 400 元，每吨材料年储备成本 12 元，则每年最佳订货次数为________次。
   A. 12　　B. 6　　C. 3　　D. 4
4. 在确定经济订货量时，下列表述中不正确的有________。
   A. 随每次订货批量的变动，订货费用和储存费用呈同方向变化
   B. 储存费用的高低与每次订货批量成正比
   C. 订货费用的高低与每次订货批量成反比
   D. 经济订货量对应下的年储存费用与年订货费用相等
5. 在存货经济订货量基本模型中，导致经济订货量增加的因素是________。
   A. 存货年需要量减少　　B. 每次订货费用减少
   C. 单位储存费用增加　　D. 每次订货费用增加

二、填空题

某公司预计全年需耗用甲零件 5000 件。该零件的单位采购成本为 20 元，单位年储存成本为单位采购成本的 10%，平均每次订货成本为 50 元。在该零件不存在缺货的情况下，按照基本经济订货量模型计算出：

(1) 甲零件的经济订货量为________。
(2) 年总成本极小值为________。
(3) 年度最佳订购次数为________。
(4) 如果订货批量为 400 件，则全年订货成本和储存成本分别为________和________。

第 8 章　最优化模型与最优化思维

在日常生活和生产经营管理中，经常会遇到一些求极限值的问题，如在满足各方面要求的前提下，怎样实现利润最大、用料最少、运费最低等。这些问题被称为最优化问题。

最优化思维是解决最优化问题的思维方式，是在资源有限的情况下，找出一个最好的解决方案，使选定的目标达到最优。最优化思维在经济、军事、互联网、工程、通信等各领域被广泛应用。

在学习生活中，利用最优化思维管理时间、安排事务等，能够帮助我们节约时间、提高工作效率；在企业生产、营销等经济活动中，大多数常规企业的经营目标是追求利润最大化，而最优化思维能够为企业找出利润最大化的最佳方案。

Excel 中的“规划求解”分析工具就直观地体现了最优化思维。本章主要介绍如何利用“规划求解”分析工具解决最优化问题，了解最优化模型参数的保存与调用，并对经济管理中常见的最优化问题进行分类，分别利用“规划求解”分析工具求出最佳的解决方案。在“拓展应用”一节中介绍如何初步解读规划求解分析报告，以及多目标规划问题和非线性规划问题的求解方法。

8.1　最优化问题概述

8.1.1　基本概念

先来看看下面这个经典问题：

妈妈让小明烧水给客人沏茶。洗水壶需用 1 分钟，烧开水需用 8 分钟，洗茶壶需用 1 分钟，洗茶杯需用 2 分钟，拿茶叶需用 2 分钟。小明应该如何做才能让客人尽快喝上茶？

在这个问题中，洗水壶和烧开水不能同时进行，必须先洗水壶，后烧开水，但洗茶壶、洗茶杯和拿茶叶可以和烧开水同时进行，这样可以节省时间。这是运筹学中的经典问题，其中就包含了最优化的思想和概念。

最优化问题就是指在已知的限定条件下，在多个可行方案中寻找最佳的解决问题的方案。如：

(1) 怎样安排货物运输使总运费最小？

(2) 怎样组织生产使利润最大？

(3) 怎样分配工作使总效率最高？

(4) 怎样组织原材料使生产成本最低？

8.1.2　最优化问题分类

根据约束条件的有无、函数表达形式及求解结果取值的不同等，最优化问题有多种分类方法。

1. 无约束条件的最优化问题和有约束条件的最优化问题

根据最优化问题中是否有约束条件可分为无约束条件的最优化问题和有约束条件的最优化问题。

(1)无约束条件的最优化问题是在没有任何条件限制的情况下寻求最佳解决方案。如：在原材料无限供应、不考虑生产成本、不限定劳动时间的情况下，如何安排完成一定量产品的生产活动。

(2)有约束条件的最优化问题是在满足前提条件的基础上寻求最佳解决方案。如：在原材料的供应量和单位产品的生产成本已确定，并且劳动时间有限制的情况下，如何安排生产一定量产品，使生产成本最低。

在实际的生活和生产管理中的问题，一般总是有各种各样的条件约束，因此绝大多数的最优化问题都属于有约束条件的最优化问题。

2. 线性规划问题和非线性规划问题

根据最优化问题中求解目标函数与约束条件中的函数表达形式的不同，分为线性规划问题和非线性规划问题。

1)线性规划问题

如果求解目标函数与约束条件中的函数表达形式均为线性函数，这类最优化问题称为线性规划问题。

在最优化问题中，线性规划问题是研究比较成熟的一个重要领域，很多最优化问题都可以分解为线性规划子问题，然后逐一求解。

2)非线性规划问题

如果求解目标函数或约束条件中的函数表达形式至少有一个为非线性函数，这类最优化问题称为非线性规划问题。

与线性规划问题相比，非线性规划问题的计算复杂性大幅提高，而且有可能有最优解，也有可能不存在最优解。

在这两类规划问题中，线性规划问题是最常见的规划问题，相对比较简单，理论研究较早，广泛应用于经济管理、决策分析、工程技术等领域。

3. 整数规划问题、0-1 规划问题和任意规划问题

根据最优化问题中最终求解结果的取值的不同，分为整数规划问题、0-1 规划问题和任意规划问题。

(1)整数规划问题：最终求解结果均为整数。

(2)0-1 规划问题：最终求解结果要么为 0，要么为 1。

(3)任意规划问题：最终求解结果可以为任意值。

8.1.3 规划求解的基本要素

在解决最优化问题时，首先应该针对问题进行分析，厘清其中包含的 3 个规划求解的基本要素：决策变量、目标变量和约束条件。

1. 决策变量

决策变量就是最优化问题中寻找的求解结果，一组决策变量的求解值就表示一种具体的解决方案，解最优化问题就是要在多个可行方案中找出一种最佳的解决方案。

2. 目标变量

在最优化问题中总是希望达到一些极值的目标，如利润最大、成本最低、总运费最低、总消耗时间最少等，其中的利润、成本、总运费和总消耗时间就是这个最优化问题中的目标变量。目标变量与决策变量有直接或间接的联系。

3. 约束条件

在最优化问题中，常常会有一些前提约束条件，如原材料供应有限、某些值必须为整数或正数、需要量不能超出供应量等。在进行最优化问题规划时，应该在满足这些约束条件的基础上求出最佳解决方案。

约束条件大致有两种。

(1) 直接约束：直接对决策变量的取值进行的约束。

(2) 间接约束：决策变量参与到计算单元格的计算过程，对计算单元格的取值进行的约束。

8.1.4　最优化问题的求解方法

最优化问题可以利用以下方法进行求解。

1. 公式法

对最优化问题进行分析，转换成数学模型，将决策变量用未知变量表示，把决策变量和目标变量的关系以及约束条件用数学函数与关系表达式表示，并利用数学方法进行求解，求出一组未知变量的值。

2. 查表法

用查表法求解，就需要先利用模拟运算表计算工具预先制作出目标变量和决策变量之间数值的对应表，根据最优化问题的要求在目标变量列中找出最优的目标变量值，然后利用相关函数查找出与最优目标变量值相对应的决策变量值。

3. 规划求解工具

Excel 中提供了规划求解工具来解决最优化问题，只需要通过设置相关公式和界面参数，即可求出最优解，求解过程简便、有效。这是目前最常用的求解方法。据统计，85%的全球 500 强企业在生产经营管理中会用到规划求解工具。

8.2 线 性 规 划

8.2.1 规划求解工具的加载

在默认情况下，Excel 中没有自动加载规划求解工具，若要进行规划求解操作，应首先加载规划求解工具。加载规划求解工具的操作步骤如下：

(1) 在 Excel 的“文件”选项卡中单击“选项”，弹出“Excel 选项”对话框。

(2) 在“Excel 选项”对话框的左侧窗格中选择“加载项”，然后在右侧窗格的下方“管理”框中选择“Excel 加载项”，单击“转到”按钮，如图 8-1 所示。

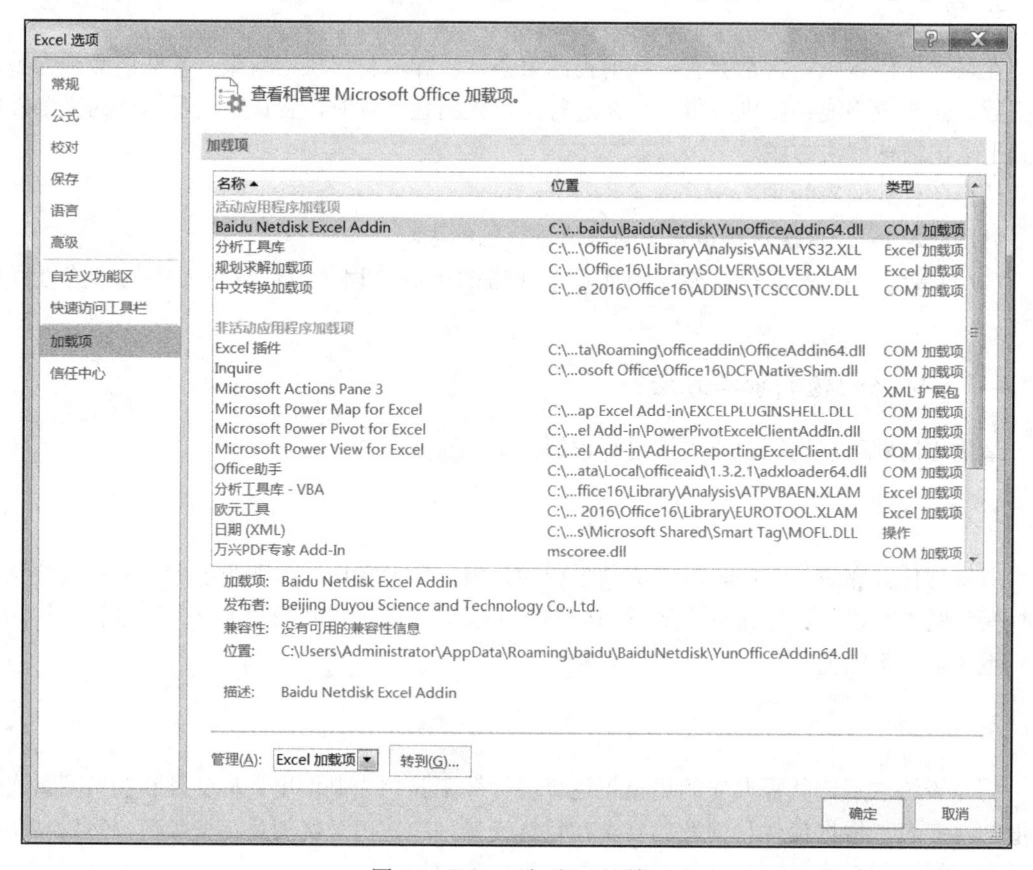

图 8-1 “Excel 选项”对话框

(3) 在弹出的“加载宏”对话框中，在“可用加载宏”列表中勾选“规划求解加载项”，单击“确定”按钮，如图 8-2 所示。

这时在 Excel 的“数据”选项卡的“分析”组中就会出现“规划求解”按钮，如图 8-3 所示。以后就可以利用规划求解工具对最优化问题进行求解分析了。

注意： *在加载规划求解工具之前，应确认规划求解工具模块已安装。在安装 Microsoft Office 时，若选择“典型安装”，则不会安装规划求解工具模块；若选择“完全安装”，或在“自定义安装”中选择规划求解工具，则可以将该工具模块安装在计算机中。*

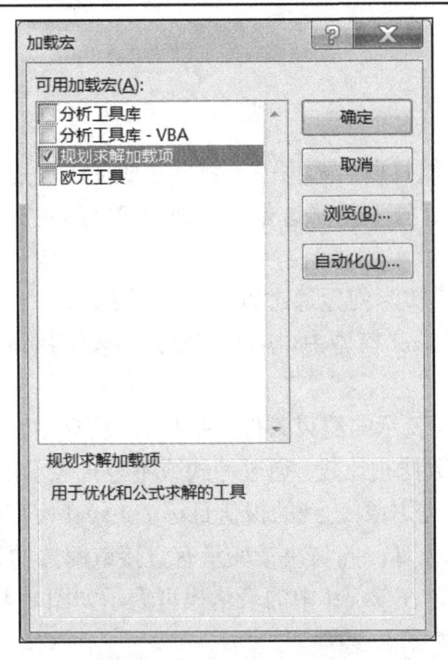

图 8-2 “加载宏”对话框

图 8-3　规划求解工具已加载

8.2.2　线性规划问题举例

线性规划问题是最常见的最优化问题。下面以一道例题详细说明利用规划求解工具对线性规划问题进行求解的方法和过程。

例 8-1　某企业生产的产品专门供应本市的 3 家超市：超市 A、超市 B 和超市 C。该企业有两家工厂生产该产品：工厂 1 和工厂 2。从两家工厂分别运货到 3 家超市的单价运费(元/公斤)、各工厂每月的供应量和各超市每月的需求量如表 8-1 所示。工厂的总供应量和超市的总需求量供需平衡，作为该企业的运输调度员，应如何安排各工厂到各超市的运货量，才能使得每月的运货费最低？

表 8-1　例 8-1 的单价运费、工厂供应量和超市需求量

运费(元/公斤)	超市 A	超市 B	超市 C	供应量(公斤)
工厂 1	12	15	13	120
工厂 2	13	14	12	150
需求量(公斤)	100	85	85	

操作步骤：

1. Excel 模型转换

在 Excel 中，应首先将题目所给数据的内容转换成便于识别和操作的表格模型形式，即将实际的最优化问题数学化、模型化。这是求解规划问题的关键。接下来就可以利用规划求解工具进行求解了。

Excel 模型转换也就是将实际问题通过以下 3 方面表示。

(1) 一组决策变量。在 Excel 模型中，用一些单元格表示决策变量，即最优化问题的最终求解结果。

(2) 一组用等式或不等式表示的约束条件。在 Excel 模型中，利用函数或公式计算相关数据，再与常数或一些单元格数据相比较，通过等式或不等式表示出最优化问题中的约束条件。

(3) 目标函数。最优化问题中要达到的极值目标在 Excel 模型中用一个单元格表示，该单元格总是需要用函数或公式计算，并与决策变量有直接或间接的计算关系。

根据表 8-1 所给的数据，在 Excel 中的表格模型表示如图 8-4 所示。

	A	B	C	D	E	F	G	H
1								
2		运费（元/公斤）	超市A	超市B	超市C			
3		工厂1	12	15	13			
4		工厂2	13	14	12			
5								
6		运货量（公斤）	超市A	超市B	超市C	总运货量（公斤）	供应量（公斤）	
7		工厂1					120	
8		工厂2					150	
9		总收货量（公斤）						
10		需求量（公斤）	100	85	85			
11		总运费（元）						
12								

图 8-4　例 8-1 的 Excel 表格模型

2. Excel 表格模型的识读

对于一个最优化问题，若该问题没有建立 Excel 表格模型，应首先根据问题描述建立相应的 Excel 表格模型；若该问题已经建立了 Excel 表格模型，应能正确识读 Excel 表格模型中单元格及单元格区域表示的意义。

在图 8-4 中，可以识读出以下内容。

(1) C3:E4 单元格区域表示各工厂运往各超市的运费单价。

(2) C7:E8 单元格区域表示每月各工厂运往各超市的运货量。

(3) F7:F8 单元格区域表示各工厂每月实际的总运货量。

(4) G7:G8 单元格区域表示各工厂每月的供应量。

(5) C9:E9 单元格区域表示各超市每月实际的收货量。

(6) C10:E10 单元格区域表示各超市每月的需求量。

(7) C11 单元格表示每月的总运费。

从这个表格模型中，还要分析出以下 3 个规划求解的基本要素：

1) 决策变量

决策变量是规划求解问题中的求解结果，也是最优化问题中的一种最佳解决方案。在例 8-1 中，是希望解决如何安排各工厂到各超市的运货量的问题，而在图 8-4 的 Excel 表格模型中，C7:E8 单元格区域表示各工厂到各超市的实际运货量。因此，例 8-1 的决策变量为 C7:E8 单元格区域。

2) 目标变量

目标变量是规划求解问题要达到的目标。在例 8-1 中，由于工厂的总供应量和总需求量供需平衡，要达到的目的是使每月的总运费最低，而在图 8-4 的 Excel 表格模型中，C11 单元格表示每月的总运费。因此，例 8-1 的目标变量为 C11 单元格。

3) 约束条件

约束条件是规划求解问题中的一些限制条件。在例 8-1 中，可以分析出每月从各工厂运出的总运货量应等于该工厂每月的供应量、每月各超市的总收货量应等于该超市每月的需求量，这些就是一些约束条件。另外，可根据题目具体情况需要增加一些额外的约束条件，如从各工厂到各超市的运货量不能为负数等。

3. Excel 表格模型计算

在使用规划求解工具之前，需要先在约束条件和目标变量中需要计算的单元格中输入计算公式。

(1) F7 单元格(每月从工厂 1 运往 3 家超市的总运货量)的计算公式为：=SUM(C7:E7)。

(2) F8 单元格(每月从工厂 2 运往 3 家超市的总运货量)的计算公式为：=SUM(C8:E8)。

(3) C9 单元格(每月从两家工厂运往超市 A 的总运货量)的计算公式为：=SUM(C7:C8)。

(4) D9 单元格(每月从两家工厂运往超市 B 的总运货量)的计算公式为：=SUM(D7:D8)。

(5) E9 单元格(每月从两家工厂运往超市 C 的总运货量)的计算公式为：=SUM(E7:E8)。

(6) C11 单元格(每月从两家工厂运往 3 家超市的总运费)的计算公式为：=SUMPRODUCT(C3:E4,C7:E8)。

各单元格的计算公式如图 8-5 所示。

	A	B	C	D	E	F	G	H
1								
2		运费（元/公斤）	超市A	超市B	超市C			
3		工厂1	12	15	13			
4		工厂2	13	14	12			
5								
6		运货量（公斤）	超市A	超市B	超市C	总运货量（公斤）	供应量（公斤）	
7		工厂1				=SUM(C7:E7)	120	
8		工厂2				=SUM(C8:E8)	150	
9		总收货量（公斤）	=SUM(C7:C8)	=SUM(D7:D8)	=SUM(E7:E8)			
10		需求量（公斤）	100	85	85			
11		总运费（元）	=SUMPRODUCT(C3:E4, C7:E8)					
12								

图 8-5　各单元格的计算公式

4. 使用规划求解工具

(1) 在 Excel 中加载规划求解工具，然后在“数据”选项卡的“分析”组中单击“规划求解”按钮，弹出如图 8-6 所示的“规划求解参数”对话框。

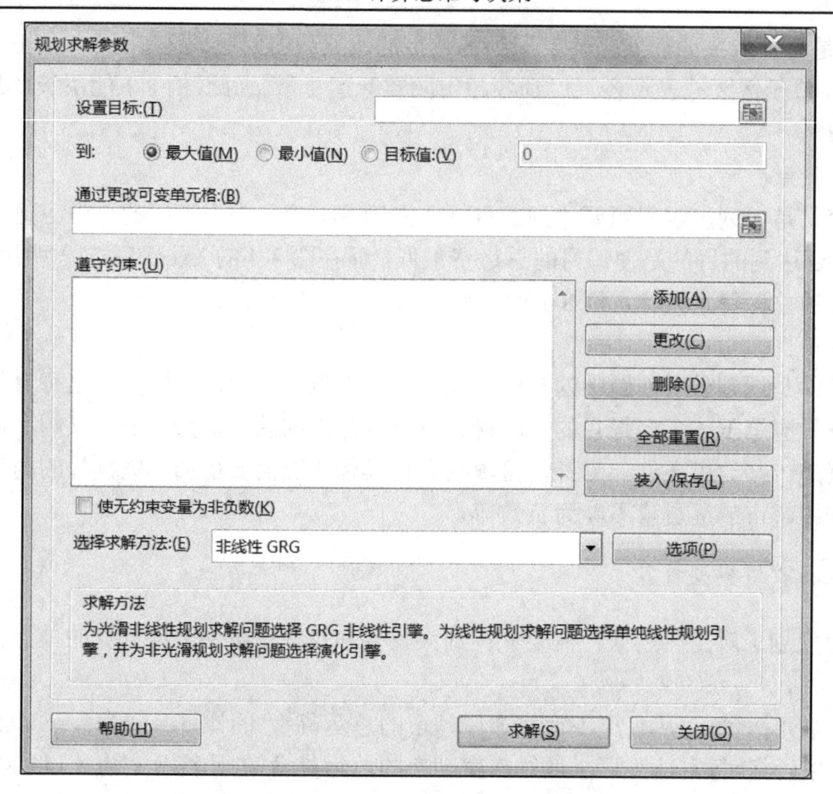

图 8-6　“规划求解参数”对话框

(2)在“规划求解参数”对话框中，在“设置目标”后的文本框中输入目标变量的单元格地址 C11；或者单击文本框后面的按钮，弹出如图 8-7 所示的单元格(区域)选择对话框，利用鼠标选择 C11 单元格后，C11 单元格地址就会记录在这个对话框中，然后再单击文本框后面的按钮返回“规划求解参数”对话框。

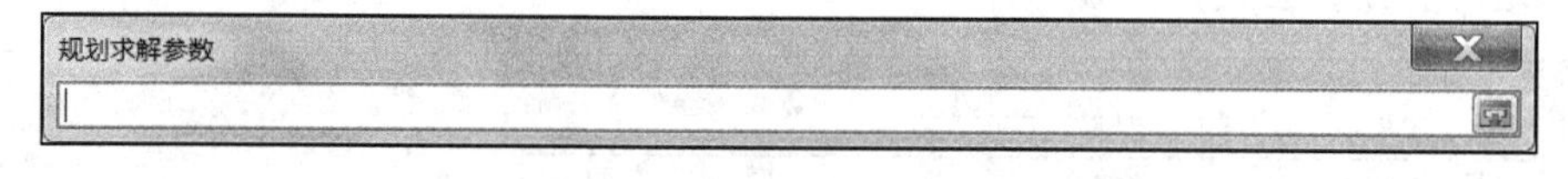

图 8-7　单元格(区域)选择对话框

(3)在“设置目标”文本框下面的“到”有 3 个选项。

- 最大值：使目标变量达到最大值。
- 最小值：使目标变量达到最小值。
- 目标值：使目标变量等于某一值，在后面的文本框中输入希望达到的值。

例 8-1 中希望达到总运费最低，因此，这里选择“最小值”。

(4)“通过更改可变单元格”文本框中的内容就是当前问题的决策变量，这里输入或选择 C7:E8 单元格区域。

(5)在“遵守约束”部分是要填写约束条件。

① 约束条件 1：每月从各工厂运出的总运货量等于该工厂每月的供应量。

单击“规划求解参数”对话框中的“添加”按钮，弹出如图 8-8 所示的“添加约束”对话框。

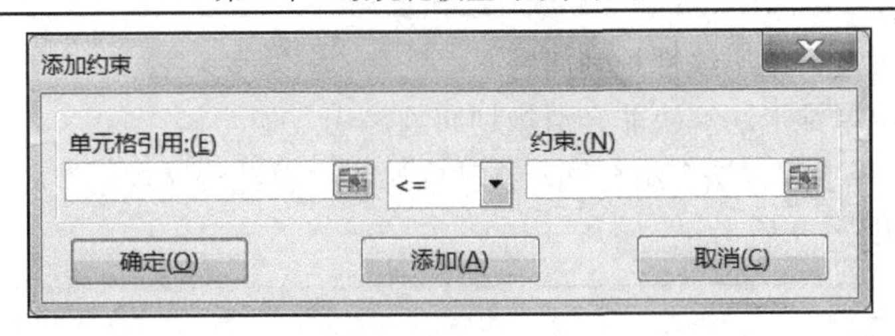

图 8-8 “添加约束”对话框

在左侧的“单元格引用”文本框中输入或选择 F7:F8 单元格区域，表示每月从各工厂运出的总运货量。

在中间的组合框中提供了 6 种比较方式。

➢ “<=”：设置左侧文本框的值小于等于右侧文本框的值。

➢ “=”：设置左侧文本框的值等于右侧文本框的值。

➢ “>=”：设置左侧文本框的值大于等于右侧文本框的值。

➢ int：设置左侧文本框的单元格值为整数。选择 int，在“约束”文本框中会显示“整数”。

➢ bin：设置左侧文本框的单元格值为二进制数，即 0 或 1。选择 bin，在“约束”文本框中会显示“二进制”。

➢ dif：设置左侧文本框的单元格值均不相同。选择 dif，在“约束”文本框中会显示“ALL Different”。

注意：只能为决策变量单元格上的约束条件应用 int、bin 和 dif 比较方式。

在这个约束条件中，选择“=”比较方式。

在右侧的“约束”文本框中输入或选择 G7:G8 单元格区域。

在“添加约束”对话框中有以下 3 个按钮。

➢ “添加”按钮：接受当前设置的约束条件并继续添加下一个约束条件。

➢ “确定”按钮：接受当前设置的约束条件并返回“规划求解参数”对话框。

➢ “取消”按钮：取消当前设置的约束条件并返回“规划求解参数”对话框。

这里单击“添加”按钮，保存当前设置的约束条件并继续添加下一个约束条件。

② 约束条件 2：各超市的总收货量等于该超市的需求量。

在“添加约束”对话框左侧的“单元格引用”文本框中输入或选择 C9:E9 单元格区域，表示每月各超市的总收货量。在中间的下拉列表框中选择“=”，在右侧的“约束”文本框中输入或选择 C10:E10 单元格区域。单击“添加”按钮。

③ 约束条件 3：从各工厂到各超市的运货量不能为负数。

在“添加约束”对话框左侧的“单元格引用”文本框中输入或选择 C7:E8 单元格区域，在中间的下拉列表框中选择“>=”，在右侧的“约束”文本框中输入 0。单击“确定”按钮。

注意：约束条件 3 表示决策变量不能为负数，这个约束条件同样可以通过选中“规划求解参数”对话框下方的“使无约束变量为非负数”复选框来实现。

在“规划求解参数”对话框中，单击要更改或删除的约束条件，单击“更改”或“删除”按钮，可以更改或删除现有的约束条件。

(6) 在“选择求解方法”组合框中可以选择以下 3 种算法或求解方法中的任意一种。

➢ 非线性 GRG：又称广义简约梯度法，用于光滑非线性规划问题。

➢ 单纯线性规划：用于线性规划问题。

➢ 演化：使用单纯形法解决非光滑规划问题。

这里单击“选择求解方法”组合框，在其中选择“单纯线性规划”。设置好的“规划求解参数”对话框如图 8-9 所示。

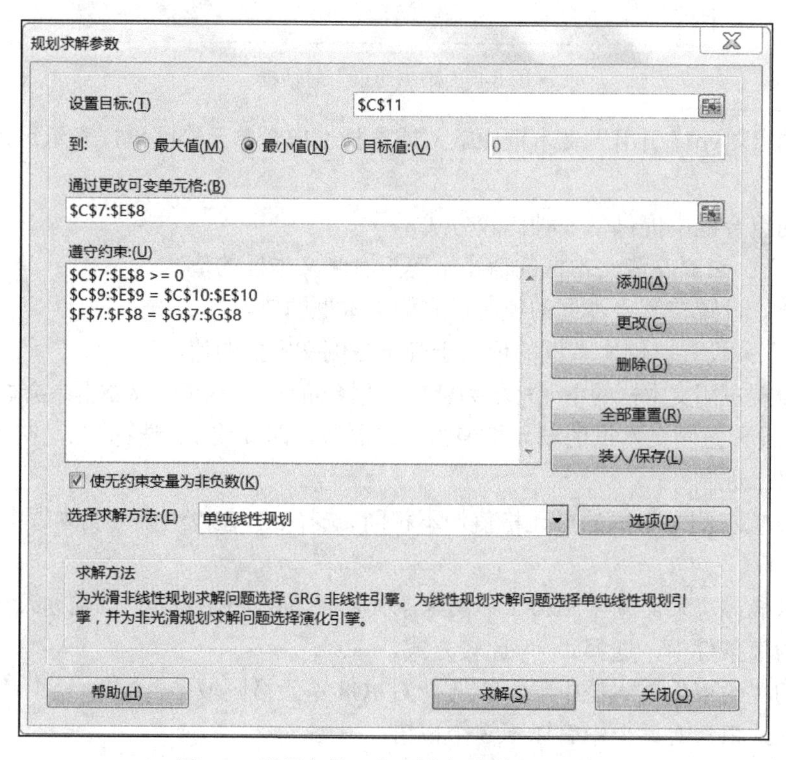

图 8-9　设置好的“规划求解参数”对话框

(7) 在“规划求解参数”对话框中单击“求解”按钮，弹出“规划求解结果”对话框，如图 8-10 所示。

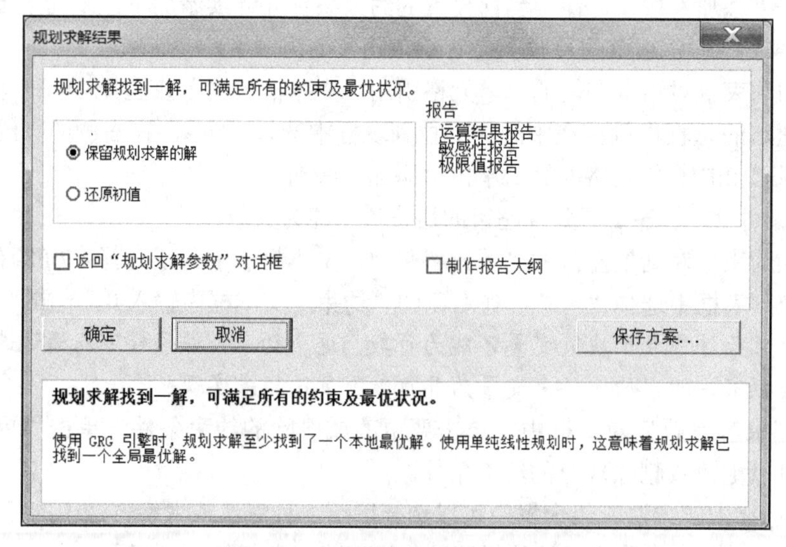

图 8-10　“规划求解结果”对话框

若要将求解的结果值保存在工作表中，可在“规划求解结果”对话框中勾选“保留规划求解的解”选项。

若要恢复原始值，可在“规划求解结果”对话框中选择“还原初值”选项。

单击“确定”按钮，当前最优化问题利用规划求解工具求出最优解，结果如图 8-11 所示。

	A	B	C	D	E	F	G	H
1								
2		运费（元/公斤）	超市A	超市B	超市C			
3		工厂1	12	15	13			
4		工厂2	13	14	12			
5								
6		运货量（公斤）	超市A	超市B	超市C	总运货量（公斤）	供应量（公斤）	
7		工厂1	100	20	0	120	120	
8		工厂2	0	65	85	150	150	
9		总收货量（公斤）	100	85	85			
10		需求量（公斤）	100	85	85			
11		总运费（元）	3430					
12								

图 8-11　规划求解结果

从图 8-11 可以看出，在这个题目中，当工厂 1 向超市 A 和超市 B 分别运送 100 公斤和 20 公斤的货物、工厂 2 向超市 B 和超市 C 分别运送 65 公斤和 85 公斤的货物时，可使每月的运货费最低。作为企业的运输调度员，运用最优化思维模式，可找到最优的运输方案，为企业降低成本、提高利润。

8.2.3　规划求解参数

1. 规划求解参数的保存与调用

利用 Excel 规划求解工具对最优化问题进行求解时，对于同一个问题可以在“规划求解参数”对话框中设置多种的参数内容分别求解，对求解结果再进行分析比较。但规划求解工具求解时只能保存最后一次设置的规划求解参数，若要保留之前设置的参数，就可以利用“规划求解参数”对话框中的参数保存功能，将每一次的参数设置保存起来，供以后需要时调用。

在“规划求解参数”对话框中单击“装入/保存”按钮，弹出如图 8-12 所示的“装入/保存模型”对话框。

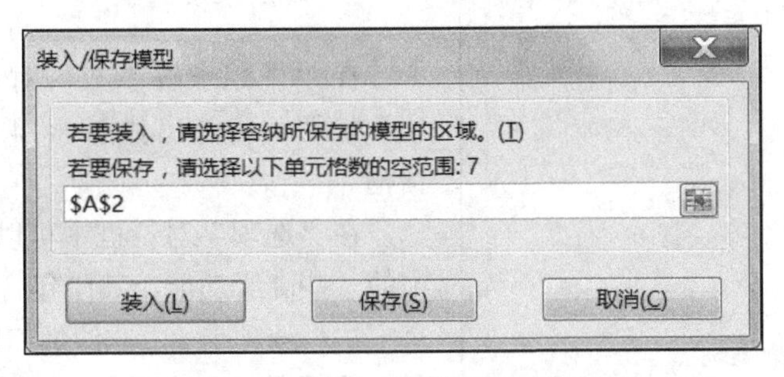

图 8-12　“装入/保存模型”对话框

1) 保存模型

在“装入/保存模型”对话框中的文本框中输入保存参数的单元格区域的起始位置，在

图 8-12 中输入了“$A$2”，表示参数将保存在以 A2 单元格开始的垂直空白单元格区域中，该单元格区域为一列共 7 个单元格，即 A2:A8 单元格区域。单击“保存”按钮。参数保存结果如图 8-13 所示。

	A	B	C	D	E	F	G	H
1								
2	3430	运费（元/公斤）	超市A	超市B	超市C			
3	6	工厂1	12	15	13			
4	TRUE	工厂2	13	14	12			
5	TRUE							
6	TRUE	运货量（公斤）	超市A	超市B	超市C	总运货量（公斤）	供应量（公斤）	
7	32767	工厂1	100	20	0	120	120	
8	0	工厂2	0	65	85	150	150	
9		总收货量（公斤）	100	85	85			
10		需求量（公斤）	100	85	85			
11		总运费（元）	3430					
12								

图 8-13　参数保存结果

(1) A2 单元格的值 3430 表示目标变量的最终极值。

(2) A3 单元格的值 6 表示决策变量的个数。

(3) A4 单元格的值“TRUE”表示约束条件“C7:E8>=0”成立。

(4) A5 单元格的值“TRUE”表示约束条件“C9:E9=C10:E10”成立。

(5) A6 单元格的值“TRUE”表示约束条件“F7:F8=G7:G8”成立。

(6) A7 单元格的值 32767 表示当设置的求解极限值的最大时间小于 32767 时，此处显示设置的最大时间值；当默认或设置的求解极限值的最大时间大于 32767 时，此处显示 32767。

(7) A8 单元格的值 0 表示求解极限值的最大时间，单位为秒。

2) 装入模型

当用到之前保存的参数模型时，可将该模型参数再次装入。

在“装入/保存模型”对话框中的文本框中输入保存参数的单元格区域，如 A2:A8，单击“装入”按钮，即可对该参数模型进行求解。

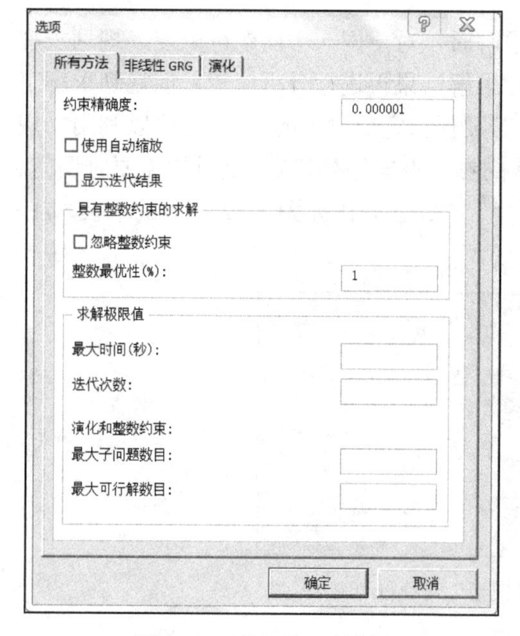

图 8-14　“选项”对话框

2. 规划求解选项

在“规划求解参数”对话框中，单击“选项”按钮，将弹出如图 8-14 所示的“选项”对话框。

在“选项”对话框中可以设置规划求解工具中的一些高级功能，其中包含 3 个选项卡：“所有方法”选项卡、“非线性 GRG”选项卡和“演化”选项卡。在选项卡中可以设置求解极限值的最大时间、迭代次数、最大子问题数目和最大可行解数目等参数，以及为非线性规划求解定义参数。每一个参数的默认设置可以满足大多数情况下的要求。

8.3　线性规划问题应用举例

8.3.1　运输问题

运输问题是规划问题中常见的一类问题。运输问题中总是从一组有一定供应量的出发地(如仓库、工厂等)运输货物到另一组有一定需求量的目的地(如门市、客户等)。已知各地之间的运输单价，在运输过程中会产生相应的运输成本，需要解决的问题是：在满足某些条件的情况下，应如何制订合理的运输方案，能够使运输成本最低？

根据运输问题中供应量和需求量的大小，又分为以下 3 种情况。

(1) 供需平衡：供应量和需求量相等。

(2) 供大于求：供应量大于需求量。

(3) 供小于求：供应量小于需求量。

其中，“供需平衡”的运输问题又称为平衡的运输问题，“供大于求”和“供小于求”的运输问题又称为不平衡的运输问题。

1. 供需平衡

解题分析：

以例 8-1 为例，其中工厂 1 和工厂 2 的供应量分别是 120 公斤和 150 公斤，则两家工厂总的供应量为 270 公斤；超市 A、超市 B 和超市 C 的需求量分别是 100 公斤、85 公斤和 85 公斤，则 3 家超市总的需求量为 270 公斤。可以看出，两家工厂总的供应量和 3 家超市总的需求量是一致的，这就是规划求解中的一种典型的“供需平衡”运输问题。

例 8-1 在上一节已做讲解，这里不赘述了。

总结下来，在“供需平衡”的运输问题中，关于供应量和需求量的约束条件为：

- 总运货量=供应量
- 总收货量=需求量

其他的约束条件根据题目需求相应增加。

2. 供大于求

下面的例 8-2 和例 8-3 是在例 8-1 的基础上变形而来的。

例 8-2　某企业生产的产品专门供应本市的 3 家超市：超市 A、超市 B 和超市 C。该企业有 3 家工厂生产该产品：工厂 1、工厂 2 和工厂 3。从 3 家工厂分别运货到 3 家超市的单价运费(元/公斤)、各工厂每月的供应量和各超市每月的需求量如表 8-2 所示。其中，由于路程相隔很远，工厂 2 不向超市 C 运送货物。作为该企业的调度员，应如何安排各工厂到各超市的运货量，才能使得每月的运货费最低？

表 8-2　例 8-2 的单价运费、工厂供应量和超市需求量

运费(元/公斤)	超市 A	超市 B	超市 C	供应量(公斤)
工厂 1	10	15	12	100

续表

运费(元/公斤)	超市 A	超市 B	超市 C	供应量(公斤)
工厂 2	11	15	—	90
工厂 3	12	14	13	90
需求量(公斤)	80	100	70	

解题分析：

工厂 1、工厂 2 和工厂 3 的供应量分别是 100 公斤、90 公斤和 90 公斤，则 3 家工厂总的供应量为 280 公斤；超市 A、超市 B 和超市 C 的需求量分别是 80 公斤、100 公斤和 70 公斤，则 3 家超市总的需求量为 250 公斤。可以看出，3 家工厂总的供应量大于 3 家超市总的需求量，这就是一种“供大于求”的运输问题。

在“供大于求”的运输问题中，关于供应量和需求量的约束条件为：

- 总运货量<=供应量
- 总收货量=需求量

其他的约束条件根据题目需求相应增加。

操作步骤：

(1) 根据表 8-2 中的数据建立相应的 Excel 模型，如图 8-15 所示。

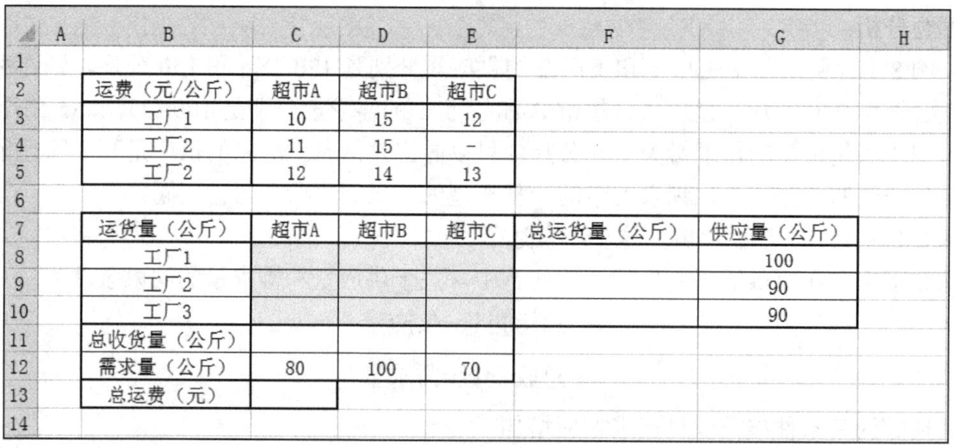

	A	B	C	D	E	F	G	H
1								
2		运费（元/公斤）	超市A	超市B	超市C			
3		工厂1	10	15	12			
4		工厂2	11	15	-			
5		工厂2	12	14	13			
6								
7		运货量（公斤）	超市A	超市B	超市C	总运货量（公斤）	供应量（公斤）	
8		工厂1					100	
9		工厂2					90	
10		工厂3					90	
11		总收货量（公斤）						
12		需求量（公斤）	80	100	70			
13		总运费（元）						
14								

图 8-15　例 8-2 的 Excel 模型

(2) 分析出模型中规划求解的 3 个基本要素，在需要计算的单元格中填写相应的公式。

题目是求如何安排各工厂到各超市的运货量，所以决策变量为 C8:E10 单元格区域。求解目的是使每月的运货费最低，所以目标变量为 C13 单元格的值。

- F8 单元格公式：=SUM(C8:E8)
- F9 单元格公式：=SUM(C9:E9)
- F10 单元格公式：=SUM(C10:E10)
- C11 单元格公式：=SUM(C8:C10)
- D11 单元格公式：=SUM(D8:D10)
- E11 单元格公式：=SUM(E8:E10)
- C13 单元格公式：=SUMPRODUCT(C3:E5,C8:E10)

(3) 在 Excel 的“数据”选项卡的“分析”组中单击“规划求解”按钮，弹出“规划求解参数”对话框。在“设置目标”文本框中输入 C13 单元格地址，选择“最小值”。在“通过更改可变单元格”文本框中输入 C8:E10。单击“添加”按钮，在“添加约束”对话框中添加以下约束条件。

① 约束条件 1：每月从各工厂运出的总运货量不能超出该工厂每月的供应量。

F8:F10<=G8:G10

② 约束条件 2：每月各超市的总收货量等于该超市每月的需求量。

C11:E11=C12:E12

③ 约束条件 3：每月从各工厂运出的运货量不能为负数。

C8:E10>=0

④ 约束条件 4：工厂 2 不向超市 C 运送货物。

E9=0

在“选择求解方法”组合框中选择“单纯线性规划”求解方式。例 8-2 的参数设置如图 8-16 所示。

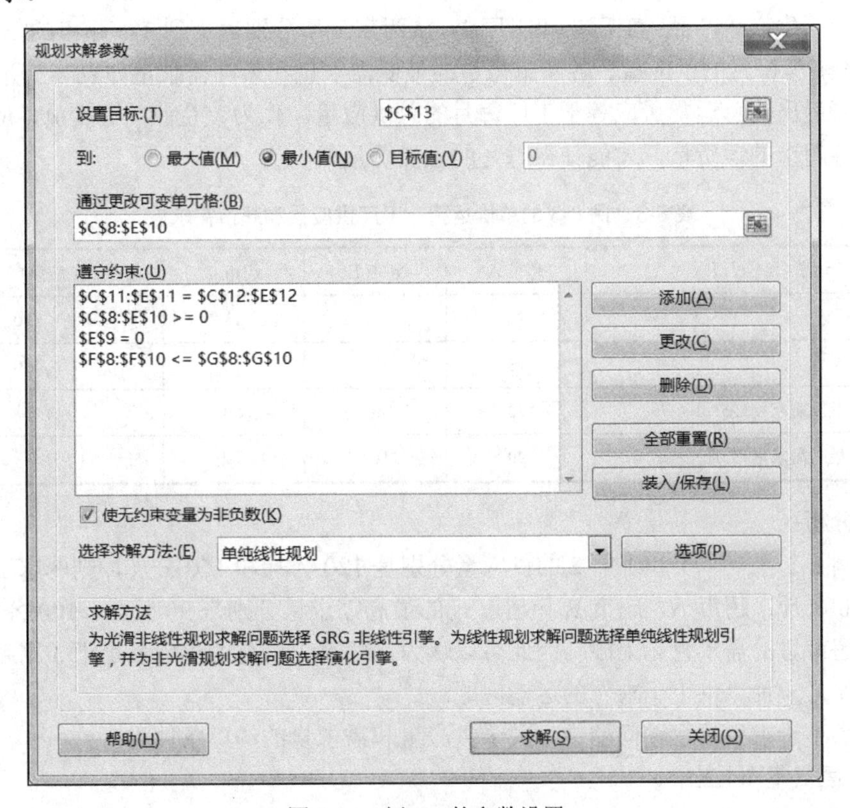

图 8-16　例 8-2 的参数设置

(4) 单击“求解”按钮，得出如图 8-17 所示的求解结果。

从规划求解结果中可以看出，工厂 1 每月向超市 A 运送 30 公斤、向超市 C 运送 70 公斤，工厂 2 每月向超市 A 运送 50 公斤、向超市 B 运送 10 公斤，工厂 3 每月向超市 B 运送 90 公斤，这样在不超出各工厂的供应量，且满足各超市的需求量的前提下，总运货费达到最低。

	A	B	C	D	E	F	G	H
1								
2		运费（元/公斤）	超市A	超市B	超市C			
3		工厂1	10	15	12			
4		工厂2	11	15	-			
5		工厂3	12	14	13			
6								
7		运货量（公斤）	超市A	超市B	超市C	总运货量（公斤）	供应量（公斤）	
8		工厂1	30	0	70	100	100	
9		工厂2	50	10	0	60	90	
10		工厂3	0	90	0	90	90	
11		总收货量（公斤）	80	100	70			
12		需求量（公斤）	80	100	70			
13		总运费（元）	3100					
14								

图 8-17　例 8-2 的规划求解结果

3. 供小于求

例 8-3　某企业生产的产品专门供应本市的 3 家超市：超市 A、超市 B 和超市 C，该企业有两家工厂生产该产品：工厂 1 和工厂 2。从两家工厂分别运货到 3 家超市的单价运费(元/公斤)、各工厂每月的供应量、各超市每月的最低需求量和最高需求量如表 8-3 所示。要求：每月从工厂运出的总运货量应等于工厂每月的总供应量。作为该企业的调度员，应如何安排各工厂到各超市的运货量，才能使得每月的运货费最低？

表 8-3　例 8-3 的单价运费、工厂供应量和超市需求量

运费(元/公斤)	超市 A	超市 B	超市 C	供应量(公斤)
工厂 1	12	15	13	120
工厂 2	13	14	12	150
最低需求量(公斤)	70	80	60	
最高需求量(公斤)	90	100	不限	

解题分析：

当前例 8-3 中工厂 1 和工厂 2 的供应量分别是 120 公斤和 150 公斤，则两家工厂总的供应量为 270 公斤；超市 A、超市 B 和超市 C 的最高需求量分别是 90 公斤、100 公斤和不限，所以 3 家超市总的需求量无上限。因此可以认为，两家工厂总的供应量小于 3 家超市总的需求量，这就是一种“供小于求”的运输问题。

在“供小于求”的运输问题中，关于供应量和需求量的约束条件为：

➢ 总运货量=供应量

➢ 总收货量<=需求量

其他的约束条件根据题目需求相应增加。

操作步骤：

(1) 根据表 8-3 中的数据建立相应的 Excel 模型，如图 8-18 所示。

	A	B	C	D	E	F	G	H
1								
2		运费（元/公斤）	超市A	超市B	超市C			
3		工厂1	12	15	13			
4		工厂2	13	14	12			
5								
6		运货量（公斤）	超市A	超市B	超市C	总运货量（公斤）	供应量（公斤）	
7		工厂1					120	
8		工厂2					150	
9		总收货量（公斤）						
10		最低需求量（公斤）	70	80	60			
11		最高需求量（公斤）	90	100	不限			
12		总运费（元）						
13								

图 8-18　例 8-3 的 Excel 表格模型

(2) 分析出模型中规划求解的 3 个基本要素，在需要计算的单元格中填写相应的公式。

与例 8-2 相仿，题目是求如何安排各工厂到各超市的运货量，所以决策变量为 C7:E8 单元格区域。求解目的是使每月的运货费最低，所以目标变量为 C12 单元格的值。

- F7 单元格公式：=SUM(C7:E7)
- F8 单元格公式：=SUM(C8:E8)
- C9 单元格公式：=SUM(C7:C8)
- D9 单元格公式：=SUM(D7:D8)
- E9 单元格公式：=SUM(E7:E8)
- C12 单元格公式：=SUMPRODUCT(C3:E4,C7:E8)

(3) 在 Excel 的“数据”选项卡的“分析”组中单击“规划求解”按钮，弹出“规划求解参数”对话框。在“设置目标”文本框中输入 C12 单元格地址，选择“最小值”。在“通过更改可变单元格”文本框中输入 C7:E8。单击“添加”按钮，在“添加约束”对话框中添加以下约束条件。

① 约束条件 1：每月从各工厂运出的总运货量应等于工厂每月的总供应量。

F7:F8=G7:G8

② 约束条件 2：每月各超市的总收货量应大于等于最低需求量。

C9:E9>=C10:E10

③ 约束条件 3：每月各超市的总收货量应小于等于最高需求量。

C9:D9<=C11:D11

注意：由于超市 C 的最高需求量不限，因此将最高需求量约束条件设置为“C9:D9<=C11:D11”，对超市 C 的最高需求量不做限制。

④ 约束条件 4：每月从各工厂运出的运货量不能为负数。

C7:E8>=0

在“选择求解方法”组合框中选择“单纯线性规划”求解方式。例 8-3 的参数设置如图 8-19 所示。

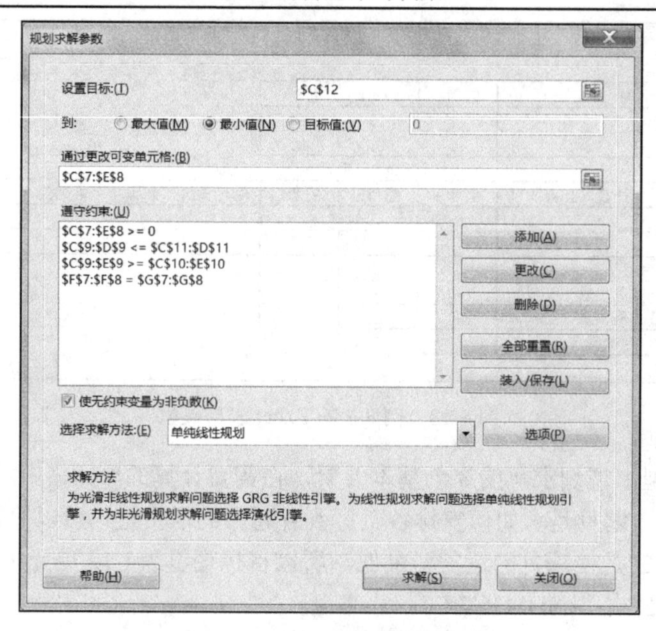

图 8-19　例 8-3 的参数设置

(4)单击“求解”按钮，求解结果如图 8-20 所示。

	A	B	C	D	E	F	G	H
1								
2		运费（元/公斤）	超市A	超市B	超市C			
3		工厂1	12	15	13			
4		工厂2	13	14	12			
5								
6		运货量（公斤）	超市A	超市B	超市C	总运货量（公斤）	供应量（公斤）	
7		工厂1	90	30	0	120	120	
8		工厂2	0	50	100	150	150	
9		总收货量（公斤）	90	80	100			
10		最低需求量（公斤）	70	80	60			
11		最高需求量（公斤）	90	100	不限			
12		总运费（元）	3430					
13								

图 8-20　例 8-3 的规划求解结果

从如图 8-20 所示的求解结果中可以看出，在“供小于求”的情况下，当工厂 1 分别向超市 A 和超市 B 运送 90 公斤和 30 公斤货物、工厂 2 分别向超市 B 和超市 C 运送 50 公斤和 100 公斤货物时，可使总运费达到最小值。

8.3.2　选址问题

选址问题是企业根据其经营战略，综合考虑多种因素，在多个位置上选出最佳的地址，使得建设成本或经营成本最低，以获取最大利润。选址问题属于 0-1 问题，决策变量的取值总是为 0 或 1，1 表示该地址被选中，0 表示该地址未被选中。

例 8-4　某报刊公司计划在某一地区建设报刊亭。该地区有 3 个居民小区，有 4 个建设报刊亭合适的地点，这 4 个地点对 3 个居民小区的覆盖范围不同，且每个报刊亭的建设成本也不一样，具体如表 8-4 所示。在表 8-4 中，小区和地点交叉处的值为 1 表示在这个地点建报刊亭能覆盖该小区，小区和地点交叉处的值为空白表示在这个地点建报刊亭不能覆盖该小区。作为报刊公司决策者，应该在这 4 个地点中选择哪几个地点建设报刊亭，既可以覆盖 3 个居民小区，又能使总建设费用最低？

表 8-4　4 个地点的覆盖范围及建设成本

是否覆盖	地点 A	地点 B	地点 C	地点 D
小区 1		1		1
小区 2	1			1
小区 3	1		1	
建设成本	200	300	230	260

操作步骤：

(1) 根据表 8-4 中的数据建立相应的 Excel 模型，如图 8-21 所示。

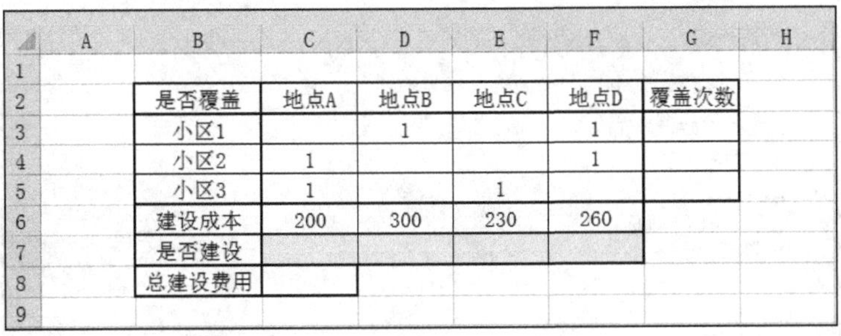

	A	B	C	D	E	F	G	H
1								
2		是否覆盖	地点A	地点B	地点C	地点D	覆盖次数	
3		小区1		1		1		
4		小区2	1			1		
5		小区3	1		1			
6		建设成本	200	300	230	260		
7		是否建设						
8		总建设费用						
9								

图 8-21　例 8-4 的 Excel 表格模型

(2) 分析出模型中规划求解的 3 个基本要素，在需要计算的单元格中填写相应的公式。

根据题目的分析，希望最后得出在哪几个地点建设报刊亭是最佳方案，因此，本题目的决策变量是 C7:F7。如果地点 A 建报刊亭，则 C7 单元格的值为 1；如果地点 A 不建报刊亭，则 C7 单元格的值为 0。因此，C7:F7 单元格区域中的 4 个单元格的值只能取 1 或 0。

C3:F5 单元格区域中的 1 表示在这个地点建设报刊亭能够覆盖该小区，C3:F5 单元格区域中的空白表示在这个地点建设报刊亭不能覆盖该小区，把 C3:F5 单元格区域中的空白当作数字 0，在实际数学计算时 Excel 也是把空白单元格当作数字 0 使用的。

对于小区 1 而言，地点 A 不覆盖小区 1，C3 单元格的值总是 0，不管地点 A 是否建报刊亭(C7 单元格值是否为 1)，小区 1 都不会被覆盖。而地点 B 可以覆盖小区 1，若地点 B 建报刊亭，即 D7 单元格值为 1，小区 1 就会被覆盖；若地点 B 不建报刊亭，即 D7 单元格值为 0，小区 1 就不会被覆盖。因此，不论 4 个地点的建设方案如何，小区 1 的覆盖次数 G3 单元格的计算公式总是为：=SUMPRODUCT(C3:F3,C7:F7)。同理，可得出 G4 和 G5 单元格的计算公式。

G4 单元格的计算公式为：=SUMPRODUCT(C4:F4,C7:F7)

G5 单元格的计算公式为：=SUMPRODUCT(C5:F5,C7:F7)

也可以在 G3 单元格中输入公式：=SUMPRODUCT(C3:F3,$C$7:$F$7)，然后拖拉填充柄至 G5 单元格。

目标变量是总建设费用，即 C8 单元格，其计算公式为：=SUMPRODUCT(C7:F7,C6:F6)。

(3) 在 Excel 的“数据”选项卡的“分析”组中单击“规划求解”按钮，弹出“规划求解参数”对话框。在“设置目标”文本框中输入“C8”单元格地址，选择“最小值”单选按钮。在“通过更改可变单元格”文本框中输入“C7:F7”。单击“添加”按钮，在“添加约束”对话框中添加以下约束条件。

①约束条件 1：各地点建设报刊亭或不建设报刊亭，决策变量的值总为 0 或 1。

C7:F7=二进制

②约束条件 2：每个小区最少被覆盖一次。

G3:G5>=1

在“选择求解方法”组合框中选择“单纯线性规划”求解方式。例 8-4 的参数设置如图 8-22 所示。

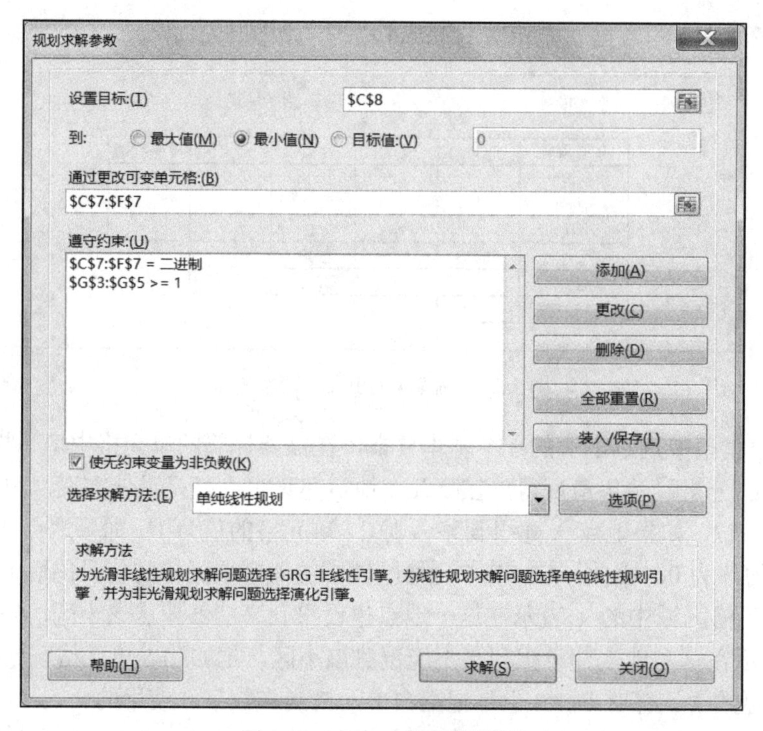

图 8-22　例 8-4 的参数设置

(4) 单击“求解”按钮，得出的求解结果如图 8-23 所示。

	A	B	C	D	E	F	G	H
1								
2		是否覆盖	地点A	地点B	地点C	地点D	覆盖次数	
3		小区1		1		1	1	
4		小区2	1			1	2	
5		小区3	1		1		1	
6		建设成本	200	300	230	260		
7		是否建设	1	0	0	1		
8		总建设费用	460					
9								

图 8-23　例 8-4 的规划求解结果

从规划求解结果可知，报刊公司在地点 A 和地点 D 分别建设报刊亭，既能覆盖 3 个居民小区，又能使总建设费用最低。

8.3.3　指派问题

指派问题是研究工作和人员之间的分配问题，不同人员处理不同工作时所需的时间或成本不同，如何将一组工作更合理地分配给一组人员，才能使得总的工作效率最高。

例 8-5　某公司同时收到 3 个项目(项目 A、项目 B 和项目 C)的开发任务，公司中有 3 位开发人员(小王、小孙和小李)可以承担这 3 个项目的开发工作，但不同开发人员承担不同项目所需的开发时间不同，如表 8-5 所示。要求：每个项目只能由一位开发人员承担，每位开发人员只能承担一个项目。作为公司负责人，应如何将 3 个项目分配给 3 位开发人员，才能使得总的开发时间最短？

表 8-5　例 8-5 中不同开发人员承担不同项目所需的开发时间

花费时间(小时)	项目 A	项目 B	项目 C
小王	15	13	18
小孙	18	12	17
小李	14	14	16

操作步骤：

(1) 根据表 8-5 中的数据建立相应的 Excel 模型，如图 8-24 所示。

	A	B	C	D	E	F	G
1							
2		花费时间（小时）	项目A	项目B	项目C		
3		小王	15	13	18		
4		小孙	18	12	17		
5		小李	14	14	16		
6							
7		项目分配	项目A	项目B	项目C	项目分配数（个）	
8		小王					
9		小孙					
10		小李					
11		人员分配数（位）					
12		总花费时间（小时）					
13							

图 8-24　例 8-5 的 Excel 表格模型

(2) 分析出模型中规划求解的 3 个基本要素，在需要计算的单元格中填写相应的公式。

题目是求如何将项目分配给开发人员，所以决策变量为 C8:E10 单元格区域。

若将项目 A 分配给开发人员小王承担，则 C8 单元格的值应为 1；若将项目 A 不分配给小王承担，则 C8 单元格的值应为 0。因此决策变量 C8:E10 单元格区域的值总是 0 或 1。

- F8 单元格的计算公式为：=SUM(C8:E8)
- F9 单元格的计算公式为：=SUM(C9:E9)
- F10 单元格的计算公式为：=SUM(C10:E10)
- C11 单元格的计算公式为：=SUM(C8:C10)
- D11 单元格的计算公式为：=SUM(D8:D10)

➢ E11 单元格的计算公式为：=SUM(E8:E10)

目标变量是总花费时间，即 C12 单元格，其计算公式为：=SUMPRODUCT(C3:E5,C8:E10)。

(3)在 Excel 的“数据”选项卡的“分析”组中单击“规划求解”按钮，弹出“规划求解参数”对话框。在“设置目标”文本框中输入“C12”单元格地址，选择“最小值”单选按钮。在“通过更改可变单元格”文本框中输入“C8:E10”。单击“添加”按钮，在“添加约束”对话框中添加以下约束条件。

① 约束条件 1：每个项目只能由一位开发人员承担。

C11:E11=1

② 约束条件 2：每位开发人员只能承担一个项目。

F8:F10=1

③ 约束条件 3：每位开发人员承担一个项目或不承担项目，决策变量的值总为 0 或 1。

C8:E10=二进制

在“选择求解方法”组合框中选择“单纯线性规划”求解方式。例 8-5 的参数设置如图 8-25 所示。

(4)单击“求解”按钮，得出如图 8-26 所示的求解结果。

虽然 3 位开发人员都可以承接 3 个项目的开发工作，但根据如图 8-26 所示的求解结果可知，给小王分配项目 A、给小孙分配项目 B、给小李分配项目 C，使得 3 个项目都可以完成，并且总的开发时间最短。作为一个公司的负责人，建立最优化思维意识，能够大大提高工作效率。

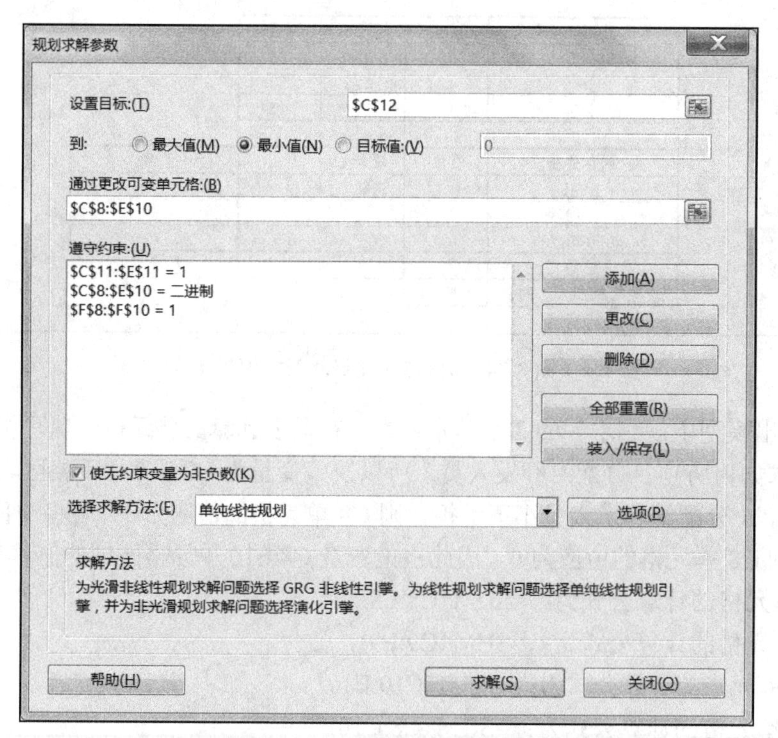

图 8-25　例 8-5 的参数设置

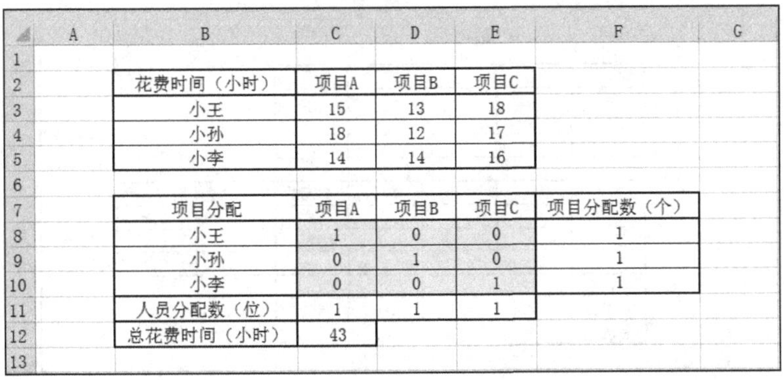

	A	B	C	D	E	F	G
1							
2		花费时间（小时）	项目A	项目B	项目C		
3		小王	15	13	18		
4		小孙	18	12	17		
5		小李	14	14	16		
6							
7		项目分配	项目A	项目B	项目C	项目分配数（个）	
8		小王	1	0	0	1	
9		小孙	0	1	0	1	
10		小李	0	0	1	1	
11		人员分配数（位）	1	1	1		
12		总花费时间（小时）	43				
13							

图 8-26　例 8-5 的规划求解结果

8.3.4　生产问题

生产问题是关于在组织生产过程中，如何合理安排生产计划，才能使生产成本最低或利润最大。这也是在生产管理中最常见的问题。

例 8-6　某企业有下属 3 家工厂：工厂 1、工厂 2 和工厂 3，3 家工厂能够生产 4 种产品：产品 A、产品 B、产品 C 和产品 D。由于工厂 2 没有安装产品 C 的生产线，所以工厂 2 不能生产产品 C。每家工厂生产各种产品的单位成本、每家工厂的生产能力和每种产品的需求量如表 8-6 所示(单位：公斤)。问应如何安排各家工厂的生产计划，使得既能够满足各产品的需求量，同时总成本最低？

表 8-6　例 8-6 中不同工厂生产不同产品的生产能力及产品需求量

单位成本	产品 A	产品 B	产品 C	产品 D	生产能力
工厂 1	2	3	1	2	140
工厂 2	5	3		4	160
工厂 3	3	5	4	2	150
需求量	110	90	100	120	

操作步骤：

(1) 根据表 8-6 中的数据建立相应的 Excel 模型，如图 8-27 所示。

(2) 分析出模型中规划求解的 3 个基本要素，在需要计算的单元格中填写相应的公式。

题目是求解如何安排各家工厂的生产计划，所以决策变量为 C8:F10 单元格区域。

- G8 单元格的计算公式为：=SUM(C8:F8)
- G9 单元格的计算公式为：=SUM(C9:F9)
- G10 单元格的计算公式为：=SUM(C10:F10)
- C11 单元格的计算公式为：=SUM(C8:C10)
- D11 单元格的计算公式为：=SUM(D8:D10)
- E11 单元格的计算公式为：=SUM(E8:E10)
- F11 单元格的计算公式为：=SUM(F8:F10)

目标变量为总成本，即 C13 单元格，其计算公式为：=SUMPRODUCT (C3:F5,C8:F10)。

	A	B	C	D	E	F	G	H	I
1									
2		单位成本	产品A	产品B	产品C	产品D			
3		工厂1	2	3	1	2			
4		工厂2	5	3		4			
5		工厂3	3	5	4	2			
6									
7		生产安排	产品A	产品B	产品C	产品D	总生产量	生产能力	
8		工厂1						140	
9		工厂2						160	
10		工厂3						150	
11		总销量							
12		需求量	110	90	100	120			
13		总成本							
14									

图 8-27　例 8-6 的 Excel 表格模型

(3) 在 Excel 的“数据”选项卡的“分析”组中单击“规划求解”按钮，弹出“规划求解参数”对话框。在“设置目标”文本框中输入 C13 单元格地址，选择“最小值”单选按钮。在“通过更改可变单元格”文本框中输入“C8:F10”。单击“添加”按钮，在“添加约束”对话框中添加以下约束条件。

①约束条件 1：各工厂的总生产量不能超过其生产能力。

G8:G10<=H8:H10

②约束条件 2：各个产品的总销量应等于其需求量。

C11:F11=C12:F12

③约束条件 3：工厂 2 不生产产品 C。

E9=0

④约束条件 4：各工厂生产各产品的产量为非负数。

C8:F10>=0

在“选择求解方法”组合框中选择“单纯线性规划”求解方式。例 8-6 的参数设置如图 8-28 所示。

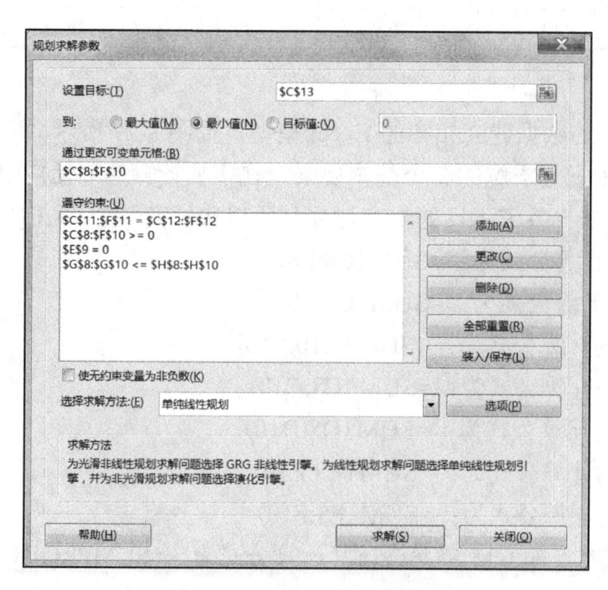

图 8-28　例 8-6 的参数设置

(4) 单击“求解”按钮，得出如图 8-29 所示的求解结果。

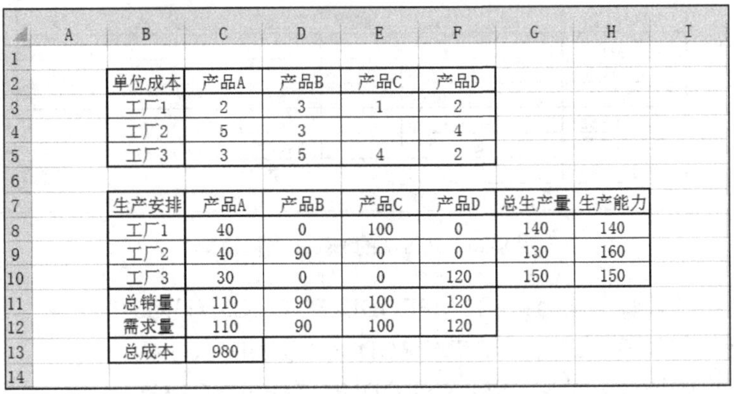

	A	B	C	D	E	F	G	H	I
1									
2		单位成本	产品A	产品B	产品C	产品D			
3		工厂1	2	3	1	2			
4		工厂2	5	3		4			
5		工厂3	3	5	4	2			
6									
7		生产安排	产品A	产品B	产品C	产品D	总生产量	生产能力	
8		工厂1	40	0	100	0	140	140	
9		工厂2	40	90	0	0	130	160	
10		工厂3	30	0	0	120	150	150	
11		总销量	110	90	100	120			
12		需求量	110	90	100	120			
13		总成本	980						
14									

图 8-29　例 8-6 的规划求解结果

从规划求解结果可以看出，例 8-6 利用规划求解工具找到了一个最优的生产安排方案，即工厂 1 生产 40 公斤产品 A 和 100 公斤产品 C、工厂 2 生产 40 公斤产品 A 和 90 公斤产品 B、工厂 3 生产 30 公斤产品 A 和 120 公斤产品 D，这样既能够满足各产品的需求量，又能使得生产总成本最低。

组织生产过程在企业管理中至关重要，利用最优化思维方法对生产过程进行合理安排，能够有效地提高生产效率、缩短生产周期、降低成本。

8.3.5　原料配比问题

原料配比问题是指在生产中多种产品使用到多种的原材料，但原材料的供应量有限，而不同产品的利润不同，在原料有限的情况下，如何安排原料分配和产品生产，才能使生产的产品利润最大。

例 8-7　某企业生产 3 种产品：产品 1、产品 2 和产品 3，这 3 种产品都需要用到铜矿、铁矿、煤矿和石油 4 种原料，每种产品对 4 种原料的单位用量、每种产品的单位利润和每种原料的供应量如表 8-7 所示(单位：公斤)。问在有限的原料供应的情况下，如何安排每种产品的生产量可以得到最大的利润(生产量用整数表示)？

表 8-7　产品对原料的单位用量、产品单位利润和原料供应量

单位用量	铜矿	铁矿	煤矿	石油	单位利润(元)
产品 1	5	3	4	4	50
产品 2	4	2	5	3	45
产品 3	5	6	7	5	60
原料供应量	400	350	450	400	

操作步骤：

(1) 根据表 8-7 中的数据建立相应的 Excel 模型，如图 8-30 所示。

(2) 分析出模型中规划求解的 3 个基本要素，在需要计算的单元格中填写相应的公式。

题目是求解怎样安排每种产品的生产量，所以决策变量为每种产品生产量，即 G3:G5 单元格区域。

	A	B	C	D	E	F	G	H	I
1									
2		单位用量	铜矿	铁矿	煤矿	石油	生产量	单位利润（元）	
3		产品1	5	3	4	4		50	
4		产品2	4	2	5	3		45	
5		产品3	5	6	7	5		60	
6		原料使用量							
7		原料供应量	400	350	450	400			
8		总利润（元）							
9									

图 8-30　例 8-7 的 Excel 表格模型

➢ C6 单元格的计算公式为：=SUMPRODUCT(C3:C5, G3:G5)
➢ D6 单元格的计算公式为：=SUMPRODUCT(D3:D5, G3:G5)
➢ E6 单元格的计算公式为：=SUMPRODUCT(E3:E5, G3:G5)
➢ F6 单元格的计算公式为：=SUMPRODUCT(F3:F5, G3:G5)

目标变量为总利润，即 C8 单元格，其计算公式为：=SUMPRODUCT (G3:G5, H3:H5)。

(3)在 Excel 的“数据”选项卡的“分析”组中单击“规划求解”按钮，弹出“规划求解参数”对话框。在“设置目标”文本框中输入 C8 单元格地址，选择“最大值”单选按钮。在“通过更改可变单元格”文本框中输入“G3:G5”。单击“添加”按钮，在“添加约束”对话框中添加以下约束条件。

①约束条件 1：各原料的使用量不能超出该原料的供应量。

C6:F6<=C7:F7

②约束条件 2：各产品的生产量为整数。

G3:G5=整数

③约束条件 3：各产品的生产量不能为负数。

G3:G5>=0

在“选择求解方法”组合框中选择“单纯线性规划”求解方式。例 8-7 的参数设置如图 8-31 所示。

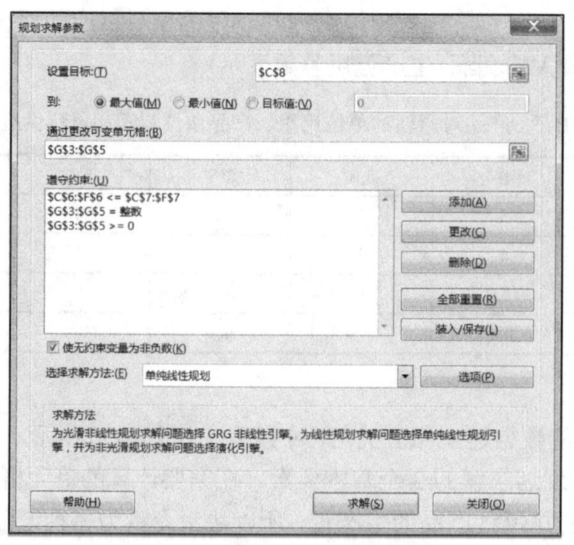

图 8-31　例 8-7 的参数设置

(4) 单击“求解”按钮，得出的求解结果如图 8-32 所示。

单位用量	铜矿	铁矿	煤矿	石油	生产量	单位利润（元）
产品1	5	3	4	4	35	50
产品2	4	2	5	3	10	45
产品3	5	6	7	5	37	60
原料使用量	400	347	449	355		
原料供应量	400	350	450	400		
总利润（元）	4420					

图 8-32　例 8-7 的规划求解结果

从规划求解结果可以得知，在有限的原料供应的情况下，产品 1 生产 35 公斤、产品 2 生产 10 公斤、产品 3 生产 37 公斤，可以使总利润最大。通过这道题我们可以看到，在原料有限的情况下，利用科学的方法合理安排每种产品的生产量可以得到最大的利润。

8.4　拓 展 应 用

8.4.1　规划求解报告的生成与解读

在规划求解过程中，可根据需要把求解结果生成相应的报告，对报告内容进行分析，可以查看约束条件变化时会引起目标变量的差异情况，或约束条件不变、决策变量微调时对目标变量的影响等。规划求解可以创建运算结果报告、敏感性报告和极限值报告 3 种类型的报告。

以例 8-1 为例，在“规划求解参数”对话框中单击“求解”按钮，弹出如图 8-33 所示的“规划求解结果”对话框。在“规划求解结果”对话框的“报告”列表中，列出了这 3 种报告的名称，选择需要的报告名称，单击“确定”按钮就会生成相应的报告，每一种报告被存放到当前工作簿中单独的一张工作表内。

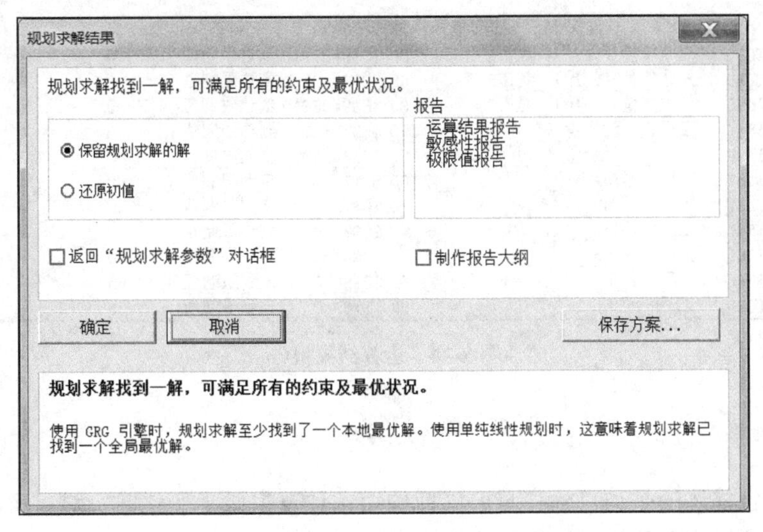

图 8-33　“规划求解结果”对话框中的“报告”列表

1. 运算结果报告

在运算结果报告中列出了目标单元格的初值和终值，可变单元格的初值和终值。“约束”中“状态”列表示每一个约束条件是否达到限制值，“型数值”列表示当前约束条件与达到限制值所相差的数值，若“状态”列为“到达限制值”，则“型数值”列数据为 0。

例 8-1 的运算结果报告如图 8-34 所示。在运算结果报告中，可以看到每月最低的运货费用、从各工厂运往各超市的最佳运货量，以及每一个约束条件的满足状况。

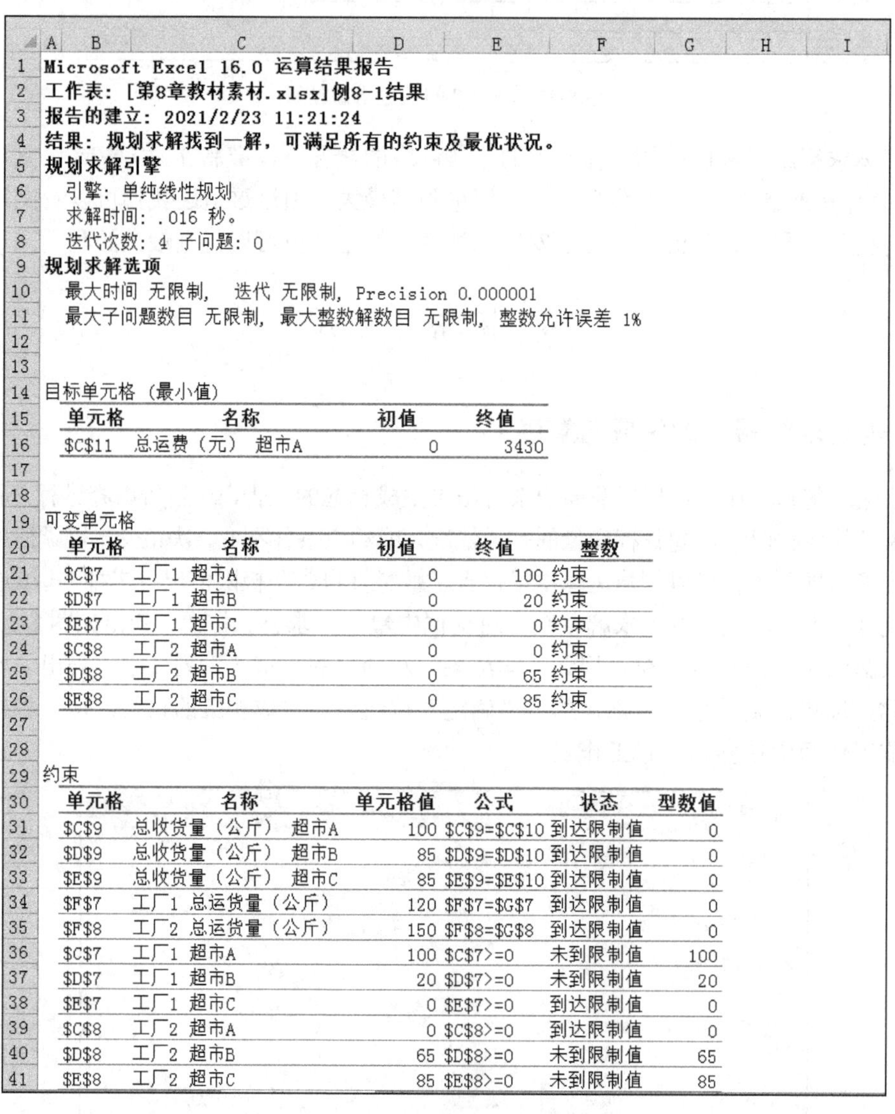

Microsoft Excel 16.0 运算结果报告
工作表：[第8章教材素材.xlsx]例8-1结果
报告的建立：2021/2/23 11:21:24
结果：规划求解找到一解，可满足所有的约束及最优状况。
规划求解引擎
引擎：单纯线性规划
求解时间：.016 秒。
迭代次数：4 子问题：0
规划求解选项
最大时间 无限制，迭代 无限制，Precision 0.000001
最大子问题数目 无限制，最大整数解数目 无限制，整数允许误差 1%

目标单元格（最小值）

单元格	名称	初值	终值
$C$11	总运费（元） 超市A	0	3430

可变单元格

单元格	名称	初值	终值	整数
$C$7	工厂1 超市A	0	100	约束
$D$7	工厂1 超市B	0	20	约束
$E$7	工厂1 超市C	0	0	约束
$C$8	工厂2 超市A	0	0	约束
$D$8	工厂2 超市B	0	65	约束
$E$8	工厂2 超市C	0	85	约束

约束

单元格	名称	单元格值	公式	状态	型数值
$C$9	总收货量（公斤） 超市A	100	$C$9=$C$10	到达限制值	0
$D$9	总收货量（公斤） 超市B	85	$D$9=$D$10	到达限制值	0
$E$9	总收货量（公斤） 超市C	85	$E$9=$E$10	到达限制值	0
$F$7	工厂1 总运货量（公斤）	120	$F$7=$G$7	到达限制值	0
$F$8	工厂2 总运货量（公斤）	150	$F$8=$G$8	到达限制值	0
$C$7	工厂1 超市A	100	$C$7>=0	未到限制值	100
$D$7	工厂1 超市B	20	$D$7>=0	未到限制值	20
$E$7	工厂1 超市C	0	$E$7>=0	到达限制值	0
$C$8	工厂2 超市A	0	$C$8>=0	到达限制值	0
$D$8	工厂2 超市B	65	$D$8>=0	未到限制值	65
$E$8	工厂2 超市C	85	$E$8>=0	未到限制值	85

图 8-34　运算结果报告

2. 敏感性报告

敏感性报告描述的是当目标变量公式或约束条件发生微小变化时，对可变单元格的影响程度。含有整数约束条件的模型不能生成敏感性报告。

敏感性分析报告包括以下内容。

(1) 可变单元格表：终值对应决策变量的最优解；递减成本是指为得到决策变量的正数解，目标函数中决策变量的系数必须是变化的数值；允许的增量(或减量)指目标函数系数在某一个范围内增加(或减小)，能够保证最优解保持不变。

(2) 约束表：终值是指约束的实际用量；阴影价格是指其他条件都不变的情况下，增加该部分数据后目标变量所增加的量；允许的增量和允许的减量是指在阴影价格保持不变的前提下，终值的变化范围。阴影价格是一个重要的评价因素。

例 8-1 的敏感性报告如图 8-35 所示。

Microsoft Excel 16.0 敏感性报告
工作表：[第8章教材素材.xlsx]例8-1结果
报告的建立：2021/2/23 11:21:24

可变单元格

单元格	名称	终值	递减成本	目标式系数	允许的增量	允许的减量
$C$7	工厂1 超市A	100	0	12	2	1E+30
$D$7	工厂1 超市B	20	0	15	0	2
$E$7	工厂1 超市C	0	0	13	1E+30	0
$C$8	工厂2 超市A	0	2	13	1E+30	2
$D$8	工厂2 超市B	65	0	14	2	0
$E$8	工厂2 超市C	85	0	12	0	1E+30

约束

单元格	名称	终值	阴影价格	约束限制值	允许的增量	允许的减量
$C$9	总收货量（公斤） 超市A	100	12	100	0	100
$D$9	总收货量（公斤） 超市B	85	15	85	0	20
$E$9	总收货量（公斤） 超市C	85	13	85	0	20
$F$7	工厂1 总运货量（公斤）	120	0	120	0	1E+30
$F$8	工厂2 总运货量（公斤）	150	-1	150	20	0

图 8-35　敏感性报告

3. 极限值报告

极限值报告中列出了目标变量和可变单元格的结果值，以及可变单元格数值在满足约束条件下的变化极限范围。含有整数约束条件的模型不能生成极限值报告。

例 8-1 的极限值报告如图 8-36 所示。

Microsoft Excel 16.0 极限值报告
工作表：[第8章教材素材.xlsx]例8-1结果
报告的建立：2021/2/23 11:21:24

单元格	目标式名称	值
$C$11	总运费（元） 超市A	3430

单元格	变量名称	值	下限极限	目标式结果	上限极限	目标式结果
$C$7	工厂1 超市A	100	100	3430	100	3430
$D$7	工厂1 超市B	20	20	3430	20	3430
$E$7	工厂1 超市C	0	0	3430	0	3430
$C$8	工厂2 超市A	0	0	3430	0	3430
$D$8	工厂2 超市B	65	65	3430	65	3430
$E$8	工厂2 超市C	85	85	3430	85	3430

图 8-36　极限值报告

8.4.2　非线性规划求解问题

在优化问题中，目标函数和约束条件都为线性函数表达的问题称为线性规划问题；目标函数或约束条件中至少有一个是用非线性函数表达的问题称为非线性规划问题。在我们的生活中存在大量的非线性规划问题，它在经济管理、交通运输、工业制造、军事国防等方面有着广泛的应用，具有十分重要的实用价值。

与线性规划相比，非线性规划的计算复杂性大幅提高。对于线性规划问题，从理论上看总是可以找到一个确切的最优解的。但对于非线性规划问题而言，有可能存在最优解，也可能不存在最优解。即使找到一个非线性规划问题的最优解，这个解通常都是一个在某个可行域内的局部最优解，而不是问题的整体最优解。目前非线性规划问题的求解方法大多只是求出局部最优解。

通过一个例子介绍非线性规划问题的求解过程，详见右侧二维码。

非线性规划
求解问题举例

本 章 小 结

本章介绍了最优化问题的基本概念、分类方法以及规划求解的基本要素。在默认情况下，Excel 中是没有规划求解工具的，在使用之前需要了解规划求解工具的加载方法。通过实例，详细解析了线性规划问题的求解过程和规划求解参数的保存方法，并对不同类型常见的线性规划问题进行了分类举例。

在“拓展应用”一节中，主要介绍了规划求解报告的创建过程及报告内容的解读。非线性规划问题是在各领域广泛应用的一类最优化问题，这里对非线性规划问题的概念和求解方法进行了讲解。

在规划求解过程中，常用的函数包括 SUM 和 SUMPRODUCT 函数，以及 SUM 数组函数等。

最优化思维在经济分析中具有十分重要的作用，利用这种思维方式我们可以用科学的方法、客观的思考对经济现象进行分析和判断。通过本章的学习，一方面学会如何利用 Excel 中的规划求解工具有效解决最优化问题，对问题进行科学的分析；另一方面，通过最优化问题的分析和求解过程，建立和培养最优化思维，在我们的学习和生活中做出最合理的安排、节约时间、提高工作效率，在生产活动中降低成本、实现经济效益最大化。

思考与练习

一、选择题

1．以下不属于规划求解基本要素的是________。

A．目标变量　　B．约束条件　　C．约束变量　　D．决策变量

2．在 Excel 中加载规划求解工具后，“规划求解”按钮会出现在 Excel 的________选项卡中。

A．文件　　B．插入　　C．公式　　D．数据

3．以下关于线性规划问题说法正确的是________。

A．线性规划问题只要求目标函数是线性的

B．线性规划问题只要求约束条件的函数是线性的

C．线性规划问题的目标函数和约束条件的函数表达均是线性的

D．以上说法都不对

4．在“规划求解参数”对话框中，以下不属于“选择求解方法”组合框选项的是________。

A．单纯线性规划　　B．约束法　　C．演化　　D．非线性 GRG

5．某企业有 3 家工厂进行生产，分别向 3 家超市供货，请制订一个从各工厂到各超市的运输计划。根据下表中所给出的数据，判断当前属于________类型的运输问题。

运费(元/公斤)	超市 A	超市 B	超市 C	供应量(公斤)
工厂 1	7	12	9	80
工厂 2	9	8	14	110
工厂 3	11	6	8	90
需求量(公斤)	100	90	80	

A．供大于求　　B．供等于求　　C．供小于求　　D．供不应求

二、填空题

1．在“规划求解参数”对话框中添加约束条件时，会弹出“添加约束”对话框，在中间的组合框中提供了 6 种比较方式，其中表示设置左侧文本框的单元格值为整数的运算符是________。

2．在解决最优化问题时，最终寻找的求解结果被称为规划求解基本要素中的________。

3．规划求解过程中，可以创建 3 种类型的报告，包括________、敏感性报告和极限值报告。

三、判断题

1．默认情况下，Excel 中没有自动加载规划求解工具。　　(　　)

2．规划求解的“0-1 问题”是指决策变量均为整数的规划问题。　　(　　)

3．目标变量总是与决策变量有直接或间接的联系。　　(　　)

4．非线性规划问题的目标函数和约束条件的函数表达形式均为非线性函数。　　(　　)

第 9 章　时间序列预测与逻辑思维

所谓时间序列是指将统计指标数据以其发生的时间顺序排列而成的数值序列，它包含时间因素和数据因素。时间序列中的具体数据(又称为变量值)通常包含时间因素中的趋势成分、季节成分，以及数据因素中的循环成分、随机成分。时间序列预测法就是根据时间序列数据所反映出来的发展趋势进行类推或延伸，以预测未来若干时间段可能达到的数据值。

目前，比较简单及常用的时间序列预测方法有移动平均法和指数平滑法，两种方法适用于既无趋势成分、又无季节成分的时间序列数据的预测。本章重点介绍这两种方法的基本原理及其在 Excel 中的实际应用。

在经济生产过程中取得时间序列数据，整理分析数据，基于事物之间的联系原理，利用数学理论知识建立数学模型，再使用现代计算机技术把数学模型转化成计算机模型，利用 Excel 工具求解。这种方法其实就是一种抽象思维或者称之为逻辑思维，通过本章学习，可以培养求解问题的逻辑思维方法，提升解决问题的能力。

9.1　时间序列的概念

时间序列预测法是基于事物之间联系的一种因果分析方法，实际就是一种回归预测方法，它属于一种定量预测方法。它的基本原理是基于事物之间联系，对已经发生的时间序列数据利用计算机技术进行科学的统计分析，预测未来的数据。

9.1.1　时间序列和预测的概念

时间序列就是在一个时间区间里观测一个变量，在间隔相等的不同时间点上发生的数据集合。常见的时间序列有：按年、季度、月、日等统计的商品销量、销售额或库存量，按年统计的一个省市或国家的国民生产总值、人口出生率等。时间序列数据是通过对企业数据库中的日常经营数据进行分类汇总分析而获得的。

预测是以过去和现在的数据为基础，运用科学的方法和计算机技术，对研究对象的演变规律和发展趋势进行研究。预测基于以下两个基本原理：类推原理和连贯性原理。类推原理是基于客观事物之间存在着某种类似的结构和发展模式，连贯性原理是基于事物发展具有合乎规律的连续性。预测方法有定性和定量两种方法，时间序列预测是基于外推法的一种定量预测方法。

9.1.2　时间序列预测方法

时间序列预测法可利用经济生产中各种数据进行预测。针对不同数据和分析方法，时间预测可分为简单平均数法、加权平均数法、移动平均法、加权移动平均法、趋势预测法、指数平滑法、季节指数预测法等。

➢ 简单平均数法又称为算术平均法，它是对已经发生的所有数据求算术平均值，把得到的平均值作为下期预测值。

➢ 加权平均数法是把所有的观测值乘以一个权数的和，所有权数的和等于 1，把得到的和作为下期预测值。

➢ 移动平均法是计算相邻周期的观测值的平均值，用得到的算术平均数作为下期预测值。

➢ 加权移动平均法计算相邻周期的观测值乘以权数的和，近期的权数要大于远期的权数，所有权数的和等于 1，用得到的和作为下期预测值。

➢ 指数平滑法上一期的观测值和预测值计算得到，上一期的观测值乘以平滑常数加上一期的预测值乘以阻尼系数作为本期的预测值。这种方法是移动平均法的优化方法，在国外应用广泛。

9.1.3　时间序列成分和一般预测步骤

时间序列预测有多种方法，如何选择合适的预测方法呢？可以根据时间序列的观测值绘制出曲线图，通过添加趋势线，来判断时间序列成分。时间序列成分可以分为 4 种：趋势成分、季节成分、循环成分和不规则成分。

(1) 趋势成分：是时间序列数据在较长时期有线性、幂函数、指数等变化趋势。

(2) 季节成分：是时间序列数据在一年当中的月份或者季度有规律变化。

(3) 循环成分：反映时间序列在多年的时间内呈现规律的变化。

(4) 不规则成分：不属于上面 3 种情况的时间序列数据。

根据时间序列成分选择合适的预测方法。

时间序列的预测步骤如下：

(1) 根据给定的数据生成图表，并添加趋势性，根据趋势性确定时间序列的类型，即分析时间序列成分。

(2) 根据时间序列成分，选择适当的方法建立时间序列预测模型。如果时间序列含有趋势成分，选择趋势预测法；如果时间序列含有季节成分，选择季节指数法；如果时间序列没有趋势和季节成分，选择移动平均或指数平滑法。

(3) 计算预测模型的均方误差 MSE，选择均方误差 MSE 的极小值，最终确定最优模型参数。

(4) 用得到的最优模型参数进行预测。

根据预测步骤，要计算模型的均方误差(MSE)，均方误差等于时间序列每一个时刻预测误差的平方的均值。公式如下：

$$\text{MSE} = \text{预测误差的平方和/预测次数}$$

即

$$\text{MSE}=\frac{1}{n}\sum_{t=1}^{n}(Y_t - F_t)^2$$

式中，F_t 表示时刻 t 的预测值；Y_t 表示时刻 t 的观测值；n 表示时刻 t 的预测次数。

MSE 有如下两种计算方法。

方法 1：使用 Excel 中的 SUMXMY2 函数计算，公式如下。

=SUMXMY2(观测值区域,预测值区域)/COUNT(预测值区域)

方法 2：使用 AVERAGE 数组公式，公式如下。

{=AVERAGE((观测值区域-预测值区域)^2)}

很显然，均方误差 MSE 越小，模型越准确。确定均方误差 MSE 的极小值是建立模型的关键环节。本章主要介绍通过查表法和规划求解法来确定最优的均方误差 MSE。

9.2　时间序列的移动平均

移动平均法是计算相邻周期的观测值的平均值，用得到的算术平均数作为下期预测值。移动平均法适用于时间序列数据无趋势成分和季节成分的数据，前面相邻周期的数据对未来值影响权数近似相等，比如预测公司产品销售数量、销售额等。

9.2.1　移动平均概念与模型

移动平均法是将时间序列中前 N 期（N 称为移动平均跨度）的观测值（实际值）的算术平均值作为第 N+1 期的预测值（估计值），以此消除观测值中所包含的随机成分，获得相对稳定的预测效果。例如，可用第 1～4 个月的实际产量作为第 5 个月产量的预测值（估计值），第 2～5 个月的实际产量作为第 6 个月产量的预测值（估计值），第 3～6 个月的实际产量作为第 7 个月产量的预测值（估计值）……以此类推（此处 N 取 4）。

移动平均法的预测值计算公式如下：

$$F_{t+1}=\frac{1}{N}\sum_{t=1}^{N}Y_{t-i+1}$$

式中，Y_t 为时间序列观测值（实际值）；F_t 为时间序列预测值（估计值）；N 为移动平均跨度。

移动平均预测求解方法有以下 4 种。

方法 1：手动方法（手动输入计算公式）。

方法 2：使用 Excel 数据分析工具。

方法 3：查表法。

方法 4：规划求解法。

手动方法和 Excel 数据分析工具方法只能根据给定的移动平均跨度预测，无法得到最优解。查表法和规划求解方法可以确定均方误差的极小值，通过极小值确定最优的移动跨度，用最优的移动跨度预测。

9.2.2　应用举例

在 Excel 中，可使用多种方法进行“移动平均”预测。现举例分析如下。

例 9-1　某景区记录了从 2000～2018 年各月的游客量以做分析资料。其中 2018 年各月游客流量的具体数据如表 9-1 所示。现需要分析预测 2019 年 1 月的游客流量，以确定景区的基础设施建设。

表 9-1　某景区 2018 年各月游客流量（人）

月份	游客量	月份	游客量
2018 年 1 月	15021	2018 年 7 月	23325
2018 年 2 月	19482	2018 年 8 月	19876

续表

月份	游客量	月份	游客量
2018 年 3 月	16873	2018 年 9 月	16446
2018 年 4 月	15094	2018 年 10 月	20002
2018 年 5 月	19832	2018 年 11 月	15341
2018 年 6 月	14706	2018 年 12 月	17982

模型分析：

(1) 输入数据到 Excel 工作表中并生成折线图。

先将表 9-1 中的数据输入一个 Excel 工作表的单元格区域 A1:B13 中，如图 9-1 所示。再选中此单元格区域生成如图 9-2 所示的折线图。

	A	B
1	月份	游客量
2	2018年1月	15021
3	2018年2月	19482
4	2018年3月	16873
5	2018年4月	15094
6	2018年5月	19832
7	2018年6月	14706
8	2018年7月	23325
9	2018年8月	19876
10	2018年9月	16446
11	2018年10月	20002
12	2018年11月	15341
13	2018年12月	17982
14	2019年1月	

图 9-1　游客流量时间序列原始数据

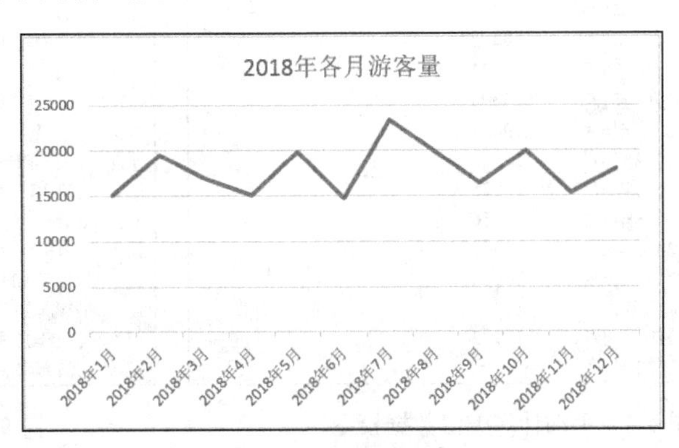

图 9-2　无趋势线的游客流量变化图

(2) 在折线图上添加“趋势线”以确定时间序列的成分。

添加“趋势线”的方法是：选中折线图，选择“图表工具”选项卡下的“设计”子选项卡，在“图表布局”组中单击“添加图表元素”按钮，在打开的下拉菜单中选择“趋势线”，在下一级菜单中选择“线性”，生成如图 9-3 所示的添加了趋势线的游客流量变化折线图。

从图 9-3 中可以看出，游客流量的趋势线几乎是水平的，即游客流量时间序列不包含趋势成分和季节成分，可以应用移动平均法或指数平滑法进行数据预测。

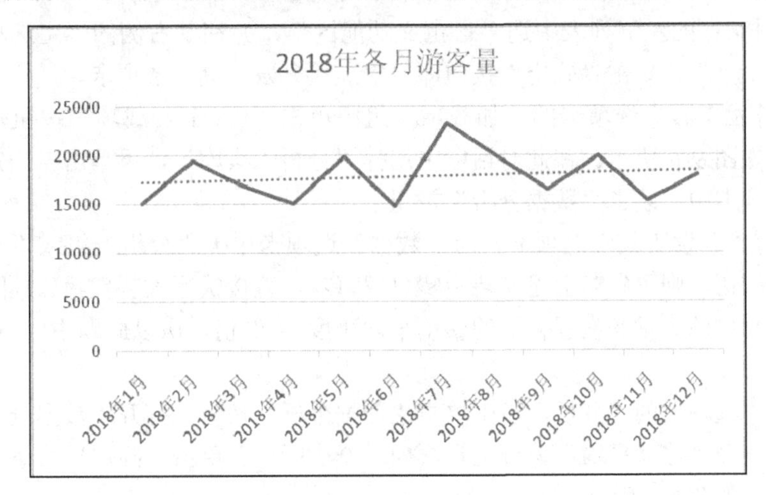

图 9-3　添加了趋势线的游客流量变化图

解法一：使用手动方法求解。

操作步骤：

(1) 建立如图 9-4 所示的模型。

(2) 选中 C5 单元格，输入计算公式：=AVERAGE(B2:B4)，得到计算结果。把鼠标移动到 C5 单元格右下角，鼠标指针变成细十字形，按下鼠标左键，拖动鼠标到 C14 单元格位置，松开鼠标，就得到了各月份的预测值。C14 单元格就是 2019 年 1 月的预测值，结果如图 9-5 所示。

	A	B	C
1	月份	游客量	游客量预测值 N=3
2	2018年1月	15021	
3	2018年2月	19482	
4	2018年3月	16873	
5	2018年4月	15094	
6	2018年5月	19832	
7	2018年6月	14706	
8	2018年7月	23325	
9	2018年8月	19876	
10	2018年9月	16446	
11	2018年10月	20002	
12	2018年11月	15341	
13	2018年12月	17982	
14	2019年1月		

图 9-4　手动计算方法数据模型

	A	B	C
1	月份	游客量	游客量预测值 N=3
2	2018年1月	15021	
3	2018年2月	19482	
4	2018年3月	16873	
5	2018年4月	15094	17125.33333
6	2018年5月	19832	17149.66667
7	2018年6月	14706	17266.33333
8	2018年7月	23325	16544
9	2018年8月	19876	19287.66667
10	2018年9月	16446	19302.33333
11	2018年10月	20002	19882.33333
12	2018年11月	15341	18774.66667
13	2018年12月	17982	17263
14	2019年1月		17775

图 9-5　手动方法最终计算结果

解法二：使用 Excel 的“数据分析”中的“移动平均”分析工具进行游客流量的预测。

启动 Excel 后，若有下列情况之一，则需补充安装相应的功能项。

- 无“开发工具”选项卡；
- “数据”选项卡中无“分析”组；
- “数据”选项卡的“分析”组中无“数据分析”按钮。

操作步骤：

(1) 在 Excel 主窗口中选择“文件”选项卡下的“选项”命令，打开“Excel 选项”对话框。

(2) 在该对话框的左侧列表中选“自定义功能区”，并在其右侧的“主选项卡”列表框中选中“开发工具”，单击“确定”按钮即可安装“开发工具”选项卡。

(3) 在“开发工具”选项卡的“加载项”组中单击“Excel 加载项”按钮，打开“加载宏”对话框，如图 9-6 所示。在此对话框中选择“分析工具库”，再单击“确定”按钮，即在“数据”选项卡中安装了“数据分析”按钮。

(4) 若已有“开发工具”选项卡，而“数据”选项卡中无“分析”组或“分析”组中无“数据分析”按钮，则可省略上述安装步骤(1)和(2)，直接执行安装步骤(3)即可。

因为移动平均的关键是设置合适的移动平均跨度 N 的值，所以此题中取 N=3 进行移动平均预测分析。

在“数据”选项卡的“分析”组中单击“数据分析”按钮，打开“数据分析”对话框，在该对话框中选择“移动平均”分析工具，如图 9-7 所示。单击“确定”按钮，打开“移动平均”对话框，如图 9-8 所示。

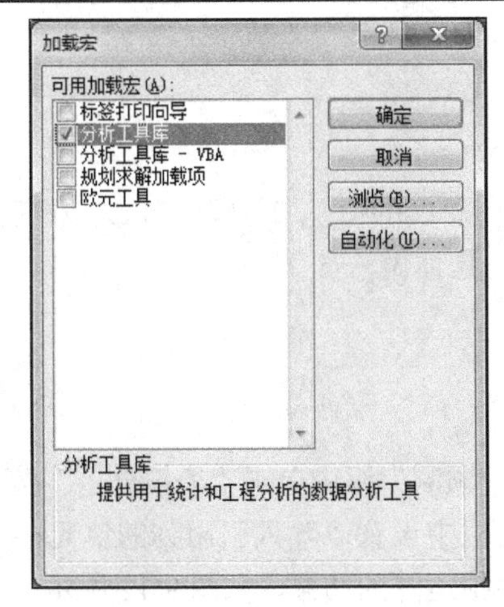

图 9-6　“加载宏”对话框

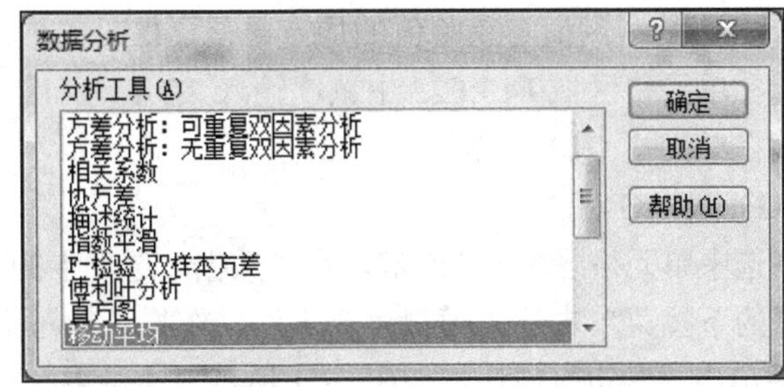

图 9-7　“数据分析”对话框

在“输入区域”中选择(或输入)单元格区域 B2:B13，分别设置“间隔”为 3、“输出区域”为单元格 C3，并选中“标准误差”复选框，然后单击“确定”按钮即可得到移动平均跨度为 3 的计算结果及其误差值，以及 2019 年 1 月的游客量(人数)预测值 17775。具体计算结果如图 9-9 所示。

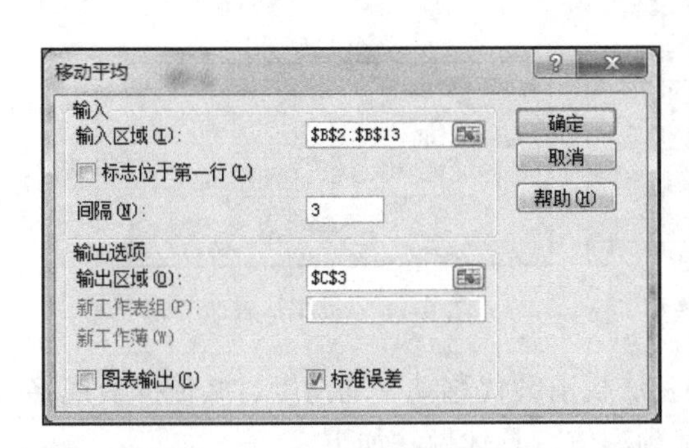

图 9-8　“移动平均”对话框

	A	B	C	D
1	月份	游客量	游客量预测值 N=3	标准误差 N=3
2	2018年1月	15021		
3	2018年2月	19482	#N/A	#N/A
4	2018年3月	16873	#N/A	#N/A
5	2018年4月	15094	17125.33333	#N/A
6	2018年5月	19832	17149.66667	#N/A
7	2018年6月	14706	17266.33333	1903.687912
8	2018年7月	23325	16544	2174.599955
9	2018年8月	19876	19287.66667	2958.656784
10	2018年9月	16446	19302.33333	2582.466385
11	2018年10月	20002	19882.33333	3078.827735
12	2018年11月	15341	18774.66667	2132.590548
13	2018年12月	17982	17263	2381.093439
14	2019年1月		17775	1322.028758

图 9-9　利用“移动平均”分析工具的预测结果

以上两种方法只能基于固定的移动跨度预测，无法得到最优值。要得到最优值必须使用查表法或者规划求解方法。

解法三：使用 Excel 内置函数(公式)、控件、数组公式、模拟运算表、查表法等工具和方法求解最优移动平均跨度。

操作步骤：

(1) 在 Excel 的工作表中建立如图 9-10 所示的电子表格模型。

(2) 在单元格 G2 中输入初始移动平均跨度的值 3。在单元格 D2 中输入公式：=IF(A2<=$G$2,"",AVERAGE(OFFSET(D2,–$G$2,–1,$G$2,1)))，并使用填充柄将其复制到单元格区域 D3:D14。

(3) 计算当移动平均跨度为 3 时，观测值与预测值的均方误差(MSE)。方法有以下两种，取其一即可。

方法 1：在单元格 G3 中输入以下公式。

=SUMXMY2(C2:C13,D2:D13)/COUNT(D2:D13)

方法 2：在单元格 G4 中输入以下数组公式。

{=AVERAGE(IF(D2:D13="","",(C2:C13-D2:D13)^2))}

(4)建立一维(单变量)模拟运算表，计算当移动平均跨度的值从 2 且以步长为 1 变化到 11 时，对应的观测值与预测值的均方误差(MSE)的值。具体做法如下。

①在单元格区域 F13:F22 中依次输入 2,3,4,…,11。

②在单元格 G12 中输入以下公式。

=G3 或 =G4

③选中单元格区域 F12:G22，在“数据”选项卡的“预测”组中单击“模拟分析”按钮，在打开的下拉菜单中选“模拟运算表”，在打开的对话框中设置“输入引用列的单元格”为 G2，并单击“确定”按钮，如图 9-11 所示。即可得到模拟运算的结果，如图 9-12 所示。

	A	B	C	D	E	F	G
1	序号	月份	游客量	游客量移动平均预测值			
2	1	2018年1月	15021			移动平均跨度	3
3	2	2018年2月	19482			均方误差(MSE)	
4	3	2018年3月	16873				
5	4	2018年4月	15094				
6	5	2018年5月	19832			MSE最小值	
7	6	2018年6月	14706			查表法求解 最优移动平均跨度	
8	7	2018年7月	23325				
9	8	2018年8月	19876			2019年1月游客量最优预测值	
10	9	2018年9月	16446				
11	10	2018年10月	20002			一维模拟运算表求对应的MSE	
12	11	2018年11月	15341			移动平均跨度	
13	12	2018年12月	17982			2	
14	13	2019年1月				3	
15						4	
16						5	
17						6	
18						7	
19						8	
20						9	
21						10	
22						11	

图 9-10　查表法求解“移动平均”预测电子表格模型

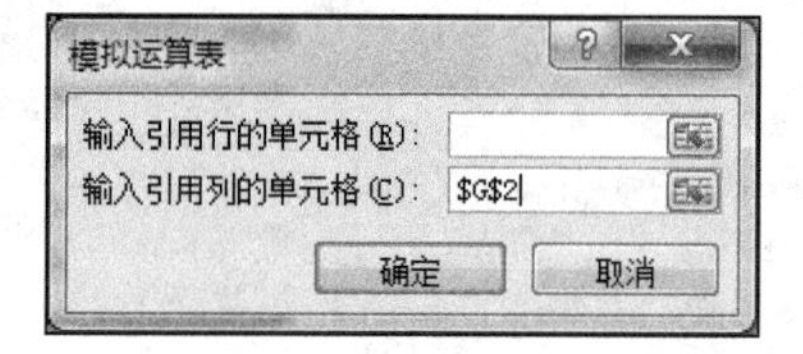

图 9-11 “模拟运算表”对话框

(5)计算模拟运算表中 MSE 的极小值，用查表法找出最优移动平均跨度，并依据最优移动平均跨度的值计算 2019 年 1 月的游客量的最优预测值。具体做法如下。

①在单元格 G6 中输入公式：=MIN(G13:G22)。

②查表法的方法有以下两种，取其一即可。

方法 1：在单元格 G7 中输入公式：=INDEX(F13:F22,MATCH(G6,G13:G22,0))。

方法 2：在单元格 G8 中输入公式：=INDEX(F13:F22,MATCH(MIN(G13:G22),G13: G22,0))。

③由查表法所得结果可知，本题最优移动平均跨度为 11。利用此值，在单元格 G9 中输入公式：=AVERAGE(C3:C13)，即 2019 年 1 月游客量的最优预测值为其前 11 个月的观测值的平均值。

(6)添加数值调节钮控件，用以调节单元格 G2 中的移动平均跨度值的“动态”变化，并观察“游客量移动平均预测值”所在单元格区域的数据变化情况。具体操作如下：

①在“开发工具”选项卡的“控件”组中单击“插入”按钮，打开下拉“控件工具箱”，选择“表单控件”中的“数值调节钮(窗体控件)”后(此时鼠标指针呈“+”状)。再在单元格 G2 的左侧按鼠标左键并适度拖动，生成数值调节钮控件。

②右击选中该控件并打开相应的快捷菜单，选择“设置控件格式”命令。在打开的对话框中选择“控制”选项卡，并设置相应的参数。具体参数设置如图 9-13 所示。

	A	B	C	D	E	F	G
1	序号	月份	游客量	游客量移动平均预测值			
2	1	2018年1月	15021			移动平均跨度	3
3	2	2018年2月	19482			均方误差(MSE)	9409402
4	3	2018年3月	16873				9409402
5	4	2018年4月	15094	17125.33333			
6	5	2018年5月	19832	17149.66667		MSE最小值	
7	6	2018年6月	14706	17266.33333		查表法求解 最优移动平均跨度	
8	7	2018年7月	23325	16544			
9	8	2018年8月	19876	19287.66667		2019年1月游客量最优预测值	
10	9	2018年9月	16446	19302.33333			
11	10	2018年10月	20002	19882.33333		一维模拟运算表求对应的MSE	
12	11	2018年11月	15341	18774.66667		移动平均跨度	9409402
13	12	2018年12月	17982	17263		2	10784508
14	13	2019年1月		17775		3	9409402
15						4	12426966
16						5	9581124
17						6	10859718
18						7	4496803
19						8	3578129
20						9	4670712
21						10	3718688
22						11	26896

图 9-12　模拟运算表的计算结果

③设置完成后，单击数值调节钮即可看到相关数据的“动态”变化。

以上操作完成后的最终结果如图 9-14 所示。

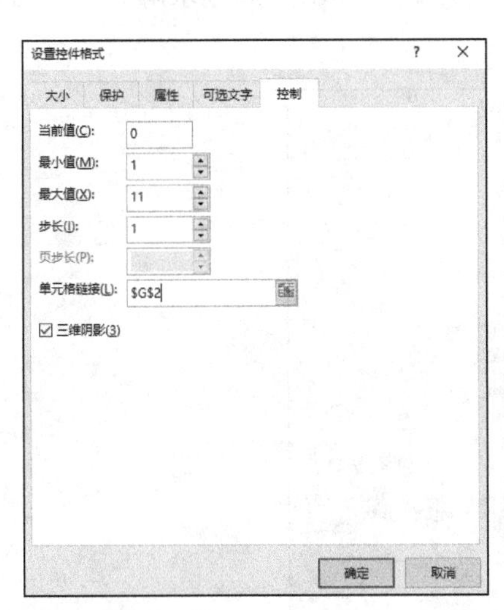

图 9-13 “设置控件格式”对话框

	A	B	C	D	E	F	G
1	序号	月份	游客量	游客量移动平均预测值			
2	1	2018年1月	15021			移动平均跨度	3
3	2	2018年2月	19482			均方误差(MSE)	9409402
4	3	2018年3月	16873				9409402
5	4	2018年4月	15094	17125.33333			
6	5	2018年5月	19832	17149.66667		MSE最小值	26896
7	6	2018年6月	14706	17266.33333		查表法求解 最优移动平均跨度	11
8	7	2018年7月	23325	16544			
9	8	2018年8月	19876	19287.66667		2019年1月游客量最优预测值	18087.18
10	9	2018年9月	16446	19302.33333			
11	10	2018年10月	20002	19882.33333		一维模拟运算表求对应的MSE	
12	11	2018年11月	15341	18774.66667		移动平均跨度	9409402
13	12	2018年12月	17982	17263		2	10784508
14	13	2019年1月		17775		3	9409402
15						4	12426966
16						5	9581124
17						6	10859718
18						7	4496803
19						8	3578129
20						9	4670712
21						10	3718688
22						11	26896

图 9-14　建立最优移动平均预测模型的最终结果

解法四：使用 Excel 内置函数(公式)、数组公式、规划求解等工具和方法求解最优移动平均跨度。

操作步骤：

(1) 在 Excel 的工作表中建立如图 9-15 所示的电子表格模型。

(2) 在单元格 G2 中输入初始移动平均跨度的值 3。在单元格 D2 中输入公式：=IF(A2<=$G$2,"",AVERAGE(OFFSET(D2,−$G$2,−1,$G$2,1)))，并使用填充柄将其复制到单元格区域 D3:D14。

	A	B	C	D	E	F	G
1	序号	月份	游客量	游客量移动平均预测值			
2	1	2018年1月	15021			移动平均跨度	3
3	2	2018年2月	19482			均方误差(MSE)	
4	3	2018年3月	16873				
5	4	2018年4月	15094				
6	5	2018年5月	19832			2019年1月游客量最优预测值	
7	6	2018年6月	14706				
8	7	2018年7月	23325				
9	8	2018年8月	19876				
10	9	2018年9月	16446				
11	10	2018年10月	20002				
12	11	2018年11月	15341				
13	12	2018年12月	17982				
14	13	2019年1月					

图 9-15　规划求解法求解“移动平均”预测的电子表格模型

(3) 计算当移动平均跨度为 3 时，观测值与预测值的均方误差(MSE)，方法有以下两种，取其一即可。

方法 1：在单元格 G3 中输入以下公式。

=SUMXMY2(C2:C13, D2:D13)/COUNT(D2:D13)

方法 2：在单元格 G4 中输入以下数组公式。

{=AVERAGE(IF(D2:D13="","",(C2:C13–D2:D13)^2))}

(4) 使用规划求解工具计算最优移动平均跨度。

在“数据”选项卡的 “分析”组中单击“规划求解”按钮，弹出“规划求解参数”对话框，如图 9-16 所示。

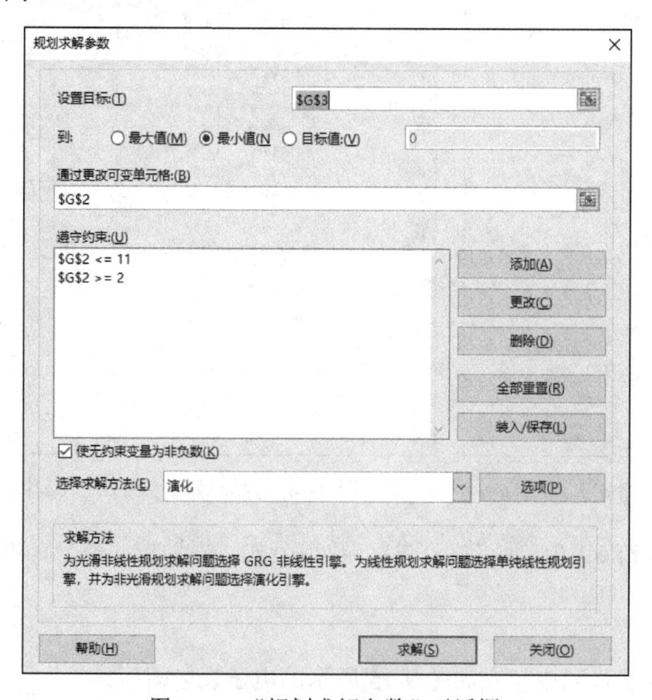

图 9-16　“规划求解参数”对话框

“设置目标”为 G3，“通过更改可变单元格”为 G2，“遵守约束”为 G2>=2 及 G2<=11，“选择求解方法”选择“演化”。单击“求解”按钮，计算结果如图 9-17 所示。

	A	B	C	D	E	F	G
1	序号	月份	游客量	游客量移动平均预测值			
2	1	2018年1月	15021			移动平均跨度	11
3	2	2018年2月	19482			均方误差(MSE)	26896
4	3	2018年3月	16873				26896
5	4	2018年4月	15094				
6	5	2018年5月	19832			2019年1月游客量最优预测值	
7	6	2018年6月	14706				
8	7	2018年7月	23325				
9	8	2018年8月	19876				
10	9	2018年9月	16446				
11	10	2018年10月	20002				
12	11	2018年11月	15341				
13	12	2018年12月	17982	17818			
14	13	2019年1月		18087.18182			

图 9-17　规划求解方法计算结果

由规划求解所得结果可知，本题最优移动平均跨度为 11，最小均方误差为 26896。利用此值，在单元格 G6 中输入公式：=AVERAGE(C3:C13)或者=D14，即“2019 年 1 月游客量最优预测值”为其前 11 个月的观测值的平均值。

以上操作完成后的最终结果如图 9-18 所示。

	A	B	C	D	E	F	G
1	序号	月份	游客量	游客量移动平均预测值			
2	1	2018年1月	15021			移动平均跨度	11
3	2	2018年2月	19482			均方误差(MSE)	26896
4	3	2018年3月	16873				26896
5	4	2018年4月	15094				
6	5	2018年5月	19832			2019年1月游客量最优预测值	18087.18
7	6	2018年6月	14706				
8	7	2018年7月	23325				
9	8	2018年8月	19876				
10	9	2018年9月	16446				
11	10	2018年10月	20002				
12	11	2018年11月	15341				
13	12	2018年12月	17982	17818			
14	13	2019年1月		18087.18182			

图 9-18　规划求解方法最终结果

9.3　时间序列的指数平滑

移动平均预测法基于前几个周期的观测值对预测值影响是相同的情况，并且没有考虑所有周期的数据。事实上，时间序列数据要与所有的观测值有关系，近期数据的影响要高于远期数据，而指数平滑法能够克服这两个缺点。指数平滑法考虑了所有周期数据，而且又考虑了不同周期数据对预测值影响是不一样的情况，在日常预测中是最常见的一种预测方法。

9.3.1　指数平滑概念与模型

指数平滑法对移动平均法进行了改进。改进的思路是：考虑到计算预测值时，近期的实际观测值影响较大、远期的实际观测值影响较小这一实际情况，将不同时间段的实际观测值的权数设置得不同，即给近期的实际观测值赋以较大权数，而给远期的实际观测值赋以较小权数。

指数平滑法的预测值计算公式如下：

$$F_{t+1} = \alpha Y_t + \alpha(1-\alpha)Y_{t-1} + \alpha(1-\alpha)^2 Y_{t-2} + \cdots$$

式中，α 称为指数平滑常数($0\leqslant\alpha\leqslant1$)。加权系数分别为 $\alpha,\alpha(1-\alpha),\alpha(1-\alpha)^2,\cdots$，按几何级数衰减，越近的观测值权数越大，越远的观测值权数越小，且权数之和为 1。

显然，指数平滑法中加权系数的运用既符合指数运算规律，又能将数据进行平滑处理。在实际使用指数平滑法的预测值计算公式时，常采用以下两种变换式：

$$F_{t+1}=\alpha Y_t+(1-\alpha)F_t \quad 或 \quad F_{t+1}=F_t+\alpha(Y_t-F_t)$$

指数平滑预测求解方法有以下 4 种：

(1) 手动方法(手动输入公式计算)。

(2) 使用 Excel 数据分析工具。

(3) 查表法。

(4) 规划求解法。

手动方法和 Excel 数据分析工具方法只能根据给定的平滑常数预测，无法得到最优解。查表法和规划求解法则可以确定均方误差的极小值，通过极小值确定最优的平滑常数，用最优的平滑常数来进行预测。

9.3.2 应用举例

例 9-2 利用例 9-1 的数据，在 Excel 工作表中建立一个数据模型，使用“指数平滑”预测模型来分析预测 2019 年 1 月的游客流量。

解法一：手动方法(手动输入公式计算)。

使用指数平滑预测值计算公式进行游客流量的预测，此方法必须基于固定的平滑常数来预测，假定平滑常数为 0.3。

如前述，在实际使用指数平滑预测值计算公式时，为方便预测值的计算，可采用两种变换式中的一种。本题现采用如下变换式：

$$F_{t+1}=\alpha Y_t+(1-\alpha)F_t$$

注意：在应用变换式进行预测值计算时，必须有初始的预测值 F_0，若无 F_0，则令 $F_1=Y_1$，再依次计算下去。

操作步骤：

(1) 在工作表的单元格 A16 中输入“指数平滑常数=”，在单元格 B16 中输入“0.3”。

(2) 因本题中未给定初始预测值，且单元格 C2 表示首期预测值 F_1、单元格 B2 的数值(即 2018 年 1 月的观测值)为首期观测值 Y_1，所以在单元格 C2 中输入“=B2”。

(3) 在单元格 C3 中应用指数平滑预测值计算公式，输入“=$B$16*B2+(1-$B$16)*C2”，并使用填充柄复制到单元格区域 C4:C14。

具体结果及计算公式的显示如图 9-19 和图 9-20 所示。

解法二：使用 Excel 数据分析工具。

使用 Excel 的“数据分析”中的“指数平滑”分析工具进行游客流量的预测。同样这种方法基于固定的平滑常数来预测，假定平滑常数为 0.3。

操作步骤：

(1) 在“数据”选项卡的“分析”组中选择“数据分析”，打开“数据分析”对话框，在该对话框中选择“指数平滑”分析工具，如图 9-21 所示。

(2)单击“确定”按钮打开“指数平滑”对话框，如图 9-22 所示。

	A	B	C
1	月份	游客量	游客量预测值 α =0. 3
2	2018年1月	15021	15021
3	2018年2月	19482	15021
4	2018年3月	16873	16359. 3
5	2018年4月	15094	16513. 41
6	2018年5月	19832	16087. 587
7	2018年6月	14706	17210. 9109
8	2018年7月	23325	16459. 43763
9	2018年8月	19876	18519. 10634
10	2018年9月	16446	18926. 17444
11	2018年10月	20002	18182. 12211
12	2018年11月	15341	18728. 08547
13	2018年12月	17982	17711. 95983
14	2019年1月		17792. 97188
15			
16	指数平滑常数=	0.3	

图 9-19　应用指数平滑预测值计算公式的预测结果

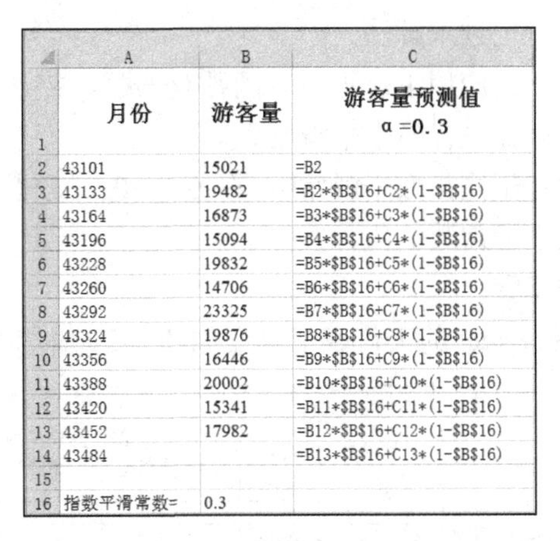

	A	B	C
1	月份	游客量	游客量预测值 α =0. 3
2	43101	15021	=B2
3	43133	19482	=B2*$B$16+C2*(1-$B$16)
4	43164	16873	=B3*$B$16+C3*(1-$B$16)
5	43196	15094	=B4*$B$16+C4*(1-$B$16)
6	43228	19832	=B5*$B$16+C5*(1-$B$16)
7	43260	14706	=B6*$B$16+C6*(1-$B$16)
8	43292	23325	=B7*$B$16+C7*(1-$B$16)
9	43324	19876	=B8*$B$16+C8*(1-$B$16)
10	43356	16446	=B9*$B$16+C9*(1-$B$16)
11	43388	20002	=B10*$B$16+C10*(1-$B$16)
12	43420	15341	=B11*$B$16+C11*(1-$B$16)
13	43452	17982	=B12*$B$16+C12*(1-$B$16)
14	43484		=B13*$B$16+C13*(1-$B$16)
15			
16	指数平滑常数=	0.3	

图 9-20　指数平滑预测值计算公式的应用显示

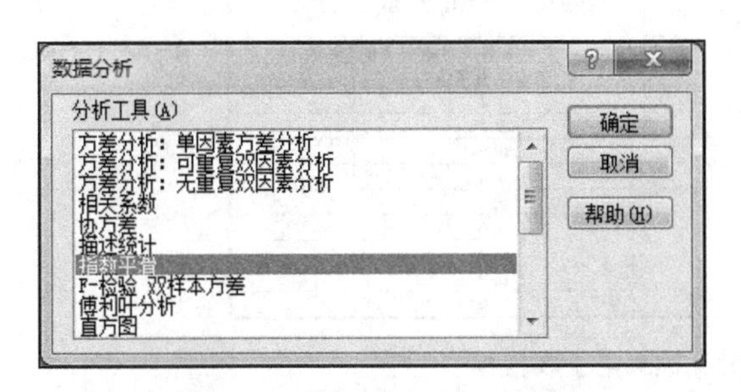

图 9-21 “数据分析”对话框

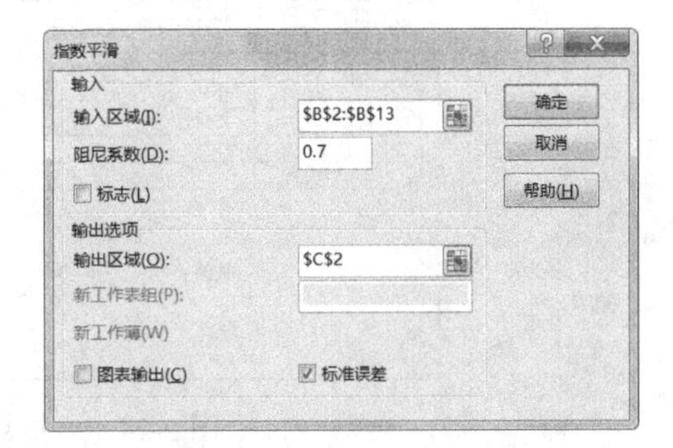

图 9-22 “指数平滑”对话框

(3)在“输入区域”中选择(或输入)单元格区域 B2:B14，分别设置“阻尼系数”为 0.7、“输出区域”为单元格 C2，并选中“标准误差”复选框，然后单击“确定”按钮，即可得到指数平滑常数为 0.3 的计算结果及其误差值(注：设“阻尼系数”为 β，则有 $\alpha+\beta=1$)。具体计算结果如图 9-23 所示。2019 年 1 月的游客量(人数)预测为 17793。

	A	B	C	D
1	月份	游客量	游客量预测值 α =0. 3	标准误差 α =0. 3
2	2018年1月	15021	#N/A	#N/A
3	2018年2月	19482	15021	#N/A
4	2018年3月	16873	16359. 3	#N/A
5	2018年4月	15094	16513. 41	#N/A
6	2018年5月	19832	16087. 587	2719. 015351
7	2018年6月	14706	17210. 9109	2330. 896906
8	2018年7月	23325	16459. 43763	2727. 02109
9	2018年8月	19876	18519. 10634	4740. 996871
10	2018年9月	16446	18926. 17444	4291. 529862
11	2018年10月	20002	18182. 12211	4286. 738166
12	2018年11月	15341	18728. 08547	1941. 166419
13	2018年12月	17982	17711. 95983	2641. 689409
14	2019年1月		17792. 97188	2225. 400732
15				
16	指数平滑常数=	0.3		

图 9-23　“指数平滑”分析工具预测结果

以上两种方法只能基于固定的平滑常数预测，无法得到最优值。要得到最优值必须使用查表法或者规划求解法。

解法三：应用 Excel 内置函数(公式)、控件、数组公式、模拟运算表、查表法等工具和方法求解最优最优指数平滑常数。

求解在不同指数平滑常数(在 0.1～0.9 变化)下 2019 年 1 月的游客流量预测值，并求出最优指数平滑常数的值。

操作步骤：

(1) 在 Excel 的工作表中建立如图 9-24 所示的电子表格模型。

	A	B	C	D	E	F	G
1	月份	游客量	游客量指数平滑预测值	查表法最优预测值			
2	2018年1月	15021				指数平滑常数	0.4
3	2018年2月	19482				均方误差(MSE)	
4	2018年3月	16873					
5	2018年4月	15094					
6	2018年5月	19832				MSE的极小值	
7	2018年6月	14706				查表法求解最优指数平滑常数	
8	2018年7月	23325					
9	2018年8月	19876				2019年1月游客量最优预测值	
10	2018年9月	16446					
11	2018年10月	20002				一维模拟运算表求对应的MSE	
12	2018年11月	15341				指数平滑常数	
13	2018年12月	17982				0.1	
14	2019年1月					0.2	
15						0.3	
16						0.4	
17						0.5	
18						0.6	
19						0.7	
20						0.8	
21						0.9	

图 9-24　“指数平滑”预测电子表格模型

(2) 在单元格 G2 中输入初始指数平滑常数的值 0.4。在单元格 C2 中输入公式“=B2”；在单元格 C3 中应用指数平滑预测值计算公式，输入公式“=$G$2*B2+(1–$G$2)*C2”，并使用填充柄复制到单元格区域 C4:C14。

(3) 在单元格 D2 中输入公式“=B2”；在单元格 D3 中输入指数平滑预测值计算公式“=$G$7*B2+(1–$G$7)*D2”，并使用填充柄复制到单元格区域 D4:D14。此处假定最优指数平滑常数为单元格 G7 中的值(此时为空)。

(4) 计算当指数平滑常数为 0.4 时，观测值与预测值的均方误差(MSE)。方法有以下两种，取其一即可。

方法 1：在单元格 G3 中输入公式“=SUMXMY2(B2:B13,C2:C13)/COUNT(C2:C13)”。

方法 2：在单元格 G4 中输入数组公式“{=AVERAGE((B2:B13–C2:C13)^2)}”。

(5) 建立一维(单变量)模拟运算表，计算当指数平滑常数的值从 0.1 开始以步长为 0.1 变化到 0.9 时，相对应的观测值与预测值的均方误差(MSE)的值。具体做法如下。

①在单元格区域 F13:F21 中依次输入 0.1,0.2,0.3,⋯,0.9。

②在单元格 G12 中输入“=G3”或“=G4”。

③选中单元格区域 F12:G21，在“数据”选项卡的“预测”组中单击“模拟分析”按钮，在打开的下拉菜单中选择“模拟运算表”命令，在打开的对话框中设置“输入引用列的单元格”为 G2，并单击“确定”按钮，即可得到模拟运算的结果。

(6) 计算模拟运算表中 MSE 的极小值，用查表法找出最优平滑常数，并依据最优平滑常数的值计算 2019 年 1 月的游客量的最优预测值。具体做法如下。

①在单元格 G6 中输入公式“=MIN(G13:G21)”。

②查表法的方法有以下两种，取其一即可：

方法 1：在单元格 G7 中输入公式“=INDEX(F13:F21,MATCH(G6,G13:G21,0))”。

方法 2：在单元格 G8 中输入公式“=INDEX(F13:F21,MATCH(MIN(G13:G21),G13:G21,0))”。

③由查表法所得结果知，本题最优平滑常数为 0.2。利用填充柄计算 D2:D14 的值，计算在单元格 G9 中输入公式“=D14”，获取 2019 年 1 月游客量最优预测值。

(7)添加并设置控件的操作方法与移动平均解法三的操作方法相同，不赘述。但在使用数值调节钮“控制”指数平滑常数的“动态”变化时应注意：由于数值调节钮只能“控制”整数值的改变，不能调节小数值的变化，因而需采取“变通”的方法进行设置。具体做法如下。

①将单元格 G2 的内容修改为公式“=H2/10”。

②将数值调节钮的最小值设为 1，最大值设为 9，步长设为 1，单元格链接设为 H2。

以上操作完成后的最终结果如图 9-25 所示。

	A	B	C	D	E	F	G	H
1	月份	游客量	游客量指数平滑预测值	查表法最优预测值				
2	2018年1月	15021	15021	15021		指数平滑常数	0.4	4
3	2018年2月	19482	15021	15021		均方误差(MSE)	9852141.021	
4	2018年3月	16873	16805.4	15913.2			9852141.021	
5	2018年4月	15094	16832.44	16105.16				
6	2018年5月	19832	16137.064	15902.928		MSE的极小值	9301929.154	
7	2018年6月	14706	17615.0384	16688.7424		查表法求解	0.2	
8	2018年7月	23325	16451.42304	16292.19392		最优指数平滑常数	0.2	
9	2018年8月	19876	19200.85382	17698.75514		2019年1月游客量最优预测值	17723.0564	
10	2018年9月	16446	19470.91229	18134.20411				
11	2018年10月	20002	18260.94738	17796.56329		一维模拟运算表求对应的MSE		
12	2018年11月	15341	18957.36843	18237.65063		指数平滑常数	9852141.021	
13	2018年12月	17982	17510.82106	17658.3205		0.1	10241910.35	
14	2019年1月		17699.29263	17723.0564		0.2	9301929.154	
15						0.3	9371661.527	
16						0.4	9852141.021	
17						0.5	10589128.55	
18						0.6	11549947.42	
19						0.7	12745151.12	
20						0.8	14208633.82	
21						0.9	15991395.68	

图 9-25　建立最优指数平滑常数预测模型的最终结果

解法四：使用 Excel 内置函数(公式)、数组公式、规划求解等工具和方法求解最优平滑常数。

操作步骤：

(1)在 Excel 的工作表中建立如图 9-26 所示的电子表格模型。

(2)因为平滑常数是 0 到 1 之间数，为了简化计算设置规划求解的参数为整数，采取“变通”的方法进行设置：将单元格 F2 的内容修改为公式“=G2/10”。

(3)在单元格 C2 中输入公式“=B2”，在单元格 C3 中输入指数平滑预测值计算公式“=$F$2*B2+(1–$F$2)*C2”，并使用填充柄复制到单元格区域 C4:C14。此处假定最优指数平滑常数为单元格 F2 中的值。

(4)计算指数平滑常数为 F2 的均方误差(MSE)，方法有以下两种，取其一即可。

方法 1：在单元格 F3 中输入公式“=SUMXMY2(B2:B13, C2:C13)/COUNT(C2:C13)”。

方法 2：在单元格 F4 中输入数组公式“{=AVERAGE((B2:B13–C2:C13)^2)}”。

	A	B	C	D	E	F
1	月份	游客量	规划求解法最优预测值			
2	2018年1月	15021			指数平滑常数	0.4
3	2018年2月	19482			均方误差(MSE)	
4	2018年3月	16873				
5	2018年4月	15094				
6	2018年5月	19832			2019年1月游客量最优预测值	
7	2018年6月	14706				
8	2018年7月	23325				
9	2018年8月	19876				
10	2018年9月	16446				
11	2018年10月	20002				
12	2018年11月	15341				
13	2018年12月	17982				
14	2019年1月					

图 9-26 规划求解法求解“指数平滑”预测电子表格模型

(5) 使用规划求解工具计算最优平滑常数。

在“数据”选项卡的“分析”组中单击“规划求解”按钮，出现“规划求解参数”对话框，如图 9-27 所示。

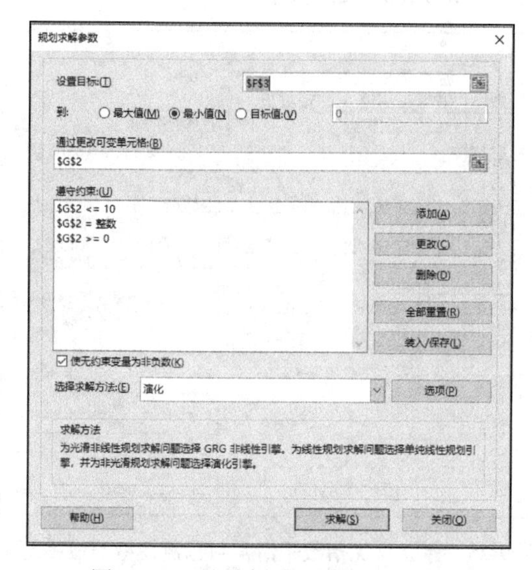

图 9-27 “规划求解参数”对话框

目标单元格选择 F3，可变单元格是 G2，条件为 G2 为整数，G2>=0 及 G2<=10，求解方法选择“演化”。单击“求解”按钮，计算结果如图 9-28 所示。

	A	B	C	D	E	F	G
1	月份	游客量	规划求解法最优预测值				
2	2018年1月	15021	15021		指数平滑常数	0.2	2
3	2018年2月	19482	15021		均方误差(MSE)	9301929.154	
4	2018年3月	16873	15913.2			9301929.154	
5	2018年4月	15094	16105.16				
6	2018年5月	19832	15902.928		2019年1月游客量最优预测值		
7	2018年6月	14706	16688.7424				
8	2018年7月	23325	16292.19392				
9	2018年8月	19876	17698.75514				
10	2018年9月	16446	18134.20411				
11	2018年10月	20002	17796.56329				
12	2018年11月	15341	18237.65063				
13	2018年12月	17982	17658.3205				
14	2019年1月		17723.0564				

图 9-28 规划求解法计算结果

由规划求解法所得结果可知，本题最优平滑常数为 0.2，最小均方误差为 9301929.154。选中 F6 单元格，输入公式“=C14”，F6 单元格为 2019 年 1 月游客量的最优预测值。

以上操作完成后的最终结果如图 9-29 所示。

	A	B	C	D	E	F	G
1	月份	游客量	规划求解法最优预测值				
2	2018年1月	15021	15021		指数平滑常数	0.2	2
3	2018年2月	19482	15021		均方误差(MSE)	9301929.154	
4	2018年3月	16873	15913.2			9301929.154	
5	2018年4月	15094	16105.16				
6	2018年5月	19832	15902.928		2019年1月游客量最优预测值	17723.0564	
7	2018年6月	14706	16688.7424				
8	2018年7月	23325	16292.19392				
9	2018年8月	19876	17698.75514				
10	2018年9月	16446	18134.20411				
11	2018年10月	20002	17796.56329				
12	2018年11月	15341	18237.65063				
13	2018年12月	17982	17658.3205				
14	2019年1月		17723.0564				

图 9-29　规划求解法最终计算结果

9.4　拓 展 应 用

前面主要介绍了时间序列的移动平均和指数平滑方法。时间序列预测方法很多，本节介绍其他预测方法。

9.4.1　加权移动平均预测

移动平均预测方法基于前面期数对预测值影响是相同的，但实际经济管理中的各期数据对预测值影响是不同的，在计算预测值时前面期数的观测值乘以各期对预测值的权数，靠近预测值的期数权数要大，所有权数的和等于 1，这就是加权移动平均法。这样预测就能弥补移动平均法的不足。

在移动平均模型预测公式中各期观测值前加权，得到加权移动平均预测公式。

$$F_{t+1}=\sum_{i=1}^{N}\alpha_{t-i+1}Y_{t-i+1}$$

式中，F_{t+1} 是 t+1 周期的预测值；Y_{t-i+1} 是 $t-i$+1 周期的观测值。

$$\sum_{i=1}^{N}\alpha_{t-i+1}=1$$

例 9-3　利用例 9-1 的数据，在 Excel 工作表中建立一个数据模型，在移动平均跨度为 3 的情况下，权重分别取 0.7、0.2 和 0.1，使用加权移动平均预测模型来分析预测 2019 年 1 月的游客流量。

操作步骤：

(1) 在 Excel 的工作表中建立如图 9-30 所示的电子表格模型。

	A	B	C	D	E	F	G	H
1	序号	月份	游客量	游客量加权移动平均预测值				
2	1	2018年1月	15021			权重取值	加权移动平均跨度	3
3	2	2018年2月	19482			0.1	加权移动平均MSE	
4	3	2018年3月	16873			0.2		
5	4	2018年4月	15094			0.7		
6	5	2018年5月	19832					
7	6	2018年6月	14706					
8	7	2018年7月	23325					
9	8	2018年8月	19876					
10	9	2018年9月	16446					
11	10	2018年10月	20002					
12	11	2018年11月	15341					
13	12	2018年12月	17982					
14	13	2019年1月						

图 9-30　加权移动平均数据电子表格模型

(2) 在单元格 D5 中输入公式“=C2*$F$3+C3*$F$4+C4*$F$5”，并使用填充柄复制到单元格区域 D6:D14。

(3) 在 H3 单元格中输入公式“=AVERAGE((C5:C13–D5:D13)^2)”，并按 Ctrl+Shift+ Enter 组合键，求出加权移动平均 MSE，计算结果如图 9-31 所示。

	A	B	C	D	E	F	G	H
1	序号	月份	游客量	游客量加权移动平均预测值				
2	1	2018年1月	15021			权重取值	加权移动平均跨度	3
3	2	2018年2月	19482			0.1	加权移动平均MSE	14429881.55
4	3	2018年3月	16873			0.2		
5	4	2018年4月	15094	17209.6		0.7		
6	5	2018年5月	19832	15888.6				
7	6	2018年6月	14706	18588.5				
8	7	2018年7月	23325	15770				
9	8	2018年8月	19876	21251.9				
10	9	2018年9月	16446	20048.8				
11	10	2018年10月	20002	17819.9				
12	11	2018年11月	15341	19278.2				
13	12	2018年12月	17982	16383.7				
14	13	2019年1月		17655.8				

图 9-31　加权移动平均计算结果

9.4.2　趋势预测法

如果时间序列含有趋势成分，可以使用 Excel 中的“趋势线”方法来预测。

Excel 图表中的“趋势线”是预测含有趋势成分数据的最有效工具，使用这个工具，直接可以获取预测数据信息。

Excel 中的趋势线法主要有线性趋势线、对数趋势线、多项式趋势线、乘幂趋势线、指数趋势线和移动平均趋势线等。趋势线类型的选择正确与否直接关系到趋势线的拟合程度和预测结果的准确性。

1. 线性趋势线

如果观测值数据点构成的图表数据近似于一条直线，可以判定观测值数据是线性的。线性趋势线表示经济管理生产中的数据是以近似速率增加或减小的。

2. 对数趋势线

如果观测值数据点构成的图表数据近似于一条对数曲线，可以使用对数趋势线方法预测。经济管理生产中数据的增加或减小速度很快，但又迅速趋近于平稳，那么数据点构成的图表数据近似于一条对数趋势线，用对数趋势线是最好的拟合曲线。

3. 多项式趋势线

如果观测值数据点构成的图表数据近似于一条多项式曲线，可以使用多项式趋势线方法预测。多项式趋势线是观测值数据波动较大时使用的曲线，它主要用于分析大量数据的偏差。

4. 乘幂趋势线

如果观测值数据点构成的图表数据近似于乘幂曲线，可以使用乘幂趋势线方法预测。乘幂趋势线是主要用于特定速度增加的数据集的曲线。

5. 指数趋势线

如果观测值数据点构成的图表数据近似于一条指数曲线，可以使用指数趋势线方法来预测。指数趋势线用于增长或降低速度持续增加且增加幅度越来越大的数据的情况。

6. 移动平均趋势线

移动平均趋势线方法主要处理观测值数据波动比较小的情况。

Excel 趋势线的主要操作步骤：选定数据单元格→图表向导→选择“XY 散点图”→在子图表类型中选择“平滑线散点图”→完成后进行适当格式设置→在图表中选中数据系列→右键单击数据系列→选择“添加趋势线”→在“类型”选项卡中选择相应趋势线(如线性、对数、多项式、乘幂、指数、移动平均等)→在“选项”选项卡中勾选“显示公式”→单击“确定”按钮。将图表中显示的公式输入至原数据单元格下方，并在时期列输入需预测时期数，即可得到预测数。

9.4.3 季节指数法

如果时间序列数据含有季节性周期变动的特点，那么选择季节指数方法来预测比较准确。先基于时间序列数据生成对应的图表，再根据图表判断数据是否含有季节周期成分，如果时间序列中的数据资料呈现出季节变动规律性，那么就可选择季节指数法预测目标未来状况。

在经济生产活动中，一些商品如围巾、雪糕、羽绒服、蚊帐等往往受季节影响而出现销售的淡季和旺季之分的季节性变动规律。使用季节指数预测法进行预测时，往往采用一年当中的月或者季度作为时间序列数据的时间单位。

季节指数法就是围绕预测目标按季度或者月等时间单位，收集、编制每一年的数据资料，用统计的各种方法计算描述出反映季节变动规律的季节指数，并对预测目标的未来状况进行预测的方法。

季节指数×预测年趋势值=预测年各季预测值

季节指数=各年同季平均数/所有月或季度总平均数

预测年趋势值就是预测年的季平均数

季节指数预测法的步骤如下：

(1) 收集多年各月或各季的观察值(收集的时间序列数据至少包含 3 年)。

⑵计算各年同月或同季观察值的平均值。

$$\overline{y_i} = \frac{\sum_{i=1}^{n} y_i}{n}$$

⑶计算所有年所有月份或季度的总平均值。

$$\overline{y} = \frac{\sum_{i=1}^{n} \overline{y_i}}{n}$$

⑷计算各月或各季度的季节指数。

$$f_i = \frac{\overline{y_i}}{\overline{y}}$$

⑸根据未来年度的全年趋势预测值，求出各月或各季度的平均趋势预测值，然后乘以相应季节指数，就得到未来年度内各月和各季度包含季节变动的预测值。

季节指数法举例

本 章 小 结

本章主要讲解了时间序列的方法，包括移动平均预测、平滑常数预测、加权移动平均预测、趋势预测和季节指数预测方法。重点掌握使用 Excel 内置函数(公式)、数组公式、模拟运算表、查表法和规划求解法求解最优移动平均跨度和最优指数平滑法，从而实现时间序列预测。

获取经济管理中的实际数据，建立数学模型，再转化为计算机模型来求解问题，这是解决问题的一种逻辑思维方式。本章重点讲解的移动平均方法和平滑常数方法，通过均方误差的极小值得到最优的跨度和最优的平滑常数。为什么根据均方误差得到的值是最优值？培养学生利用数学理论来解决这个问题。通过时间序列预测的学习，让学生掌握用逻辑思维方法求解经济管理中实际问题的能力，从而综合利用所学的各科知识解决实际问题。

思考与练习

一、选择题

1．关于时间序列预测方法中的移动平均法，以下说法正确的是________。

A．移动平均法适用于无趋势成分、但有季节成分的时间序列数据的预测

B．移动平均法适用于有趋势成分、但无季节成分的时间序列数据的预测

C．移动平均法适用于有趋势成分、又有季节成分的时间序列数据的预测

D．移动平均法适用于无趋势成分、又无季节成分的时间序列数据的预测

2．在销售量波动较大的预测时，以下说法正确的是________。

A．可选择较大的平滑指数　　B．可选择较小的平滑指数

C．平滑指数与销售季节相关　　D．平滑指数的选择与销售量波动大小无关

3．某销售部门 1 月销售额为 24 万元，2 月销售额为 28 万元，3 月销售额为 26 万元，4 月

销售额为 30 万元。设移动平均跨度为 3，则利用移动平均法预测 5 月的销售额为________万元。

A．26　　B．27　　C．28　　D．30

4．指数平滑预测法实际上是一种特殊的________。

A．一次移动平均预测法　　B．加权移动平均预测法

C．二次移动平均预测法　　D．序时平均数预测法

5．在指数平滑法中，以下关于指数平滑常数的说法正确的是________。

A．取值越小越好　　B．取值越大越好

C．取值范围在–1 到+1 之间　　D．取值范围在 0 到 1 之间

6．某商品 2019 年实际销售量为 3000 件，原预测销售量为 3200 件，平滑指数 $a=0.6$，则用指数平滑法预测 2020 年的销售量为________件。

A．3000　　B．3080　　C．3100　　D．3200

7．以下关于均方误差(MSE)的说法正确的是________。

A．均方误差是时间序列中每个时刻的数据预测误差的和

B．均方误差是时间序列中每个时刻的数据预测误差的和的算术平均值

C．均方误差是时间序列中每个时刻的数据预测误差的平方和

D．均方误差是时间序列中每个时刻的数据预测误差的平方和的算术平均值

二、判断题

1．在销售量波动较小或进行长期预测时，可选择较大的平滑指数。（　）

2．指数平滑法的实质上是一种加权平均法。（　）

3．在指数平滑法中的指数平滑常数，越近的观测值，权值越小。（　）

4．指数平滑法适用于无趋势成分、又无季节成分的时间序列数据的预测。（　）

5．在利用指数平滑法求解时间序列预测时，指数平滑常数一定比阻尼系数大。（　）

6．在时间序列预测中，均方误差值越小，预测效果越准确。（　）

第 10 章　回归分析预测与预见性思维

也许有一天你想知道饮食的多少、运动量的大小与你的寿命是否存在关联，或者希望根据某些信息来评价股票的涨幅，那么可以通过回归分析来解决这些问题。线性回归模型经常用于数据科学，也是机器学习中的一个基础构建块；而多元回归分析可以分析多种信息之间存在的联系，帮助处理和分析不同事物和想要预测的事物之间的关系。

回归分析预测体现的是一种预见性思维。预见性思维是计算机思维的一个方面，它是人们根据事物的发展特点、方向、趋势所进行的预测、推理的一种思维能力。预见性思维的核心是在探究的基础上的一种认知的深化过程。本章重点是运用预见性思维方式分析问题、规划思路、找出趋势。

10.1　回归分析概述

在我们现实生活中，大量存在着变量间的相互依赖、相互制约的关系。通过观察可以发现变量间的关系大致可以分为两类。一类是变量之间存在确定性关系，即函数关系。例如：圆的半径 R 和圆的面积 S 的关系 $S=\pi R^2$。另一类是变量之间存在非确定性关系，即相关关系。例如：广告的投入和销售额两者之间的关系；人的血压与年龄的关系；财政收入与税收、人口、国民生产总值之间的关系等。这些关系往往难以用精确的函数关系来表示，它们大多是随机性的，需要通过统计、观察、分析才能找出其中规律，从而描述它们的相关性。

10.1.1　回归分析的基本概念

“回归”(Regression)的概念是由英国著名生物学家、统计学家 Francis Galton 在研究人类身高的遗传问题时提出来的。Galton 在研究中发现：高个子父亲的儿子身高一般高于平均水平，但不像他父亲那样高；儿子和父亲的身高有趋同现象。对于这个一般结论的解释是：大自然具有一种约束力，使人类身高的分布相对稳定而不产生两极分化。这就是所谓的回归效应。

回归分析(Regression Analysis)是因果关系法的一个主要类别，是利用数据统计原理，经过数学处理之后，在大量统计数据中找出因变量与某些自变量的相关关系，建立一个相关性较好的回归方程(函数表达式)，再利用回归方程预测今后因变量的变化。

在这种因果关系中，我们把其中起影响作用的变量称作自变量，随着自变量变化而发生变化的变量称作因变量。回归分析按照涉及自变量的多少，可分为一元回归分析和多元回归分析。回归分析从自变量和因变量的一组观测值出发，观察分析后寻找一个函数式，将变量之间的相关关系近似地表达出来，这个函数式称为回归方程或回归函数。根据自变量和因变量之间的函数关系类型，可分为线性回归和非线性回归。在回归分析中，如果可以用一条直线近似表示自变量和因变量之间的关系，那么这种回归分析称为线性回归分析。通常，线性回归分析是回归分析的基本方法。当遇到非线性回归时，可以将其转换为线性回归，问题即可迎刃而解。

10.1.2　回归分析的基本步骤

1. 确定回归方程中的自变量和因变量

回归分析是要分析自变量和因变量之间的相关关系的，因而回归分析的第一步应确定哪个变量是因变量(记为 y)，哪些变量是自变量(记为 x)。回归分析就是在给定观测值 x 和 y 的条件下，建立 y 关于 x 的回归方程，通过回归方程预测 y 的未来值。

2. 建立回归方程

通过观察散点图确定变量之间的相关关系和相关程度，确定应通过哪种数学模型来描述回归曲线，建立回归模型。如果因变量与自变量之间存在线性关系，则建立线性回归模型；如果因变量与自变量之间存在非线性关系，则建立非线性回归模型。

3. 求解回归方程参数

根据收集到的观测数据及所确定的回归模型，在一定的拟合准则下求解模型的各个参数，确定回归方程。

4. 检验回归方程的模型

由于回归方程是在观测数据基础上得到的，因而回归方程是否能够很好地拟合实测数据，需要通过几个参数进行检验。

5. 利用回归方程进行预测

如果回归方程能够很好地拟合实测数据，则可以根据自变量进行预测，从而实现根据回归方程对事物的未来发展趋势进行控制和预测。

10.1.3　Excel 中用于回归分析的方法

在 Excel 中可以使用多种方法进行回归分析问题的求解。一般有如下方法：

- 图表分析
- 回归函数
- 回归分析工具
- 规划求解工具

10.2　一元线性回归分析预测

当变量之间存在着显著的相关关系时，可以利用一定的数学模型对其进行回归分析。在回归分析中，最简单的模型是只有一个因变量和一个自变量的线性回归模型，即一元线性回归模型，又称为简单线性回归模型。通过一元线性回归模型的建立过程，可以了解回归分析方法的基本思想及在实际问题研究中的应用原理。

10.2.1 一元线性回归分析原理简介

一元线性回归的数学模型为：

$$Y_i = a + bX_i$$

式中，a 为常数项(截距、位移项)，可大于、小于或等于 0。

b 为回归系数(斜率)，可大于或小于 0，但不能等于 0。

自变量 X 的任何一个观测值 X_i 计算出对应的因变量估计值 Y'_i，即

$$Y_i' = a + bX_i$$

估计值 Y'_i 与观测值 Y_i 存在误差，通过使因变量估计值 Y'_i 与观测值 Y_i 之间的均方误差达到极小来确定回归直线系数，这种方法称为最小二乘法。

均方误差为：

$$\text{MSE} = \frac{1}{n}\sum_{i=1}^{n}(Y_i' - Y_i)^2 = \frac{1}{n}\sum_{i=1}^{n}(a + bX_i - Y_i)^2$$

由于均方误差是 a、b 的函数，所以要使它达到极小，即要使 MSE 对于 a、b 的偏导数分别等于 0。把这样获得的两个以 a、b 为变量的方程联立求解，就可以求出 a 和 b 的值为：

$$a = M_y - bM_x$$

$$b = \frac{\sum_{i=1}^{n}(Y_i - M_y)(X_i - M_x)}{\sum_{i=1}^{n}(X_i - M_x)^2}$$

式中，M_x 和 M_y 分别为自变量 X 和因变量 Y 的平均值。

在应用 Excel 进行回归分析时，原则上不需要代入公式计算，可以直接利用 Excel 的数据分析工具来确定一元线性回归方程的系数。

10.2.2 一元线性回归分析模型的检验

建立了回归模型，或者说找到了一条回归线以后，还不能立即就用它去作分析和预测，还需要运用统计方法对回归方程进行检验，判断这条回归线是否能够解释因变量 Y 的变化。下面介绍几种参数来对回归模型进行检验。

1. 相关系数 R 和判定系数 R^2

相关系数 R 表示自变量 X 和因变量 Y 的线性关系的密切程度。相关系数的取值范围为 $|R| \leqslant 1$。当 $R=1$ 或 $R=-1$ 时，表示自变量 X 和因变量 Y 之间为完全线性关系。如果 $R=0$，则表示自变量 X 和因变量 Y 之间没有相关关系。这是一种极端情况，说明所有的样本点分布杂乱无章。

判定系数 R^2 是一个回归直线与观测值拟合优度的相对指标，反映了因变量的变化中能用自变量解释的比例。判定系数 R^2 的取值范围为 $0 \leqslant R^2 \leqslant 1$。通常认为：当判定系数大于 0.9 时，所得到的回归方程拟合得较好；当判定系数小于 0.5 时，所得到的回归方程很难说明变量之间相互的依赖关系。R^2 越接近于 1，拟合度就越好。

2. *T* 检验——回归系数显著性检验

T 检验是统计推断中常用的一种检验方法。在回归分析中，*T* 检验用于检验回归系数的显著性。回归系数的显著性就是要检验自变量 *X* 对因变量 *Y* 的影响程度是否显著。

3. *F* 检验——回归方程显著性检验

F 检验是利用方差分析所提供的 *F* 统计量检验回归方程是否真正线性相关的一种方法。

10.2.3　一元线性回归问题案例分析

例 10-1　某餐饮连锁店的主要销售对象是在校大学生。为了店铺的管理和发展需求，随机抽取了 10 个分店的店铺销售额与附近地区大学生人数的相关数据，如表 10-1 所示。要求：

(1) 根据这些数据分析店铺销售额与附近地区大学生人数之间的关系，建立回归模型。

(2) 判断回归方程是否能够很好地拟合实测数据。

(3) 根据回归模型预测一个区内大学生人数为 1.9 万的店铺的季度销售额。

表 10-1　区内大学生人数与餐饮店销售额表

店铺编号	区内大学生数(万人)	季度销售额(万元)
1	0.2	5.8
2	0.5	10.5
3	0.8	8.8
4	0.8	10.8
5	1.2	11.7
6	1.6	13.7
7	2.0	16.7
8	2.1	16.9
9	2.3	14.9
10	2.7	21.2

操作步骤：

(1) 确定获取自变量和因变量，并在 Excel 表中输入观测值，如图 10-1 所示。

	A	B	C
1	表10-1区内大学生人数与餐饮店销售额表		
2	店铺编号	区内大学生数(万人)	季度销售额(万元)
3	1	0.2	5.8
4	2	0.5	10.5
5	3	0.8	8.8
6	4	0.8	10.8
7	5	1.2	11.7
8	6	1.6	13.7
9	7	2	16.7
10	8	2.1	16.9
11	9	2.3	14.9
12	10	2.7	21.2

图 10-1　Excel 表中输入观测值

(2) 绘制观测值 X、Y 散点图，如图 10-2 所示。

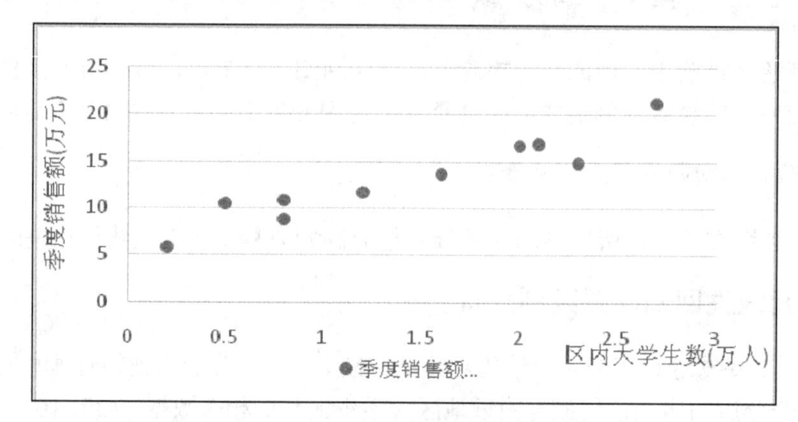

图 10-2　区内大学生人数与餐饮店销售额散点图

(3) 初步判断自变量与因变量间的函数关系，写出带有未知参数的回归方程。

通过散点图可以判断大学生人数与餐饮店销售额之间存在线性关系。设回归方程为：

$$Y = a + bX$$

假设 a、b 的初始值为 1，在单元格 D3 中输入计算公式“=$G$3+$G$4*B3”，如图 10-3 所示。然后利用填充柄将单元格 D3 中的公式复制到单元格区域 D4:D12 中。

表10-1区内大学生人数与餐饮店销售额表

店铺编号	区内大学生数(万人)	季度销售额(万元)	销售额预测值(万元)
1	0.2	5.8	=$G$3+$G$4*B3
2	0.5	10.5	
3	0.8	8.8	
4	0.8	10.8	
5	1.2	11.7	
6	1.6	13.7	
7	2	16.7	
8	2.1	16.9	
9	2.3	14.9	
10	2.7	21.2	

截距a	1.0000
斜率b	1.0000
MSE	

预测

大学生人数(万人)	1.90
销售额(万元)	

图 10-3　输入公式

(4) 确定回归方程中参数的数值，从而得到回归方程。

参数的确定可以利用以下几种方法。

(1) 使用规划求解工具。

通过规划求解工具可利用最小方差原理，确定回归方程中参数的数值。

首先在 G5 中输入均方差计算公式，如图 10-4 所示。然后利用规划求解工具求解均方差为最小时 a 和 b 的值，具体参数设置如图 10-5 所示。最后求解得到 a、b 的值，如图 10-6 所示。

G5　{=AVERAGE((D3:D12-C3:C12)^2)}

表10-1区内大学生人数与餐饮店销售额表

店铺编号	区内大学生数（万人）	季度销售额（万元）	销售额预测值（万元）
1	0.2	5.8	1.2
2	0.5	10.5	1.5
3	0.8	8.8	1.8
4	0.8	10.8	1.8
5	1.2	11.7	2.2
6	1.6	13.7	2.6
7	2	16.7	3
8	2.1	16.9	3.1
9	2.3	14.9	3.3
10	2.7	21.2	3.7

截距a	1.0000
斜率b	1.0000
MSE	126.4560

预测

大学生人数(万人)	1.90
销售额(万元)	

图 10-4　输入均方差公式

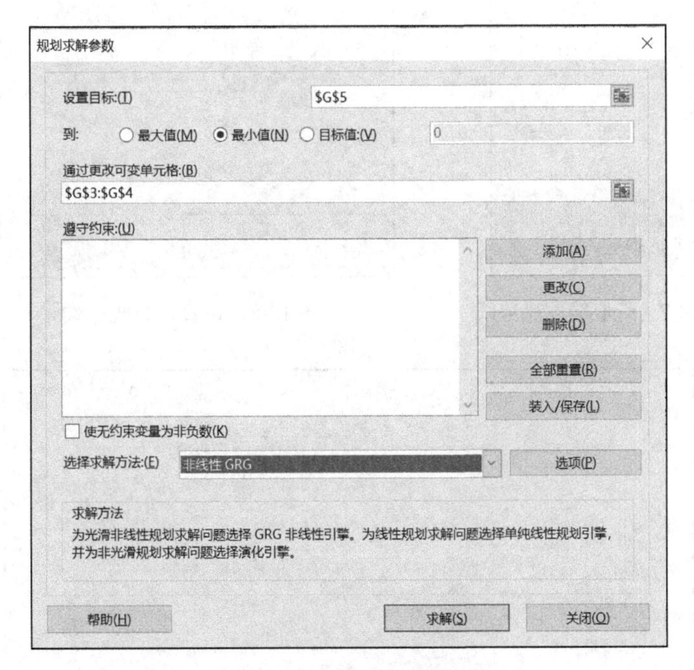

图 10-5　设置规划求解参数

表10-1区内大学生人数与餐饮店销售额表

店铺编号	区内大学生数（万人）	季度销售额（万元）	销售额预测值（万元）
1	0.2	5.8	6.914165104
2	0.5	10.5	8.435272046
3	0.8	8.8	9.956378988
4	0.8	10.8	9.956378988
5	1.2	11.7	11.98452158
6	1.6	13.7	14.01266417
7	2	16.7	16.04080676
8	2.1	16.9	16.5478424
9	2.3	14.9	17.5619137
10	2.7	21.2	19.59005629

截距a	5.9001
斜率b	5.0704
MSE	1.7968

预测

大学生人数(万人)	1.90
销售额(万元)	

图 10-6　均方差最小时 a、b 的值

(2) 采用图表分析——添加趋势线。

首先选中区内大学生人数与快餐店销售额散点图，然后选择“图表工具”选项卡下的“设计”子选项卡，单击“添加图表元素”下拉按钮，根据模型选择趋势线中的线性趋势线，如图 10-7 所示；并设置趋势线格式，如图 10-8 所示。最后在图表中得到相应的结果，如图 10-9 所示。

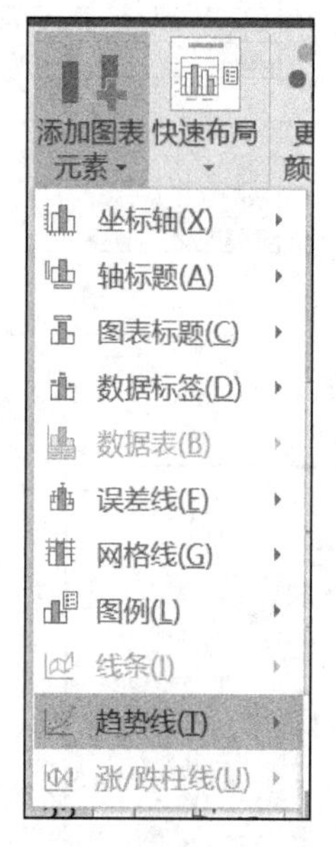

图 10-7　选取线性趋势线

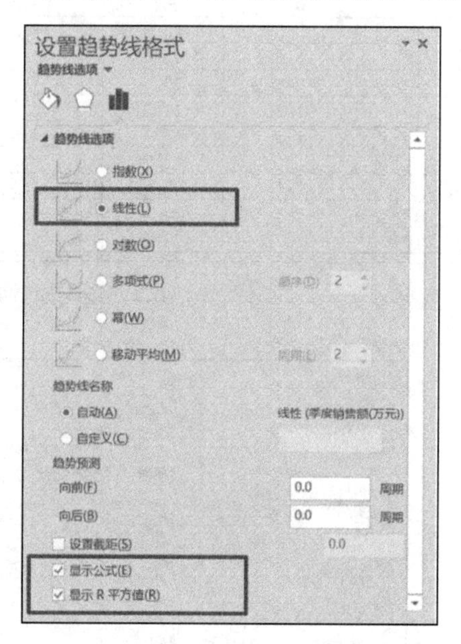

图 10-8　设置趋势线格式

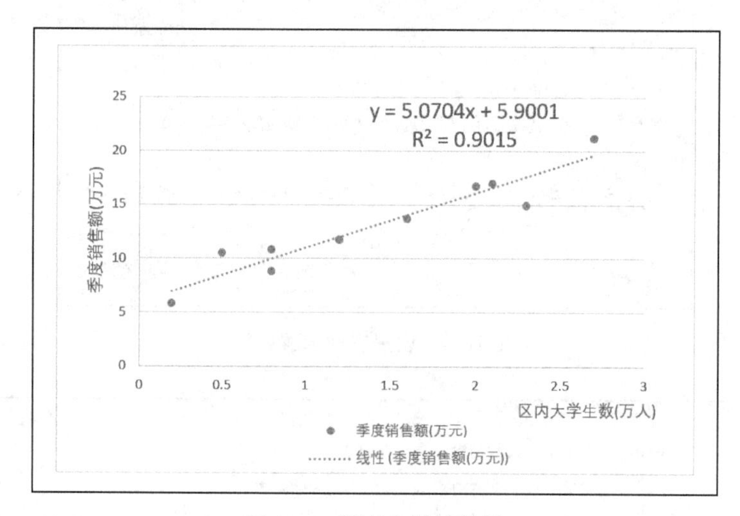

图 10-9　图表分析结果图

(3) 使用回归分析工作表函数。

①截距函数。

语法：INTERCEPT (known_y's,known_x's)

其中：known_y's 为因变量的观察值，known_x's 为自变量的观察值。

②斜率函数。

语法：SLOPE (known_y's,known_x's)

其中：known_y's 为因变量的观察值，known_x's 为自变量的观察值。

③判定系数函数。

语法：RSQ(known_y's,known_x's)

其中：known_y's 为因变量的观察值，known_x's 为自变量的观察值。

分别在 F4、F5、F6 单元格中输入相应的计算公式，如图 10-10 所示。计算出回归方程的参数和判定系数，如图 10-11 所示。

截距*a*	=INTERCEPT(C3:C12,B3:B12)
斜率*b*	=SLOPE(C3:C12,B3:B12)
R^2	=RSQ(C3:C12,B3:B12)

图 10-10　输入回归函数公式

截距*a*	5.9001
斜率*b*	5.0704
R^2	0.9015

图 10-11　回归函数分析结果

(4)使用回归分析工具。

需要使用回归分析报告工具，选择“文件”选项卡下的“选项”命令，打开“Excel 选项”对话框，在对话框左侧选择“加载项”，在右侧“管理”组合框中选择“Excel 加载项”，如图 10-12 所示。单击“转到”按钮，弹出“加载宏”对话框，勾选“分析工具库”，如图 10-13 所示。

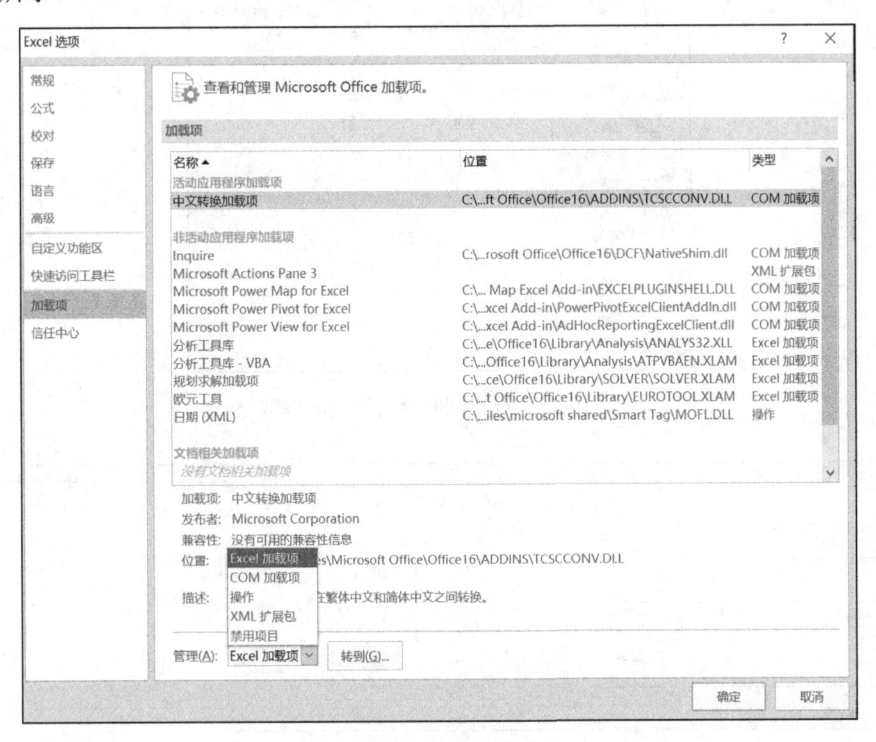

图 10-12　加载项的选取

单击“数据”选项卡“分析”组中的“数据分析”按钮，打开“数据分析”对话框，选择“分析工具”选项中的“回归”，如图 10-14 所示。在“回归”对话框中设置回归参数，如图 10-15 所示。最后在指定的位置上得到回归分析报告，如图 10-16 所示。通过回归分析报告，我们可以得到判定系数 R^2、截距和斜率等参数信息。

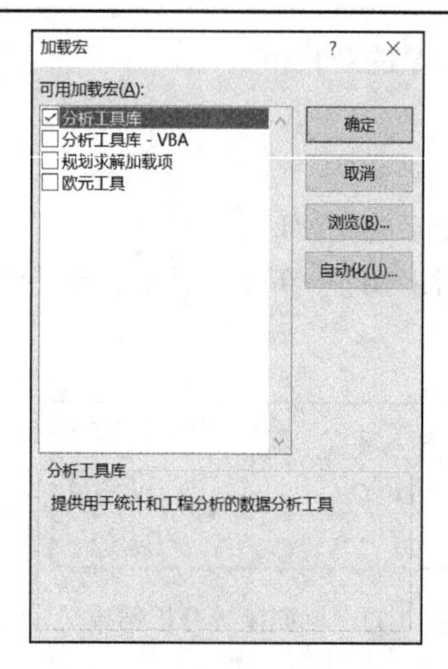

图 10-13　加载分析工具库

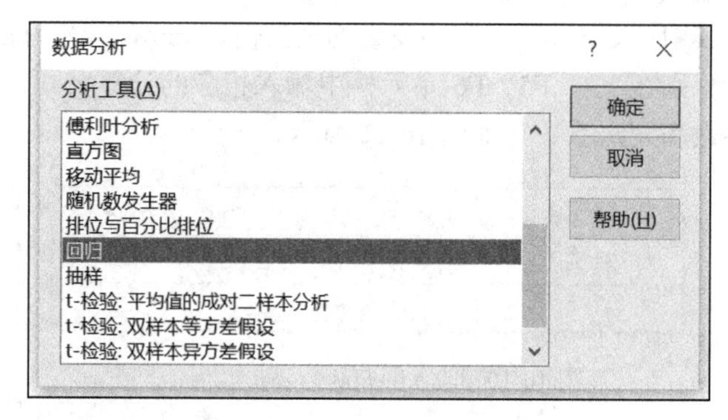

图 10-14　选取回归分析工具

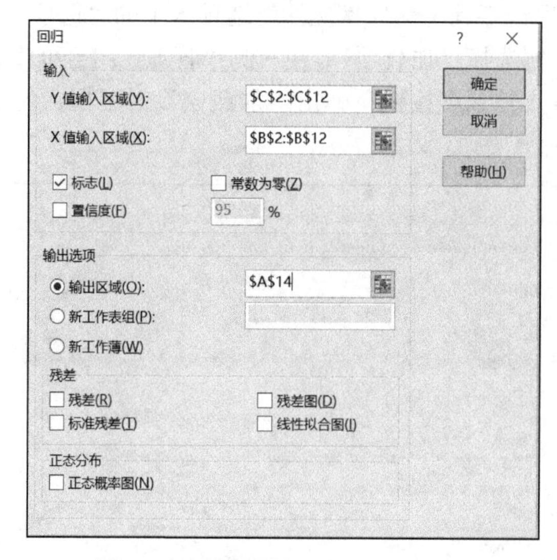

图 10-15　设置回归分析工具的参数

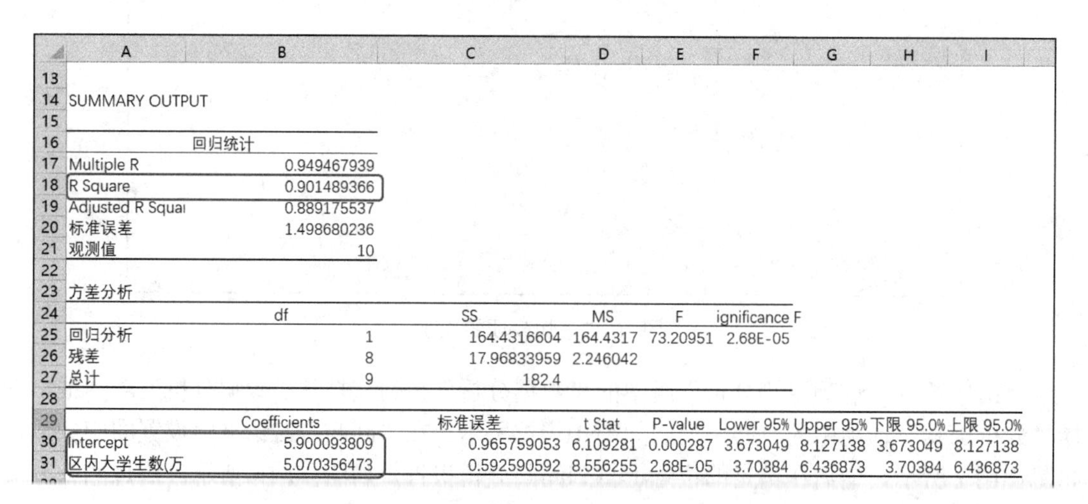

	A	B	C	D	E	F	G	H	I
13									
14	SUMMARY OUTPUT								
15									
16	回归统计								
17	Multiple R	0.949467939							
18	R Square	0.901489366							
19	Adjusted R Squai	0.889175537							
20	标准误差	1.498680236							
21	观测值	10							
22									
23	方差分析								
24		df	SS	MS	F	ignificance F			
25	回归分析	1	164.4316604	164.4317	73.20951	2.68E-05			
26	残差	8	17.96833959	2.246042					
27	总计	9	182.4						
28									
29		Coefficients	标准误差	t Stat	P-value	Lower 95%	Upper 95%	下限 95.0%	上限 95.0%
30	Intercept	5.900093809	0.965759053	6.109281	0.000287	3.673049	8.127138	3.673049	8.127138
31	区内大学生数(万	5.070356473	0.592590592	8.556255	2.68E-05	3.70384	6.436873	3.70384	6.436873

图 10-16　区内大学生人数与快餐店销售额回归分析报告

(5) 判断回归方程的拟合优度。

上述的 4 种方法中，除了使用规划求解工具的方法没能直接得到判定系数 R^2 的值以外，其他 3 种方法都得到相应判定系数 R^2 的结果。根据判定系数 $R^2 = 0.9015$，大于 0.9，可以认为回归直线拟合得较好，回归方程真实反映了因变量和自变量之间的因果关系。

在回归分析报告中还包含一些其他统计信息，如 t 统计量与 F 统计量，如图 10-17 所示。

	A	B	C	D	E	F	G	H	I
16	回归统计								
17	Multiple R	0.949467939							
18	R Square	0.901489366							
19	Adjusted R Squai	0.889175537							
20	标准误差	1.498680236							
21	观测值	10							
22									
23	方差分析								
24		df	SS	MS	F	ignificance F			
25	回归分析	1	164.4316604	164.4317	73.20951	2.68E-05			
26	残差	8	17.96833959	2.246042					
27	总计	9	182.4						
28									
29		Coefficients	标准误差	t Stat	P-value	Lower 95%	Upper 95%	下限 95.0%	上限 95.0%
30	Intercept	5.900093809	0.965759053	6.109281	0.000287	3.673049	8.127138	3.673049	8.127138
31	区内大学生数(万	5.070356473	0.592590592	8.556255	2.68E-05	3.70384	6.436873	3.70384	6.436873

图 10-17　t 统计量与 F 统计量

T 检验用来确定因变量和每个自变量之间是否存在显著的关系。在实际应用中是通过 t 统计量的 P 值来进行判断的。自变量“大学生人数”的 t 统计量为 8.556，P 值为 2.68×10^{-5}，远远小于显著水平(显著水平=1-置信度，置信度默认值为 95%)，说明自变量与因变量是相关的。

F 检验用来确定自变量的全体与因变量之间的关系是否显著，即回归方程的解释能力如何。实际应用中也是通过 *F* 统计量的 P 值来进行判断的。*F* 统计量的值为 73.21，P 值为 2.68×10^{-5}，远远小于显著水平，说明回归方程有效。

(6) 用所得到的回归方程和给定的自变量值计算因变量的预测值，或者反过来，对于因变量的目标值，利用回归方程求自变量的值。

根据上面回归分析得到的模型参数，预测大学生人数为 1.9 万时的销售额为 15.5338 万元，如图 10-18 所示。

G10　fx　=G3+G4*G9

	A	B	C	D	E	F	G
1	表10-1区内大学生人数与餐饮店销售额表						
2	店铺编号	区内大学生数(万人)	季度销售额(万元)	销售额预测值(万元)			
3	1	0.2	5.8	6.914165104		截距*a*	5.9001
4	2	0.5	10.5	8.435272046		斜率*b*	5.0704
5	3	0.8	8.8	9.956378988		MSE	1.7968
6	4	0.8	10.8	9.956378988			
7	5	1.2	11.7	11.98452158			
8	6	1.6	13.7	14.01266417		预测	
9	7	2	16.7	16.04080676		大学生人数(万人)	1.90
10	8	2.1	16.9	16.5478424		销售额(万元)	15.5338
11	9	2.3	14.9	17.5619137			
12	10	2.7	21.2	19.59005629			

图 10-18　预测值的计算

通过例题 10-1，我们了解了 4 种进行回归方程参数求解的方法，这些方法各有优劣。利用图表分析加趋势线求解回归系数和判定系数的方法简便，多数情况下可以满足回归分析和预测的需求，但无法判断哪些变量对因变量的影响是显著的，哪些变量的影响是不显著的；使用回归函数求解需要记住大量函数；通过回归分析工具，可以生成回归分析报告，得到较为全面的回归分析结果，但回归分析工具仅能解决一元线性问题；通过规划求解工具求解回归方程的应用较广，因为它既不局限于线性问题，也不局限于一元问题，但规划求解工具除了可以直观地看到拟合结果外，无法进行深入的统计分析。

10.3　一元非线性回归分析预测

在现实的经济活动中，由于经济行为的复杂多变性，因变量与自变量间不是简单地用一条直线拟合的线性依赖关系，非线性关系才是最普遍的。如果在回归分析中只包含一个自变量和一个因变量，且两者的关系可用一条曲线近似表示，这种回归分析称为一元非线性回归分析。非线性回归分析就是用一条曲线来拟合因变量与自变量的相互关系。一元非线性回归就是将有非线性关系的两个随机变量进行适当的变换，转化成线性关系的一类回归分析。

10.3.1　一元非线性问题的线性化

我们假定非线性目标函数 $y=f(x)$，通过某种数学变换 $v=v(y)$，$u=u(x)$，使之“线性化”化为一元线性函数 $v=a+bu$ 的形式，继而利用上节描述的方法对数据进行处理分析出 v 与 u 之间的统计规律，然后再利用逆变换 $y=v^{-1}(v)$，$x=u^{-1}(u)$，还原为目标函数形式。

下面给出常用的非线性函数及其线性化的方法。

1. 幂函数模型

幂函数是形如 $Y=aX^b$ 的函数，经济学中的 Pareto 定律就是简单的幂函数。令 $v=\ln Y$，$u=\ln X$，则 $v=\ln a+bu$，即 $\ln Y$ 与 $\ln X$ 满足线性关系。

我们可以在双对数坐标下绘制 X 与 Y 的散点图，其分布表现为一条斜率为幂指数的直线，这一线性关系可以作为判断给定的实例中变量是否满足幂函数的依据。

2. 指数函数模型

指数函数是形如 $Y=ae^{bX}$ 的函数，指数函数按恒定速率翻倍，可以用来表达形象与刻画发展型的体系。令 $v=\ln Y$，$u=X$，则 $v=\ln a+bu$，即 $\ln Y$ 与 X 满足线性关系。

3. 对数函数模型

对数函数是形如 $Y=a+b\ln X$ 的函数，令 $v=Y$，$u=\ln X$，则 $v=a+bu$，即 Y 与 $\ln X$ 满足线性关系。

4. 双曲线函数

双曲线函数是形如 $\dfrac{1}{Y}=a+\dfrac{b}{X}$ 的函数，令 $v=1/Y$，$u=1/X$，则 $v=a+bu$，即 $1/Y$ 与 $1/X$ 满足线性关系。

对于其他一些非线性函数，也可以采用类似的方法进行线性转换。具体采用何种曲线，主要是根据分析者的经验或者根据散点图来建立回归模型，或者通过建立多个模型进行比较，选择最优模型。

10.3.2　一元非线性回归问题案例分析

例 10-2　某企业想了解公司某个产品产量与收益之间关系，为此收集整理了 30 组产量收益数据资料，如表 10-2 所示。请根据这些资料建立适当模型，说明产量与收益之间的关系函数，并预测当产量为 2500 时的收益是多少。

表 10-2　产量与收益数据

产量(X)	473	639	914	939	972	1024	1055	1132
收益(*Y*万元)	1.47	7.94	16.67	14.9	15.81	19.63	17.41	22.51
产量(*X*)	1467	1474	1493	1242	1568	1607	1611	1075
收益(*Y*万元)	30.35	27.46	32.26	25.26	29.42	34.03	30.17	22.53
产量(*X*)	1240	1281	1366	1403	1407	1443	1771	1837
收益(*Y*万元)	24.58	24.51	27.01	30.3	29.52	29.39	32.54	37.15
产量(*X*)	1868	1973	2066	2178	2249	2305		
收益(*Y*万元)	33.59	36.34	36.14	38.5	38.25	41.24		

操作步骤：

(1) 确定获取自变量和因变量，并在 Excel 表中输入观测值，数据表如图 10-19 所示。

表10-2 产量与收益数据

产量(X)	收益(Y万元)
473	1.47
639	7.94
914	16.67
939	14.9
972	15.81
1024	19.63
1055	17.41
1132	22.51
1467	30.35
1474	27.46
1493	32.26
1242	25.26
1568	29.42
1607	34.03
1611	30.17
1075	22.53
1240	24.58
1281	24.51
1366	27.01
1403	30.3
1407	29.52
1443	29.39
1771	32.54
1837	37.15
1868	33.59
1973	36.34
2066	36.14
2178	38.5
2249	38.25
2305	41.24

图 10-19　在 Excel 表中输入观测值

(2)绘制产量与收益观测值 X、Y 散点图，如图 10-20 所示。

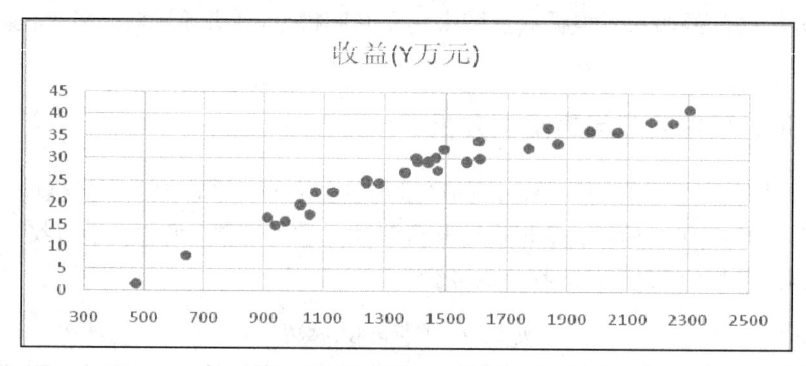

图 10-20　产量与收益散点图

(3)通过散点图可以判断产量和收益之间存在对数函数的非线性关系。假定产量和收益之间的回归方程为：

$$Y=a+b\ln X$$

使用 3 种方法求解回归模型系数，具体过程如下。

(1)使用添加趋势线的方法建立回归模型，结果如图 10-21 所示。

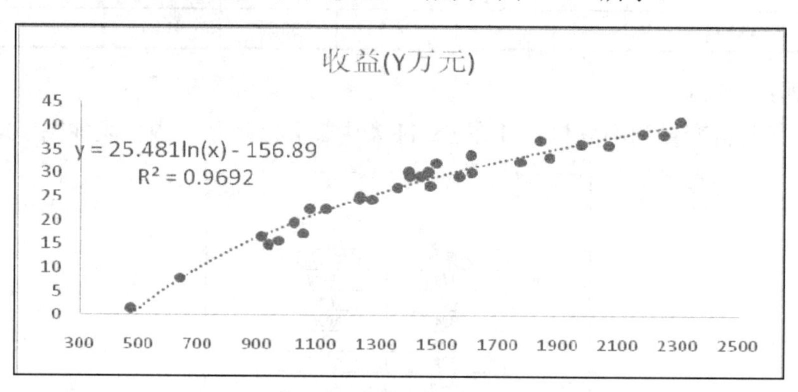

图 10-21　趋势线法建立回归模型

(2)使用回归分析报告建立回归模型。

由于回归分析工具只能用于线性规划，因而首先把函数关系转化为线性关系。在单元格 D4 中输入计算公式“=LN(B4)”，然后在单元格区域 D5:D32 中复制公式，如图 10-22 所示。

利用回归工具得到回归分析报告，结果如图 10-23 所示。

根据报告可以得到回归方程为 $y=-156.89+25.481\ln(x)$ ，$R^2=0.9692$。

(3)使用规划求解方法建立回归模型。

使用规划求解工具不需要将非线性模型线性化，直接按照拟定的回归方程 $Y=a+b\ln X$ 即可对相应产量的收益进行预测(假定 a、b 的初始值都为 1)。在单元格 D3 中输入计算公式“=$G$5+$G$6*LN(B3)”，然后在 D4:D32 单元格中复制公式。再根据均方差(MSE)为最小值的原理，利用规划求解工具完成回归方程参数的求解，结果如图 10-24 所示。

	A	B	C	D
1		表10-2　产量与收益数据		
2		产量(X)	收益(Y万元)	ln(X)
3		473	1.47	6.159095388
4		639	7.94	6.459904454
5		914	16.67	6.817830571
6		939	14.9	6.844815479
7		972	15.81	6.879355804
8		1024	19.63	6.931471806
9		1055	17.41	6.961296046
10		1132	22.51	7.031741259
11		1467	30.35	7.290974778
12		1474	27.46	7.295735073
13		1493	32.26	7.308542798
14		1242	25.26	7.124478262
15		1568	29.42	7.357556201
16		1607	34.03	7.382124366
17		1611	30.17	7.384610383
18		1075	22.53	6.980075941
19		1240	24.58	7.122866659
20		1281	24.51	7.155396302
21		1366	27.01	7.21964204
22		1403	30.3	7.24636808
23		1407	29.52	7.249215057
24		1443	29.39	7.274479559
25		1771	32.54	7.479299638
26		1837	37.15	7.515889085
27		1868	33.59	7.532623619
28		1973	36.34	7.587310506
29		2066	36.14	7.63336965
30		2178	38.5	7.686162303
31		2249	38.25	7.718240952
32		2305	41.24	7.742835955

图 10-22　非线性关系转化为线性关系

SUMMARY OUTPUT

回归统计	
Multiple R	0.984478744
R Square	0.969198397
Adjusted R Squar	0.96809834
标准误差	1.668761616
观测值	30

回归模型	Y =a +blnX
a	-156.8875006
b	25.48144717

方差分析

	df	SS	MS	F	Significance F
回归分析	1	2453.499691	2453.499691	881.04361	1.04917E-22
残差	28	77.97342927	2.784765331		
总计	29	2531.47312			

	Coefficients	标准误差	t Stat	P-value	Lower 95%	Upper 95%	下限 95.0%	上限 95.0%
Intercept	-156.8875006	6.199161694	-25.30785747	7.799E-21	-169.5859077	-144.189	-169.586	-144.189
ln(X)	25.48144717	0.858470523	29.68237872	1.049E-22	23.72295002	27.23994	23.72295	27.23994

图 10-23　产量与收益回归分析报告

	A	B	C	D
1		产量与收益数据		
2		产量(X)	收益(Y万元)	预测收益Y'
3		473	1.47	0.056163838
4		639	7.94	7.720943454
5		914	16.67	16.84109679
6		939	14.9	17.52868701
7		972	15.81	18.4087934
8		1024	19.63	19.73673763
9		1055	17.41	20.49667559
10		1132	22.51	22.29165817
11		1467	30.35	28.8970701
12		1474	27.46	29.01836502
13		1493	32.26	29.34471285
14		1242	25.26	24.65464777
15		1568	29.42	30.59360119

	F	G
3	回归模型	Y =a +blnX
4	参数	
5	a	-156.8809572
6	b	25.48054725
7	MSE	2.599114414
10	预测	
11	产量	2500
12	收益	42.48001684

图 10-24　规划求解工具求得参数 a、b 的值

在上面 3 种方法中，利用规划求解工具求解回归模型的参数的值略有差别，主要是由于采用的求解过程有所不同，但这种差异是在允许范围之内的。

(4) 判断回归方程的拟合优度。

在上述的几种方法中，判定系数 $R^2 = 0.969$，大于 0.9，可以认为回归直线拟合得较好，回归方程真实反映了因变量和自变量之间的因果关系。

(5) 预测产量为 2500 时收益的预测值。

将产量 2500 代入回归方程，得到此时的收益为 42.48 万元。

例 10-3　某公司收集了 9 个商店的销售额与流通率的相关数据，如表 10-3 所示。请根据这些资料建立适当模型，说明销售额与流通率之间的相关关系。

表 10-3　销售额与流通率数据

样本点	销售额(*X* 万元)	流通率(*Y*%)
1	1.5	7
2	4.5	4.8
3	7.5	3.6
4	10.5	3.1
5	13.5	2.7
6	16.5	2.5
7	19.5	2.4
8	22.5	2.3
9	25.5	2.2

操作步骤：

(1) 确定获取自变量和因变量，并在 Excel 表中输入观测值。

(2) 根据收集的相关数据，绘制观测值 *X*、*Y* 散点图，如图 10-25 所示。

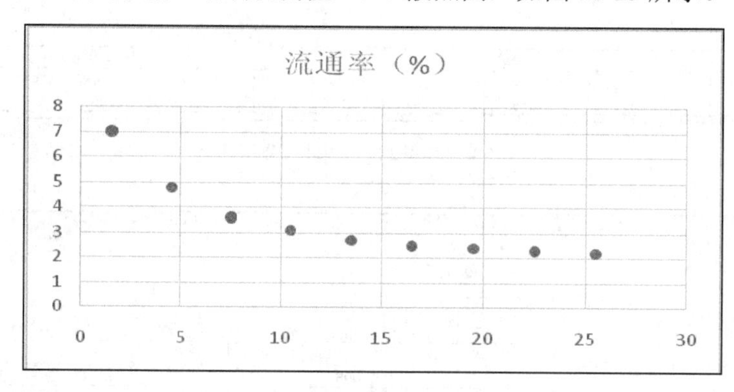

图 10-25　销售额与流通率散点图

(3) 建立回归模型，求解回归方程系数。

观察散点图可以发现存在有多种函数形式，因此尝试建立多种回归模型进行比较。这里我们只采用回归报告进行数据分析处理，建立回归方程。

①倒幂函数拟合回归报告。

倒幂函数形式的回归方程为：$y = 2.2254 + 7.6213/x$，$R^2 = 0.9357$，回归报告如图 10-26 所示。

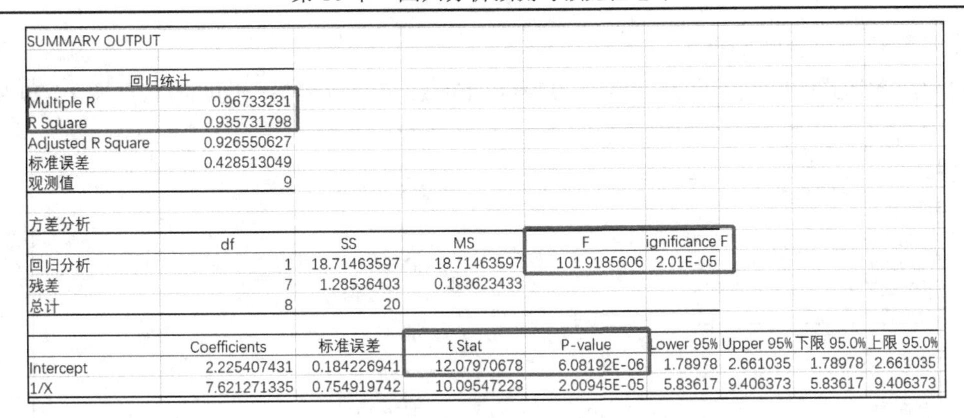

SUMMARY OUTPUT

回归统计	
Multiple R	0.96733231
R Square	0.935731798
Adjusted R Square	0.926550627
标准误差	0.428513049
观测值	9

方差分析

	df	SS	MS	F	ignificance F
回归分析	1	18.71463597	18.71463597	101.9185606	2.01E-05
残差	7	1.28536403	0.183623433		
总计	8	20			

	Coefficients	标准误差	t Stat	P-value	Lower 95%	Upper 95%	下限 95.0%	上限 95.0%
Intercept	2.225407431	0.184226941	12.07970678	6.08192E-06	1.78978	2.661035	1.78978	2.661035
1/X	7.621271335	0.754919742	10.09547228	2.00945E-05	5.83617	9.406373	5.83617	9.406373

图 10-26　销售额与流通率倒幂函数形式回归报告

②幂函数拟合回归报告。

幂函数形式的回归方程为：$y = 8.5173x^{-0.4259}$，$R^2 = 0.9928$，回归报告如图 10-27 所示。

SUMMARY OUTPUT

回归统计	
Multiple R	0.996387298
R Square	0.992787648
Adjusted R	0.991757312
标准误差	0.035337722
观测值	9

方差分析

	df	SS	MS	F	Significance F
回归分析	1	1.203246459	1.2032465	963.55718	9.299E-09
残差	7	0.008741282	0.0012488		
总计	8	1.211987741			

	Coefficients	标准误差	t Stat	P-value	Lower 95%	Upper 95%	下限 95.0%	上限 95.0%
Intercept	2.142093972	0.034118394	62.784138	6.83E-11	2.0614168	2.222771	2.061417	2.222771
lnX	-0.4258904	0.013720158	-31.04122	9.299E-09	-0.458333	-0.39345	-0.45833	-0.39345

图 10-27　销售额与流通率幂函数形式回归报告

③指数函数拟合回归报告。

指数函数形式的回归方程为：$y = 5.6852e^{-0.0437x}$，$R^2 = 0.8502$，回归报告如图 10-28 所示。

SUMMARY OUTPUT

回归统计	
Multiple R	0.922066095
R Square	0.850205884
Adjusted R	0.828806725
标准误差	0.161045083
观测值	9

方差分析

	df	SS	MS	F	ignificance F
回归分析	1	1.030439109	1.0304391	39.73081	0.000403
残差	7	0.181548632	0.0259355		
总计	8	1.211987741			

	Coefficients	标准误差	t Stat	P-value	Lower 95%	Upper 95%	下限 95.0%	上限 95.0%
Intercept	1.737860735	0.107865481	16.111371	8.63E-07	1.482799	1.992922	1.482799	1.992922
销售额（万	-0.043683184	0.006930277	-6.303238	0.000403	-0.06007	-0.0273	-0.06007	-0.0273

图 10-28　销售额与流通率指数函数形式回归报告

④对数函数拟合回归报告。

对数函数形式的回归方程为：$y = 7.3979 – 1.713\ln x$，$R^2 = 0.9733$，回归报告如图 10-29 所示。

SUMMARY OUTPUT									
回归统计									
Multiple R	0.986559936								
R Square	0.973300507								
Adjusted R	0.969486294								
标准误差	0.276196064								
观测值	9								
方差分析									
	df	SS	MS	F	ignificance F				
回归分析	1	19.46601014	19.46601	255.1773	9.15E-07				
残差	7	0.53398986	0.076284						
总计	8	20							
	Coefficients	标准误差	t Stat	P-value	Lower 95%	Upper 95%	下限 95.0%	上限 95.0%
Intercept	7.39786784	0.266665921	27.74208	2.03E-08	6.767303	8.028433	6.767303	8.028433
ln(x)	-1.713006565	0.107235366	-15.9743	9.15E-07	-1.96658	-1.45944	-1.96658	-1.45944

图 10-29　销售额与流通率对数函数形式回归报告

(4) 回归方程检验。

在以上假定拟合的 4 种曲线方程中，除了指数函数拟合性相对差些以外，其他 3 种模型都能达到拟合要求。根据判定系数 R^2的大小，我们选定幂函数形式的回归模型。

如果我们建立多项式模型，2 次模型为：$y = 0.0132x^2 – 0.5225x + 7.246$，$R^2 = 0.9537$；3 次模型为：$y = –0.0009x^3 + 0.0495x^2 – 0.9166x + 8.1647$，$R^2 = 0.9953$。这样可以得到相关性更大的模型，但模型相对复杂。

因此，在我们的经验或者某些固定数据模型不能确定的情况下，可以通过建立多种模型对数据进行处理分析，要考虑模型复杂程度和我们的实际需求，结合判定系数 R^2、T 检验和 F 检验及置信度区间等参数比较，最终确定最优的回归模型。

10.4 拓展应用

在处理回归问题时，当只有一个自变量时称为一元回归，当自变量有多个时称为多元回归。就方法的实质来说，处理多元回归的方法与处理一元回归的方法是基本相同的，只是在求解多元回归方程时，需要对自变量进行检验和筛选，去除对因变量没有影响或者影响很小的自变量，以简化回归方程。因此，多元回归分析的复杂性主要在于模型中自变量的筛选。变量筛选主要有强行进入法、向前选择法、向后剔除法、逐步回归法等。无论采用哪种方法，主要依据都是回归系数的显著性检验。本节主要讨论强行进入法，即预先选定的自变量全部进入回归模型。

10.4.1 多元线性回归问题案例分析

例 10-4　为了了解财政收入增长的因素，从国家统计局收集了获取了以下数据，如表 10-4 所示。请根据这些资料建立适当模型，说明财政收入与国民生产总值、财政支出和商品零售价格指数之间的相关关系。

表 10-4　财政收入、国民生产总值、财政支出与商品零售价格指数数据表

年份	财政收入(Y 亿元)	国民生产总值(X_1 亿元)	财政支出(X_2 亿元)	商品零售价格指数(X_3 %)
1978	519.28	3624.1	1122.09	100.7
1979	537.82	4038.2	1281.79	102
1980	571.7	4517.8	1228.83	106
1981	629.89	4862.4	1138.41	102.4
1982	700.2	5294.7	1229.98	101.9
1983	774.59	5934.5	1409.52	101.5
1984	947.35	7171	1701.02	102.8
1985	2040.79	8964.4	2004.25	108.8
1986	2090.73	10202.2	2204.91	106
1987	2140.36	11962.5	2262.18	107.3
1988	2390.47	14928.3	2491.21	118.5
1989	2727.4	16909.2	2823.78	117.8
1990	2821.86	18547.9	3083.59	102.1
1991	2990.17	21617.8	3386.62	102.9
1992	3296.91	26638.1	3742.2	105.4
1993	4255.3	34636.4	4642.3	113.2
1994	5126.88	46759.4	5792.62	121.7
1995	6038.04	58478.1	6823.72	114.8
1996	6909.82	67884.6	7937.55	106.1
1997	8234.04	74462.6	9233.56	100.8
1998	9262.8	78345.2	10798.18	97.4
1999	10682.58	82067.5	13187.67	97
2000	12581.51	89468.1	15886.5	98.5
2001	15301.38	97314.8	18902.58	99.2
2002	17636.45	104790.6	22053.15	98.7

操作步骤：

(1) 确定获取自变量和因变量，并在 Excel 表中输入观测值，如图 10-30 所示。

(2) 绘制观测值 X、Y 散点图，如图 10-31 所示。

(3) 初步判断自变量与因变量间的函数关系，写出带有未知参数的回归方程。

通过散点图可以判断财政收入与国民生产总值、财政支出、商品零售价格指数之间存在线性关系，因此假定回归方程为：$Y=a+bX_1+cX_2+dX_3$。

(4) 使用回归分析报告，确定回归方程中参数的数值，从而得到回归方程。

使用回归分析报告建立回归模型，回归报告如图 10-32 所示。根据回归报告我们可以得到回归模型为：$Y=-2583.30+0.0221X_1+0.7021X_2+23.9895X_3$。在假定其他变量不变的情况下，国内生产总值每增长 1 亿元，财政收入会增加 0.0221 亿元；财政支出每增长 1 亿元，财政收入会增加 0.7021 亿元；零售商品价格指数每上涨一个百分点，财政收入会增加 23.9895 亿元。

表10-4 财政收入、国民生产总值、财政支出与商品零售价格指数数据表

年份	财政收入 (Y 亿元)	国民生产总值 (X_1 亿元)	财政支出 (X_2 亿元)	商品零售价格指数 (X_3 %)
1978	519.28	3624.1	1122.09	100.7
1979	537.82	4038.2	1281.79	102
1980	571.7	4517.8	1228.83	106
1981	629.89	4862.4	1138.41	102.4
1982	700.2	5294.7	1229.98	101.9
1983	774.59	5934.5	1409.52	101.5
1984	947.35	7171	1701.02	102.8
1985	2040.79	8964.4	2004.25	108.8
1986	2090.73	10202.2	2204.91	106
1987	2140.36	11962.5	2262.18	107.3
1988	2390.47	14928.3	2491.21	118.5
1989	2727.4	16909.2	2823.78	117.8
1990	2821.86	18547.9	3083.59	102.1
1991	2990.17	21617.8	3386.62	102.9
1992	3296.91	26638.1	3742.2	105.4
1993	4255.3	34636.4	4642.3	113.2
1994	5126.88	46759.4	5792.62	121.7
1995	6038.04	58478.1	6823.72	114.8
1996	6909.82	67884.6	7937.55	106.1
1997	8234.04	74462.6	9233.56	100.8
1998	9262.8	78345.2	10798.18	97.4
1999	10682.58	82067.5	13187.67	97
2000	12581.51	89468.1	15886.5	98.5
2001	15301.38	97314.8	18902.58	99.2
2002	17636.45	104790.6	22053.15	98.7

图 10-30　财政收入、国民生产总值、财政支出与商品零售价格指数观测值

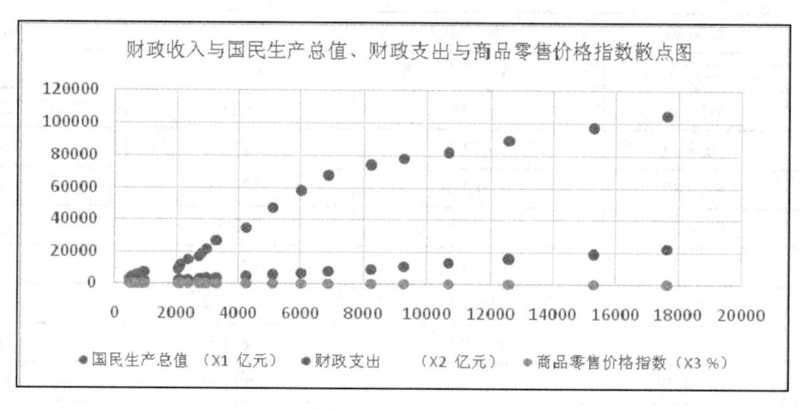

图 10-31　散点图

SUMMARY OUTPUT

回归统计	
Multiple R	0.998714131
R Square	0.997429916
Adjusted R Square	0.997062761
标准误差	263.9901209
观测值	25

方差分析

	df	SS	MS	F	ignificance F
回归分析	3	567975669	189325223	2716.646482	2.41E-27
残差	21	1463506.463	69690.78394		
总计	24	569439175.4			

	Coefficients	标准误差	t Stat	P-value	ower 95%	Upper 95%	下限 95.0%	上限 95.0%
Intercept	-2583.294593	940.7222574	-2.746075766	0.012104314	-4539.63	-626.956	-4539.63	-626.956
X Variable 1	0.022068333	0.00557791	3.956379984	0.00072106	0.010468	0.033668	0.010468	0.033668
X Variable 2	0.702103709	0.03324	21.1222534	1.25539E-15	0.632977	0.77123	0.632977	0.77123
X Variable 3	23.98948661	8.739321306	2.745005679	0.012133217	5.815073	42.1639	5.815073	42.1639

图 10-32　财政收入与国民生产总值、财政支出与商品零售价格指数回归报告

(5) 判断回归方程的拟合优度。

①判定系数 R^2。

$R^2 = 0.9537$，说明回归模型拟合得很好。

②F 检验。

给定的显著性水平 $\alpha = 0.005$，在 F 分布表中查出其临界值为 3.075，回归模型的 F=2716.646>>3.075，说明回归方程显著，国民生产总值 X_1、财政支出 X_2 和零售商品价格指数 X_3 三个变量联合起来对财政收入有显著影响。

③t 检验。

给定的显著性水平 α=0.005，在 t 分布表中查出其临界值为 2.080，回归模型中 4 个系数的 t 值分别为−2.746、3.956、21.1222 和 2.745，它们的绝对值＞2.080，说明在假定其他自变量不变的情况下，自变量国民生产总值 X_1、财政支出 X_2 和零售商品价格指数 X_3 分别对因变量财政收入 Y 有显著影响。

对于多元回归求解问题，我们也可以使用规划求解法。使用规划求解工具不需要将非线性模型线性化，直接按照拟定的回归方程 $Y = a+bX_1+cX_2+dX_3$ 对财政收入进行预测。假定 a、b、c、d 的初始值都为 1，在单元格 G3 中输入计算公式：=$J$6+$J$7*D3+$J$8*E3+$J$9*F3，然后在 G4:G27 单元格区域中复制公式，再根据均方差 (MSE) 为最小值的原理，利用规划求解工具完成回归方程参数的求解，结果如图 10-33 所示。

表10-4 财政收入、国民生产总值、财政支出与商品零售价格指数数据表

年份	财政收入 (Y 亿元)	国民生产总值 (X_1 亿元)	财政支出 (X_2 亿元)	商品零售价格指数 (X_3 %)	Y'=a+bX1+cX2+dX3
1978	519.28	3624.1	1122.09	100.7	700.2427492
1979	537.82	4038.2	1281.79	102	852.6935826
1980	571.7	4517.8	1228.83	106	922.0535027
1981	629.89	4862.4	1138.41	102.4	779.811525
1982	700.2	5294.7	1229.98	101.9	841.6484037
1983	774.59	5934.5	1409.52	101.5	972.2273374
1984	947.35	7171	1701.02	102.8	1235.364506
1985	2040.79	8964.4	2004.25	108.8	1631.77921
1986	2090.73	10202.2	2204.91	106	1732.80839
1987	2140.36	11962.5	2262.18	107.3	1843.052275
1988	2390.47	14928.3	2491.21	118.5	2337.991314
1989	2727.4	16909.2	2823.78	117.8	2598.412415
1990	2821.86	18547.9	3083.59	102.1	2440.350826
1991	2990.17	21617.8	3386.62	102.9	2740.049539
1992	3296.91	26638.1	3742.2	105.4	3160.469417
1993	4255.3	34636.4	4642.3	113.2	4156.063876
1994	5126.88	46759.4	5792.62	121.7	5435.158464
1995	6038.04	58478.1	6823.72	114.8	6252.184403
1996	6909.82	67884.6	7937.55	106.1	7033.085813
1997	8234.04	74462.6	9233.56	100.8	7961.038964
1998	9262.8	78345.2	10798.18	97.4	9063.679187
1999	10682.58	82067.5	13187.67	97	10813.89255
2000	12581.51	89468.1	15886.5	98.5	12908.05031
2001	15301.38	97314.8	18902.58	99.2	15215.60262
2002	17636.45	104790.6	22053.15	98.7	17580.60738

参数

a	-2583.322475
b	0.022068937
c	0.702100467
d	23.98972471
MSE	58540.25855

回归方程

Y=-2583.32+0.0221X1+0.7021X2+23.9897X3

图 10-33　规划求解工具求解回归方程参数

需要注意：规划求解只能根据均方误差最小求得回归方程的最优参数，但不能分析每个自变量对因变量的影响作用，即不能剔除那些没有影响或者影响很小的自变量。

10.4.2　多元非线性回归问题案例分析

多元非线性回归问题案例分析详见右侧二维码。

多元非线性回归问题举例

本 章 小 结

本章介绍了一元线性回归问题、一元非线性回归问题、多元线性回归问题和多元非线性回归问题的分析、预测方法，通过这些模型的分析和判断，预测出相对更准确的未来发展的数据值。为了使回归方程更好地符合实际需求，首先应尽可能判定自变量的种类和个数；其次在观察因变量变化规律的基础上判定回归方程可能的函数模型；最后运用统计方法，利用数学工具和相关软件来求解回归方程参数，并对计算结果进行检验和优化。

预见性思维是根据已发生的事情探寻事物发展的规律，并对事物未来的发展趋势作出预测。本章的学习旨在培养预见性思维的意识和应用预见性思维的能力，使决策者能够对现状和未来进行科学的分析和正确的预测。

思考与练习

一、选择题

1．下列说法中正确的是________。

①函数关系是一种确定性关系

②相关关系是一种非确定性关系

③回归分析是对具有函数关系的两个变量进行统计分析的一种方法

④回归分析是对具有相关关系的两个变量进行统计分析的一种常用方法

A．①②　　B．①②③　　C．①②④　　D．①②③④

2．当自变量的数值确定后，因变量的数值也会随之完全确定，这种关系属于________。

A．相关关系　　B．函数关系　　C．回归关系　　D．随机关系

3．能够测定变量之间相关关系密切程度的主要方法是________。

A．相关表　　B．相关图　　C．相关系数　　D．定性分析

4．下列说法错误的是________。

A．当变量之间的相关关系不是线性相关关系时，也能直接用线性回归方程描述它们之间的相关关系

B．把非线性回归化为线性为我们解决问题提供了一种方法

C．当变量之间的相关关系不是线性相关关系时，也能描述变量之间的相关关系

D．当变量之间的相关关系不是线性相关关系时，可以通过适当的变换使其转化为线性回归关系，将问题化为线性回归分析问题来解决

5．下列哪两个变量之间的相关程度高________。

A．商品销售额和商品销售量的相关系数是 0.95

B．商品销售额和商业利润率的相关系数是 0.74

C．平均流通费用率和商业利润率的相关系数是–0.98

D．商品销售价格和商品销售量的相关系数是–0.91

6．某商品销售量 y(件)与销售价格 x(元/件)负相关，则回归方程可能是________。

A．$y = 100-10x$　　B．$y = 100+10x$　　C．$y = -100-10x$　D．$y = -100+10x$

7．对于指数曲线 $y=ae^{bx}$，令 $u=\ln y$，$c=\ln a$，经过非线性化回归分析之后，可以转化成的形式为________。

A．$u = c+bx$　　B．$u = b+cx$　　C．$y = b+cx$　　D．$y = c+bx$

二、填空题

1. 在比较两个模型的拟合效果时，甲、乙两个模型的相关指数 R^2 的值分别为 0.96 和 0.85，则拟合效果好的模型是________。

2．若线性回归方程中的回归系数 $b = 0$，则相关系数 $r =$ ________。

3．若施化肥量 x(kg) 与农作物产量 y(kg) 之间的线性回归方程为 $y = 250+4x$，当施化肥量 100kg 时，预计农作物产量=________kg。

三、判断题

1．根据建立的直线回归方程，不能判断出两个变量之间相关的密切程度。　（　）

2．完全相关即是函数关系，其相关系数为±1。　（　）

3．相关系数为 0 表明两个变量之间不存在任何关系。　（　）

4．回归系数和相关系数都可以用来判断现象之间相关的密切程度。　（　）

5．利用规划求解法求解最优解时，只要一次规划就能得到最优解。　（　）

四、思考题

1．什么是相关关系？它与函数关系的区别与联系是什么？

2．相关系数 r 和回归系数 b 有何关系？

第 11 章　综 合 案 例

本章通过一系列的经济数据，利用 Excel 中的公式、图表、规划求解、回归预测等工具，对中外经济发展情况和国内金融投资进行分析和对比。通过本章的学习，将进一步提升包括分析、算法、建模在内的计算思维能力。

11.1　主要国家 GDP 对比

国内生产总值(GDP)是指按市场价格计算的一个国家(或地区)所有常驻单位在一定时期内生产活动的最终成果，经常被用作衡量一个国家(或地区)经济状况的重要指标，它反映了一国(或地区)的经济实力和市场规模。

在“综合案例素材.xlsx”文件中的“GDP”工作表中，列出了世界主要国家近 40 年以美元计价的 GDP 数据(数据来源：世界银行)，A 列是年份，B 列是中国 GDP 总额，C 列是中国 GDP 占世界 GDP 比重，D 列和 E 列分别为日本 GDP 总额及占世界比重，以此类推，如图 11-1 所示。俄罗斯的数据从 1988 年开始。

	A	B	C	D	E	F	G	H	I	J	K	L	M	N	O	P	Q	R	S	T	U	V
1	主要国家GDP(千亿美元)及占比	中国	中国	日本	日本	韩国	韩国	英国	英国	德国	德国	法国	法国	意大利	意大利	西班牙	西班牙	俄罗斯	俄罗斯	美国	美国	加拿大
2	1980	1.9	1.70%	11.1	9.85%	0.7	0.58%	5.6	5.03%	9.5	8.46%	7.0	6.25%	4.8	4.25%	2.3	2.07%			28.6	25.45%	2
3	1981	2.0	1.69%	12.2	10.49%	0.7	0.63%	5.4	4.65%	8.0	6.89%	6.2	5.30%	4.3	3.71%	2.0	1.74%			32.1	27.59%	3
4	1982	2.1	1.78%	11.3	9.85%	0.8	0.68%	5.2	4.47%	7.8	6.74%	5.8	5.08%	4.3	3.71%	2.0	1.70%			33.4	29.04%	3
5	1983	2.3	1.96%	12.4	10.58%	0.9	0.75%	4.9	4.17%	7.7	6.56%	5.6	4.77%	4.4	3.77%	1.7	1.46%			36.3	30.94%	3
6	1984	2.6	2.13%	13.2	10.82%	1.0	0.80%	4.6	3.79%	7.3	5.95%	5.3	4.36%	4.4	3.60%	1.7	1.41%			40.4	33.15%	3
7	1985	3.1	2.42%	14.0	10.93%	1.0	0.79%	4.9	3.82%	7.3	5.73%	5.5	4.32%	4.5	3.53%	1.8	1.41%			43.4	33.92%	3
8	1986	3.0	1.99%	20.8	13.75%	1.2	0.77%	6.0	3.98%	10.5	6.92%	7.7	5.10%	6.4	4.24%	2.5	1.66%			45.8	30.29%	3
9	1987	2.7	1.59%	25.3	14.72%	1.5	0.86%	7.5	4.33%	13.0	7.55%	9.3	5.43%	8.1	4.68%	3.2	1.85%			48.6	28.23%	4
10	1988	3.1	1.62%	30.7	15.96%	2.0	1.04%	9.1	4.73%	14.0	7.28%	10.2	5.29%	8.9	4.63%	3.8	1.95%	5.5	2.88%	52.4	27.21%	5
11	1989	3.5	1.73%	30.5	15.21%	2.5	1.23%	9.3	4.61%	14.0	6.96%	10.3	5.10%	9.3	4.62%	4.1	2.06%	5.1	2.52%	56.4	28.08%	5
12	1990	3.6	1.59%	31.3	13.85%	2.8	1.25%	10.9	4.83%	17.7	7.83%	12.7	5.61%	11.8	5.22%	5.4	2.37%	5.2	2.28%	59.6	26.35%	5
13	1991	3.8	1.60%	35.8	14.96%	3.3	1.38%	11.4	4.77%	18.7	7.80%	12.7	5.30%	12.5	5.20%	5.8	2.41%	5.2	2.16%	61.6	25.69%	6
14	1992	4.3	1.68%	39.1	15.36%	3.6	1.40%	11.8	4.63%	21.3	8.37%	14.0	5.51%	13.2	5.19%	6.3	2.48%	4.6	1.81%	65.2	25.62%	5
15	1993	4.4	1.72%	44.5	17.23%	3.9	1.52%	10.6	4.10%	20.7	8.01%	13.2	5.12%	10.6	4.12%	5.3	2.03%	4.4	1.68%	68.6	26.52%	5
16	1994	5.6	2.03%	49.1	17.67%	4.6	1.67%	11.4	4.11%	22.1	7.94%	13.9	5.02%	11.0	3.96%	5.3	1.91%	4.0	1.42%	72.9	26.24%	5
17	1995	7.3	2.38%	54.5	17.64%	5.7	1.83%	13.4	4.34%	25.9	8.37%	16.0	5.18%	11.7	3.80%	6.1	1.99%	4.0	1.28%	76.4	24.73%	6
18	1996	8.6	2.74%	48.3	15.31%	6.1	1.93%	14.2	4.48%	25.0	7.91%	16.1	5.09%	13.1	4.16%	6.4	2.04%	3.9	1.24%	80.7	25.57%	6
19	1997	9.6	3.06%	44.1	14.03%	5.7	1.81%	15.6	4.96%	22.1	7.03%	14.5	4.62%	12.4	3.95%	5.9	1.88%	4.0	1.29%	85.8	27.27%	6
20	1998	10.3	3.28%	40.3	12.84%	3.8	1.22%	16.5	5.26%	22.4	7.13%	15.0	4.79%	12.7	4.05%	6.2	1.97%	2.7	0.86%	90.6	28.87%	6
21	1999	10.9	3.36%	45.6	14.01%	5.0	1.53%	16.8	5.17%	21.9	6.74%	14.9	4.58%	12.5	3.84%	6.3	1.95%	2.0	0.60%	96.3	29.58%	6
22	2000	12.1	3.60%	48.9	14.54%	5.8	1.71%	16.6	4.93%	19.4	5.78%	13.6	4.05%	11.4	3.40%	6.0	1.78%	2.6	0.77%	102.5	30.49%	7
23	2001	13.4	4.01%	43.0	12.87%	5.5	1.64%	16.4	4.91%	19.4	5.82%	13.8	4.12%	11.7	3.49%	6.3	1.88%	3.1	0.92%	105.8	31.65%	7
24	2002	14.7	4.24%	41.2	11.85%	6.3	1.81%	17.8	5.14%	20.7	5.96%	14.9	4.30%	12.7	3.66%	7.1	2.03%	3.5	1.00%	109.4	31.51%	7
25	2003	16.6	4.26%	44.5	11.41%	7.0	1.80%	20.5	5.27%	25.0	6.41%	18.4	4.73%	15.7	4.04%	9.1	2.32%	4.3	1.10%	114.6	29.42%	8
26	2004	19.6	4.46%	48.2	10.97%	7.9	1.81%	24.2	5.51%	28.1	6.40%	21.2	4.82%	18.0	4.11%	10.7	2.43%	5.9	1.35%	122.1	27.84%	10
27	2005	22.9	4.81%	47.6	10.01%	9.3	1.97%	25.4	5.34%	28.5	5.99%	22.0	4.62%	18.6	3.91%	11.5	2.43%	7.6	1.61%	130.4	27.43%	11
28	2006	27.5	5.34%	45.3	8.79%	10.5	2.04%	27.1	5.27%	29.9	5.81%	23.2	4.50%	19.5	3.78%	12.6	2.44%	9.9	1.92%	138.1	26.82%	13
29	2007	35.5	6.12%	45.2	7.78%	11.7	2.02%	31.0	5.34%	34.2	5.89%	26.6	4.58%	22.1	3.81%	14.7	2.54%	13.0	2.24%	144.5	24.90%	14
30	2008	45.9	7.21%	50.4	7.91%	10.5	1.64%	29.2	4.59%	37.3	5.86%	29.2	4.58%	24.0	3.77%	16.3	2.55%	16.6	2.61%	147.1	23.10%	15
31	2009	51.0	8.45%	52.3	8.66%	9.4	1.56%	24.1	3.99%	34.0	5.62%	26.9	4.45%	21.9	3.63%	14.9	2.46%	12.2	2.02%	144.5	23.92%	13
32	2010	60.9	9.21%	57.0	8.62%	11.4	1.73%	24.8	3.74%	34.0	5.14%	26.4	4.00%	21.3	3.23%	14.2	2.15%	15.2	2.31%	149.9	22.67%	16

图 11-1　世界主要国家 GDP

本例将比较各国的 GDP 增长率情况。在上面的数据中，并没有增长率的数据，所以要对数据进行简单处理。在“对比”工作表中，把占比这列数据修改成同比增长率。GDP 增长率的公式为(GDP1-GDP0)/GDP0，其中 GDP0 为上一年的 GDP 总额，GDP1 为本年的 GDP 总额。本例中的数据处理步骤为：C2 数据清空(第 1 年无法计算出增长率)，C3=(B3-B2)/B2；C4=(B4-B3)/B3；以此类推，用填充柄进行公式复制完成 C 列数据修改。其他国家数据采用相同的操作处理。可挑选感兴趣的国家数据进行对比。

如图 11-2 所示是选取了中国、日本、德国及美国的数据进行对比所做的图示，左轴表示 GDP 总量(单位：千亿美元)，设置为主坐标轴，右轴是同比增长率，设置为次坐标轴。图表类型选择折线图，数据系列格式进行一些简单设置，同一国家线条颜色相同，GDP 总量用 2 磅实线，同比增长率用 1 磅虚线。从图上可以看到，中国 GDP 总量在 2000 年以前是远低于日本和德国的，更不要说美国。2007 年中国 GDP 超过德国，同时也进入一个明显加速的阶段；2010 年中国 GDP 总量超过日本。截止到 2019 年的数据，中国 GDP 总量达到德国的 3.71 倍、日本的 2.82 倍。德国的 GDP 在 2008 年以后几乎就没有增长(2008 年为 37.3，2019 年为 38.6)，日本的 GDP 数据更加夸张，1994 年的 GDP 是 49.1，而 2019 年为 50.8(中间有起伏，最高到过 60，最低到过 40)。只有美国的 GDP 一直是稳步增长，美国从 2000 年的 10.2 万亿美元增长到 2019 年的 21.43 万亿美元。造成日本、德国数据看起来异常的原因也有汇率波动因素，看右轴增长率数据就可以发现，1986 年日本和德国的名义 GDP 都有巨幅增长(超过 40%)，1987 年同比增长超过 20%，这是因为他们的货币对美元有巨幅升值。中国的增长率虽然波动很大，但除个别年份(1986 年和 1987 年)外，一直维持着比较高的增长率，以人民币计价的 GDP 一直维持 10%左右的增长。

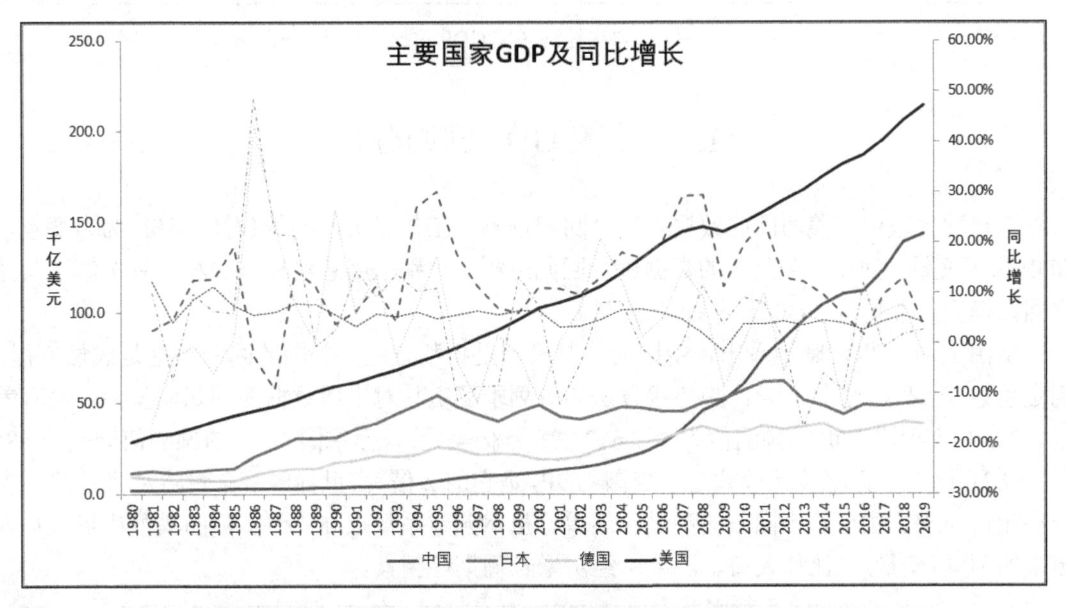

图 11-2 主要国家 GDP 及增长对比

最后对比一下所谓三大经济区域，即东亚区(包括中国、日本、韩国)、北美区(美国、加拿大)、欧洲区的经济总量。

在“三大经济区域”工作表中，在 Q2 单元格中输入公式“=B2+C2+D2”(中国+日本+韩国)，R2 单元格中输入公式“=E2+F2+G2+H2+I2”(英国+德国+法国+意大利+西班牙)，S2 单元格中输入公式“=K2+L2”(美国+加拿大)。T2 单元格为这三大区域的总和，公式为“=SUM(Q2:S2)”。U2、V2 和 W2 单元格分别为这 3 个区域所占的百分比，公式分别为“=Q2/T2”“=R2/T2”“=S2/T2”。

对公式进行填充并绘制折线图，如图 11-3 所示。从图中可以看出，东亚区从 1980 年占比不到 20%增长到 2019 年 37%，而欧洲区(数据不全，只统计了 5 个主要国家)从 1980 年的占约 40%降低到 2019 年的 22%，北美区从一度超过 50%慢慢也降低到 40%。

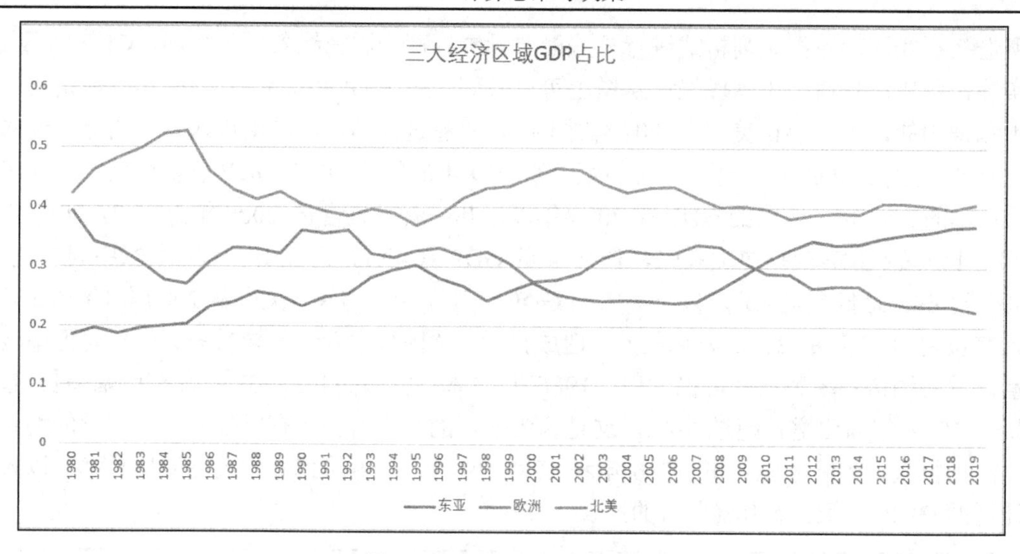

图 11-3　经济区域 GDP 占比

11.2　中美 GDP 回归分析

再单独比较中、美两国的数据。在“回归预测”工作表中，编号(对应年份)为自变量，GDP 为因变量，对中、美两国的数据进行回归分析，分别采用趋势线方法和规划求解工具建立回归模型，并预测 2030 年的 GDP 总量。

从图 11-4 可以清晰地看出，中国的回归模型是指数方程，美国的回归模型是线性方程，判定系数 R^2 都超过了 0.98。趋势线方法和规划求解工具对中国数据的回归模型参数略有差别。2030 年美国 GDP 的预测值为 247.6(24.76 万亿美元)，而中国 GDP 的预测值分别为 586 和 569.2(即约 57 万亿美元)，超过了美国 GDP，是它的 2 倍，占世界经济总量将从目前的 16%一举超过 50%。由于这个回归模型过于简单，虽然判定系数很高，但实际的模型中还应加入更多的因素(变量)，比如人口、汇率、经济增长周期等因素。

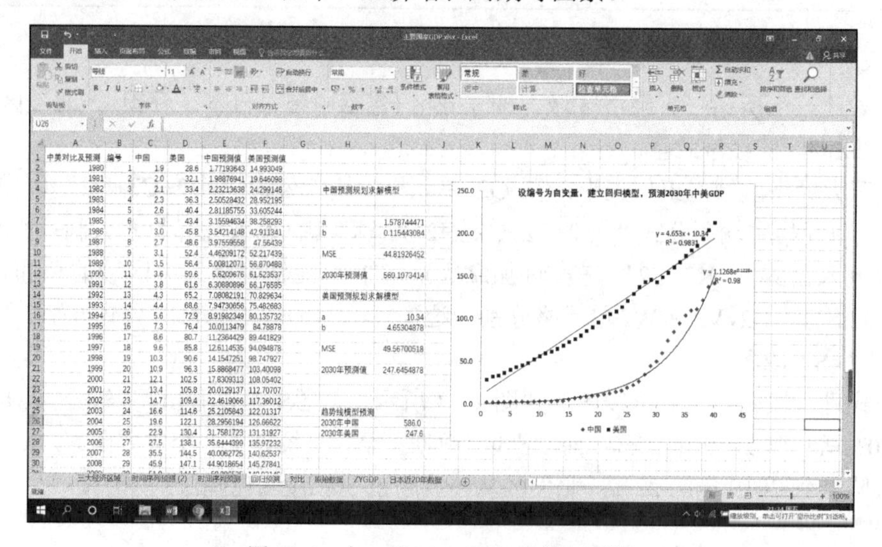

图 11-4　中、美 GDP 回归分析与预测

显然 GDP 数据是标准的时间序列，能不能用前面介绍的移动平均模型或指数平滑模型进行预测呢？答案是否定的，因为大部分国家的 GDP 数据是有明显趋势的，所以进行数据分析应该先确定趋势，再用移动平均模型和指数平滑模型进行数据分析，分析结果应该叠加上趋势。

如果我们直接采用移动平均和指数平滑模型分别对中、美两国的 GDP 数据进行分析，结果是不合理的。在“移动平均”工作表中，构建如图 11-5 所示的模拟运算表，跨度从 2 变到 35，求其 MSE，查表得到的最优跨度(MSE 最小值对应的跨度)都是 2，这是因为最近两年的值最大，2020 年中国的预测值为 141.2，美国的预测值为 210.1，中、美两国的预测值都低于其 2019 年的值，显然这是方法出现了问题(没有叠加趋势)。感兴趣的读者可以用规划求解工具去测试，结果应该是一样的。

	A	B	C	D	E	F	G	H	I	J	K	L	M	N	O
1	中美对比及预测	中国	美国	中国预测值	美国预测值										
2	1980	1.9	28.6							中国预测模型			美国预测模型		
3	1981	2.0	32.1				最优移动平均跨度	2		MSE最小值	70.18623		MSE最小值	61.19987	
4	1982	2.1	33.4	1.9345	30.35		中国均方误差极小值	70.18623		最优跨度	2		最优跨度	2	
5	1983	2.3	36.3	2.004	32.75		美国均方误差极小值	61.19987		2020预测值	141.2		2020预测值	210.1	
6	1984	2.6	40.4	2.178	34.85										
7	1985	3.1	43.4	2.4525	38.35										
8	1986	3.0	45.8	2.8465	41.9					移动平均跨度	MSE		移动平均跨度	MSE	
9	1987	2.7	48.6	3.0505	44.6						70.18623			61.19987	
10	1988	3.1	52.4	2.868	47.2					2	70.18623		2	61.19987	
11	1989	3.5	56.4	2.926	50.5					3	119.3093		3	105.548	
12	1990	3.6	59.6	3.3	54.4					4	180.7282		4	160.7519	
13	1991	3.8	61.6	3.5425	58					5	256.3035		5	226.9704	
14	1992	4.3	65.2	3.7205	60.6					6	346.0653		6	304.702	
15	1993	4.4	68.6	4.051	63.4					7	449.756		7	394.4618	
16	1994	5.6	72.9	4.358	66.9					8	566.9274		8	496.7226	
17	1995	7.3	76.4	5.045	70.75					9	696.3131		9	610.7217	
18	1996	8.6	80.7	6.494	74.65					10	835.4262		10	736.0691	
19	1997	9.6	85.8	7.991	78.55					11	983.5795		11	873.8608	
20	1998	10.3	90.6	9.1265	83.25					12	1141.195		12	1028.629	
21	1999	10.9	96.3	9.958	88.2					13	1306.795		13	1199.747	
22	2000	12.1	102.5	10.6	93.45					14	1479.683		14	1388.059	
23	2001	13.4	105.8	11.5	99.4					15	1660.099		15	1592.018	
24	2002	14.7	109.4	12.75	104.15					16	1848.667		16	1813.157	
25	2003	16.6	114.6	14.05	107.6					17	2046.499		17	2049.717	
26	2004	19.6	122.1	15.65	112					18	2255.342		18	2299.813	
27	2005	22.9	130.4	18.1	118.35					19	2477.427		19	2565.06	
28	2006	27.5	138.1	21.25	126.25					20	2715.194		20	2842.828	
29	2007	35.5	144.5	25.2	134.25					21	2971.017		21	3129.749	
30	2008	45.9	147.1	31.5	141.3					22	3248.319		22	3439.521	
31	2009	51.0	144.5	40.7	145.8					23	3551.352		23	3773.02	
32	2010	60.9	149.9	48.45	145.8					24	3884.437		24	4122.808	

图 11-5　查表法求最优跨度

如图 11-6 所示，采用指数平滑模型，用规划求解工具求得的平滑系数都是 1，也就是不用任何的历史数据，2020 年的预测值就是 2019 年的实际值。

日本最近 20 多年的 GDP 没有明显趋势，选取 1999～2019 年的数据，分别用移动平均和指数平滑模型进行预测，结果如图 11-7 所示。

两种模型都采用规划求解工具求解。C 列为移动平均模型的预测值，C2 的公式为“IF(ROW()<$G$4+2,"",AVERAGE(OFFSET(C2,-$G$4,-1,$G$4,1)))”；然后复制公式得到 C 列的值。G5 单元格是移动平均模型的 MSE ，其公式为“=SUMXMY2(B2:B22,C2:C22)/COUNT(C2:C22)”。

D 列为指数平滑模型的预测值，D2=B2；D3=B2*$G$10+D2*(1-$G$10)，然后复制公式得到 D 列的值。G11 单元格是指数平滑模型的 MSE。

分别用规划求解工具求得最优跨度为 17 和最优平滑常数为 1。

感兴趣的读者可以再用其他欧洲国家的数据进行预测。

	A	B	C	D	E	F	G	H	I	J	K	L	M	N
1	中美对比及预测	中国	美国	中国预测值	美国预测值									
2	1980	1.9	28.6	1.9	28.6					中国预测模型			美国预测模型	
3	1981	2.0	32.1	1.911	28.6		平滑常数	1		MSE最小值	31.94337		MSE最小值	27.61675
4	1982	2.1	33.4	1.958	32.1		中国均方误差	31.94337		最优平滑常数	1		最优平滑常数	1
5	1983	2.3	36.3	2.05	33.4		美国均方误差	27.61675		2020预测值	143.4		2020预测值	214.3
6	1984	2.6	40.4	2.306	36.3									
7	1985	3.1	43.4	2.599	40.4									
8	1986	3.0	45.8	3.094	43.4									
9	1987	2.7	48.6	3.007	45.8									
10	1988	3.1	52.4	2.729	48.6									
11	1989	3.5	56.4	3.123	52.4									
12	1990	3.6	59.6	3.477	56.4									
13	1991	3.8	61.6	3.608	59.6									
14	1992	4.3	65.2	3.833	61.6									
15	1993	4.4	68.6	4.269	65.2									
16	1994	5.6	72.9	4.447	68.6									
17	1995	7.3	76.4	5.643	72.9									
18	1996	8.6	80.7	7.345	76.4									

图 11-6　规划求解工具求最优平滑常数

	A	B	C	D	E	F	G
1	年份	GDP	移动平均预测	指数平滑平滑预测			
2	1999	45.6		45.6		移动平均模型	
3	2000	48.9		45.6		最优跨度	17
4	2001	43.0		48.9		MSE	0.383832
5	2002	41.2		43		2020预测值	50.37059
6	2003	44.5		41.2			
7	2004	48.2		44.5			
8	2005	47.6		48.2		指数平滑模型	
9	2006	45.3		47.6		平滑常数	1
10	2007	45.2		45.3		MSE	15.37333
11	2008	50.4		45.2		2020预测值	50.8
12	2009	52.3		50.4			
13	2010	57.0		52.3			
14	2011	61.6		57			
15	2012	62.0		61.6			
16	2013	51.6		62			
17	2014	48.5		51.6			
18	2015	43.9		48.5			
19	2016	49.2	49.22352941	43.9			
20	2017	48.7	49.43529412	49.2			
21	2018	49.5	49.42352941	48.7			
22	2019	50.8	49.80588235	49.5			
23			50.37058824	50.8			

图 11-7　日本 GDP 时间序列分析

11.3　中国财经数据回归分析

财政收入是衡量一国政府财力的重要指标，我国财经支出主要分为：经济建设支出、社会文教支出、行政管理支出，以及其他支出，包括国防、债务、政策性补贴等。所以整个国家经济建设、基础设施、科学研究、公共卫生、国防安全等都在很大程度上取决于国家财政收入。

住户存款是指银行业金融机构通过信用方式吸收的居民储蓄存款及通过其他方式吸收的由住户部门支配的存款。以前称为城乡居民存款，能很大程度反映全体国民的收入及其结余情况，是全体国民财富的重要组成部分。

在“我国 GDP 与财政收入” 工作表中显示的是基于我国 2008 年至 2020 年 GDP、财政收入、住户存款的回归分析结果(数据来源：国家统计局)，如图 11-8 所示。用年份做自变量，

GDP、住户存款、财政收入做因变量，先作散点图，X 轴数据直接用年份，Y 轴数据分别选择 C 列(GDP)、D 列(财政收入)、E 列(住户存款)，因为财政收入数据较小，把它设为次坐标轴。分别用添加趋势线方法求回归模型(勾选显示公式、显示 R^2)。从图中可以清楚地看出 GDP 和住户存款都跟年份高度正相关，判定系数都超过 0.99，而与财政收入的相关性也很强，判定系数为 0.97。

随着我国经济的高速增长，人们的生活水平也在飞速变化，感兴趣的读者可以在国家统计局网站找到人均收入、人均居住面积、人均消费的肉、蛋、奶等数据进行分析。

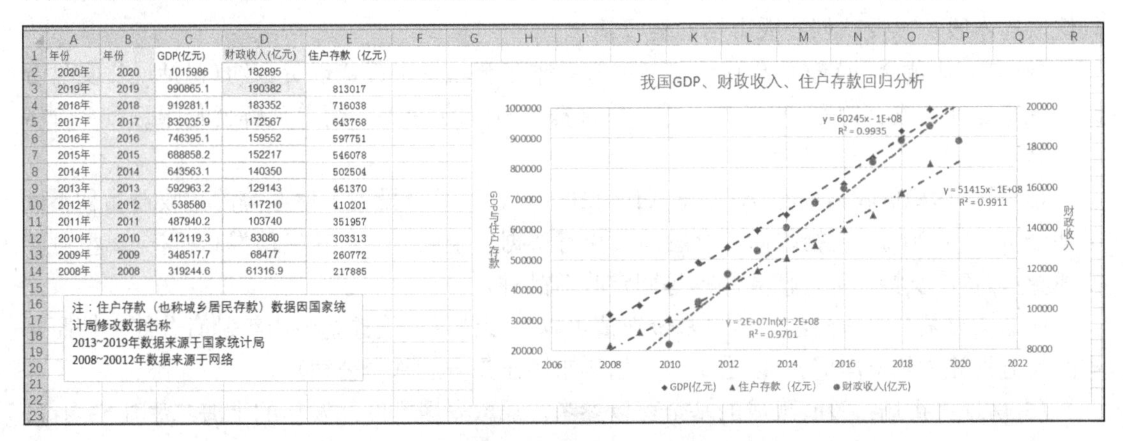

年份	年份	GDP(亿元)	财政收入(亿元)	住户存款（亿元）
2020年	2020	1015986	182895	
2019年	2019	990865.1	190382	813017
2018年	2018	919281.1	183352	716038
2017年	2017	832035.9	172567	643768
2016年	2016	746395.1	159552	597751
2015年	2015	688858.2	152217	546078
2014年	2014	643563.1	140350	502504
2013年	2013	592963.2	129143	461370
2012年	2012	538580	117210	410201
2011年	2011	487940.2	103740	351957
2010年	2010	412119.3	83080	303313
2009年	2009	348517.7	68477	260772
2008年	2008	319244.6	61316.9	217885

注：住户存款（也称城乡居民存款）数据因国家统计局修改数据名称
2013~2019年数据来源于国家统计局
2008~20012年数据来源于网络

图 11-8　我国 GDP、财政收入、住户存款回归分析

随着居民收入的快速增长，大部分收入结余变成了住户存款(2019 年的数据约为 81.3 万亿元)。但是银行存款收益率很低，有没有更好的投资渠道呢？

11.4　国内投资分析

除兴办企业投资实业以外，目前国内的投资渠道主要有：资本市场，包括股票、基金、债券等；商品市场，包括黄金，原油、农产品期货、工业基础产品期货等；商品住宅市场(最近国家政策强调“房住不炒”，不能算投资渠道了)。商品期货市场风险巨大，缺乏专业知识的个人投资者极少参与，资本市场高风险、高回报，是投资的主要渠道。截至 2020 年 7 月，中国投资股市的股民数据为 1.7 亿户，占总人口的 12%。

投资基金是通过公开发售基金份额募集资本，然后投资于证券的机构。目前市场上的投资基金数量超过 6000 只，其主要投资标的包括中国股市、中国债市、黄金、原油、海外股市等，是参与中国资本市场、分享中国经济成长的有效工具。

通过回溯过去 10 来年这些投资品的表现，可以观察到这些投资品是否跟随中国经济成长，是否能给投资者带来回报。注意，回溯的历史收益数据不能当作投资的依据。

选取投资中国资本市场的几只代表性指数基金为例进行分析。指数基金就是以特定指数(如沪深 300 指数、标普 500 指数、纳斯达克 100 指数、日经 225 指数等)为标的指数，并以该指数的成份股为投资对象，通过购买该指数的全部或部分成份股构建投资组合，以追踪标的指数表现的基金产品。

(1) 易方达沪深 300ETF 发起式联结 A(基金代码 110020)：其投资标的为沪深 300 指数

成份股及备选成份股的资产不低于股票资产的 90%；现金或者到期日在一年以内的政府债券不低于基金资产净值的 5%。沪深 300 指数反映的是我国上海和深圳两个交易所流动性强和规模大的代表性股票的股价的综合变动，可以给投资者提供权威的投资方向。

(2) 易方达上证中盘 ETF(基金代码 510130)：上证中盘指数是上证 180 指数的衍生指数，由上证 180 指数样本中非上证 50 的 130 家公司组成。上证 180 指数的样本数量 180 家，入选的个股均是一些规模大、流动性好、行业代表性强的股票。

(3) 易方达创业板 ETF 联结 A(基金代码 110026)：创业板指数从创业板股票中选取 100 只组成样本股，以反映创业板市场的运行情况。

(4) 易方达黄金 ETF(基金代码 159934)：本基金投资于黄金现货合约(包括现货实盘合约、现货延期交收合约等)的资产不低于基金资产净值的 95%。简单理解就是跟踪黄金价格的工具。

(5) 易方达稳健收益债券 A(基金代码 110007)：本基金投资于债券等固定收益品种不低于基金资产的 80%，包括国债、金融债、央行票据、企业债、可转换债券(含可分离型可转换债券)、资产支持证券、债券回购等固定收益品种。

前面 4 只基金没有分红，所以基金净值可以直接使用。债券基金历年都有分红，按照每年的收益折算成基金净值。(以上基金数据均来源于易方达基金公司)

(6) 房地产市场：没有现成的基金可以参考，选取安居客网站发布的上海二手住宅均价。

以上几种资产以年计价的情况如图 11-9 所示。

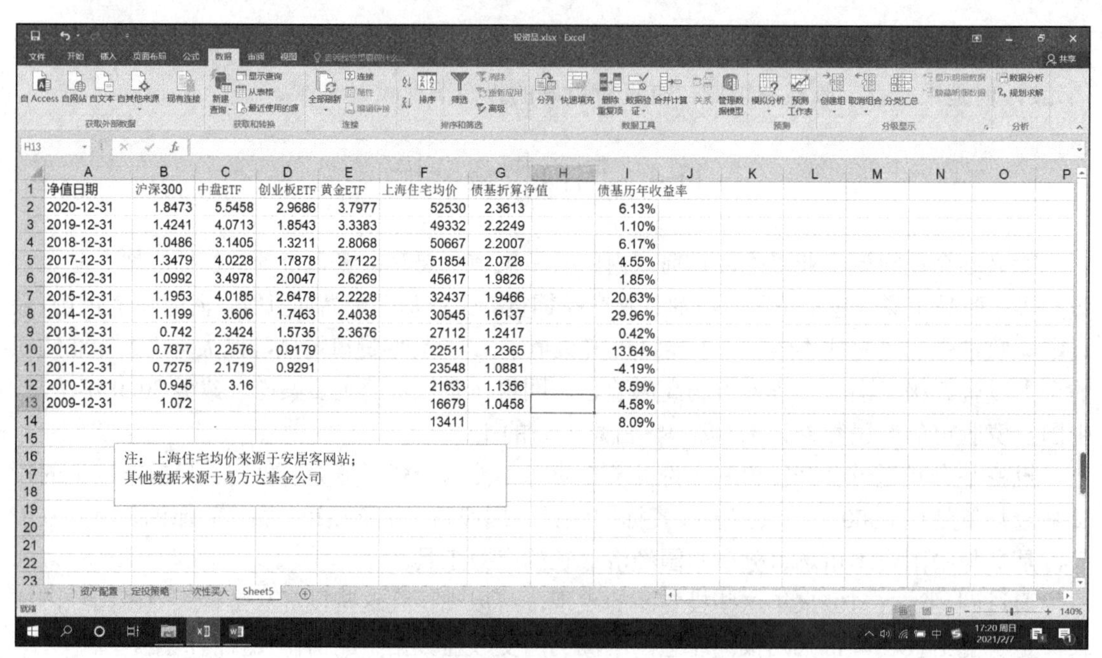

净值日期	沪深300	中盘ETF	创业板ETF	黄金ETF	上海住宅均价	债基折算净值		债基历年收益率
2020-12-31	1.8473	5.5458	2.9686	3.7977	52530	2.3613		6.13%
2019-12-31	1.4241	4.0713	1.8543	3.3383	49332	2.2249		1.10%
2018-12-31	1.0486	3.1405	1.3211	2.8068	50667	2.2007		6.17%
2017-12-31	1.3479	4.0228	1.7878	2.7122	51854	2.0728		4.55%
2016-12-31	1.0992	3.4978	2.0047	2.6269	45617	1.9826		1.85%
2015-12-31	1.1953	4.0185	2.6478	2.2228	32437	1.9466		20.63%
2014-12-31	1.1199	3.606	1.7463	2.4038	30545	1.6137		29.96%
2013-12-31	0.742	2.3424	1.5735	2.3676	27112	1.2417		0.42%
2012-12-31	0.7877	2.2576	0.9179		22511	1.2365		13.64%
2011-12-31	0.7275	2.1719	0.9291		23548	1.0881		-4.19%
2010-12-31	0.945	3.16			21633	1.1356		8.59%
2009-12-31	1.072				16679	1.0458		4.58%
					13411			8.09%

图 11-9　最近 10 年我国部分资产价格

11.4.1　单一资产投资

押注式买入一种资产，买入策略可分为一次性买入和简单定投两种，分别进行分析。

1. 一次性买入策略

在“一次性买入”工作表中，设2011年12月31日和2015年12月31日两个不同买入时间点，都于2020年12月31日卖出。贴现率假定为6%。

(1) 2015年12月31日买入100万元的情况。

在I5单元格填入–100，I10单元格中输入公式“=100/B7*B2”，I11单元格中输入公式“=NPV(0.06,I5:I10)”求净现值，I12单元格中输入公式“=IRR(I5:I11)”求出内部报酬率，用填充柄完成J列、K列、L列、M列、N列的计算。可以看到在过去的5年，买入黄金的投资回报最好(投资额的1.7倍)，买入创业板指数的投资回报最差（投资额的1.1倍）；同一时期中国GDP增长1.47倍，上海住宅和沪深300指数基金跑赢GDP增长。

净值日期	沪深300	中盘ETF	创业板ETF	黄金ETF	上海住宅均价	债基折算净值
2020-12-31	1.8473	5.5458	2.9686	3.7977	52530	2.36129493
2019-12-31	1.4241	4.0713	1.8543	3.3383	49332	2.224865834
2018-12-31	1.0486	3.1405	1.3211	2.8068	50667	2.200658589
2017-12-31	1.3479	4.0228	1.7878	2.7122	51854	2.072768757
2016-12-31	1.0992	3.4978	2.0047	2.6269	45617	1.982562178
2015-12-31	1.1953	4.0185	2.6478	2.2228	32437	1.946550985
2014-12-31	1.1199	3.606	1.7463	2.4038	30545	1.613654136
2013-12-31	0.742	2.3424	1.5735	2.3676	27112	1.24165446
2012-12-31	0.7877	2.2576	0.9179		22511	1.236461323
2011-12-31	0.7275	2.1719	0.9291		23548	1.088051146
2010-12-31	0.945	3.16			21633	1.13563422
2009-12-31	1.072				16679	1.0458
					13411	

注：上海住宅均价来源于安居客网站；
其他数据来源于易方达基金

2015-12-31一次性买入100万元，2020-12-31卖出的收益

持有5年，不考虑交易成本，住宅出租收益，贴现率6%

	沪深300	中盘ETF	创业板ETF	黄金ETF	上海住宅均价	债基折算净值
2015	-100	-100	-100	-100	-100	-100
2016	0	0	0	0	0	0
2017	0	0	0	0	0	0
2018	0	0	0	0	0	0
2019	0	0	0	0	0	0
2020	154.547	138.007	112.1157	170.852078	161.944693	121.3066058
净现值	¥14.61	¥2.95	¥-15.30	¥26.10	¥19.82	¥-8.82
内部报酬率	9%	7%	2%	11%	10%	4%

2011-12-31一次性买入100万元，2020-12-31卖出的收益

持有9年，不考虑交易成本，住宅出租收益，贴现率6%

	沪深300	中盘ETF	创业板ETF	上海住宅均价	债基折算净值
2011	-100	-100	-100	-100	-100
2012	0	0	0	0	0
2013	0	0	0	0	0
2014	0	0	0	0	0
2015	0	0	0	0	0
2016	0	0	0	0	0
2017	0	0	0	0	0
2018	0	0	0	0	0
2019	0	0	0	0	0
2020	253.9244	255.343	319.5135	223.07627	217.020582
净现值	¥47.45	¥48.24	¥84.08	¥30.23	¥26.84
内部报酬率	11%	11%	14%	9%	9%

图11-10 一次性买入不同资产的回报分析

(2) 2011年12月31日买入100万元的情况。

在I18单元格填入–100，I27单元格中输入公式“=100/B11*B2”，I28单元格中输入公式“=NPV(0.06,I18:I27)”求净现值，I29单元格中输入公式“=IRR(I18:I27)”求出内部报酬率；用填充柄完成J列、K列、L列、M列、N列的计算。可以看到在过去的9年，买入创业板指数的回报最好，内部报酬率高达14%(投资额的3.2倍)，买入上海住宅和债券基金的投资回报差不多，内部报酬率9%(投资额的2.2倍)；同一时期中国GDP增长2.1倍，沪深300和中盘指数同期涨幅为2.5倍，大幅跑赢GDP增长。

2. 简单定投策略

从以上回溯分析可以看出，买入时机对投资回报有巨大影响(卖出时机也一样)，而定投策略不用择时。所谓定投是指在固定的时间(如每月8日)以固定的金额(如500元)投资指定的基金，类似于银行的零存整取方式。相对于定投，一次性投资收益可能很高，但风险也很大。由于规避了投资者对进场时机主观判断的影响，定投方式与一次性买入策略相比，风险明显降低。

(1) 从 2015 年 12 月 31 日起，每年年底投入 100 万，2020 年 12 月 31 日卖出。

贴现率仍假定 6%。在 I5 至 I9 单元格都填入–100，I10 单元格中输入公式“=(100/B7+100/B6+100/B5+100/B4+100/B3)*B2”，I11 单元格中输入公式“=NPV(0.06,I5:I10)”求出净现值，I12 单元格中输入公式“=IRR(I5:I11)”求出内部报酬率；用填充柄完成 J 列、K 列、L 列、M 列、N 列的计算。可以看到在过去的 5 年，采用定投策略以后，3 个股票指数均大幅跑赢一次性买入策略，特别是定投创业板指数的内部报酬率高达 17%；而定投上海住宅的策略最差，内部报酬率降为 5%。债券基金两种策略的内部报酬率没有明显变化。这从一个侧面印证了创业板指数波动幅度巨大，上海住宅均价基本是稳步上扬(买的越早成本越低，适宜一次性买入)，债券波动幅度最小，一次性买入和定投对投资回报影响很小。

(2) 从 2011 年 12 月 31 日起，每年年底投入 100 万，2020 年 12 月 31 日卖出。

贴现率仍假定 6%。在 I18 至 I26 单元格都填入–100，I27 单元格中输入公式“=(100/B11+100/B10+100/B9+100/B8+100/B7+100/B6+100/B5+100/B4+100/B3)*B2”，I28 单元格中输入公式“=NPV(0.06,I18:I27)”求出净现值，I29 单元格中输入公式“=IRR(I18:I27)”求出内部报酬率；用填充柄完成 J 列、K 列、L 列(2011 年、2012 年没有数据)、M 列、N 列的计算。如图 11-11 所示，可以看到随着定投时间延长，所有资产的投资回报都有均值回归现象。但是股票指数仍大幅跑赢黄金、上海住宅和债券，除债券外均跑赢中国 GDP 增长。

净值日期	沪深300	中盘ETF	创业板ETF	黄金ETF	上海住宅均价	债基折算净值
2020-12-31	1.8473	5.5458	2.9686	3.7977	52530	2.36129493
2019-12-31	1.4241	4.0713	1.8543	3.3383	49332	2.224865834
2018-12-31	1.0486	3.1405	1.3211	2.8068	50667	2.200658589
2017-12-31	1.3479	4.0228	1.7878	2.7122	51854	2.072768757
2016-12-31	1.0992	3.4978	2.0047	2.6269	45617	1.982562178
2015-12-31	1.1953	4.0185	2.6478	2.2228	32437	1.946550985
2014-12-31	1.1199	3.606	1.7463	2.4038	30545	1.613654136
2013-12-31	0.742	2.3424	1.5735	2.3676	27112	1.24165446
2012-12-31	0.7877	2.2576	0.9179		22511	1.236461323
2011-12-31	0.7275	2.1719	0.9291		23548	1.088051146
2010-12-31	0.945	3.16			21633	1.13563422
2009-12-31	1.072				16679	1.0458
					13411	

注：上海住宅均价来源于安居客网站；
其他数据来源于易方达基金

2015-12-31开始，每年年底买入100万元，2020-12-31卖出的收益

没考虑交易成本，住宅出租收益，贴现率6%

	沪深300	中盘ETF	创业板ETF	黄金ETF	上海住宅	债基
2015	-100	-100	-100	-100	-100	-100
2016	-100	-100	-100	-100	-100	-100
2017	-100	-100	-100	-100	-100	-100
2018	-100	-100	-100	-100	-100	-100
2019	-100	-100	-100	-100	-100	-100
2020	765.541	747.2237	811.0448	704.5096	588.5623	567.7611
净现值	¥118.44	¥105.53	¥150.52	¥75.42	¥-6.32	¥-20.99
内部报酬率	15%	14%	17%	12%	5%	4%

2011-12-31开始，每年年底买入100万元，2020-12-31卖出的收益

没考虑交易成本，住宅出租收益，贴现率6%

	沪深300	中盘ETF	创业板ETF	黄金ETF	上海住宅	债基
2011	-100	-100	-100		-100	-100
2012	-100	-100	-100		-100	-100
2013	-100	-100	-100	-100	-100	-100
2014	-100	-100	-100	-100	-100	-100
2015	-100	-100	-100	-100	-100	-100
2016	-100	-100	-100	-100	-100	-100
2017	-100	-100	-100	-100	-100	-100
2018	-100	-100	-100	-100	-100	-100
2019	-100	-100	-100	-100	-100	-100
2020	1667.898	1638.768	1812.626	1022.9	1410.719	1312.259
净现值	¥251.18	¥234.91	¥331.99	¥83.54	¥107.57	¥52.59
内部报酬率	12%	12%	14%	9%	9%	7%

图 11-11　按年定投不同资产的回报分析

11.4.2　资产组合配置

其实真正的投资策略不应该只买入某一类资产，而是在各种资产中进行合理配置。根据投资者承受风险能力的不同，可以把投资者分成不同的类型：积极型投资者愿意承受更高风险来获取更高回报；而稳健型投资者不愿承受太高风险，想获取稳健的投资回报；均衡型投资者在不同类别资产平衡配置。

通常认为股票为高风险、高回报资产，黄金和债券为低风险、低回报资产。假设不同策略的配置比例如下。

(1) 积极策略：股票占比 50%～80%，黄金+债券 10%～30%，房产 10%～30%。

（2）稳健策略：股票占比 10%～30%，黄金+债券 50%～80%，房产 10%～30%。

（3）均衡策略：股票占比 30%～40%，黄金+债券 30%～40%，房产 30%～40%。

（1）积极策略的最优化模型。

在“积极资产配置”工作表中添加两个数字调节钮控件，买入年份设置值为 2013～2019，卖出年份设置值为 2014～2020。先分别求各类资产的收益率，收益率公式为：（卖出年份净值–买入年份净值）/买入年份净值。在 K9 单元格中输入公式“=(INDEX(C2:C13, MATCH($K$4, $A$2:$A$13, 0))–INDEX(C2:C13,MATCH($J$4,$A$2:$A$13,0)))/NDEX(C2:C13,MATCH($J$4,$A$2:$A$13,0))”，并把公式复制到 L9:P9，然后设置约束条件 Q10 单元格为“=SUM(K10:P10)”，K11 单元格为“=SUM(K10:M10)”，O11 单元格为“=O10”，P11 单元格为“=P10+N11”，设置目标 K12 单元格为“=SUMPRODUCT(K9:P9,K10:P10)”。

使用规划求解工具，设目标 K12 取最大值，可变单元格为 K10:P10，添加各类资产的约束条件 K11 取值 0.5～0.8，O11 取值 0.1～0.3，P11 取值 0.1～0.3，Q10=1。规划求解的结果如图 11-12 所示。在持有资产的 6 年时间内，上海住宅涨幅最高(71.98%)，应顶格配置资产的 30%；黄金+债券收益率低于股票，选择最低配置 10%黄金(大于债券收益)，其余 60%资产配置股票基金。在股票基金中，创业板涨幅最高(69.99%)配置 60%。沪深 300、中盘、债券没有配置，持有 6 年的总收益为 69.39%。对应的三维饼图隐藏了类别为 0 的数据及其标签。

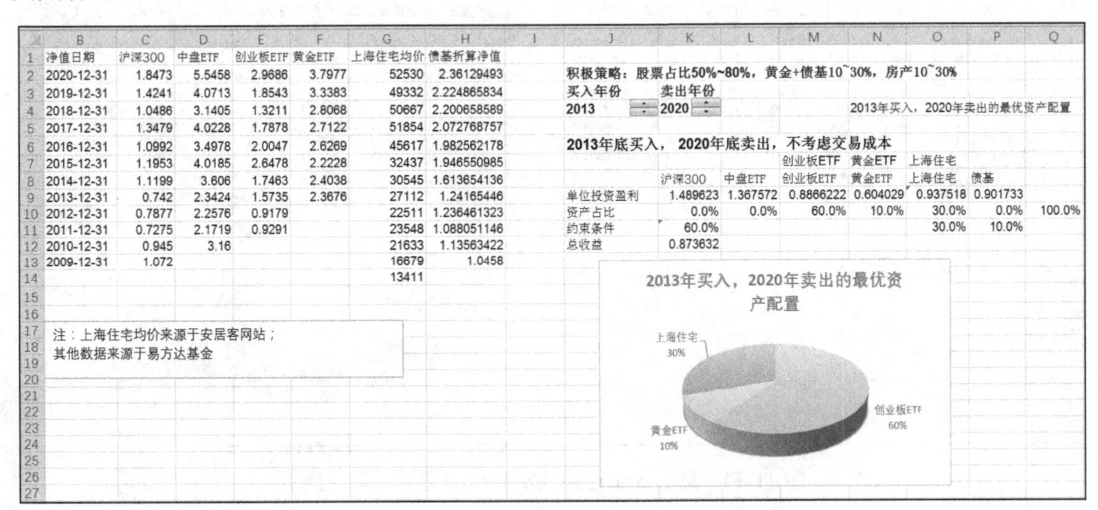

净值日期	沪深300	中盘ETF	创业板ETF	黄金ETF	上海住宅均价	债基折算净值
2020-12-31	1.8473	5.5458	2.9686	3.7977	52530	2.36129493
2019-12-31	1.4241	4.0713	1.8543	3.3383	49332	2.224865834
2018-12-31	1.0486	3.1405	1.3211	2.8068	50667	2.200658589
2017-12-31	1.3479	4.0228	1.7878	2.7122	51854	2.072768757
2016-12-31	1.0992	3.4978	2.0047	2.6269	45617	1.982562178
2015-12-31	1.1953	4.0185	2.6478	2.2228	32437	1.946550985
2014-12-31	1.1199	3.606	1.7463	2.4038	30545	1.613654136
2013-12-31	0.742	2.3424	1.5735	2.3676	27112	1.24165446
2012-12-31	0.7877	2.2576	0.9179		22511	1.236461323
2011-12-31	0.7275	2.1719	0.9291		23548	1.088051146
2010-12-31	0.945	3.16			21633	1.13563422
2009-12-31	1.072				16679	1.0458
					13411	

注：上海住宅均价来源于安居客网站；
其他数据来源于易方达基金

积极策略：股票占比50%~80%，黄金+债基10~30%，房产10~30%

买入年份　卖出年份

2013　2020　　2013年买入，2020年卖出的最优资产配置

2013年底买入，2020年底卖出，不考虑交易成本

	沪深300	中盘ETF	创业板ETF	黄金ETF	上海住宅	债基	
单位投资盈利	1.489623	1.367572	0.8866222	0.604029	0.937518	0.901733	
资产占比	0.0%	0.0%	60.0%	10.0%	30.0%	0.0%	100.0%
约束条件	60.0%				30.0%	10.0%	
总收益	0.873632						

图 11-12　持有 6 年积极策略资产配置最优化模型

再看只持有 1 年(2017 年年底买入，2018 年年底卖出)的情况，调整好买入、卖出年份以后，打开规划求解工具重新求解一次(所有参数设置不需要修改)，得到的结果如图 11-13 所示。在这 1 年中，除黄金、债券有正收益，其他资产都是负收益。所以债券(大于黄金收益)顶配 30%，股票最低配置 50%(选择跌幅最小的中盘)，剩余 20%配置上海住宅。沪深 300、创业板、黄金没有配置，持有 1 年的收益为–9.57%。

（2）稳健策略的最优化模型。

持有 6 年(2014 年年底买入、2020 年年底卖出)的资产配置如图 11-14 所示。上海住宅的涨幅最高，顶配 30%，黄金、债券收益小于股票，最低配置 50%，全配黄金；剩余 20%配置股票收益最高的创业板。6 年总收益 64.59%，比积极策略低，资产主要配置在低风险的黄金+债券。

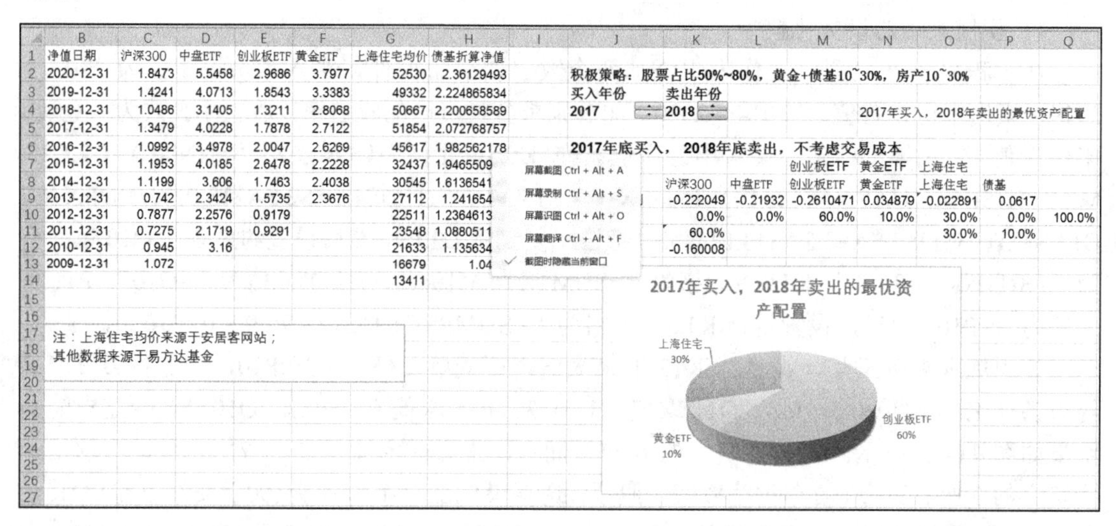

图 11-13　持有 1 年积极策略资产配置最优化模型

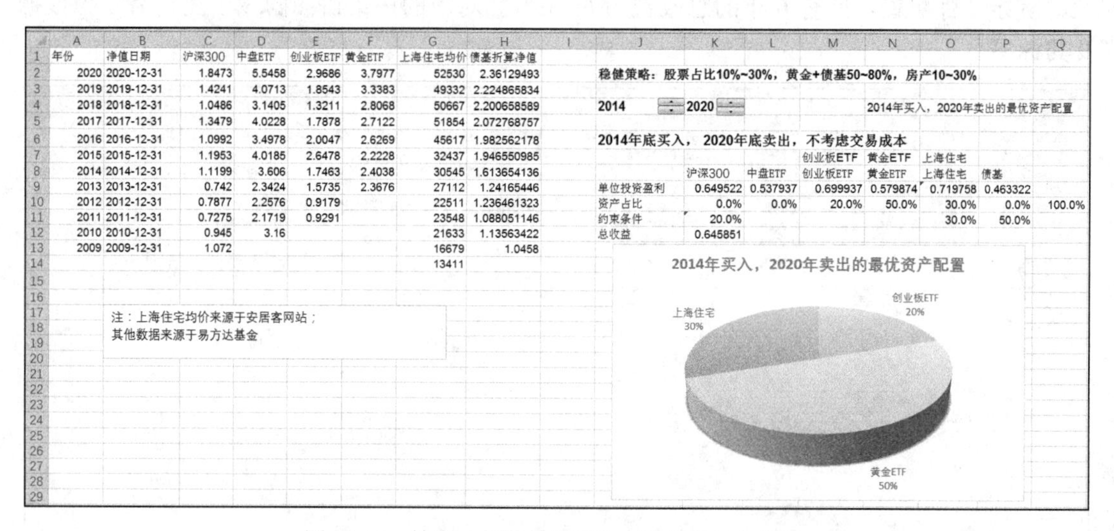

图 11-14　持有 6 年稳健策略资产配置最优化模型

而持有 1 年(2017 年年底买入、2018 年年底卖出)的收益为 2.51%，显著高于积极策略。因为这 1 年中，除黄金、债券外，其他资产全部亏损，稳健策略顶配债券 80%，股票和上海住宅都最低配 10%，如图 11-15 所示。

(3) 均衡策略最优化模型。

同样持有 6 年的总收益为 67.18%，上海住宅顶配 40%，创业板和黄金都是最低配置 30%，如图 11-16 所示。

持有 1 年的收益为–4.80%，债券顶配 40%，上海住宅和股票都是最低配 30%，如图 11-17 所示。

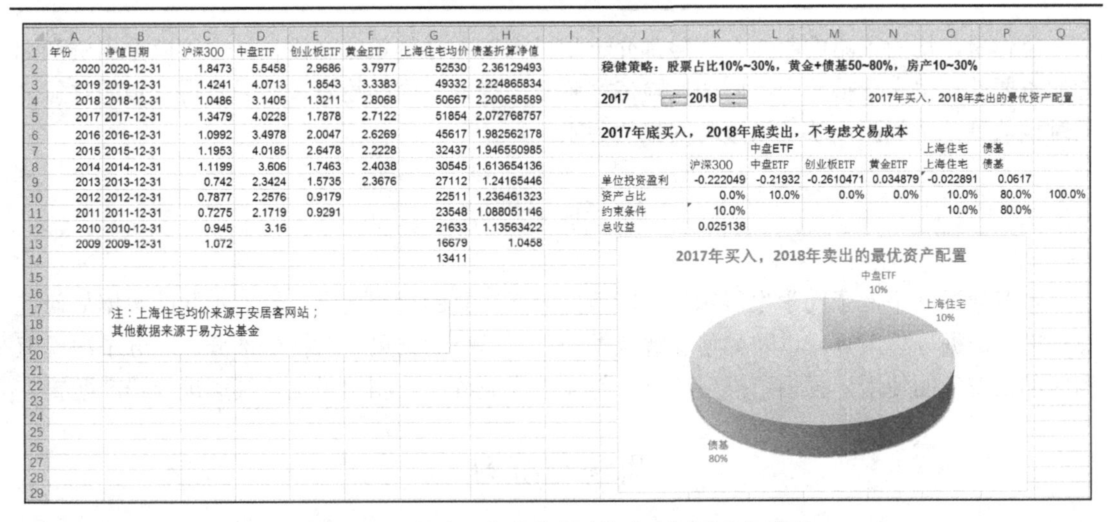

年份	净值日期	沪深300	中盘ETF	创业板ETF	黄金ETF	上海住宅均价	债基折算净值
2020	2020-12-31	1.8473	5.5458	2.9686	3.7977	52530	2.36129493
2019	2019-12-31	1.4241	4.0713	1.8543	3.3383	49332	2.224865834
2018	2018-12-31	1.0486	3.1405	1.3211	2.8068	50667	2.200658589
2017	2017-12-31	1.3479	4.0228	1.7878	2.7122	51854	2.072768757
2016	2016-12-31	1.0992	3.4978	2.0047	2.6269	45617	1.982562178
2015	2015-12-31	1.1953	4.0185	2.6478	2.2228	32437	1.946550985
2014	2014-12-31	1.1199	3.606	1.7463	2.4038	30545	1.613654136
2013	2013-12-31	0.742	2.3424	1.5735	2.3676	27112	1.24165446
2012	2012-12-31	0.7877	2.2576	0.9179		22511	1.236461323
2011	2011-12-31	0.7275	2.1719	0.9291		23548	1.088051146
2010	2010-12-31	0.945	3.16			21633	1.13563422
2009	2009-12-31	1.072				16679	1.0458
						13411	

注：上海住宅均价来源于安居客网站；
其他数据来源于易方达基金

稳健策略：股票占比10%~30%，黄金+债基50~80%，房产10~30%

2017　2018　　2017年买入，2018年卖出的最优资产配置

2017年底买入，2018年底卖出，不考虑交易成本

		中盘ETF			上海住宅	债基	
	沪深300	中盘ETF	创业板ETF	黄金ETF	上海住宅	债基	
单位投资盈利	-0.222049	-0.21932	-0.2610471	0.034879	-0.022891	0.0617	
资产占比	0.0%	10.0%	0.0%	0.0%	10.0%	80.0%	100.0%
约束条件	10.0%				10.0%	80.0%	
总收益	0.025138						

图 11-15　持有 1 年稳健策略资产配置最优化模型

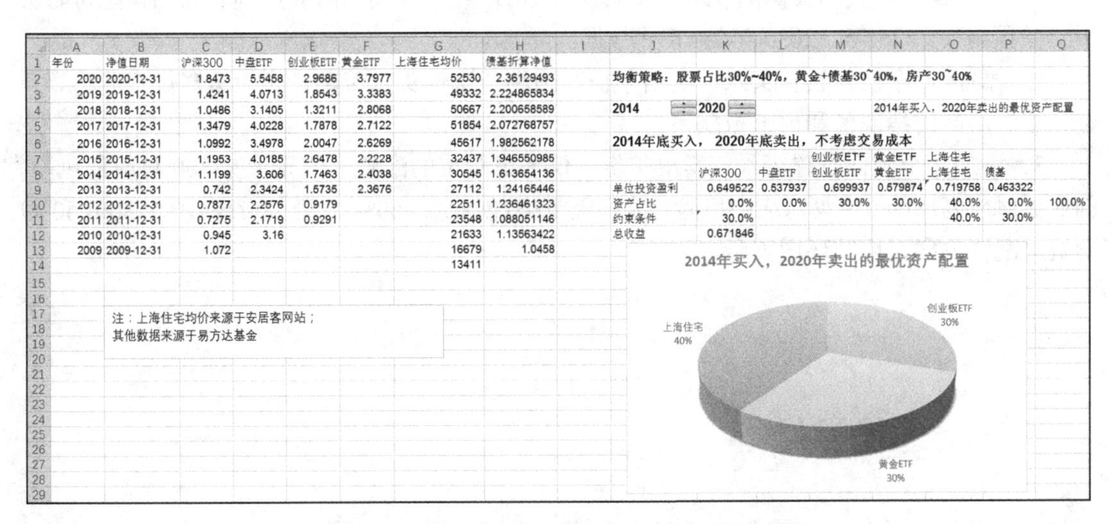

年份	净值日期	沪深300	中盘ETF	创业板ETF	黄金ETF	上海住宅均价	债基折算净值
2020	2020-12-31	1.8473	5.5458	2.9686	3.7977	52530	2.36129493
2019	2019-12-31	1.4241	4.0713	1.8543	3.3383	49332	2.224865834
2018	2018-12-31	1.0486	3.1405	1.3211	2.8068	50667	2.200658589
2017	2017-12-31	1.3479	4.0228	1.7878	2.7122	51854	2.072768757
2016	2016-12-31	1.0992	3.4978	2.0047	2.6269	45617	1.982562178
2015	2015-12-31	1.1953	4.0185	2.6478	2.2228	32437	1.946550985
2014	2014-12-31	1.1199	3.606	1.7463	2.4038	30545	1.613654136
2013	2013-12-31	0.742	2.3424	1.5735	2.3676	27112	1.24165446
2012	2012-12-31	0.7877	2.2576	0.9179		22511	1.236461323
2011	2011-12-31	0.7275	2.1719	0.9291		23548	1.088051146
2010	2010-12-31	0.945	3.16			21633	1.13563422
2009	2009-12-31	1.072				16679	1.0458
						13411	

注：上海住宅均价来源于安居客网站；
其他数据来源于易方达基金

均衡策略：股票占比30%~40%，黄金+债基30~40%，房产30~40%

2014　2020　　2014年买入，2020年卖出的最优资产配置

2014年底买入，2020年底卖出，不考虑交易成本

			创业板ETF	黄金ETF	上海住宅		
	沪深300	中盘ETF	创业板ETF	黄金ETF	上海住宅	债基	
单位投资盈利	0.649522	0.537937	0.699937	0.579874	0.719758	0.463322	
资产占比	0.0%	0.0%	30.0%	30.0%	40.0%	0.0%	100.0%
约束条件	30.0%				40.0%	30.0%	
总收益	0.671846						

图 11-16　持有 6 年均衡策略资产配置最优化模型

年份	净值日期	沪深300	中盘ETF	创业板ETF	黄金ETF	上海住宅均价	债基折算净值
2020	2020-12-31	1.8473	5.5458	2.9686	3.7977	52530	2.36129493
2019	2019-12-31	1.4241	4.0713	1.8543	3.3383	49332	2.224865834
2018	2018-12-31	1.0486	3.1405	1.3211	2.8068	50667	2.200658589
2017	2017-12-31	1.3479	4.0228	1.7878	2.7122	51854	2.072768757
2016	2016-12-31	1.0992	3.4978	2.0047	2.6269	45617	1.982562178
2015	2015-12-31	1.1953	4.0185	2.6478	2.2228	32437	1.946550985
2014	2014-12-31	1.1199	3.606	1.7463	2.4038	30545	1.613654136
2013	2013-12-31	0.742	2.3424	1.5735	2.3676	27112	1.24165446
2012	2012-12-31	0.7877	2.2576	0.9179		22511	1.236461323
2011	2011-12-31	0.7275	2.1719	0.9291		23548	1.088051146
2010	2010-12-31	0.945	3.16			21633	1.13563422
2009	2009-12-31	1.072				16679	1.0458
						13411	

注：上海住宅均价来源于安居客网站；
其他数据来源于易方达基金

均衡策略：股票占比30%~40%，黄金+债基30~40%，房产30~40%

2017　2018　　2017年买入，2018年卖出的最优资产配置

2017年底买入，2018年底卖出，不考虑交易成本

		中盘ETF			上海住宅	债基	
	沪深300	中盘ETF	创业板ETF	黄金ETF	上海住宅	债基	
单位投资盈利	-0.222049	-0.21932	-0.2610471	0.034879	-0.022891	0.0617	
资产占比	0.0%	30.0%	0.0%	0.0%	30.0%	40.0%	100.0%
约束条件	30.0%				30.0%	40.0%	
总收益	-0.047985						

图 11-17　持有 1 年均衡策略资产配置最优化模型

总体看，均衡策略的收益与风险都介于积极策略和稳健策略之间，从中可以看出资产配置的重要性，也充分揭示了不同的风险偏好者应该选择不同的投资策略以获得理想的收益。同时也从另一个侧面反映了风险与回报的关系。

本 章 小 结

本章通过几个例子向学生展示了不同数据分析工具的适用范围，针对不同的数据如何选择合适的数据分析工具，以及如何理解数据分析(预测)的结果。对投资部分，区分了净现值和内部报酬率的使用，强调了投资风险；将风险收益统一，利用最优化模型进行资产配置。

思考与练习

1．对韩国、印度和英国的 1980～2019 年 GDP 数据分别用时间序列和回归模型进行分析，并预测其 2025 年、2030 年的 GDP 数据。

2．添加 2 个控件设置买入、卖出年份，回溯一次性买入策略、定投策略投资股市、黄金、上海房产的净现值和内部报酬率。

3．添加 2 个控件设置买入、卖出年份，仅考虑股市的配置，假设沪深 300 对应低风险，创业板对应高风险，中盘对应中风险，求积极策略(创业板>60%)、稳健策略(沪深 300>60%)的资产配置方案，用圆环图表示。